SpringerWienNewYork

Alois Reutterer

Die globale Verdummung

Zum Untergang verurteilt?

Mit einer Zitatensammlung
zum Thema Dummheit

SpringerWienNewYork

Dr. Alois Reutterer
Bludenz, Österreich

SpringerWienNewYork ist ein Unternehmen von Springer Science + Business Media
springer.at

Umschlagbild: Michael Mysik
Satz: R & R, 3423 St. Andrä-Wördern, Österreich
Druck: Druckerei Theiss GmbH, 9431 St. Stefan im Lavanttal, Österreich
Gedruckt auf säurefreiem, chlorfrei gebleichtem Papier – TCF
SPIN: 11340386

Mit zahlreichen Abbildungen

Bibliografische Information der Deutschen Bibliothek
Die Deutsche Bibliothek verzeichnet diese Publikation in der Deutschen Nationalbibliografie; detaillierte bibliografische Daten sind im Internet über http://dnb.ddb.de abrufbar.

ISBN-10 3-211-23624-4 SpringerWienNewYork
ISBN-13 978-3-211-23624-6 SpringerWienNewYork

Vorwort

Ein Buch über die Dummheit der Menschen zu schreiben ist ein zweifelhaftes Unterfangen. Wir alle sind in mancher Beziehung dumm und handeln hin und wieder dumm. Daher muss jeder, der über dieses Phänomen spricht, paradoxerweise voraussetzen, sozusagen über den Dingen (auf einer Metaebene) zu stehen, also nicht dumm, sondern klug zu sein, obwohl genau diese Anmaßung als Zeichen für Dummheit gilt, wie schon *Musil* (1937) feststellte. Wer also über die Dummheit spricht, erhebt sich über sie. Dumm sind die anderen. Es ist wie bei jedem Massenphänomen: Keiner zählt sich selbst zur (manipulierbaren dummen) Masse. Allerdings stellt sich die Frage: Wer ist der Dümmere? Jener der sich für klug hält, oder der, welcher sich seiner Dummheit bewusst ist? Als „dumm" bezeichnen wir aber nicht nur einen Menschen, sondern auch eine Handlung oder ein Überzeugungssystem, z.B. eines das wir für abergläubisch halten.

Die Beschäftigung mit der menschlichen Dummheit ist irgendwie auch deprimierend, weil man zwangsweise erkennen muss, wie unglaublich dumm Menschen sein und sich verhalten können. Man wird (nach *Grossgebauer* 2001) mit den furchtbarsten Fehlverhalten des einzelnen Menschen und denen der gesamten Menschheit von den Anfängen der Menschheit bis in die heutige Zeit konfrontiert. Die Dummheit entpuppt sich als eine heimliche und zugleich unheimliche Weltmacht.

Kopflos

Hier soll zunächst versucht werden, Kriterien für das Phänomen der Dummheit zu finden, es zu beschreiben und einzugrenzen. Dabei wird sich zeigen, dass dummes Verhalten nicht unbedingt persönliche Dummheit im Sinne von Intelligenzmangel voraussetzt. Eine angeborene Disposition dafür gibt es nur sehr beschränkt. Es geht uns hier eher um die Dummheit des „normalen" Menschen. Die wahren Ursachen für dummes Verhalten liegen weniger in einem Mangel an Denkvermögen als vielmehr im emotional-triebhaften Bereich. Und meist wird Dummheit im Zuge einer generellen Verdummung (oder derber ausgedrückt: „Verblödung") durch verschiedene Institutionen oft erst künstlich erzeugt. Obwohl uns dummes Verhalten auf so gut wie allen Gebieten menschlichen Meinens, Entscheidens und Tuns begegnet, sollen in der Folge etliche Beispiele aus Bereichen aufgezeigt werden, wo dies besonders erschreckende Formen annimmt oder gar bedrohlich für die Existenz der Menschheit ist (obwohl mancher beim Erkennen des wahren Ausmaßes der Dummheit des Menschengeschlechts zum Schluss gelangen könnte, dass es um eine so dumme Gattung eigentlich ohnedies nicht schade sei). Wenn man nicht so pessimistisch-fatalistisch urteilt, sondern das Ganze mit etwas Humor nimmt und auch einsieht, dass dumm zu sein oder dumm zu handeln 1. relativ ist (es kommt auf den Standpunkt an, ob man eine Handlung als dumm beurteilt) und 2. mitunter auch Vorteile hat, kann man sich die Frage stellen, ob es Sinn macht, Dummheit zu bekämpfen und wenn ja, wie sie bekämpft werden kann und wie die schlimmsten Auswirkungen dummen Verhaltens eingedämmt werden könnten. Damit soll sich ein abschließendes Kapitel befassen. Möge das Buch dazu beitragen, in aller Bescheidenheit unsere Unzulänglichkeit zu sehen, unsere „emotionale Abhängigkeit und affektive Unberechenbarkeit" (*Gerspach* 1988), unsere eigene Dummheit zu begreifen.

Abgerundet werden die Ausführungen durch eine Zitatensammlung zum Thema „Dummheit".

Für die meisten Karikaturen danke ich meinem Freund und Kollegen *Helmut Schmidt*.

Bludenz, im April 2005 Alois Reutterer

Inhaltsverzeichnis

Teil 1
Allgemeines über Dummheit

Teil 2
Reiche der Dummheit

Teil 3
Kampf der Dummheit?

Teil 1

Allgemeines über Dummheit

1 Was ist Dummheit?

Die Quellen der Dummheit sind
unerschöpflich wie die des Lebens in
allen seinen Spielarten selbst.
Horst Geyer

In dieser Form ist die Frage inkorrekt, denn es gibt kein „Wesen" der Dummheit an sich, das wir etwa im Sinne von *Platon* oder *Husserl* in einer Art intuitiver „Wesensschau" „erkennen" könnten. Hier wird nämlich nach der Definition eines Ausdrucks gefragt. Jede Definition aber beruht auf einer Konvention. Die Frage muss also lauten: „Was versteht man gemeinhin unter dem Ausdruck ‚Dummheit'?" oder „Was wollen wir unter ‚Dummheit' verstehen?" Und da zeigt sich schnell, dass der Begriff keineswegs eindeutig definiert und auch schwer definierbar ist, das heißt eingrenzbar und damit fassbar, weil es sehr verschiedene Auffassungen und Formen von Dummheit gibt. Das Wort „Dummheit" ist ein „Gießkannenwort" – und übrigens ein Gorgonenhaupt: Sobald man einen Kopf abschlägt, wächst anderswo ein neuer nach.

Besser und korrekter, als von *„der* Dummheit" als Substantiv zu sprechen – als ob es sich um eine Wesenheit handelte –, wäre, von „dummen" Aussagen, Umständen, Handlungen oder Ideengebäuden zu reden. Dieser Einsicht und Feststellung zum Trotz wollen wir der Kürze halber auch hier von „der Dummheit" sprechen.

Etymologisch geht das Wort „dumm" auf das verlorene Verb „dimban" zurück, mit dem Bedeutungskreis „dumpf, ohne Geschmack und Würze, taub, schwachköpfig, stumm".

Dies hängt auch zusammen mit dem gotischen Wort „dums" und dem althochdeutschen Ausdruck „tumb".

Wenn wir also das Wort „Dummheit" nicht so einfach und direkt definieren können, so gilt es, Kriterien für seine Anwendung zu suchen, die möglichst allgemeine Akzeptanz finden. *Gürster* (1967) meint freilich, dass wir die Dummheit selbst nie in den geistigen Blick bekommen können, „nicht zuletzt darum, weil das Arsenal ihrer Verkleidungen und Masken unübersehbar ist und weil sie zuweilen sogar im Kostüm der Klugheit auftreten kann".

Die Einführungsvorlesung „Systematik der Dummheit" war wieder einmal zum Bersten gefüllt.

Synonyma und Erscheinungsformen der Dummheit

Albernheit
Arroganz
Begriffsstutzigkeit
Beschränktheit
Blödheit
Borniertheit
Doofheit
Einfältigkeit
Eitelkeit
Fanatismus
Gedankenarmut
Geistesarmut
Gedankenlosigkeit
Geistlosigkeit
Großmäuligkeit
Hysterie
Ignoranz
Intoleranz
Leichtgläubigkeit
mangelnde Intelligenz
Naivität
Narrheit
pseudogelehrtes Getue
Rücksichtslosigkeit
Stupidität
Sturheit
Tollheit
Torheit
Unbegabtheit
Ungebildetheit
Unklugheit
Unsinn
Unvernunft
Unverstand
Unwissenheit
Verbohrtheit
Vergesslichkeit

Man redet, macht oder begeht:

Blech
Blödsinn
dummes Zeug
Eselei
Faxen
Kinderei
Mumpitz
Narretei
Nonsens
Possen
Quatsch
Streich
Stumpfsinn
Unfug
Unsinn
Verrücktheit

Synonyma für „dumm"

abergläubisch
albern
anmaßend
aufgeblasen
begriffsstutzig
behämmert
beknackt
bescheuert
beschränkt
blöd
borniert
Brett vor dem Kopf
dämlich
deppert
debil
doof
dümmlich
dumpf
dusselig
einfältig
engstirnig
falsch
fanatisch
fantasielos
gedankenarm
gedankenlos
geistesarm
geistesschwach
geistlos
humorlos
idiotisch
indoktriniert
kindisch
lächerlich
lange Leitung
läppisch
leichtgläubig
minderbemittelt
naiv
närrisch
nicht bei Trost
nicht lernfähig
nicht schulfähig
primitiv
retardiert
saudumm
schwer von Begriff
schwachköpfig
sinnlos
stockdumm
strohdumm
stumpfsinnig
stupid
talentlos
töricht
verblendet
verbohrt
vernagelt
vernunftwidrig
verrückt
verständnislos
unbedarft
unbegabt
unbelehrbar

ungelehrig
uneinsichtig
unerfahren
unklug
unintelligent
unpassend
unreif
unrichtig
unsinnig
untalentiert
„unterbelichtet“
unüberlegt
unverständig
unvernünftig
unwahr
unwissend
unzurechnungsfähig
zurückgeblieben

Synonyma für „Dummkopf“

Armleuchter
Arschloch
Banause
Blödhammel
Blödian
Blödmann
Depp
Dodel
dummes Stück
Dummian
Dussel
Einfaltspinsel
Flachkopf
Hohlkopf
Holzkopf
Idiot
Kretin
Laffe
Lalli
Mostschädel
Narr
Quadratschädel
Schussel
Schwachkopf
Simpel
Spinner
Strohkopf
Spatzenhirn
taube Nuss
Tor
Tölpel
Tollpatsch
Trottel
Urschel
Vollidiot

Tiernamen

Affe
blöde Gans
blöder Hund
blöde Kuh
Blödhammel
dummes Huhn
dumme Ziege
Esel
Hammel
Heuochse
Hornochse
Kamel
Mondkalb
Ochs
Trampel(tier)
Rhinozeros
Rindvieh
Schafskopf

„Tante Kuh – warum sagt unser Lehrer Esel immer zu mir ‚Dumme Gans?‘“
„Vergiss den blöden Hund!“

Die 5 Gebrüder Sinn – Familienfoto 2005

In welch vielfältiger Weise die Wörter „dumm" und „Dummheit" verwendet werden, zeigen auch die folgenden Auflistungen.

Umgangssprachlich stehen nach *Grossgebauer* (2001) die Ausdrücke „Dummheit" und „dumm" für alle nur denkbaren Fehlverhalten und als mangelhaft empfundene geistigen Aktivitäten des einzelnen Menschen und der Massen. Aber nicht nur für Personen und deren Handlungen wird der Ausdruck „dumm" verwendet, sondern auch für abgelehnte Gedankengebäude bzw. Sinnsysteme und zweifelhafte kulturelle Leistungen, z.B. auf den Gebieten der Malerei und Musik.

Die Wörter „dumm" und „Dummheit" werden also angewandt auf:

1. Personen
2. Äußerungen und Handlungen
3. Gedankengebäude / Sinnsysteme (Ideologien, abergläubische Vorstellungen)
4. politische, wirtschaftliche, kriegerische u.a. Geschehnisse, Umweltzerstörung
5. kulturelle Leistungen, wie z.B. Musik und Malerei

In seiner Dissertation fügt *Böck* (1953) noch zwei Bereiche hinzu:

6. den Ausdruck des menschlichen Gesichts
   Wir sagen „ein dummes Gesicht machen" oder „dumm schauen" und

7. Ereignisse, die uns widerfahren
   Ein Ereignis wird dumm genannt, wenn es die Pläne eines Menschen durchkreuzt oder unvermutet auftritt, für jemanden undurchschaubar ist, der dann „wie ein Dummer" dasteht. Es ist eine „dumme Geschichte", „zu dumm", „Es ist mir zu dumm."

2 Der dumme Mensch

Die Dummheiten wechseln,
aber die Dummheit bleibt.
Erich Kästner

Für dumm gehalten zu werden, ist für viele Menschen eine arge Kränkung, eine schlimmere, als wenn wir ihn einen Schurken nennen. Dummheit ist immer noch ein stärkeres Tabuthema als z.B. Sexualität. *Rattner* (1976): „Wir haben unsere Dummheit viel stärker verdrängt als unsere Sexualität: Es ist leichter, über alle möglichen sexuellen Perversionen zu sprechen als über unseren geistigen und moralischen Schwachsinn." Und schon *Musil* (1937) meinte, wer einen anderen in aller Öffentlichkeit für dumm erkläre, müsse eher mit einer Beleidigungsklage rechnen, als wenn er ihn egoistisch oder skrupellos nenne. *Wilhelm Busch* reimte: „Nenn den Burschen liederlich, leicht wird er's verdaun. Nenn ihn dumm, so wird der dich, wenn er kann, verhaun."

Der Lehrer wird sich hüten, einen Schüler gegenüber den Eltern als „dumm" zu bezeichnen. Er wird vielmehr die Meinung äußern, er könnte fleißiger sein oder seine Begabungen lägen woanders.

In der Folge sollen nun einige Definitionsversuche oder Auffassungen von Dummheit vorgestellt werden.

Meist wird Dummheit negativ definiert als das Gegenteil von Intelligenz oder Klugheit, als mangelnde Fähigkeit zur Problemlösung, als Denkschwäche. Dummheit liegt dann vor, wenn mittlere Lebens- und Intelligenzaufgaben nicht bewältigt werden können. **Dummheit ist geistige Schwerfälligkeit.** Und auch „das wichtigste Werkzeug der Intelligenz, die Sprache, leidet bei dummen Menschen Not, denn Begriffe und Worte, Denken und Sprechen, können nicht scharf getrennt werden. Das sprachlich formulierte Denken des Dummen ist daher unklar" (*Geyer* 1988[2]). Schlimmer noch: Die Dummen wissen nicht, was sie sagen. Obwohl *Geyer* „Dummheit" zunächst als „intellektuelle Minderleistung" definiert, spricht er an anderer Stelle von einem „dummen Verhalten trotz normaler Intelligenz", ja sogar vom „dummen Verhalten infolge zu hoher Intelligenz" – ein Widerspruch zur ursprünglichen Defninition.

Was hier natürlich gemeint ist, sind angeborene Mängel der Grundintelligenz, die wir zu unterscheiden haben von erlernter Dummheit und von dummen Handlungen aufgrund anderer – z.B. emotionaler – Faktoren.

In *Meyers Großem Konversationslexikon* (6. Aufl.) wird Dummheit charakterisiert als „die mangelhafte Fähigkeit, aus Wahrnehmungen richtige Schlüsse zu ziehen. Dieser Mangel beruht teils auf Unkenntnis von Tatsachen, die zur Bildung eines Urteils erforderlich sind, teils auf mangelhafter Schulung des Geistes oder auch auf einer gewissen Trägheit und Schwerfälligkeit des Auffassungsvermögens. Jedenfalls ist die Dummheit ein Fehler, der noch innerhalb der Grenzen der normalen Seelentätigkeit liegt und deshalb von der krankhaften Geistesschwäche oder dem ausgesprochenen Mangel an richtiger Gedankenverknüpfung unterschieden werden muss, wie er der Idiotie oder dem Blödsinn zukommt."

Dummheit wird also überwiegend als leichtes Abweichen von der Norm intelligenten Verhaltens, teils als fließender Übergang zu leichteren Schwachsinnsgraden (Debilität) gewertet. Allerdings: Während angeborener **Schwachsinn** ein weitgehend unbehebbares Unvermögen darstellt, ist durch Lernen entstandene Dummheit teilweise korrigierbar. Denn dummes Handeln entspringt häufig auch der Unkenntnis von Tatsachen, dem Nichtwissen. Und das lässt sich durch Lernen beheben. Dumm ist aber auch, wer sein Wissen (seine eigene Meinung) nie in Frage stellt. Umgekehrt kann üppig wucherndes Wissen nicht selten die – z.B. durch erlernte Vorurteile entstandene – Dummheit maskieren. Dies geschah etwa im Rassenwahn der Hitler-Diktatur durch angeblich „wissenschaftlich untermauerte" verschleiernde Pseudoargumente.

Einen anderen Gesichtspunkt stellt *Ester Vilar* (1990) in den Vordergrund. Sie definiert Dummheit primär als **Fantasielosigkeit**. Diese besteht in einem Mangel an Vorstellungsvermögen und Einbildungskraft, in Einfallsarmut, Unfähigkeit zu abstraktem Denken und Vorausdenken. Zum zweiten zeichnen sich dumme Menschen nach *Vilar* aus durch Taktlosigkeit, Gefühlskälte und Dickfelligkeit. Ein dummer Mensch ist demnach unoriginell, unkreativ, humorlos, mitleidlos, rücksichtslos und intolerant. Mangels Feingefühls vermag er sich in andere nicht hineinzuversetzen. Seine eigene Person hingegen kann er rückhaltlos bewundern. Und: „Je weniger Intelligenz einer hat, desto weniger bemerkt er den Mangel, desto selbstsicherer fühlt er sich." Dies sind

Charakteristika der Dummheit

- Vorstellungsarmut
- Einfallsarmut
- geringes Auffassungsvermögens
- mangelhafte Merkfähigkeit
- Lernunfähigkeit
- Konzentrationsmangel
- eine schwerfällige Assoziationstätigkeit
- unfähig, abstrakt zu denken
- Mangel an Urteilskraft
- Mangel an Reflexionsfähigkeit (über das eigene Handeln)
- Privatlogik
- Starrsinn, Rigidität (Starrheit) des Denkens (Denken in Schablonen)
- Oberflächlichkeit des Denkens
- Infantilismus (kindhaftes Denken)
- geringe Kreativität
- Mangel an Kombinationsgabe
- Unfähigkeit, eine Situation oder große (komplexe) Zusammenhänge richtig
  zu erfassen
- Nichtbegreifen des ursächlichen Zusammenhanges
- Unfähigkeit, langfristig vorauszudenken. Erst später weiß man, dass man „dumm" gehandelt hat.
  (Kurzfristige Interessen führen eher zu dummen Entscheidungen als langfristige.)
- Unwissenheit
- Fantasielosigkeit
- kein Sinn für Humor
- Überklugheits-Arroganz
- hohe Suggestibilität
- geistige Unselbständigkeit
- törichte Neugier und Schwatzhaftigkeit
- Aufblähen von Lappalien
- Einfalt und Vertrauensseligkeit
- Hochmut, Überheblichkeit
- dünkelhafte Selbstüberschätzung
- Geringschätzung anderer
- Gefühlskälte und Dickfelligkeit
- kein Feingefühl, Taktlosigkeit, Mangel an Einfühlungsvermögen
- Wichtigtuerei (Angeberei, Luxus und Geldverschwendung)
- Eitelkeit
- Leichtsinn
- Kombination von Dummheit und Eigensinn (verbohrte Dummheit)
- Borniertheit, Engstirnigkeit, Beschränktheit des Gesichtskreises

- stures Festhalten an Vorurteilen und Aberglauben
- Fanatismus
- Intoleranz
- Dialogunfähigkeit (Unfähigkeit, zuzuhören)
- Mangel an Selbsteinschätzung und Selbstkritik
- Überempfindlichkeit gegenüber Kritik
- Uneinsichtigkeit in die eigene Begrenztheit
- Schamlosigkeit

zweifellos wesentliche Charakteristika eines „dummen Menschen". Allerdings gibt es sehr wohl auch Schwachbegabte, die keineswegs selbstsicher sind, sondern im Gegenteil an ihren intellektuellen Mängeln leiden, wenn sie z.B. eine Ausbildung nicht schaffen.

Im Wesentlichen aber hat *Vilar* sicher Recht: Der Dumme läuft fantasielos und borniert (mit Scheuklappen) durch die Gegend und sieht den Wald vor lauter Bäumen nicht. Er hat keinen „Durchblick" – im Gegensatz zum Intelligenten, der auch komplexe Zusammenhänge durchschaut. Dem entsprechen auch neurologische Befunde: Intelligente Menschen aktivieren beim Problemlösen weniger Neuronen als wenig intelligente – vermutlich nur diejenigen, die sie tatsächlich für die Aufgabenbearbeitung brauchen. Hingegen aktivieren weniger intelligente Personen zusätzlich auch neuronale Schaltkreise, die für eine effiziente Problemlösung unerheblich sind oder sogar stören.

In diesem Zusammenhang interessant ist auch die Erkenntnis, dass Personen mit Defiziten in der intellektuellen Entwicklung einen vergleichsweise höheren Hirnstoffwechsel und mehr Synapsen besitzen. Vermutlich läuft bei Defiziten in der Intelligenzentwicklung so wie auch beim Down-Syndrom oder beim Autismus (!) ein gewisser für eine normale Hirnaktivität notwendiger Abbau überschüssiger Synapsen nicht effizient genug ab. Das Ergebnis sind zu viele Synapsen, die übermäßig Energie verbrauchen und verhindern, dass die Gehirnaktivität auf die wesentlichen Bereiche fokussiert wird, was für kognitive Leistungen aber offenbar erforderlich ist.

Kriterien für Dummheit

Diese zahlreichen Gesichter und Masken der Dummheit zeigen einerseits die vielfältige Auffassungsmöglichkeit der Dummheit, andererseits wird die Vermutung nahegelegt, dass sie – wie „Intelligenz" – ein Konstrukt ist, das sich aus mehreren Komponenten zusammensetzt. Auch Wortzusammensetzungen mit „dumm" wie „dumm-stolz", „dummschlau", „dummdreist" und ähnliche deuten an, dass Dummheit häufig mit anderen psychischen Eigenschaften verbunden ist. Dabei gibt es auch eigenartige Mischungen. Nach *Walter Böck* (1953) ist etwa „der „**Dummschlaue**" ein nicht sehr begabter Mensch, der nach außen hin schwachbegabt scheint, bei der Erringung eigener Vorteile aber seine ganzen Geisteskräfte aufbietet und so bedeutend mehr leistet, als man es von ihm erwartet hätte. Es scheint, als stellte er sich dumm (was er allerdings meist nicht nötig hat). Da er sich außerdem dabei nie auf den Standpunkt eines anderen stellt (darin liegt echte Dummheit), kann er diesen umso sicherer übervorteilen. Ein Beispiel ist auch die oft zitierte „Bauernschläue".

Der „**Gutdumme**", der nicht „nein" sagen kann, handelt aus seiner eigenen Sicht edel, für einen Außenstehenden ist er dumm, weil er sich ausnutzen lässt.

Nach *Löwenfeld* (1921) gilt als dumm auch „ein Mensch, der es nicht versteht, seinen materiellen Vorteil zu wahren, sich den Anforderungen der Zeit und der Umstände anzupassen und für sein Vorwärtskommen günstige Gelegenheiten auszunützen". Aus dieser Sicht wäre der „Ellbogentyp" der Intelligente.

Der „**Dummdreiste**" nimmt große Risiken auf sich, weil er seine Fähigkeiten weit über- und die Gefahren unterschätzt. Er fürchtet sich vor BSE, raucht aber gleichzeitig oder ist ein Motorradraser.

Unwissenheit ist nicht Dummheit. „Erst in ihrer Kombination mit Selbstgefälligkeit und Anmaßung wirkt sie dumm." Ein Internet-User meint, dass Dummheit selten allein, sondern „meist im Dutzend" daherkomme, oft auch in Personalunion mit Ignoranz und Niedertracht.

Nach *Böck* lassen sich auch verschiedene **Dummheitsgrade** unterscheiden. So sprechen wir von „Dummheit", „Großer Dummheit" und „Riesendummheit".

Umberto Eco unterscheidet *Idioten*, die *Dümmlichen*, die *Dummen* und die *Irren*. „Jeder von uns ist hin und wieder idiotisch, dämlich, dumm oder irre. Normal ist, wer diese Komponenten einigermaßen vernünftig mischt" (nach *Zänker* 2001).

Grossgebauer (2001) fasst seine Ausführungen in folgenden „Kernaussagen" zusammen: Dummheit

- ist eine Verschränkung von Mängeln des reinen Intellektes (d.h. der schulischen/akademischen) mit den verschiedensten charakterologischen (Gefühls- und Willens-)Eigenschaften;
- ist also nicht identisch mit Ignoranz;
- geht nicht nur auf fehlende Verstandesanlagen zurück;
- liegt noch innerhalb der Grenzen der normalen Seelentätigkeit;
- ist aber doch meist ein Mangel an Urteilskraft, eine Denk-(Verstandes-) Schwäche, eine geistige Minderbegabung;
- zeigt sich in einer schwerfälligen Assoziationstätigkeit und mangelhaften Kreativität (Fantasie);
- Dumme sehen bei sich selbst kaum Mängel an Faktenwissen und Denkvermögen (unkritisches Vorgehen);
- geht in der Schule häufig auf soziologische und sozial- und lernpsychologische Tatbestände zurück;
- drückt sich auch in besonderen Formen aus: so gibt es die Dummpfiffigkeit (oder Bauernschläue), die Einfalt, den Hochmut, das Protzentum, die Eitelkeit, das Dummlachen und die sogenannte verbohrte Dummheit.

Dumme Handlungen

Das Verhalten eines Menschen nennt man nach *Walter Böck* (1953) dumm, wenn er durch sein inadäquates Handeln oder durch Unterlassen in einer bestimmten Situation ungewollt einen Schaden herbeiführt. Dies wäre z.B. der Fall, wenn ein Autofahrer mit offener Autotüre rückwärts zur Garage hinausfährt, die Autotüre damit demoliert und sich anschließend selbst einen Trottel schimpft. Er hat ungewollt eine „dumme" Handlung begangen.

„Dummes" Verhalten im Sinne von „ungeschickten" Reaktionen, die der Situation nicht angemessen sind, finden wir selbst bei Tieren. Zumindest höher entwickelte Tiere wie Vögel und Säuger sind wir dann geneigt „dumm" zu nennen. Auch in der Fabel begegnen wir Dummheiten, so wenn der eitle Rabe vom Fuchs wegen seiner vorgeblich schönen Stimme geschmeichelt zu „singen" beginnt und dabei den erbeuteten Käse fallen lässt, auf den es der Fuchs in Wahrheit abgesehen hat.

Nicht jedes inadäquate Verhalten muss dumm sein. Dumm nennt man es erst, wenn die Ursache für die Unangemessenheit beim Betreffenden liegt. Sieht ein Dummer aber die Inadäquatheit seines Handelns doch ein, so sucht er die Ursache dafür typischerweise immer in irgendeinem äußeren Umstand, obwohl er selbst schuld ist. In der Psychologie nennt man dies eine *externe Attribution.* (Umgekehrt bedeutet eine hohe *interne Attribution* nicht automatisch eine hohe Intelligenz. Denn auch einer, der für jeden Handlungsausgang sich selbst die Schuld gibt, ist nicht unbedingt intelligent, sondern vielleicht nur selbstunsicher.)

Zum Zweiten ist er über sein Tun häufig verärgert. Der Ärger ist umso größer, je unangenehmer die Folgen sind und je größer die Möglichkeit war, diese durch adäquates Verhalten zu vermeiden. Ein Verhalten gilt auch dann als dumm, wenn zwar das angestrebte Ziel vollkommen vernünftig, das Wie aber höchst unzweckmäßig ist.

Wenn sich jemand dumm verhält, so heißt das also nicht, dass er dumm sein muss. Auch brauchen wir uns unserer Dummheit nicht zu schämen, denn man kann wohl sagen, dass jeder (normale) Mensch im Laufe seines Lebens Dummheiten macht (worunter wir eben „dummes Verhalten" in bestimmten Situationen meinen). Und es gibt tausenderlei Gründe dafür. Sei es dass er einmal gedankenlos, unüberlegt handelt oder sich im Affekt (zumeist im Zorn oder bei Angst) zu einem Verhalten hinreißen lässt, das nicht in die gegebene Lage passt und daher unerwünschte Folgen zeitigt. **Die Dummheit ist immer und überall.** Dies bedeutet aber nicht, dass jeder Mensch dumm ist. Treten allerdings allgemein als dumm angesehenen Handlungen bei einem Menschen immer wieder auf und ist er nicht imstande, die Unsinnigkeit seines Tuns aufgrund unerwünschter Folgen oder durch Argumente einzusehen, wird man wohl auch den Menschen, der so häufig Dummheiten macht, „dumm" nennen. Vielfach – wenn auch nicht immer – erkennen wir die Dummheit unseres Tuns im Nachhinein und werden vielleicht aus unseren Fehlern klüger. Häufig aber begehen wir bald wieder ähnliche Denkfehler oder Kurzschlusshandlungen und tappen in neue Dummheitsfallen hinein.

Geyer (1988[2]) ortet drei Fälle dummen Verhaltens: solches mit niederer Intelligenz, bei normaler Intelligenz (affektive Intelligenztrübung) und infolge zu hoher Intelligenz. (So galt Graf *Zeppelin* als der „Narr vom Bodensee".) Narrentum und Genialität unterscheiden sich nach *Geyer* nur in der Bewertung durch die Mitwelt vor und nach dem Erfolg. Die Bewertung von klug und dumm ist relativ.

Dummes Verhalten

(aus *K. Grossgebauer – M. Wien*: Dummheit. Die heimliche und unheimliche Weltmacht, 2001)

Ein besonders dummes Verhalten ergibt sich in **Kombinationen** mit geistigen Eigentümlichkeiten wie z.B. Hochmut, Prahlerei, Spielsucht, Leichtsinn, Eigensinn, Fanatismus, Rachsucht und Hass. Es gibt viele Gründe, die zu einem dummen Verhalten und damit oft auch zu dummen, vermeidbaren Folgen führen können:

1. **Närrisches Verhalten in Gesellschaften**, z.B. in Karnevalssitzungen:

   kein eigentlich dummes Verhalten; der Geck wird herausgelassen, Fröhlichkeit ist angesagt, mit all ihren Übertreibungen. Närrisches Verhalten kann ein tiefe, traditionelle Kultbedeutung haben (s. unten).

2. **Dummes Verhalten im Alltag**:

   a) Individuelles dummes Verhalten bei sonst normaler Intelligenz:
   Irrtümer im täglichen Leben, die kleine und große Folgen nach sich ziehen können; altersentsprechende „klassische" Dummheiten: Jugendeseleien, Alterstorheiten
   b) Individuelles dummes Verhalten bei niedriger Intelligenz:
   u.a. Fehlentscheidungen durch Leichtgläubigkeit, Auffälligkeiten in der Öffentlichkeit (z.B. auf Parties)
   c) Individuelles dummes Verhalten bei hoher Intelligenz: Zusammenhänge zwischen Genie und Irrsinn

3. **Dummes Verhalten in der Masse**:

   Fehlverhalten mit nachhaltigen Konsequenzen auf allen kulturellen und wissenschaftlichen Gebieten wie Religion, Philosophie, Natur- und Geisteswissenschaften, Politik (nationale, internationale).
   Die Folgen dieser kollektiven Irrtümer und Fehlentwicklungen (z.B. Kernwaffenentwicklung, Überbevölkerung, Verwüstung des Lebensraumes, Unterdrückung von unterentwickelten Ländern) stellt die eigentliche Dummheit der Menschen dar!

3 Formen der Dummheit

> Es ist der physiologische Schwachsinn des Menschen, der überall sich zeigt und sich als eminente Klugheit nur zu tarnen vermag in seinen relativ am wenigsten dummen Exemplaren, in seinen Genies nämlich.
>
> *Horst Geyer*

Es sollen jetzt einige Einteilungsmöglichkeiten vorgeführt werden, wobei Überschneidungen unvermeidbar sind.

Prinzipielle Dummheit des Menschen

Die durch den Bau unseres Gehirns vorgegebene prinzipielle Begrenzung unseres Denkvermögens ist natürlich nicht als „Dummheit" im engeren Sinne einzustufen. Höchstens von einer übergeordneten Warte (etwa von einem superintelligenten „Außerirdischen" oder vielleicht einem Supercomputer späterer Jahrhunderte) aus könnte unsere heutige Intelligenz als unterentwickelt und die Menschheit generell in diesem Sinn „dumm" klassifiziert werden, so wie wir die Fähigkeiten eines *homo erectus* (oder auch eines Schimpansen) im Vergleich zu uns als noch unentwickelt betrachten.

Die im Laufe der Evolution entstandene Gehirnkapazität des Menschen begrenzt naturgemäß auch seine Intelligenz. Zweifellos aber wurden mit fortschreitender Cerebralisation die Grenzen unseres intellektuellen Vermögens (unser Denkhorizont) ständig weiter hinausgeschoben. Diese vom Entwicklungsstand des menschlichen Gehirns vorgegebene **intellektuelle Begrenztheit** (Dummheit) ist je nach Evolutionsstand – und sicher auch individuell – sehr verschieden und reicht von der Idiotie bis zum Genie. Hingegen ist die angeblich höhere Einsicht von Esoterikern und Mystikern nur eine scheinbare oder bezieht sich zumindest nicht auf intersubjektiv prüfbare Erkenntnisse.

Manche Anthropologen nehmen an, dass drei Kilogramm Gehirnmasse das theoretisch mögliche Maximum eines menschlichen Gehirns darstellen. Fragt sich bloß, wie ein Kind mit entsprechend großem Kopf geboren werden soll. Hier wird wohl die Anatomie der Frau (das weibliche Becken) Grenzen setzen. Was

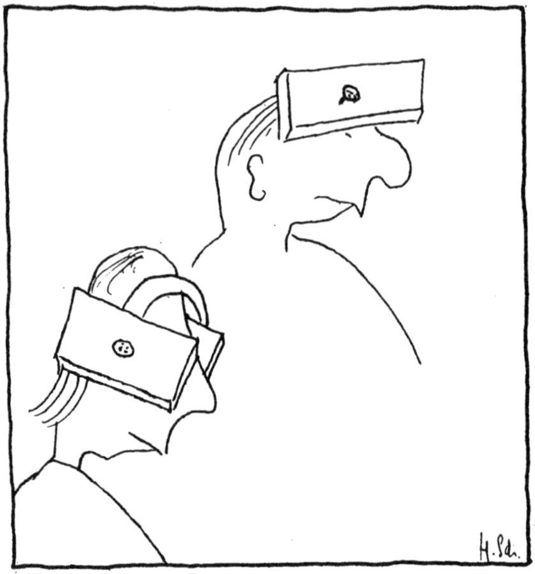

Menschliche Denkmaschinen

ein solches „Supergehirn" intellektuell zu leisten imstande wäre, können wir uns nicht vorstellen.

Unser Verstandes- und Vorstellungsvermögen versagt auch bei gewissen Fragen, die sich *vorstellungsmäßig* eben nicht beantworten lassen, z.B. „Was ist Bewusstsein?". Auch das Problem einer zeitlichen und räumlichen Grenze des Universums, die Wirklichkeitsmodelle der Relativitätstheorie, der Quantenmechanik und anderer Bereiche sind bestenfalls abstrakt-mathematisch erfassbar, aber nicht vorstellbar.

Der Mensch „leidet" an einer prinzipiellen intellektuellen Begrenztheit, er scheitert an allen möglichen Grenzen, an seinem Vorstellungs- und Denkvermögen, an seinen Trieben und Gefühlen, eben an seiner menschlich-psychischen Konstitution: **Dummheit als Scheitern an der conditio humana.**

Angeborene, erworbene und erlernte Dummheit

Schwachsinn ist **angeboren** oder kommt durch Altern, Unfall oder Krankheit zustande **(Demenz)** und kann nicht behoben werden. Davon soll hier nicht die Rede sein.

Es gibt aber auch angeborene Intelligenz- oder Begabungsmängel (*Begabungsdummheit*, *Denkschwäche*), die zwar noch im

„Aus 2000 kg akademischem Leerstuhl konnten wir 20 mg DNA extrahieren und damit die Lage des Dummheitsgens lokalisieren. Interessanterweise liegt es zwischen den Genorten für Einbildung und Vergesslichkeit."

Rahmen des Normalen liegen, die aber häufig tieferliegende Ursache „dummer" Handlungen sind. Bei der „Dummheit infolge intellektueller Minderausstattung" muss nach *Geyer* (1988²) mit mindestens 10 Prozent Dummen in der Gesamtbevölkerung gerechnet werden. „Je nach Maßstab kann der Anteil jedoch wesentlich höher geschätzt werden."

Zu einer späteren **Verdummung** können Gehirndefekte durch Unfall, Impfschäden, Alkohol, Nikotin und andere Suchtgifte führen (beim Embryo, wenn die werdende Mutter v.a. während der frühen Schwangerschaft solche konsumiert).

Interessant ist eine Erkenntnis französischer Forscher: danach ist Rauchen nicht nur dumm, sondern macht auch dumm. Nikotin führt zu einer drastischen Verringerung eines bestimmten Enzyms, wodurch bestimmte für Lern- und Gedächtnisleistung benötigte Neuronen im Großhirn rascher abgebaut werden.

Christopher Williams behauptet in seinem Buch *„Endstation Gehirn"* (2003), dass wir allmählich verdummen, weil wir uns vergiften. Betroffen seien die Industriestaaten ebenso wie die Entwicklungsländer. Giftstoffe in unseren Lebensmitteln, Mangelversorgung mit Nährstoffen – sei es durch westliches Fastfood oder Unterernährung – vermindern unsere Denkfähigkeit.

Der „angeborenen" und dieser „erworbenen" Dummheit gegenüber steht die **erlernte Dummheit**. Sie wird durch falsche Erziehung (z.B. mangelnde Anregung oder gar Reizdeprivation), Manipulation und Übernehmen von Vorurteilen erworben („Volksverdummung") und kann prinzipiell bekämpft werden.

Im Falle der gehirnwäscheartigen Verblödung durch das Fernsehen (v.a. durch die Werbung) spricht *Martin Doehlemann* von einer *„strahlenden Dummheit"*, *Jürgen Wertheimer* von *„geklonter Dummheit"* (Individuen werden zu gleichgeschalteten Klonen mit einer Einheitsmeinung). *Ottmar Ette* nennt dies eine *„inszenierte, systembedingte Dummheit"* (alle in *Wertheimer – Zima* 2002[4]).

Nach *Gürster* (1967) ist der verdummte Mensch gefährlicher als der von Natur aus Dumme.

Der Schweizer Pädagoge *Jürg Jegge* (1991) hat gezeigt, dass Dummheit durch schulische Benachteiligung anerzogen werden kann (vgl. Kapitel „Dumm durch Erziehung").

Fakultative und essenzielle Dummheit

Die *fakultative (gelegentliche, funktionelle) Dummheit* kann gegenübergestellt werden der *essenziellen (beständigen, konstitutionellen) Dummheit*. Der österreichische Philosoph *Rudolf Wohlgenannt* sprach scherzhaft von einem „**Gelegenheitstrottel**" und einem „**Wesenstrottel**". Ist also mit „Dummheit" eine Grundverfassung der menschlichen Psyche gemeint, dann wäre dies die „essenzielle Dummheit", die quasi zum Wesen eines Menschen gehört (lat. *essentia* = Wesen). Er ist sozusagen „blöd an sich" und verhält sich in allen Situationen dumm. Handelt es sich aber um eine einzelne Tat, die wir als „dumm" bezeichnen, so leidet der Betroffene an „fakultativer Dummheit". „Er hat eine Dummheit begangen" sagen wir dann. „Dumm" in diesem Sinne handeln wir alle hin und wieder. Der wirklich (essenziell) Dumme aber sieht keinen Fehler in seinem Verhalten und kann daher aus ihm auch nichts lernen. Er ist unbelehrbar. *Glucksmann* (1990): „Den Vollidioten erkennt man daran, dass er durch nichts aus der Fassung zu bringen ist. Er ist stets bereit, sich über das eine Meinung zu bilden, was er nicht versteht, und (wie der Papst!) unfehlbar über das zu urteilen, was er nicht weiß. Seine ureigenen Zwangsvorstellungen zu allgemeinen Prinzipien des Denkens erhebend, findet er in seinem Weltbild das wirksame Instrument, das ihm zur Allwissenheit verhilft." Schon *Gustave Flaubert* (nach *Zänker* 2001) sprach von einer „erstaunlichen Seelenruhe der Dummköpfe".

Naive und intellektuelle Dummheit

Die **naive Dummheit** ist die einfache, ehrliche und schlichte, kleine Dummheit (Kurzschlusshandlungen, „lange Leitung", Gutgläubigkeit). Wer öfter Dummheiten macht, muss nicht dumm sein, aber zu den klugen Leuten zählt man ihn bestimmt nicht. Er ist „ungeschickt". Wer aber immer wieder dummes Verhalten zeigt, gilt als dumm. Auch die Schwatzhaftigkeit muss wohl als Zeichen naiver Dummheit angesehen werden.

Die **intellektuelle Dummheit** ist die „höhere" Dummheit der halbgebildeten Spießer mit ihren angelernten Vorurteilen und abergläubischen Vorstellungen, von denen sie sich auch durch noch so gute Argumente nicht abbringen lassen. Diese Art Dummheit kann paradoxerweise sogar ein Zeichen von Intelligenz sein und *Musil* (1937) hält sie für die weitaus gefährlichere.

Logische und emotionale Dummheit

Die **logische** (oder rationale) **Dummheit** ist die Unfähigkeit zum folgerichtigen Denken und zum Erkennen von Zusammenhängen. Denkfehler sind zwar nicht mit Dummheit gleichzusetzen. Dazu werden sie erst, wenn auch die Einsicht in die Möglichkeit des Irrens fehlt und die Bereitschaft, darüber nachzudenken und Irrtümer zu korrigieren.

Die **emotionale Dummheit** zeigt sich darin, dass viele „dumme" Entscheidungen Gefühlen folgend getroffen werden. Gefühle sind oft stärker als die Vernunft.

Meist wird der Begriff „Dummheit" für eine mindere intellektuelle Leistungsfähigkeit verwendet. Liegt diese bei einem Menschen unter dem Durchschnitt, so wird er gemeinhin als „dumm" eingestuft. Andererseits genügen abstrakte Intelligenz, die Fähigkeit, lesen, schreiben und rechnen und kritisch argumentieren zu können, allein nicht, um uns vor Dummheiten zu bewahren und klug handeln zu lassen. Häufig werden unser rationalen Motive durch emotionale „überstimmt". So können Eitelkeit, Fanatismus, Eifersucht, Spielsucht, Egoismus, Stolz, Geld- und Machtgier zu dummem Verhalten führen. „Dass auch gescheite Leute Dummheiten machen können, ist bekannt; denn Leidenschaften machen blind, Geldgier benebelt, Autoritätsgläubigkeit schränkt ein" (*Doehlemann* 2002[4]). Unsere Intelligenz ist zu wenig entwickelt, um die Triebe zu zügeln. Wir sind nicht „Herr im eigenen Haus", wie *Freud* sich ausdrückte. Alle unsere Denkprozesse und Entscheidungen sind gefühlsbegleitet. Emotionen bilden den ständigen Hintergrund all unseres Erlebens. Allerdings sollten wir uns im Klaren darüber sein, dass nicht alles menschliche Handeln, das nicht rational ist, auch dumm sein muss. Wir sollten jedoch versuchen, uns dieser Abhängigkeiten und Zusammenhänge mehr bewusst zu werden.

Individuelle und kollektive Dummheit

Die individuelle Dummheit ist die angeborene oder erworbene Dummheit des Einzelnen. Der wirklich Dumme ist in bestimmten Bereichen nicht kompetent. Diese *Inkompetenz des Dummen* verleitet ihn zu falschen Schlussfolgerungen und unglücklichen Entscheidungen und verhindert, dass er seine Dummheit erkennt. Die Dummen wissen nicht, dass sie dumm sind. Es ist ja auch so, dass der Mensch keineswegs nach unvoreingenommenen Erkenntnissen über die eigene Person trachtet, sondern er kultiviert „nützliche Illusionen" über sich selbst, die dem Selbstgefühl schmeicheln.

Die kollektive Dummheit der Menschheit lässt sich anhand zahlreicher Belege zeigen: Die vielen Kriege, der ökologische Holocaust und der Verlauf der Weltgeschichte insgesamt, aus welcher der Mensch noch nie gelernt hat, legen ein beredtes Zeugnis von der Dummheit der Menschheit ab. Diese kollektive Dummheit wird vielfach durch künstliche Verdummung der Menschen durch die verschiedensten Demagogen erzeugt oder zumindest verstärkt. Jedenfalls besitzen jene, „die da arm im Geiste sind … offenbar die kompakte Majorität auf dieser Erde" (*Geyer* 1988[2]). Man könnte hinzufügen „und offenbar auch im Himmel", denn in der Bergpredigt heißt es bei *Matthäus* 5, Vers 3: „… denn ihrer ist das Himmelreich".

Wegen ihrer Auswirkung hat die Dummheit das Gewicht einer Weltmacht. „Aller Voraussicht nach wird sie diesen Rang auch nicht verlieren, solange Weltmacht von Menschen gemacht wird – von den Trägern eben ... der Dummheit" (ebd.). Schon um 1500 hielt *Erasmus von Rotterdam* (Ausgabe 1949) Dummheit für undefinierbar, weil sie eine Macht ist, die „ebenso weit reicht wie das Menschengeschlecht".

Während die frühere Massenpsychologie (*Le Bon, Riesman, Ortega* y *Gasset*) die Masse als etwas Teigiges (griech. *maza* = Teig), Knetbares, Manipulierbares und damit vor allem etwas Dummes ansah, gesteht man heute einer Großgruppe eher ein größeres Wissen zu (siehe Publikumsjoker beim Fernsehquiz!). Demgegenüber meinte allerdings *Bertrand Russell* (1963), dass die Weisheit der Masse kein angemessener Ersatz für die Intelligenz einzelner sein könne. Denn „einzelne, die den überlieferten Anschauungen entgegentraten, sind die Quelle aller moralischen und geistigen Fortschritte geworden."

Gespielte und verschleierte Dummheit

Die **vorgetäuschte Dummheit** reicht nach *Zänker* (2001) vom Bluff bis zum arglistigen Betrug. Sie „begegnet uns als inszenierte Komik im Lustspiel, im karnevalistischen Narrentreiben, als ausgeklügelte (unechte) Torheit, als Witz und Ironie. Diese Art von Dummheit ist amüsant, bei den meisten beliebt. Sie bringt uns zum Lachen oder zum Schmunzeln. Das Spiel kann aber auch auf unsere Kosten gehen, wenn sich hinter der Maske scheinbarer Dummheit und Unfähigkeit List und Tücke verbergen, um uns die wahren Absichten zu verschleiern ... Gespielte Dummheit finden wir nicht selten unter Konkurrenten, bei Rechtsstreitigkeiten, im Umgang mit den Nachbarn, mit dem Arbeitgeber, mit dem Fiskus und anderen Behörden. Es braucht dazu keiner überlegenen Intelligenz, nur einer gewissen schauspielerischen Begabung und Unverfrorenheit ...

Die vorgetäuschte Dummheit des Partners ist manchem im Geschäft und im Privatleben schon teuer zu stehen gekommen. Hier ist äußerste Vorsicht angebracht, weil echte und falsche Dummheit manchmal schwer zu unterscheiden sind ... Vor den Untaten dieser ‚Dummen' schützt man sich noch am wirksamsten durch Eigenkompetenz, durch Menschenkenntnis und häufige und sorgfältige Kontrollen."

Doktrinäre und neurotische Dummheit

Unsere Intelligenz wird häufig durch borniertes, unbelehrbares **Festhalten an indoktrinierten Konventionen**, Dogmen und Tabus getrübt. Dazu zählen Ideologien, Religionen oder esoterischer Aberglaube. Ein „Gläubiger" kann per definitionem keine Einsicht in die Dummheit seines Glaubens haben, sonst könnte er ja gar nicht mehr glauben.

Wissenschaftlicher Fortschritt wurde dadurch Jahrhunderte lang zurückgehalten und wird es teilweise immer noch. Der Gesprächspartner ist dann für rationale Erwägungen in der Regel unzugänglich.

Bisweilen ist dummes Verhalten und Versagen im wirtschaftlichen und politischen Alltag auch auf **neurotische Probleme** zurückzuführen. Menschen in der Führungsschicht werden in ihrer Isolierung und Selbstherrlichkeit vom Größenwahn befallen, verlieren den Sinn für das real Mögliche und begehen fatale Dummheiten.

Fremde und eigene Dummheit

Das Faszinierende an der Dummheit ist, dass man sie nicht bemerkt, wenn man sie hat. Wir leben in der Illusion, wir seien unbeteiligte Beobachter. „Aber es gibt keine Dummheit, die nicht auf irgendeine Weise auch die unsere wäre" (*Glucksmann* nach *Ette* 2002[4]). Man ist gescheit, wenn man sich für ein bisschen dumm hält und dumm, wenn man sich für besonders gescheit hält. „Abgesehen von gelegentlichen Anfällen von Selbstzweifel, gibt es wohl keinen Menschen, der sich wirklich für beschränkt hält" (*Vilar* 1992).

Zänker (2001): „Es fällt uns immer am leichtesten, die **Dummheit anderer** zu erkennen. So wie uns der ‚Splitter' im Auge des Fremden eher auffällt und mehr beunruhigt als der ‚Balken' im eigenen Auge.

Die **eigene Dummheit** steht auf einem anderen Blatt. Besonders die weniger Begabten neigen dazu, ihre Fähigkeiten zu überschätzen und sich als klüger und tüchtiger einzustufen, als es die Umwelt tut."

Die Uneinsichtigkeit (auch sonst recht intelligenter Menschen) in die eigene Begrenztheit erklärt so manches „dumme" Verhalten, so etwa, wenn ein Mensch unverdrossen schlechte Witze erzählt, obwohl niemand darüber lacht. Er bemerkt nicht die korrigierenden Signale seiner Zuhörer. Der Dumme oder auch der Inkompetente realisiert nicht nur nicht, wie schlecht er ist, er erkennt auch nicht, wie gut andere sind. Die Dummen wissen nicht, dass sie dumm sind. Zur Erkenntnis der eigenen Dummheit und Begrenztheit bedarf es meist der Hilfe anderer.

Relativ intelligente Menschen sehen im Nachhinein die Dummheit mancher Handlungen ein. Der (von Haus aus) essenziell Dumme ist dazu gewöhnlich nicht in der Lage.

4 Dumm sein ist relativ

Hier haben wir das ganze Problem
der Dummheit in nuce. Der Dummkopf
ist immer der andere.
Matthijs van Boxsel

„Dumm" ist ein relativer Begriff. Ohne Dumme keine Gescheiten, Intelligenten, Raffinierten, Schlauen. Die Bewertung „klug" und „dumm" bedeutet eine relative Wertsetzung.

Daher kann es auch keine absoluten, zeitlosen Kriterien für dummes Verhalten geben. „Dann sollte man, streng genommen, auch nicht den Menschen selbst, sondern sein jeweiliges Denken und Handeln als mehr oder weniger dumm oder klug bezeichnen. So mag sich die Dummheit von heute schon morgen oder übermorgen als Klugheit erweisen – und umgekehrt. Es kommt auf die Umstände, auf den Blickwinkel an. Mancher hält etwas nur solange für dumm, wie er es nicht versteht, oder auch nur, weil es seinen eigenen Ansichten widerspricht" (*Zänker* 2001). Und gelegentlich werden wir alle vom Virus der Dummheit befallen.

Möbius (nach *Gürster* 1967) meint übertreibend, „normal" sei leichter Schwachsinn – denn bei Anlegen eines scharfen Maßstabes könne man den Durchschnitt der Menschheit als intellektuell minderwertig bezeichnen. Es komme eben auf die Ansprüche an, die man an das intellektuelle Verhalten stellt.

Mehrere **Relationsebenen** lassen sich unterscheiden:

Individuell: Was mir heute intelligent, klug, oder sinnvoll erscheint, kann ich morgen als dumm oder sinnlos empfinden. Oft kann ich nur rückblickend entscheiden, ob eine Handlung dumm war oder nicht.

Interindividuell: Über das, was Dummheit sein soll, lässt sich ebenso streiten wie über den Geschmack. Der eine hält dies für dumm, der andere jenes. Ein Verhalten, das mir dumm vorkommt, kann von einem anderen (dümmeren?) als intelligent angesehen werden und umgekehrt. Einer kann sogar argumentieren, was mir dumm erschiene, sei so sehr gescheit, dass ich es nur nicht verstünde. Dies geschieht häufig im Bereich der Esoterik.

Grossgebauer (2001): „In vielen Fällen ist nicht sicher auszumachen, ob z.B. ein Urteil oder eine Handlung intelligent oder dumm ist oder war. Ein solches Urteil ist subjektiv und hängt von zahlreichen Randbedingungen ab, wie z.B. von den Bedürfnissen, dem Bildungsgrad und Erwartungen desjenigen, der gerade das Urteil fällt oder die Handlung vollzieht."

Gesellschaftlich: Eine Handlung, die uns dumm oder sinnlos erscheint (z.B. Regenzauber), mag in einer anderen Bevölkerungsgruppe oder einer anderen Kultur sehr wohl als sinnvoll und klug gelten. Die Neigung, die Einwohner gewisser Orte (Abdera, Schilda) oder Gegenden (Ostfriesland in Deutschland, Burgenland in Österreich) als Vertreter besonderer Beschränktheit darzustellen und ihnen die törichtsten Streiche zuzuschreiben, hat sich vom Altertum bis in die Gegenwart erhalten. Auch entscheiden Werte und Normen einer Gesellschaft und der aktuelle Stand der Wissenschaften darüber, was jeweils intelligent oder dumm ist.

Historisch: Was gestern als Tatsache galt, kann uns Heutigen als dummer Aberglaube erscheinen, z.B. die Existenz von Hexen, dass die Erde eine Scheibe sei oder die Sterne unser Leben im astrologischen Sinn beeinflussen. Der Kirchenschriftsteller *Lactantius* (3./4. Jh. n. Chr.) schrieb ein Pamphlet gegen die „törichten Philosophen, die sich die Erde rund vorstellen".

5 Generell oder partiell dumm? Das Konzept der multiplen Dummheit

Gelegentlich sind wir alle dumm.
Robert Musil

Dummheit wird meist als Gegenteil der (kognitiven) Intelligenz, die zu Dreiviertel vererbt ist, angesehen. So wie es – nach *Gardner* – nicht *die* Intelligenz gibt, so gibt es auch nicht *die* Dummheit, sondern die verschiedensten Formen davon. Kein Mensch ist **generell** dumm, sondern nur **partiell**, der eine in dieser, der andere in jener Hinsicht und dies in unterschiedlichem Ausmaß. Und so wie man bei *Gardner's* Intelligenzformen besser von verschiedenen Begabungen oder Talenten sprechen sollte, handelt es sich bei den Formen von Dummheit um partielle Unbegabtheit, um einen Mangel an bestimmten Fähigkeiten oder Talenten. Ein Mensch, der sich sprachlich schlecht auszudrücken vermag, kann z.B. ein mathematisches Genie sein und einer, für den Mathematik ein „spanisches Dorf" bleibt, ist vielleicht ein Sprachtalent oder ein guter Tänzer, ein geschickter Handwerker oder kreativer Künstler. Den vollständig dummen Menschen gibt es nur theoretisch. Und fast jeder hat die Möglichkeit, intellektuelle Mängel durch emotionale oder soziale Kompetenz (Intelligenz) auszugleichen. Im Übrigen werden heute neben dem IQ (Intelligenzquotient) auch andere „Quotienten" gehandelt: Der EQ steht für „emotionale Intelligenz", der SQ für eine „spirituelle Intelligenz". Letztere könnte man mit „Weisheit" gleichsetzen. Sie befähigt uns, existenzielle Fragen zu reflektieren. Der PQ (Persönlichkeitsquotient) ist die Summe der persönlichen und sozialen Qualitäten. Und der CQ („Charisma-Quotient") meint die Begeisterungs- und Führungsfähigkeit.

Übrigens EQ: Der Widerspruch fällt offensichtlich niemandem auf – Gefühl geht hier eine unsinnige semantische Verbindung mit der Intelligenz oder der mathematischen Metapher des Quotienten ein. *Rust* (1999): „Diese ‚intuitive Intelligenz' durchläuft nun die gleiche Konjunktur wie die anderen außerhirnlichen Intelligenzen und wird zum äußerst nuancierten Marktartikel. Hier und da leicht vermischt mit der Esoterik und der ‚Superintuition', bei der man den Verstand gänzlich ausschalten solle. Im Grunde

IQ-Bestimmung: Wenn's so einfach wäre! (aus Biedermann 1994)

werden ,dem Intelligenzbegriff einfache Attribute beigegeben', die so passgenau sind wie ,Tennisschuhe zum Smoking'."

Was ist Intelligenz?

Dass Menschen (und in einfacher anschaulicher Form auch höhere Tiere) denken, erschließen wir aus ihrem „intelligenten" Verhalten. Intelligenz ist eine dem Denkprozess zugrunde liegende Summe bestimmter Fähigkeiten. *Intelligenz ist zunächst die Fähigkeit, neuartige Aufgaben zu lösen, für deren Bewältigung weder ein angeborenes noch ein erlerntes Verhaltensmuster vorliegt.* Allerdings gibt es viele verschiedene Auffassungen darüber, was alles zur Intelligenz dazugehört, bzw. welche Fähigkeiten als „intelligentes Verhalten" eingestuft werden sollen.

Biologische Grundlagen der Intelligenz

Grundvoraussetzung für intelligentes Verhalten ist ein gut ausgebildetes Gehirn und dessen ausreichende Versorgung mit Sauerstoff und Nährstoffen.

Der englische Psychologe *Hans Eysenck* fand heraus, dass sich die Intelligenz von fehlernährten Kindern steigern ließ, wenn ihnen Vitamin- und Mineralienpräparate verabreicht wurden. Auch eine ausreichende Eiweißversorgung ist für die gesunde Hirnentwicklung beim Kind unabdingbar.

Möglicherweise hilft die Gabe des Hormons DHEA (DeHydroEpiAndrosteron) Vitalität und Gedächtnisleistung zu erhalten.

Belegt ist, dass die Gabe von Traubenzucker die Merkfähigkeit steigert und bei Alzheimer-Patienten und Mongoliden manche kognitive Leistung verbessert. Auch Koffein (in Kaffee, Schwarztee, Cola oder Guarana) hat eine denkanregende Wirkung.

Eine Pille zur Intelligenzsteigerung ist noch nicht erfunden. Aber wenn Denken von Molekülen bestimmt wird, lässt sich ihr Zusammenspiel eines Tages vielleicht durch ein Medikament optimieren.

Es wurde auch festgestellt, dass das Gehirn intelligenter Menschen weniger Energie benötigt als das weniger befähigter Vergleichspersonen. Desgleichen verändern sich bei hoher Intelligenz die Hirnströme schneller und zuverlässiger auf einfache Sinnesreize hin (z.B. Klicklaute).

PET-Aufnahmen (das bildgebende Verfahren der **P**ositronen-**e**missions**t**omografie) zufolge spielt sich Denken vor allem im seitlichen Stirnhirn ab. Diese Hirnregion wird für die Lösung fast aller komplexen Aufgaben aktiviert und kann daher als ein regelrechtes Intelligenzzentrum angesehen werden.

Ist Intelligenz angeboren?

Die Frage ob Intelligenz vererbt oder durch Umwelteinflüsse geprägt wird, wird seit langem kontrovers diskutiert. Es scheint jedoch so, dass die Gene einen sehr starken Einfluss auf den IQ haben und Intelligenzunterschiede zu 70 Prozent erblich bedingt sind, auch wenn das Zusammenspiel zwischen Erbe und Umwelt äußerst komplex ist. Interessanterweise wird der Anteil des Einflusses der Gene auf die Intelligenz mit zunehmendem Alter größer. Dies lässt sich nicht nur bei alten Menschen feststellen, auch bei Kindern wird die intellektuelle Leistung mit zunehmendem Alter immer unabhängiger von der familiären Umgebung. Adoptivgeschwister, die keine gemeinsamen Gene besitzen, aber die gleiche Erziehung erfahren haben, erzielen in der Kindheit noch ähnliche IQ-Werte; im Teenageralter verflüchtigen sich jedoch diese Gemeinsamkeiten völlig und der IQ nähert sich dem der biologischen Eltern an.

Trotzdem: *Auch die Umwelt beeinflusst die intellektuelle Leistungsfähigkeit*:

- Richtig essen macht klug. Je ausgewogener und gesünder die Kost, desto deutlicher steigt der IQ-Wert von Schülern.

- Je länger sich ein Kind in der Schule aufhält, desto besser ist seine Intelligenzleistung. In den Ferien fällt der IQ der meisten Kinder deutlich ab.
- Intelligenz ist auch kontextabhängig: brasilianische Straßenkinder können Mathematikaufgaben gut lösen, wenn sie so formuliert sind, dass sie in ihre Lebenswelt übertragen werden können.
- Bemerkenswert ist auch, dass die Testleistungen von Schulkindern im letzten viertel Jahrhundert deutlich angestiegen sind.
- Tägliches Hirntraining macht sich bezahlt. Nötig hat es jeder, der beruflich nur einseitig gefordert oder ruhig gestellt ist: Schon nach einem dreiwöchigen Krankenhausaufenthalt kann der IQ um bis zu 30 Punkte sinken.
- Immer dümmer wird auch der, der sich jeden Abend nur noch passiv vor dem Fernseher berieseln lässt.

Gerade wenn nur ein geringer Prozentsatz der Intelligenz trainiert werden kann, haben wir die Pflicht, die Begabung unserer Kinder nach Möglichkeit zu fördern.

Formen des Schwachsinns

Weniger als „normale" Intelligenzleistungen wurden wie folgt benannt:

Debilität IQ = 70 – 60, Imbezillität 60 – 50, Idiotie < 50.

Debile sind geistig leicht behindert, aber unter günstigen Umständen in der Lage, ihren eigenen Lebensunterhalt zu bestreiten. Das Erlernen von Lesen und Schreiben ist unter erheblichen Schwierigkeiten möglich.

Imbezille sind zu Sauberkeit erziehbar, können allein essen und einfache Routinearbeiten erledigen. Ihre Sprache geht kaum über das Stammeln hinaus.

Idioten sind Personen, die nicht für ihre eigenen Bedürfnisse (etwa Sauberkeit) sorgen können, sie entwickeln keine Sprache und sind berufsunfähig. Das Intelligenzalter entspricht etwa dem von zweijährigen Kindern.

Zweifellos sind schwachsinnige Menschen in verschiedener Weise und Grade dumm, doch soll hier von diesen angeborenen Formen der Dummheit nicht weiter die Rede sein.

Intelligenzmodelle

Gardner's **9 Intelligenzformen**
(die man früher als Talente oder Begabungen bezeichnet hätte):

Sprachliche Intelligenz
In allen Kulturen hoch geschätzte Intelligenzform. Beherrschung der Sprache, die Liebe zu ihr und die Sensibilität für die verschiedenen Funktionen der Sprache (Dichter, Schriftsteller, Sprachwissenschaftler)

Logisch-mathematische Intelligenz
Fähigkeit und Kompetenz beim Erkennen logischer oder numerischer Muster (Mathematiker, Naturwissenschaftler, Philosoph)

Musikalische Intelligenz
Fähigkeit, Stücke zu komponieren und aufzuführen, Verständnis für die Formen musikalischen Ausdrucks (Komponist, Dirigent, Musikkritiker)

Räumliche Intelligenz
Fähigkeit, die Welt genau wahrzunehmen, Orientierung, Wiedererkennen von Objekten, Umgang mit Abbildungen und Symbolen wie Karten oder Diagrammen (Architekt, Maler, Bildhauer, Seefahrer, Schachspieler)

Körperlich-kinästhetische Intelligenz
Beherrschung, Kontrolle und Koordination von Körperbewegungen, geschickter Umgang mit Gegenständen (Tänzer, Sportler, Schauspieler)

Intrapersonale Intelligenz
Fähigkeit, das eigene Gefühlsleben zu erfassen und in sich hineinzuhören

Interpersonale Intelligenz
Die im Alltag besonders wichtige Fähigkeit, Temperament, Stimmungen und Wünsche anderer genau wahrzunehmen und darauf zu reagieren (Psychologe, Therapeut, Politiker, Lehrer, religiöser Führer)

Naturalistische Intelligenz
Fähigkeit zum Erkennen und Klassifizieren natürlicher Objekte (Mineraloge, Biologe)

Existenzielle Intelligenz
Fähigkeit zum Erfassen und Durchdenken von grundlegenden Fragen der Existenz (Weiser, Philosoph, geistiger Führer)

Das Berliner Intelligenzstrukturmodell (BIS)
Im Gegensatz zu *Gardner* geht es hier nicht um die umfassende Beschreibung aller Fähigkeiten des Menschen, sondern um seine Geisteskraft, Probleme zu lösen. Der entsprechende Test umfasst mehr als 300 Einzelaufgaben und dauert etwa zweieinhalb Stunden.
Acht Talente (Geistesfähigkeiten) beschreiben beim BIS die Hardware im Kopf:

- **Einfallsreichtum**: die Kreativität, möglichst viele Ideen zu produzieren;
- **Geschwindigkeit**: Wie schnell arbeiten wir, wie leicht fassen wir auf?
- **Merkfähigkeit**: wie gut wir uns etwas einprägen und es reproduzieren;
- **Kapazität**: komplexe Informationen verarbeiten und in Beziehung setzen;
- **Verbales Denken**: wie kompetent wir mit Sprache umgehen;
- **Numerisches Denken**: wie gut wir mit Zahlen zurechtkommen;
- **Figurales Denken**: die Fähigkeit, Bilder und Objekte zu verarbeiten;
- **Allgemeine Intelligenz**: entspricht in etwa dem herkömmlichen IQ.

Zu all diesen Intelligenzformen lässt sich naturgemäß die Negation denken, die dann einem Mangel dieser Fähigkeiten oder – wenn man will – eben der „Dummheit" auf diesem Gebiet entspricht.

Auch ein allgemein sehr dummer Mensch mit niedrigem IQ kann bestimmte außerordentliche Sonderbegabungen entwickeln, so der *Idiot-Savant*, der z.B. alle Heiligen des Kalenders aufzählen kann („Kalendertrottel").

Eine weitere Schwierigkeit, die einer eindeutigen Definition entgegensteht, ergibt sich daraus, dass es zahllose Masken der Dummheit und Kombinationen mit anderen menschlichen Eigenschaften gibt. Häufig tritt sie sogar im Kostüm der Klugheit auf. Es können sich hinter ihr aber auch Zynismus und Bösartigkeit verbergen. *Bonhoeffer* meint, „dass eine der unerträglichsten Kombinationen seelischer Eigenschaften beim Menschen diejenige von Dummheit und Fleiß sei" (nach *Gürster* 1967).

So wie „die" Intelligenz in mehrere Bereiche aufgeteilt werden kann, kann nach *Grossgebauer* (2001) auch der Begriff „Dummheit" durch eine differenziertere Betrachtungsweise in Teilkomponenten zerlegt und damit „aufgelöst" werden: „So ist es z.B. eine ausgemachte Dummheit, die Weltbevölkerung immer weiter wachsen zu lassen. Für diese Dummheit kann man aber auch genauer Gleichgültigkeit und Verantwortungslosigkeit sagen."

Die fünf Prinzipien der menschlichen Dummheit

(aus *Carlo M. Cipolla*: Allegro ma non troppo. Die Prinzipien der menschlichen Dummheit 1992)

Erstes Prinzip: Stets und unvermeidlicherweise unterschätzt jeder von uns die Anzahl dummer Individuen, die sich in Umlauf befinden.

Stultorum infinitus est numerus. (Die Zahl der Dummen ist unendlich.)

Zweites Prinzip: Die Wahrscheinlichkeit, dass eine bestimmte Person dumm ist, besteht unabhängig von jedweder anderen Eigenschaft derselben Person.

Unter Nobelpreisträgern findet man denselben Prozentsatz an Dummen wie unter Studenten oder Angestellten.

Die Frauenbewegung wird dieses *Zweite Prinzip* zu schätzen wissen, weil es darlegt, dass es unter den Männern im Verhältnis wesentlich mehr Dumme gibt als unter den Frauen.

Das Dritte (und goldene) Prinzip: Ein dummer Mensch ist ein Mensch, der einem anderen Menschen oder einer anderen Gruppe von Menschen einen Schaden beibringt, ohne zugleich einen Gewinn für sich selbst dabei herauszuziehen oder sogar einen Verlust erleidet.

Viertes Prinzip: Menschen, die nicht dumm sind, unterschätzen stets das Gefährlichkeitspotenzial dummer Menschen.

Vor allem vergessen Menschen, die nicht dumm sind, ständig, dass Verhandlungen und/oder Verbindungen zu jedwedem Zeitpunkt, an jedwedem Ort und unter jedwedem Umstand mit dummen Personen sich unweigerlich als teurer Irrtum herausstellen werden.

Fünftes Prinzip: Der dumme Mensch zählt zu den gefährlichsten Menschen, die es gibt.

Der Dumme ist gefährlicher als der Bandit. Im Grunde sind die Dummen deshalb so gefährlich und verhängnisvoll, weil vernünftige Menschen sich nur schwer ein dummes Verhalten vorstellen, geschweige denn begreifen können. Ein intelligenter Mensch kann die Logik eines Banditen nachvollziehen ... Man kann also die Taten eines Banditen, seine schmutzigen Tricks und seine bedauernswerten Absichten voraussehen und oft sogar die geeigneten Abwehrmaßnahmen ergreifen. Bei einer dummen Person ist dies alles absolut unmöglich ...

**Vorsicht:
Positives Denken kann Ihre Gesundheit gefährden!**

Joseph Murphy: „Denken Sie das Gute, und es wird sich verwirklichen." „Denke richtig und du wirst glücklich!" Die Versprechen klingen verlockend: Wer positiv denkt, wird mit allen Problemen spielend fertig. Gesundheit und Erfolg, beruflich wie privat, stellen sich quasi von alleine ein. Das klingt zu schön, um seriös zu sein.

Die Realität sieht anders aus. Menschen, die kritiklos den Ratschlägen der *„Positiv-Denker"* folgen, verstärken langfristig ihre Probleme und gefährden ihre Gesundheit.

Diese *Ich-schaffe-alles-und-Ich-schaffe-es-allein-Ideologie* ist gefährlich, weil sie tiefere seelische Ursachen von Problemen leugnet.

Unbestritten ist, dass Selbstvertrauen und Optimismus beim Streben nach Glück und Erfolg helfen können. Eine maßvolle Selbstüberschätzung kann das Erreichen von Zielen erleichtern. Wer Probleme zielstrebig anpackt, selbstbewusst ist und nett zu seinen Mitmenschen, hat es leichter.

Das *„positive Denken"* arbeitet nach der Modellvorstellung, dass das Ich dem Unbewussten nach Belieben einreden kann, was richtig ist. Ist der angestrebte Bewusstseinszustand erst einmal hergestellt, so wird er zwangsläufig in der Außenwelt die gewünschten Ergebnisse herbeiführen. Äußere Faktoren und Hindernisse spielen keine Rolle.

Ein Kernproblem des *„positiven Denkens"* sind bereits dessen Ziele: ein vollkommen angstfreies Leben, ewige Harmonie, absolute Gesundheit und ein „natürlich zufallender" Reichtum. Gerade weil diese Ziele nichts mit unserer rauhen, als leidvoll erfahrenen Wirklichkeit zu tun haben, üben sie eine so große Faszination aus. Hinzu kommt noch das Versprechen, dass diese Zustände praktisch ohne großen persönlichen Einsatz erreichbar sind. Aber nicht jeder kann alles erreichen. Nicht jeder kann sportliche Höchstleistungen erbringen, nicht jeder kann Millionen an der Börse machen und nicht jeder ist bei allen beliebt, wenn er sich nur darum bemüht. Zum einen sind die Fähigkeiten zu Höchstleistungen eben doch nicht bei allen Menschen vorhanden, zum anderen stellen sich uns oft Schwierigkeiten in den Weg, die wir einfach nicht beeinflussen können. So schmeichelhaft das Postulat der unbegrenzten individuellen Verantwortung für den Erfolgreichen ist, so deprimierend ist es für den, der scheitert. Versagergefühle sind vorprogrammiert. Denn wer es nicht schafft, positiv zu denken, macht etwas falsch.

Günter Scheich: „Die Vertreter des *positiven Denkens* betreiben eine maßlose Überschätzung des Denkens und der Sprache. Sie behaupten, dass Menschen ohne weiteres ihre Gedanken wählen könnten und sprechen diesen einen allmächtigen Einfluss auf das menschliche Leben zu." Dabei sind Gedanken lediglich ein Mo-

Lebenslüge

saikstein von vielen, die das psychische Befinden ausmacht. „Triebe, vorbewusste emotionale Vorgänge, erlernte, oft falsche Verhaltenweisen sowie das äußere Umfeld haben einen ebenso grossen Anteil an der seelischen Konstitution des Menschen."

Vermutlich sind auch nicht alle Menschen gleich empfänglich für die Selbst-Motivation. Objektiv überprüfbare Erfolgsnachweise ihrer Methoden bleiben die neuen Propheten denn auch schuldig.

Nicht einmal den Hochmotivierten helfen die Psychotipps immer. Beim Versuch, das *positive Denken* umzusetzen, wurde ein gestresster Manager „immer verkrampfter". Das vermeintliche Versagen machte alles nur noch schlimmer. Am Ende litt der Mann unter schweren Depressionen.

Depressive oder ängstliche Menschen, die dem postulierten Anspruch nicht gerecht werden können (selbst Gesunde können dies nicht), werden mit Sicherheit noch tiefer in ihre Krankheit gestoßen.

Und wie soll ein durch unverschuldete Schicksalsschläge unglücklich gewordener Mensch die Aussage aufnehmen, „dass wir durch unglückliche Gedanken das Unglück herbeirufen"?

Die Verkünder des *„positiven Denkens"* versprechen dem Leser immerwährendes Glück oder schmerzfreie Problembewältigung und erwecken hierdurch ungeheure Erwartungen. Sie erreichen damit aber genau das Gegenteil: Wer besonders viel erwartet, der wird auch besonders enttäuscht und frustriert sein, wenn das Erhoffte dann nicht eintritt.

Emotionen haben zunächst einmal eine existenzielle, d.h. auch lebenserhaltende Bedeutung. Freude, Trauer, Furcht, Wut, Überraschung und Ekel, alle diese „Grundemotionen", ob positiv oder negativ, sind überlebenswichtig. Die *„positiven Denker"* halten die negativen Gefühle für regelrecht sinnlos. Diese Einschätzung ist ebenso bedrohlich, wie die Annahme absurd ist, mit Gedanken *allein* könnten „echte" Gefühle aus der Retorte produziert werden.

Gefühle und Motivationen lassen sich nicht nach Belieben fabrizieren und zwischen Absichten und ihrer Verwirklichung findet ein komplexer Prozess statt, der nur sehr bedingt kontrollierbar ist. Wäre es anders, so hätte sich die Entwicklung der modernen Psychotherapie ja erübrigt und es würde bis heute nur Autosuggestion praktiziert. Wer also immer noch aus voller Brust das Credo des *positiven Denkens* verkündet, muss sich zumindest dumm stellen; sofern ihm diese Gabe nicht von Natur aus eigen ist.

6 Weibliche und männliche Dummheit

Ob die Frauen soviel Vernunft
haben wie die Männer, mag ich nicht
entscheiden, aber sie haben ganz
gewiss nicht soviel Unvernunft.
Johann Gottfried Seume

Neben der allgemeinmenschlichen Dummheit gibt es zweifellos auch geschlechtsspezifische Formen dummen Verhaltens, das heißt als dumm angesehene Verhaltensweisen, die wir überwiegend häufig bei Frauen oder bei Männern antreffen. Dass es Geschlechtsunterschiede im Denken und Fühlen gibt, hat sowohl biologische als auch historische Gründe. So finden wir in vielen Kulturen auch heute noch die Unterdrückung und ungerechte gesellschaftliche Minderstellung der Frau. Diese erniedrigende Stellung der Frau wird leider auch von den Frauen selbst meist stillschweigend als selbstverständlich, ja natur- oder gottgegeben akzeptiert. Nach *Ester Vilar* (1998) ist in den USA, also im Land mit der aktivsten Frauenbewegung, fast jede zweite Frau gegen die Emanzipation. Sie spricht von einer „Lust an der Unfreiheit". Allerdings meint *Vilar* auch: „Das im feministischen Lager beschworene Patriarchat existiert in den westlichen Industriestaaten nur an der Oberfläche – im Kern ist diese Gesellschaft durch und durch matriarchalisch organisiert."

Etwas mehr *Wahrhaftigkeit und Selbstironie* fordert Ester Vilar in ihrem Buch „Denkverbote" (1998)

Warum geben wir Frauen uns als die Gefühlvolleren aus, wenn sich zweimal mehr Männer als Frauen aus Verzweiflung das Leben nehmen? Warum reklamieren wir die Kinderliebe für uns, wenn die überwältigende Mehrzahl der Fälle von Kindesmisshandlung auf unser Konto geht? Wie soll ein kleiner Junge, der von seiner Mutter geohrfeigt wird, als Mann später wissen, dass man physische Überlegenheit nicht missbraucht? Warum nennen wir uns das fantasievollere der beiden Geschlechter, wenn die meisten der großen Kunstwerke von Männern stammen, und warum tun wir so, als hätten sie, die Klavierbauer, uns, die klimpernden höheren Töchter, am Komponieren gehindert? Warum leisten wir Frauen uns nicht ein bisschen mehr Wahrhaftigkeit und wenigstens ein Minimum an Selbstironie?

Aber „eine Frau prinzipiell dümmer hinzustellen als einen Mann (um bei diesem undifferenzierten Ausdruck „dumm" einmal zu bleiben) hieße, ihr nicht nur weniger ‚reines' Wissen, sondern z.B. auch weniger Gefühlsleben zu unterstellen. Gerade die Unterstellung eines unterentwickelten Gefühlslebens ist denn auch der Gipfel der Diffamierung" (*Grossgebauer* 2001).

Das Vorurteil der geistigen Minderwertigkeit der Frau

Das Vorurteil von der „Minderwertigkeit der Frau" kann als Prunkstück aus dem Arsenal der Dummheit gelten.

Eine Kirchensynode in Avignon im 14. Jahrhundert erwog allen Ernstes die Frage, ob die Frau auch eine Seele habe oder ob sie des Teufels sei. Bei Abstimmung wurde mit knapper Mehrheit das erstere beschlossen. Nicht nur geistliche, auch weltliche Vorkämpfer der patriarchalischen Vorurteile haben die Frauen verunglimpft und auf deren Kosten billiges Selbstlob ausgesprochen. *Schopenhauer* bescheinigt den Frauen in seiner berühmten Abhandlung „*Über die Weiber*" (1851), dass sie infantil, hässlich, dumm und gemein seien. Sie seien nur in der Jugend annehmbar, sozusagen als „Knalleffekt der Natur", die den Mann zur Zeugung von Nachkommen verleiten wollten. Der Zweck des Frauenlebens sei das Kind. Kaum seien die Kinder geboren, verblühe der weibliche Organismus; menschliche und geistige Entwicklung seien der Frau „naturgemäß" versagt (nach *Rattner* 1976).

Haarsträubendes über die Frau und ihren Intellekt finden wir auch in der berühmt-berüchtigten antifeministischen Dissertation von *Otto Weiniger „Geschlecht und Charakter"* (1903). Hier findet sich folgender Katalog von Bestimmungen:

- das Weib ist alogisch
- das Weib ist amoralisch
- das Weib kennt keinen Begriff
- das Weib hat keine Seele
- das Weib hat kein Ich
- der Mann hat Grenzen – das Weib hat keine Ich-Grenze
- der Mann ist Wert – das Weib ist Lust (= wertlos)
- der Mann ist etwas – das Weib ist nichts
- der Mann ist Wille – das Weib ist Trieb
- es gilt die Gleichung: Subjekt – Objekt = Form – Materie = Mann – Frau
- das Weib ist Geschlechtswesen – der Mann ist Geschlechtswe-

> sen, aber: „noch etwas darüber“, denn „das Weib ist fortwährend, der Mann ist nur intermittierend sexuell“.

Der deutsche Psychiater *Möbius* publizierte noch 1906 seine Abhandlung *„Über den physiologischen Schwachsinn des Weibes“*. Unwidersprochen wurde darin die Auffassung vertreten, dass zwischen Weiblichkeit und Debilität enge Beziehungen obwalten, dass Dummheit ein Vorrecht des „schwachen Geschlechts“ sei. Mit dieser Behauptung gab *Möbius* unfreiwillig ein schönes Beispiel für eine psychische Projektion: Je dümmer wir sind, desto leichter beschuldigen wir die anderen der Dummheit (*Rattner* 1976).

Zweifellos spuken ähnliche lächerlich-dumme (zum Teil aus dem Zeitgeist erklärbare) Vorstellung noch in vielen Machoköpfen herum.

Heute schlägt die Einschätzung „schwaches Geschlecht“ mitunter ins Gegenteil um: Es gibt jetzt „Frauen-Kolumnen, die, wären sie von Männern geschrieben, als krasser Sexismus verschrien wären und die Internationale der Frauenbeauftragten auf den Plan riefen. Aber da sie von Frauen geschrieben sind, dürfen Männer als entwicklungsgeschichtlich schwachsinnig gebrandmarkt werden. Womit wir wieder am Anfang des Jahrhunderts wären, als seltsame Theorien über den ‚physiologischen Schwachsinn des Weibes‘ im Umlauf waren. Heute stützen sich diese seltsamen Inferioritätstheorien nicht mehr auf Mutmaßungen, sondern auf gen-wissenschaftliche Forschungsergebnisse“ (*Rust* 1999).

Die Eman/frauzipation der deutschen Sprache
(*Wolfgang Ritzberger-Baumgartner* in „OÖN“;
Univpress November 1993)

Oft fragt sich der geneigte Leser so mancher universitärer und anderer Veröffentlichung, was „frau“ eigentlich gegen „man“ hat. Gemeint ist hier allerdings das doch recht gebräuchliche Fürwort und nicht die um ein „n“ verkürzte Bezeichnung für annähernd die Hälfte der irdischen Bevölkerung. Wie oft lesen wir, dass man/frau „frau“ statt „man“ schreibt. Das soll nun aber beileibe kein Pamphlet gegen die Efrauzipation sein, nein, diese ist in vielen Bereichen des Lebens wichtig und richtig. Es geht mir vielmehr um die oft ein wenig gezwungen wirkende Umgestaltung der deutschen Sprache. Wenn schon, dann soll frau dies konsequent tun und die gesamte Grammatik durch die Fraugel drehen. Alle Frauskripte (auch das Kommunistische Frauifest) müssen überarbeitet und viele der uns lieb gewordenen Rofraue neu geschrieben werden (vor allem die vom Thomas und Heinrich Frau). Auch die Geografen unserer Alma Mater hätten ein neues Betätigungsfeld: Orte wie Frauheim, Frauchester, Frauila oder Frauhatten harren ihrer Umbenennung. Die Sportfreunde werden sich an ein 24-Stundenrennen von Le Fraus gewöhnen müssen und die Bilder von Edouard Frauet sind neu zu signieren.

Im Rahmen der vor nicht allzu langer Zeit von einer Landtagsfraktion vorgeschlagenen Neufassung der Tiroler Landeshymne ließe sich schon der Titel zu einem zeitgemäßen, efrauzipierten „Zu Frautua in Banden ..." abändern. Sicher im Sinn der vorschlagenden Fraktion.

Das müssen die, die alles das wollen aber selbst frauagen. Und wenn sie schon sprachlich nicht so frauiriert sind, sollen sie gleich das ganze Komfraudo unserer so patriarchalischen Welt in ihre frauikürten Finger nehmen. Wir legen uns auf den Otofrau, werden franisch-depressiv und lassen uns nicht länger frauipulieren. Dann gibt's aber auch keinen Nerzfrautel, keine exotische Fraugofappes in der Frausarde bei Fraudolinienklängen mehr, und die Platten von Fraufred Frau können sie sich auch selber kaufen. Von den Frauagergehältern, die Frau dann bezieht, wird das kein Problem sein. Und schlechte Frauieren legen wir ohnehin schon an den Tag.

Aber halt! Diese Haltung als Ausdruck frauenfeindlichen Machoismus gehört doch längst der Vergangenheit an. Der Jahrzehntelange Kampf der Efrauzipation hat erreicht, dass die männlich dominierte deutsche Muttersprache den sogar überwiegenden Anteil an Frauen in unserer Gesellschaft nicht länger vernachlässigt. Das weibliche Geschlecht wird endlich gleich behandelt. Wir lesen nicht mehr von Sandlern, Raumpflegern, Rektoren, Sozialministern und Bundespräsidenten sondern von SandlerInnen, RaumpflegerInnen, RektorInnen, SozialministerInnen und BundespräsidentInnen. Doch wie so oft werden diese wohlverdienten Frauenrechte wieder nur halbherzig und unvollständig ins geschriebene Wort umgesetzt. Viele ProfessorInnen, StandesbeamtInnen, SchriftstellerInnen, JournalistInnen und UnipressredakteurInnen widersetzen sich noch immer diesem äußeren Zeichen geschlechtlicher Gleichbehandlung.

Immer noch liest man – Verzeihung – frau/man „Kinder" und nicht „KinderInnen", „Ehepartner" und nicht „EhepartnerInnen", „Eltern" und nicht „ElterInnen" und ähnliches. Somit werden Mädchen, Frauen und Mütter nach wie vor diskriminiert. Das eklatanteste Beispiel der hartnäckigen Unterdrückung des Weiblichen ist beim „Menschen" zu finden. Manche HerrInnen übersehen nur zu gerne, dass auch Frauen Menschen sind und die korrekte Bezeichnung hiermit „MenschInnen" wäre.

Dieses verletzende Verhalten hat ein für alle mal ein Ende zu finden. Immer wenn Männlein und Weiblein gleichermaßen betroffen sind, muß das auch im Wort ausgedrückt werden. Denn erst wenn Frauen überall als gleichberechtigte PersonInnen, ErwachsenInnen, LeutInnen und MännerInnen gelten, dann erst ist die Gleichbehandlung wirklich vollendet.

Jedenfalls setzt sich unter den Genforschern die Einsicht durch, dass das vermeintlich starke Geschlecht in Wirklichkeit ein Mangelwesen ist. Der Mann wird nicht mehr als Rambo gesehen, sondern als eher schwächliches Geschöpf – wie früher „das Weib".

Der dumme Mann ist der geborene Bordellbesucher – erstens wird ihn weder seine eigene noch die für die Frau damit verbundene Erniedrigung stören, zweitens will er sich auf keinen Fall durch ein „Abenteuer" das „Leben" komplizieren *(Ester Vilar)*.

Massaker, Mord und Totschlag gehen fast ausschließlich auf das Konto der Männer, aber auch die organisierte Kriminalität, den Sex-Tourismus, den sexuellen Missbrauch und den Hooliganismus dominieren sie. In Deutschland sind selbst bei Betrug in 99 Prozent der Fälle Männer die Täter.

Geschlechtsunterschiede der Intelligenz

Dass Frauen und Männer teilweise verschieden denken und Probleme lösen, hängt offenbar mit den durch Geschlechtshormone unterschiedlich geprägten Hirnstrukturen zusammen.

Wenn es bei einem Intelligenztest darum geht, eine abgebildete Figur in Gedanken zu drehen, schafft ein durchschnittlicher Mann dies besser als dreiviertel der Frauen. Umgekehrt hängt eine typische Frau mindestens so viele Männer ab, sobald es gilt, schnell auf Worte zu kommen.

Die weibliche Hälfte der Bevölkerung schafft es in der Regel schneller, Informationen im Langzeitgedächtnis zu finden. Frauen kommen fixer auf Synonyme und erinnern sich besser an die richtige Schreibweise eines Worts.

Frauen sind häufig sprachlich besser, Männer haben oft ein besseres räumliches Vorstellungsvermögen.

In der allgemeinen Entwicklung hinken die Knaben hinterher. Ihre Gehirne sind zwar bei der Geburt schwerer, offenbar jedoch nicht wirklich fertig für diese Welt. Mädchen jedenfalls werden mit einem Reifegrad geboren, den Jungen erst nach vier bis sechs Wochen erreichen.

Bei dreijährigen Buben funktioniert das Kurzzeitgedächtnis für räumliche Informationen besser, während Mädchen bereits im Krabbelalter Worte schneller einfallen.

Sind weibliche Embryos als Folge einer Krankheit oder einer künstlichen Überdosis einem zu hohen Spiegel männlicher Hormone ausgesetzt, kommen die Kinder zwar als Mädchen zur Welt und werden auch so erzogen. Doch ihre geistigen Fähigkeiten und Schwächen ähneln denen von Männern. Ähnlich ergeht es weiblichen Transsexuellen. Erhalten sie zur Vorbereitung einer chirurgischen Geschlechtsumwandlung hohe Dosen von Testosteron, verbessern sich innerhalb weniger Monate ihre Leistungen bei bestimmten räumlichen Aufgaben.

Bei Frauen schwanken die von männlichen oder weiblichen Hormonen abhängigen geschlechtstypischen Fähigkeiten im Rhythmus des Menstruationszyklus.

Dennoch: Geistige Fähigkeiten lassen sich fördern. Während allerdings Lesen und Rechnen längst auf dem Lehrplan stehen, wird das räumliche Denken praktisch nie in der Schule gelehrt, was Mädchen mehr nützen würde als Buben.

Frauen nutzen ihr Gehirn vielschichtiger
(„Vorarlberger Nachrichten" 30. 11. 2002)

US-Forscher haben nachgewiesen, dass Frauen bis zu neun Hirnregionen benutzen, um Erinnerungen abzuspeichern und sie mit Gefühlen zu verknüpfen. Männliche Versuchspersonen hätten nie mehr als zwei Regionen aktiviert. Dies erkläre, warum Frauen nach einschneidenden Ereignissen häufiger unter psychischen Krisen litten. Zudem fand man heraus, dass Frauen beim Zuhören und Sprechen beide Hirnhälften aktvierten – Männer nutzen nur die linke, rationale, Frauen auch die eher emotionale rechte Hemisphäre.

Was die Verteilung der Intelligenz in beiden Geschlechtern angeht, ist auch interessant, dass erheblich mehr Männer als Frauen geistig behindert sind. Dies hängt mit der Verteilung der Geschlechtschromosomen zusammen. Da Frauen 2 X-Chromoso-

Mann – Frau

men haben, können sie Gendefekte auf einem der beiden X-Chromosomen teilweise mit dem intakten Pendant auf dem anderen ausgleichen. Beim Mann, der nur 1 X-Chromosom in seinen Erbanlagen besitzt, ist dies nicht möglich. Auf dem nur beim Mann vorkommenden Y-Chromosom findet sich kein Gen, das mit Intelligenz in Zusammenhang stünde. So könnte der Spieß umgedreht und das männliche Geschlecht als das inferiore dargestellt werden. Männer mit der Geschlechtschromosomenkonstellation XYY scheinen eine besonders niedrige Intelligenz zu besitzen.

Aber auch „normale" Männer sind – zumal nach feministischer Auffassung – „durch die unzureichende genetische Ausstattung zu physiologischem Schwachsinn prädestiniert, inferior und allenfalls zur Witzfigur geeignet. Sie mutieren zu schluchzenden Weicheiern und haben den besten Sex, wenn sie fleißig bei der Hausarbeit helfen" (*Rust* 1999).

Eine besonders günstige Anordnung von „Intelligenz-Genen" auf dem einzigen X-Chromosom eines Mannes sollte sich in einer deutlich erhöhten Intelligenz niederschlagen. Eine Frau hingegen müsste diese Superkombination auf beiden X-Chromosomen besitzen, damit sich ihre Intelligenz stärker ausprägt – was weit weniger wahrscheinlich ist. Es sollte also nicht nur mehr geistig behinderte, sondern auch mehr hochintelligente Männer geben. Tatsächlich liegen die IQ-Werte in der weiblichen Bevölkerung auf der Glockenkurve näher um einen Mittelwert herum, während bei Männern öfter besonders hohe und besonders niedrige IQ-Werte vorkommen.

US-Forscher erklären: Schöne Frauen sind dümmer!
(„Vorarlberger Nachrichten" April 1984)

„Schönes Köpfchen, dummes Köpfchen": Dieser Volksweisheit will nun US-Verhaltensforscher Professor *David Campell* wissenschaftlich näher gekommen sein. Vor allem bildhübsche Blondinen scheinen bei den inneren Qualitäten häufig etwas zu kurz gekommen zu sein.
10 000 Frauen hat der 34jährige Psychologe in den vergangenen drei Jahren auf Geist und Schönheit untersucht. Das Ergebnis seiner Studien: Beides geht nur sehr selten Hand in Hand.
Frauen, bei denen er ein hohes geistiges Niveau fand, sind meist äußerlich wenig anziehend. Und Schönheiten, nach denen sich jeder Mann umdreht, haben oft nur wenig „im Köpfchen".
Schönheiten gleichen sich, so *Campell*, auch in ihren Interessen. Nur wenige haben geistige Ideale. Dafür tanzen sie meist fürs Leben gern, möchten schauspielen oder Modell stehen.
Einzige erstaunliche Ausnahme: Wenn sich eine Frau der attraktiven Sorte wissenschaftlich interessiert, dann für Rechtswissenschaft.
Der Psychologe testete auch 78 der äußerst gut gebauten Playboy-Mädchen, die ihren Körper nackt für viel Geld in Herrenmagazinen zeigten. Nur bei drei von ihnen fand er nennenswerte geistige Qualitäten und Interessen.

„Du verstehst mich einfach nicht!"

Missverständnisse in einer (besonders zweigeschlechtlichen) Partnerschaft entstehen – zwar auch, aber bei weitem nicht immer – durch Dummheit des einen. Vielmehr denken Männer und Frauen teilweise verschieden und sehen die Welt zum Teil geschlechtsspezifisch unterschiedlich, sozusagen durch eine weiblich bzw. männlich gefärbte Brille.

Manche **Ehepartner** entdecken erst nach 50 Jahren, dass sie viele Dinge in ihrem Umgang miteinander und in ihrem sozialen Umfeld ein Leben lang fundamental verschieden gesehen und interpretiert und sie zumindest in vielen Bereichen immer nur in einer Illusion von Übereinstimmung gelebt haben.

Selbst bei Lebenspartnern, die 20, 30, 40 Jahre zusammen leben, ist die Wahrnehmung nie identisch. Das muss man nicht werten. Da ist nicht der eine dümmer oder klüger, das sind einfach zwei Menschen, deren Gehirne auf der Basis unterschiedlicher Voraussetzungen zwei verschiedene Welten konstruiert haben.

Die folgende Tabelle zeigt einige unterschiedliche Fähigkeiten von Mann und Frau:

	Männer	Frauen
Aggression	Männer sind aggressiver, ihre Aggression ist zielorientiert, besonders im Kampf um Existenz und Karriere.	Frauen sind wesentlich seltener aggressiv als Männer, meist als provozierte Reaktion, etwa wenn sie selbst oder ihre Kinder bedroht werden.
Räumliches Vorstellungsvermögen	Ist bei Männern besser ausgeprägt. Sie können Lageveränderungen (Drehungen) dreidimensionaler Objekte leichter erkennen bzw. sich vorstellen.	Schlechter als bei Männern. Dafür können sich Frauen Landmarken, etwa während einer Autofahrt, besser merken.
Sprache	Offenbar beeinträchtigen strukturelle Eigenarten ihres Gehirns Sprachfluss und Ausdrucksfähigkeit der Männer.	Ist die Domäne der Frauen. Sie sind sprachgewandter als Männer. Sie können z.B. viel schneller Reime erkennen.
Motorische Fähigkeiten	Bei Männern schlechter als bei Frauen. Ausnahme: zielgerichtete Übungen, etwas mit Wurfpfeilen. Auch die Reaktionszeit ist kürzer.	Frauen haben die bessere feinmotorische Koordination.
Sinnliche Wahrnehmung	Männer können leichter eine in einem verwirrenden Hintergrundmuster verborgene Figur entdecken. Sonst schneiden sie bei Tests im Mittel schlechter ab als Frauen.	Frauen sind überlegen. Im Test identifizieren sie schneller identische Gegenstände und merken früher, ob eine Anordnung von Objekten verändert wurde. Insgesamt sind Frauen geistig regsamer.
Logisches Denken, Mathematik	Männer lösen Aufgaben besser, die mathematische Logik erfordern, z.B. verzwickte Textaufgaben.	Beim Lösen einfacher Rechenaufgaben (Grundrechenarten) schneiden Frauen besser ab.
Emotionen	Männer reagieren gefühlsärmer. Sie können die Gefühle eines Partners deutlich schlechter von dessen Gesicht ablesen als Frauen.	Frauen leben gefühlsbetonter. Besonders feinfühlig erkennen sie bei anderen Menschen Traurigkeit und Depression.

Die meisten Auseinandersetzungen und Enttäuschungen wären also unnötig, denn zwei Menschen müssten sich nur klarmachen: Dein Gehirn nimmt nie dasselbe wahr wie meines. Ich darf nie davon ausgehen, dass der andere so wahrnimmt, wie ich, auch nicht, dass er so denkt oder fühlt, wie ich glaube, dass er denkt oder fühlt. Das wäre eine fatale Verkennung der biologischen Tatsache, dass jeder in seiner eigenen Welt lebt, dass Verstehen der Sonderfall ist und Nichtverstehen die Regel.

So manche „dumme" Reaktion des Partners lässt sich wahrscheinlich auf Missverständnisse zurückführen, die auf einer unterschiedlichen Sichtweise beruhen. Lappalien zu einem Ehestreit hochzuspielen, zeugt allerdings nicht gerade von hoher Intelligenz.

Macho-Sprüche großer Männer

Das Frauenbild in der Geistesgeschichte
(aus „Der Spiegel" 30/2000)

„Das Weibchen ist gleichsam ein verstümmeltes Männchen und der Monatsfluss Samen, der aber nicht rein ist; denn es fehlt ihm nur noch eines, das Prinzip der Seele."
Aristoteles 380–322 v. Chr.

„Der Mann ist das Haupt der Frau, wie auch Christus das Haupt der Gemeinde ist."
Paulus 10–64 n. Chr.

„Weiber, die aber fruchtbar sind, sind gesünder, reinlicher und lustiger, ob sie sich aber auch müde und zuletzt tot tragen, das schadt nicht, lass nur tot tragen, sie sind darum da."
Luther 1483–1546

„Die Frau ist ein menschliches Wesen, das sich anzieht, schwatzt und sich auszieht."
Voltaire 1694–1778

„Die Frauen sind silberne Schalen, in die wir goldene Äpfel legen."
Goethe 1749–1832

„Frauen können wohl gebildet sein, aber für die höheren Wissenschaften, wie Philosophie und für gewisse Produktionen der Kunst, die ein Allgemeines fordern, sind sie nicht gemacht."
Hegel 1770–1831

„Das niedrig gewachsene, schmalschultrige, breithüftige und kurzbeinige Geschlecht das schöne nennen, konnte nur der vom Geschlechtstrieb umnebelte männliche Intellekt."
Schopenhauer 1788–1860

„Ob tiefe Gedanken gefragt sind, Vernunft oder Fantasie oder einfach nur die Benutzung von Sinnen und Händen, der Mann wird eine höhere Überlegenheit erringen als die Frau."
Darwin 1809–1882

„Das Glück des Mannes heißt: Ich will; das Glück des Weibes heißt: Er will."
Nietzsche 1844–1900

„Alles am Weibe ist ein Rätsel, und alles am Weibe hat eine Lösung: Sie heißt Schwangerschaft."
Nietzsche 1844–1900

„Wenn eine Jungfrau fällt, fällt sie auf den Rücken."
Freud 1856–1939

„Die große Frage, die ich trotz meines dreißigjährigen Studiums der weiblichen Seele nicht zu beantworten vermag, lautet: Was will eine Frau?"
Freud 1856–1939

Allgemein und zusammenfassend können wir zu den **psychischen Unterschieden der Geschlechter** festhalten:

1. Männer haben durchschnittlich 1400 bis 1450 cm^3 Gehirninhalt, Frauen 1300 bis 1350 cm^3. Wenn man daraus folgern würde, dass Frauen weniger intelligent sind als Männer, wäre das schon deshalb falsch, weil Frauen im Schnitt ja auch eine geringere Körpergröße haben. Auch ein großer Kopf ist keine Garantie gegen die Dummheit.
2. Da der Mann die Gonosomen-Konstellation XY besitzt, fehlt ihm das zweite X-Chromosom, das offenbar intelligenzrelevante Gene trägt. Daher gibt es mehr hochintelligtente, aber auch mehr geistig behinderte Männer als Frauen, die zwei X-Gonosomen haben.
3. Aufgrund der biologischen Rolle der Frau als Mutter gibt es zweifelsohne auch genetische Geschlechtsunterschiede, die durch Hormone, Gehirn-Neurotransmitter und teilweise unterschiedliche Architektur des Großhirns bedingt sind und zu einigen Begabungs- und Verhaltensunterschieden führen. Im Übrigen haben weibliche Gehirne rund 11 Prozent mehr Neuronen, obwohl sie im Mittel 10 Prozent kleiner sind als männliche Gehirne.

4. Die individuellen Unterschiede dürften dennoch meist größer sein als die geschlechtsspezifischen. So wie es sehr weiblich fühlende, denkende und handelnde Männer gibt, gibt es auch eher männlich veranlagte Frauen. Männlichkeit und Weiblichkeit bilden nicht entgegengesetzte Pole eines Kontinuums, sondern sind unabhängige Dimensionen, die in jedem Individuum gleichzeitig existieren (vgl. *anima* und *animus* bei *C.G. Jung*!).
5. Schließlich sind manche psychische Geschlechstsunterschiede soziologisch (gesellschaftlich) bedingt, weil etliche Verhaltensweisen gemäß dem Rollenverständnis in einer bestimmten Gesellschaft erlernt werden. Sie sollten aber auch nicht überschätzt werden. Im israelischen Kibbuz, wo gegen die traditionelle weibliche Geschlechtsrolle erzogen wurde, hat man beobachtet, dass traditionelle, kulturübergreifende geschlechtstypische Verhaltensmuster sich letztlich doch durchsetzen.

Mann und Frau sind nicht gleich, aber gleichwertig. Kein Geschlecht ist dem anderen – etwa wegen einiger Begabungsunterschiede – „überlegen". Und eben deshalb dürfen diese nicht dazu führen, das eine oder andere Geschlecht als generell „dümmer" zu deklarieren. Denn diese Unterschiede sind „normal". Keines der beiden Geschlechter hat das Recht, das andere zu dominieren. Psychische Geschlechtsunterschiede sind nun einmal gegeben und es geht nicht um ihre Aufhebung, sondern um ihre gleichberechtigte Anerkennung, und das heißt: um die Befreiung der Frau von der Dominanz durch den Mann (*Eibl-Eibesfeldt* 1988). In vielen Kulturen wird die Frau auch heute noch unterdrückt. Dieses enorme Unrecht gilt es mit allen Mitteln zu bekämpfen. Männer und Frauen sollten das gleiche Recht besitzen, in allen Lebensbereichen alle ihre Möglichkeiten auszuleben.

Im Bildungssystem sollte den unterschiedlichen Fähigkeiten der Geschlechter besser Rechnung getragen werden.

7 Warum kluge Menschen dumme Dinge tun

Die Dummheit liegt nicht so sehr im Irrtum,
sondern vielmehr im oft unbeirrbaren
Festhalten am Irrtum.
Matthijs van Boxsel

Dummheit durch fehlgeleitetes Denken

Dummes Verhalten entsteht oft schon deshalb, weil kein Mensch im Alltag „computerhaft" immer die einzig richtige, das heißt optimale Verhaltensweise finden kann. „Irgendwie irren wir uns alle empor, müssen aus dummen Fehlern lernen" (*Grossgebauer* 2001). Nicht alles, was „dumm" herauskommt, beruht auf individuellem Dummsein. Dummheit und dummes Handeln haben vielmehr zahlreiche Ursachen. Sie entspringen nicht nur der Unkenntnis von Tatsachen, die zur Bildung eines Urteils erforderlich sind, sondern auch der mangelnden Fähigkeit, richtig zu denken und sich dieses Mangels bewusst zu werden (*Wirth* 2002[4]). Nach *Wirth* ist Dummheit vor allem ein schwerwiegender Mangel der logischen Fähigkeit, Hypothesen zu bilden. Dieser Mangel an „abduktiver Kompetenz" führe dann auch zu *„kommunikativer Inkompetenz"*.

Zahlreiche psychische Faktoren, unbewusste Zwänge und menschliche Unzulänglichkeiten können unser Denken in die Irre und dadurch zu Ergebnissen und Entscheidungen führen, die wir im Nachhinein oder von außen als „dumm" zu bezeichnen geneigt sind.

„Unwissenheit ist nicht Dummheit; erst in ihrer Kombination mit Selbstgefälligkeit und Anmaßung wirkt sie dumm" (*Rattner* 1976).

Wokart (2001): „Dass die Dummheit nur ein Mangel an Intelligenz sein könnte, das widerlegt übrigens schon die alltägliche Erfahrung, dass Dummheit und Intelligenz manchmal nahe beisammen wohnen, so dass ein Mensch bei sonst voll entwickeltem rationalen Sinn dennoch ganz unvernünftig, ja ausgesprochen dumm sein kann.

Der griechische Schriftsteller *Lukianos* erfand für diese Spezies Mensch den schönen Namen der **Morosophen**, der Dummweisen, deren in Wissenschaft und Verwaltung häufig anzutreffende

Sonderform wir als Fachidioten kennen. Auch der erstaunlich umfangreiche Schatz vieler Sprachen an Sprichwörtern über Dumme und die Dummheit weist in eine andere Richtung; denn der bloße Mangel an Intelligenz findet schon in den zahlreichen Witzen über die Deppen, Irren und Idioten sein primitives Gelächter."

Nicht nur ausgesprochen dumme Menschen, sondern auch Hochbegabte können mitunter gewaltige Fehlentscheidungen treffen. Warum passiert dies auch „Superklugen"?

Einige mögliche Ursachen „dummer" Handlungen seien hier angesprochen.

Kognitive Täuschungen

Viele Entscheidungen, die sich im Nachhinein als unangemessen und in diesem Sinne als dumm herausstellen, kommen nicht durch unsere Denkprozesse beeinflussende Emotionen und Motive zustande, sondern durch *kognitive Verzerrungen* oder Täuschungen. Wir kommen alle mit gewissen „mentalen Scheuklappen" zur Welt. Wir erliegen immer wieder den verschiedensten „kognitiven Täuschungen" oder falschen Denkweisen. Wir machen diese Fehler, die oft zu „dummen" Entscheidungen führen können, ohne es zu merken und ohne uns etwas Böses dabei zu denken. Und oft versteifen wir uns auf sie und verteidigen sie vehement. Wir machen unsere Vernunft zur „Magd" unserer Täuschungen (*Piatelli* 1997). Das beginnt schon bei der Wahrnehmung *Eibl-Eibesfeldt* (1988): „Wir Menschen neigen zu selektiver Wahrnehmung dessen, was uns in den Kram passt. Was unsere Ansichten ins Wanken bringt und uns also verunsichert, blenden wir gerne aus."

Nach *Zimbardo* (1995[6]) neigen wir dazu, an alten Glaubensvorstellungen festzuhalten, weil wir neue Information an das angleichen, was wir bereits wissen. Die Wahrnehmung des Risikos und so irrationale psychologische Faktoren wie Wunschdenken, grobe Vereinfachung oder falsche Interpretation von Informationen über Nützlichkeit oder Wahrscheinlichkeit haben einen Einfluss auf den Prozess der Entscheidungsfindung.

Kognitive Verzerrungen gibt es jede Menge: Wir neigen dazu,

- zufällige Ereignisse als nicht zufällig wahrzunehmen,
- korrelierte Ereignisse als kausal verbunden;
- und wir schreiben eher Menschen als situativen Variablen verursachende Wirkung zu. So schrieben die Menschen der frühen Neuzeit Hagel eher Hexen zu als natürlichen Ursachen.

Das war bei der damaligen Unkenntnis der Zusammenhänge viel einfacher und naheliegender (vgl. dazu das Kapitel „Verschwörungstheorien").

In Bezug auf uns selbst machen wir allzu oft Attributionsfehler: Wir neigen dazu, (zu) gut von uns selbst zu denken. Bei einem Experiment mit College-Studenten stuften sich *alle* über dem Durchschnitt ein hinsichtlich der „Fähigkeit, mit anderen auszukommen" – eine logische Unmöglichkeit. Ähnlich halten sich drei Viertel der Leute für überdurchschnittlich gute Autofahrer. Wenn ein Unfall passiert, dann dem anderen und nicht mir. So wird die Möglichkeit eines schweren Unfalls, einer Verletzung oder des Todes verdrängt.

Seelisch Gesunde kultivieren unrealistisch positive Vorstellungen über sich selbst und biegen alle möglichen Informationen so zurecht, dass sie dem Selbstwertgefühl schmeicheln. Diese „nützlichen Illusionen" sind für unsere seelische Gesundheit von Vorteil. Schmeicheleien sind häufig selbsterhaltender als der Röntgenblick der Selbsterkenntnis. Für positive Auswirkungen unserer Entscheidungen halten wir eher uns selbst für verantwortlich, während wir unglückliche Ergebnisse auf widrige Umstände schieben – irgendwie auch eine Form von Dummheit, die aber nicht auf mangelnde Intelligenz zurückzuführen ist, sondern auf die allgemeine psychische Disposition des Menschen.

Interessant ist in diesem Zusammenhang auch eine Untersuchung über Fehleinschätzungen bei Klinikärzten: Sagte man ihnen, die durchschnittliche Sterberate bei einem chirurgischen Eingriff sei 7 Prozent innerhalb von fünf Jahren nach der Operation, rieten sie ihren Patienten eher widerstrebend zu dem Eingriff. Hieß es dagegen, die durchschnittliche Überlebensquote fünf Jahre nach der Operation betrage 93 Prozent, waren sie weit mehr geneigt, ihn zu empfehlen. Dabei sind beide Daten statistisch absolut gleichwertig. Die Aussage, dass die Sterblichkeit 7 Prozent beträgt, entspricht der Sicht des Pessimisten, während ein Optimist sagen würde, die Überlebensquote liege bei 93 Prozent (nach *Piatelli* 1997).

Ein anderes Beispiel für eine kognitive Täuschung sind Tests zur intuitiven Ähnlichkeitseinstufung. So ist für uns die Tochter der Mutter ähnlicher als die Mutter der Tochter. Es klingt absurd, und doch ist es genau das, was wir in einer Ecke unseres Gehirns insgeheim und im Verborgenen tatsächlich denken. Diese subjektive Asymmetrie bei solchen Ähnlichkeitsbewertungen ist darauf zurückzuführen, dass für uns einer der beiden Begriffe „repräsentativer" beziehungsweise „bekannter" ist als der andere.

Gravierende Fehler unterlaufen uns auch beim Einschätzen von **Risiken**. Tendenziell werden Risiken, die durch das eigene Verhalten (z.B. falsche Ernährung, Rauchen, Autofahren) entstehen, unterschätzt (oder verdrängt!) und Risiken durch Umweltkontamination, Tierkrankheiten oder neue Technologien (Atomkraftwerke, Elektrosmog) überschätzt. Die Chance, am Rauchen, an Herz-Kreislauf-Leiden oder an der Grippe zu sterben, übertrifft bei weitem die meisten Gefahren, vor denen wir uns hysterisch fürchten. Das subjektiv empfundene Risiko ist hier um etliche Zehnerpotenzen größer als die reale Gefahr. Wir neigen dazu, große Gefahren als besonders klein (oder uns nicht betreffend) und kleine Gefahren als besonders groß einzuschätzen. Unsere Intuition greift deshalb auf einfache, in aller Regel sehr effektive Denkschablonen zurück. Nach einer solchen Heuristik erscheint uns eine Gefahr größer, wenn wir sie uns sehr einfach vergegenwärtigen – eine gehörige Verzerrung unserer Risikoeinschätzung ist die Folge. Und die Evolution hat uns nie gelehrt, mit abstrakten Wahrscheinlichkeiten intuitiv umzugehen.

Nur deshalb, weil der Mensch so leicht diesen kognitiven Täuschungen erliegt, ist er noch nicht ein völlig irrationales Wesen. Er ist es zwar viel zu oft, aber er *muss* es nicht sein. Denn die Neigung zu kognitiven Täuschungen wird häufig durch die Vernunft gemildert.

Schuld an kognitiven Täuschungen ist unsere Neigung, den leichteren Weg zu nehmen (*mental economy*). Wir folgen spontan bestimmten Denkroutinen, die uns am leichtesten fallen und uns unwiderstehlich scheinen. Wir merken nicht einmal, dass wir über sie verfügen und sie gebrauchen und missbrauchen.

„**Mentale Ökonomie**" lässt sich auch mit „Denkfaulheit" übersetzen. Wenn wir ein Entscheidungsproblem vor uns haben, das vernünftig formuliert ist, dann nehmen wir es so hin, wie es uns präsentiert wird, ohne uns spontan alternative Versionen zu überlegen. Aus angeborener kognitiver Trägheit bleiben wir in dem Rahmen „gefangen", in dem uns das Problem vorgelegt wird.

Kognitive Täuschungen dürfen nicht mit simplen Denkfehlern und banalen, auf Unachtsamkeit, Zerstreutheit, mangelndem Interesse, Bildungslücken, Dummheit, Schüchternheit, Stress usw. zurückzuführenden Irrtümern und Fehlern verwechselt werden.

Kognitive Täuschungen sind von den normalen Grenzen unserer Rationalität zu unterscheiden, also von den Grenzen, die traditionell und anerkannterweise auf mangelndem Wissen, unvollständigen Informationen, unvorhersehbaren Schwankungen der Phänomene, unserer beschränkten Abstraktionsfähigkeit, unseren begrenzten wissenschaftlichen Kenntnissen usw. beruhen.

Die *systematische* Fehlbarkeit vieler unserer „Urteile bei Ungewissheit" stellt in der Tat keine Negation der Gesetze der Rationalität dar, sondern zeigt, dass wir, ohne es zu merken, oft Intuitionen und mentalen Strategien folgen, die mit Rationalität wenig zu tun haben.

Rationalität ist keine garantierte Begabung des Menschen. Wir sind aber von Natur aus befähigt, eklatante innere Widesprüche zu erkennen und wir verfügen über die Grundlagen, um rationales Denken zu entwickeln und zu verfeinern. Es geht darum, unsere Grenzen zu erkennen und im Wissen um unsere natürlichen Grenzen unser Denken zu verbessern. Rationales Denken muss ständig trainiert werden. Vor allem in der Schule sollte dies verstärkt geschehen. Und wir müssen zur Kenntnis nehmen, dass kognitive Täuschungen wirklich Täuschungen sind und dass ideale Rationalität ein Ideal ist (vgl. *Piatelli* 1997).

Ein fataler Denkfehler: Die Bestätigungstendenz – Warum wir (subjektiv) immer Recht behalten

Einer der bekanntesten und weit reichendsten „Denkfehler" ist die Bestätigungstendenz. Man bezeichnet damit die Neigung des Menschen, seine einmal getroffenen Annahmen stets selbst zu bestätigen, an einer Meinung (Hypothese) „stur" festzuhalten. Dies geschieht sowohl bei der Informationsaufnahme (Ereignisse werden einseitig wahrgenommen und es wird vornehmlich nach stützenden Befunden gesucht) als auch bei der Informationsverarbeitung (Befunde werden einseitig bewertet und interpretiert). Dieses selektive Denken begünstigt den Glauben an zahlreiche außergewöhnliche Behauptungen und erleichtert es z.B. Hellsehern, Astrologen und Quacksalbern, in den Augen ihrer Klienten erfolgreich zu scheinen.

Zahlreiche experimentelle Befunde stützen die Annahme, dass jemand, wenn er erst einmal eine Position bezogen hat, vornehmlich damit befasst ist, diese zu verteidigen. Neue Informationen werden nicht etwa für alternative Erklärungen genutzt, sondern ausschließlich zur Stützung der eigenen Meinung. Informationen, welche die eigene Annahme zu bestätigen scheinen, wird mehr Gewicht zugemessen.

Das Überbewerten bestätigender Informationen und das Unterschätzen widersprechender Befunde zeigt sich etwa bei Klienten eines Wahrsagers. Ihm helfen zwei Effekte: Zum einen richten seine Kunden ihre Aufmerksamkeit selektiv auf das, was sich später (zufällig) als richtig herausstellt, und zum anderen erwägen sie nur die Möglichkeit, dass der Wahrsager seine Aussagen gemacht hat, weil er hellsehen konnte, nicht aber die Wahrscheinlichkeit dafür, dass er dieselben Aussagen gemacht haben könnte, ohne „hell" zu sehen. Die Bestätigungstendenz wird dadurch unterstützt, dass die Person das sieht, was sie sehen möchte. Klienten erinnern sich beim Eintreffen des Ereignisses an die Prophezeiung, dagegen nehmen sie das Ausbleiben desselben gar nicht wahr.

Die Ängste eines Hypochonders (eingebildeten Kranken) können durch die Bestätigungstendenz gestärkt werden: Unbedeutende Körpersignale werden als Krankheitssymptome gewertet. Ähnliches gilt für Verfolgungswahn oder für Depressionen.

Hat sich eine Person erst einmal für eine bestimmte Überzeugung (z.B. für den Glauben an die Astrologie oder an UFOs als außerirdische Raumschiffe) entschieden, so ist es schwierig, sie von dieser Überzeugung wieder abzubringen, selbst mit deutlich widersprechenden Befunden.

Die Bestätigungstendenz ist allgegenwärtig und auch im Alltag schwer zu vermeiden. In vielen Fällen ist dieser Fehler unerheblich, da die getroffene Entscheidung keine weit reichende Wirkungen hat. Für schwerwiegendere Fälle mit negativen Auswirkungen ist es jedoch nötig und sinnvoll, sich mit den dieser Denkfalle zugrunde liegenden Mechanismen auseinanderzusetzen (vgl. *Bördlein* 2000).

Gedächtnistäuschungen

Gemeinhin glauben wir, dass uns unser Gedächtnis nicht im Stich lässt und dass unsere Erinnerungen zuverlässig sind. Es gibt jedoch zahlreiche Möglichkeiten von Erinnerungsverfälschungen. Besonders wenn Gefühle im Spiel sind, verschwimmen die Grenzen von Fiktion und Fakten. Auch wurden etliche Experimente gemacht, die allen Anlass geben, Erinnerungen zu misstrauen. Nichts ist weniger verlässlich als das Gedächtnis. Es kann in drei Phasen manipuliert werden:

- Während der Wahrnehmung: Gelegentlich gelangen schon die Eindrücke der Sinnesorgane in verzerrter Form ins Großhirn, wo sie dann als Gedächtnisinhalt abgelegt werden.
- Während der Aufbewahrung: Gedächtnisinhalte können sich verändern, auch ohne dass sie dabei je ins Bewusstsein gelangen.
- Beim Abruf: Erinnerungen werden der Situation angepasst, in der sie ins Bewusstsein zurückgerufen werden.
- Über einmal gespeicherte Informationen fluten unentwegt neue Sinneseindrücke und Gedanken hinweg, die darin Spuren hinterlassen können.

Fälle von „**falscher Erinnerung**" („*false memory*") aus dem Alltag kennen wir zum Beispiel von Zeugenaussagen, die durch Suggestivfragen verfälscht sind, über regelrecht eingeimpfte Berichte über eine Vergewaltigung in der Kindheit bis hin zu Zeugenberichten über außergewöhnliche Phänomene, z.B. UFOs oder Geistererscheinungen. Ein tatsächliches Erlebnis wird in der Erinnerung verzerrt oder gar ein vermeintliches Erlebnis neu erfunden. Viele solcher Schein-Erinnerungen entstehen durch Verwechseln und Durcheinanderbringen von Erinnerungen an Begebenheiten, die vielleicht zu unterschiedlichen Zeiten passiert sind, aber in der Erinnerung zu einem einzigen Ereignis verschmelzen. Eine weitere Ursache für falsche Erinnerungen sind fehlerhafte Erinnerungsquellen. So kann es leicht passieren, dass jemand einen Traum für die Wiedergabe eines realen Erlebnisses hält. Andere Pseudoerinnerungen wiederum sind auf den Einfluss von Therapeuten und Beratern zurückzuführen. Schon eine geringfügige Suggestion kann eine Erinnerung unwiderrufbar überschreiben. Durch Anstacheln, Suggestion und gezielte Andeutungen wird ihren Klienten eine falsche Erinnerung regelrecht „eingeimpft". Studien ergaben, dass es für einen Therapeuten relativ leicht ist, eine solch falsche Erinnerung zu erzeugen.

Eine Frau beschuldigte den Gedächtnisexperten *Donald Thompson*, sie vergewaltigt zu haben. Kurz bevor die angebliche Vergewaltigung stattfand, war *Thompson* im Fernsehen zu sehen gewesen. Die Frau hatte die Sendung gesehen und anscheinend ihre Erinnerung an ihn aus dem Fernsehen mit ihren eigenen Erinnerungen an den Vergewaltiger verwechselt.

In North Carolina wurde *Robert Kelly*, der Betreiber einer Vorschule allein aufgrund der absurden Behauptungen von Kinder, die durch ihre Mütter aufgestachelt worden waren und aufgrund von „Erinnerungen", die Therapeuten zutage gefördert hatten, in 99 Fällen wegen sexuellen Missbrauchs zu zwölfmal lebenslänglich verurteilt. Als die Kinder von Therapeuten befragt wurden, hatten sie zunächst keinerlei Erinnerung an sexuellen Missbrauch, erst nach langer „Therapie" und hunderten suggestiven Fragen stellt sich derartiges ein.

Neben dem sexuellen Missbrauch (z.B. auch durch Eltern) hat das *Fals Memory Syndrome* noch viele andere Inhalte. Tausende von Opfern wurden von Therapeuten dazu gebracht, sich daran zu erinnern, wie sie als Kind an Satanskulten teilgenommen haben, bei denen Babys getötet, ihr Fleisch gegessen und noch abscheulichere Rituale durchgeführt wurden. Tausende andere Patienten, die im Halbschlaf oder in Hypnose höchst beeinflussbar sind, „erinnern" sich daran, wie Außerirdische von fernen Planeten sie auf Raumschiffen entführten und gelegentlich auch sexuell missbrauchten.

Eine andere Form von FMS ist die Entdeckung von Erinnerungen an frühere Leben. Die sogenannte „**Rückführung**" in Hypnose ist hier gerade kein Garant für Wahrheit. Unter Hypnose wird das Gedächtnis sogar anfälliger für Täuschungen.

In einem Experiment wurde einem zwölfjährigen Buben erzählt, er wäre als Fünfjähriger in einem Kaufhaus entführt worden. Die einzige Manipulation bestand darin, dass die Familie durch Rückfragen zu erkennen gab, dass es etwas zu erinnern gäbe. Dieser milde Druck führte nach zwei Tagen zu einer unzweifelhaften „Erinnerung". Und nach einigen Wochen war die „Erinnerung" voll da und mit zahlreichen Details (durch die Fantasie) ausgeschmückt.

Nicht immer muss hinter solchen falschen Erinnerungen böse Absicht stehen. Der Wunsch, etwas zu glauben oder zu sehen, kann so stark werden, dass dieser Wunsch beim Gedächtnisabruf oder auch schon bei der Wahrnehmung lenkend eingreift und falsche Erinnerung auf Dauer zur einzig zugänglichen wird. Unser Gedächtnis funktioniert nicht wie ein technischer Informationsspeicher, der eine detailgetreue „Wiedergabe" des aufgezeichneten Erinnerungsfilmes erlaubt. Bei der Rekonstruktion der Vergangenheit fließen Dinge mit ein, die in der ursprünglichen „Aufnahme" noch nicht enthalten waren. Das Gedächtnis ist „kreativ" und nicht fotografisch exakt und jedenfalls „kein gewissenhafter und akkurater Chronist seines Lebens, sondern eher ein verkappter Drehbuchautor, der unentwegt an seinem privaten Historienschinken spinnt – und dabei nicht einmal vor groben

Manipulationen zurückschreckt" (*Degen* 2000). Gedächtnisinhalte können durch spätere Informationen überlagert oder gar völlig ersetzt werden.

Ein Außenstehender kann dann leicht zum Schluss kommen, dass der Betreffende „nicht alle Tassen im Schrank" hat.

Wahrnehmungstäuschungen

Unsere Wahrnehmung ist genauso wenig perfekt wie unser Gedächtnis. Durch Fehlinterpretationen von Wahrnehmungen kommt es zu Illusionen. Mehr oder weniger bewusst ist dies der Fall, wenn wir z.B. den Umriss einer Wolke als bekannte Figur deuten. Nicht selten werden solche Illusionen jedoch als reale Phänomene angesehen, besonders wenn ein bestimmter Erwartungsdruck dahintersteht. So werden verschiedenste Naturerscheinungen als UFOs gedeutet. Auch bei Berichten über „paranormale" Erfahrungen („Geistersichtungen") kommt es zu einer solchen Selbsttäuschung, über deren unsinnig-dumme Interpretation ein außen Stehender „Normalsterblicher" nur den Kopf schütteln kann.

So kann man den Glauben an paranormale Phänomene als eine Form kognitiver Täuschungen ansehen, werden hier doch bestimmte Kräfte oder Fähigkeiten behauptet, deren Existenz wissenschaftlich nicht nachgewiesen werden kann und – viel schlimmer noch – die in Widerspruch stehen zu unabweisbaren Erkenntnissen der Naturwissenschaften.

Unser Gehirn ist eine „Glaubensmaschine", die sich Informationen aus der Umwelt sucht, sie umformt und mit Informationen aus dem Gedächtnis kombiniert. So entsteht ein „Glaube", der für gewöhnlich zu den Ansichten passt, die man bereits hat – und zwar ohne jeden Respekt vor dem, was wahr oder echt ist und was nicht (vgl. *Harder* 1999).

Missverstehen von Zufallsereignissen

Es fällt uns schwer, zufällige Ereignisse richtig zu interpretieren – vielmehr sehen wir leicht Zusammenhänge und Muster selbst in zufälligen Ereignisketten. Zufällig gemeinsam auftretende Ereignisse werden als bedeutungsvoll interpretiert (illusionäre Korrelation) (vgl. *Mathiesen* 2003). Psi-Gläubige sehen mehr Bedeutung in Zufallsprozessen, das heißt, sie schätzen den Zufall falsch ein.

Ein anderer statistischer Irrtum spielt z.B. in der Medizin eine Rolle: Viele (chronische) Krankheiten verlaufen in einem vom Zufall geprägten Auf und Ab. Ist man in einem besonders tiefen Tal, dann ist die Wahrscheinlichkeit daher immer sehr hoch, dass es bald wieder aufwärts geht. Diese Besserung wird jedoch nicht dem rein zufälligen Auf und Ab zugeschrieben, sondern dem Erfolg der Behandlung. Es kann sich aber auch um einen Placeboeffekt oder im günstigsten Fall um eine Spontanheilung handeln.

Logische Schnitzer

Vermutlich nicht allzu häufig führen auch Fehler beim logischen Schlussfolgern zu falschen und dummen Ergebnissen. Von den zahlreichen Möglichkeiten sei als Beispiel die *Quaternio terminorum* (Vierzahl der Begriffe) erwähnt, bei der in einem klassischen Syllogismus, der aus zwei Prämissen und einer Konklusion besteht, unzulässigerweise – und eben oft unbemerkt – statt drei vier Begriffe vorhanden sind. Der Mittelbegriff wird dabei in zwei verschiedenen Bedeutungen verwendet, sodass eben eigentlich vier Begriffe vorkommen. Es handelt sich also um einen Trugschluss, der dadurch entsteht, dass in den beiden Prämissen statt des gemeinsamen Mittelbegriffs zwei verschiedene, aber durch denselben Namen bezeichnete Begriffe auftreten.

Beispiel: Alle Läufer haben Beine.
Manche Teppiche sind Läufer.
———————————
Also haben manche Teppiche Beine.

Auch viele Witze leben von der Doppeldeutigkeit von Ausdrücken.

Logisch unkorrekt ist auch die sogenannte Reduktion. Dieser häufige Fehlschluss kann der Deduktion gegenübergestellt werden. Im Gegensatz zu dieser wird hier nicht vom Vordersatz auf den Nachsatz geschlossen, sondern vom Nachsatz auf den Vordersatz.

Beispiel: Wo Gespenster sind, spukt es.
Nun spukt es.
———————————
Also gibt es Gespenster.

Hier wird bereits in der ersten Prämisse die Möglichkeit unterschlagen, dass „Spuk" andere Ursachen hat (oder vorsichtig ausgedrückt: haben kann).

Auch der *Analogieschluss* ist kein logisch gültiges Schlussverfahren. Von ihm wird in der Magie Gebrauch gemacht. In der schwarzen Magie des Wodoo etwa wird eine Puppe mit einer Nadel durchstochen, im Glauben, dass dem von der Puppe symbolisierten Menschen Ähnliches zustößt. Auch die Homöopathie geht von magischen Analogievorstellungen aus. Stoffe, die eine Krankheit hervorrufen, sollen in extremer Verdünnung die entsprechende Krankheit heilen.

Die Logik des Misslingens

Nach *Dietrich Dörner* (im gleichnamigen Buch 1990) muss die Frage offen bleiben, „ob ‚gute Absichten + Dummheit' oder ‚schlechte Absichten + Intelligenz' mehr Unheil in die Welt gebracht haben. Denn Leute mit guten Absichten haben gewöhnlich nur geringe Hemmungen, die Realisierung ihrer Ziele in Angriff zu nehmen. Auf diese Weise wird Unvermögen, welches sonst verborgen bliebe, gefährlich, und am Ende steht dann der erstaunt-verzweifelte Ausruf: ‚Das haben wir nicht gewollt!'"

Meist steckt dahinter die Unfähigkeit zum nichtlinearen Denken in Kausalnetzen (statt in Kausalketten), also die Unfähigkeit dazu, Neben- und Fernwirkungen des eigenen Verhaltens richtig in Rechnung zu stellen. Auch unterschätzen wir meist exponentiell ablaufende Vorgänge, die wenn sie einmal begonnen haben, mit einer sehr großen Beschleunigung vor sich gehen. Wir sind nicht in der Lage, sehr komplexe, vernetzte und wenig durchsichtige Zusammenhänge und exponentielle Prozesse kognitiv zu erfassen, insbesondere wenn zusätzlich Informationen fehlen oder unvollständig vorliegen. Oft ist auch die Überbewertung eines gerade aktuellen Motivs verantwortlich für Fehlplanungen und unangemessene, „dumme" Verhaltensweisen. Häufig scheitern wir aufgrund kleiner Fehler, die sich häufen. „Und bei diesen kleinen Unzulänglichkeiten kann man ansetzen. Man kann versuchen, die Fehlermöglichkeiten aufzuzeigen, man kann versuchen, bewusst zu machen, in welcher Situation man zu welchen Fehlern neigt. Und wenn man das erst einmal weiß, so mag es auch mehr oder minder leicht möglich sein, hier etwas zu ändern. Aber: Ganz einfach ist das nicht! Man kann Denken lernen, man soll aber nicht der Meinung sein, dass dies leicht ist" (*Dörner* 1990). Dabei müssen wir nicht irgendwelche exotischen Weisheiten inhalieren oder geheimnisvolle Kreativitätspotenziale freisetzen, es genügt, den „gesunden Menschenverstand" zu fördern. Das „vernetzte Denken" ist keine Einheit, sondern besteht aus einem Bündel von Fähigkeiten und im Wesentlichen ist es die Fähigkeit, sein ganz normales Denken, seinen „gesunden Menschenverstand" auf die Umstände der jeweiligen Situation einzustellen. *Die Komplexität der Probleme unserer Zeit überfordert die evolutionär erworbene Intelligenz des Menschen.* Wir sind nicht imstande, alle Faktoren und Variablen vernetzter Systeme zu überblicken und entsprechende komplexe Entscheidungsprozesse durchzuführen.

Das hat *Dietrich Dörner* in einem berühmten Experiment gezeigt. Versuchpersonen hatten die Aufgabe, das imaginäre „Tanaland" zu entwickeln. Meist endete der Versuch in einem Desaster. Die meisten Probanden setzten Maßnahmen, die das Land realiter in kurzer Zeit zugrunde gerichtet hätten. Sie begriffen Tanaland nicht als System, als Netzwerk rückgekoppelter funktionaler Zusammenhänge.

Eibl-Eibesfeldt erwähnt in seinem Buch *„Der Mensch – das riskierte Wesen – Zur Naturgeschichte menschlicher Unvernunft"* (1988) ein Beispiel von Dummheit aus gutem Willen: „Irgendwer muss auf die schreckliche Idee gekommen sein, die Buschmänner mit Lebensmittel zu versorgen, obwohl dafür keine Notwendigkeit bestand. So hat man sie in die Abhängigkeit gespeist und aus freien Menschen Sozialhilfeempfänger gemacht." Sie wurden in die Abhängigkeit gefüttert.

Wenn wir eine erlernte Folge von Aktionen unreflektiert einsetzen, so kann dies zu dummen, der Situation inadäquaten Entscheidungen und ungewollten Konsequenzen führen. Die Fähigkeit, sich einzugestehen, komplexen Handlungssituationen nicht gewachsen zu sein, wäre ein Zeichen der Weisheit.

Die Hierarchie der Unfähigen
(aus: *Laurence J. Peter, Raymond Hull:* Das *Peter*-Prinzip 1972)

Unfähigkeit bedeutet partielle Dummheit.
Ich habe die Allgegenwart der Unfähigkeit akzeptiert. Ich wundere mich nicht mehr, wenn eine Mondrakete den Boden nicht verlässt, weil man irgend etwas vergessen hat, irgend etwas bricht, irgend etwas nicht funktioniert oder irgend etwas vorzeitig explodiert.

Ich bin nicht mehr weiter überrascht, wenn ich erfahre, dass ein von der Regierung beschäftigter Eheberater homosexuell ist.

Ich gehe mittlerweile davon aus, dass Politiker sich als unfähig erweisen, ihre Wahlversprechen zu erfüllen. Ich nehme an, dass sie, wenn sie überhaupt etwas tun, wahrscheinlich die Versprechen ihrer Opponenten einlösen.

Sokrates war ein unvergleichlicher Lehrer, fand aber seine Ebene der Unfähigkeit als Strafverteidiger.

Diese Unfähigkeit wäre schon ärgerlich genug, wenn sie auf öffentliche Arbeiten, auf die Politik, Raumfahrt und andere etwas entfernt liegende große Gebiete menschlichen Bemühens beschränkt wäre. Doch das ist sie nicht. Unfähigkeit ist eine naheliegende, überall und jederzeit gegenwärtige, alles verpestende Plage.

Berufliche Unfähigkeit gibt es überall. In jeder Organisation gibt es eine Anzahl Menschen, die unfähig sind, ihrer Arbeit gerecht zu werden.

Wir sind schon so verdorben, dass es für uns den unmoralischen Geistlichen, den korrupten Richter, den inkonsequenten Anwalt, den Autor, der nicht schreiben, und den Englischlehrer, der das Alphabet nicht kann, einfach nicht gibt.

Ich stellte fest, dass alle unfähigen Beschäftigten von einer Position, für die sie die erforderliche Befähigung besaßen, in eine Stellung befördert wurden, für die sie ungeeignet waren. Dies kann früher oder später jedem Angehörigen in jeder Hierarchie widerfahren. Und dies ist das **Peter-Prinzip: In einer Hierarchie neigt jeder Beschäftigte dazu, bis zu seiner Stufe der Unfähigkeit aufzusteigen.** Genügend Zeit und genügend Rangstufen in einer Hierarchie vorausgesetzt, steigt jeder Beschäftigte bis zu seiner Stufe der Inkompetenz auf und verharrt dort. Schlussfolgerung: Nach einer gewissen Zeit wird jede Position von einem Mitarbeiter besetzt, der unfähig ist, seine Aufgabe zu erfüllen.

Die Arbeit wird von den Mitarbeitern erledigt, die ihre Stufe der Inkompetenz noch nicht erreicht haben.

„Viele Köche verderben den Brei." Je mehr Leute an einem bestimmten Projekt beteiligt sind, desto größer ist die Gefahr, dass wenigstens einer von ihnen seine Stufe der Unfähigkeit erreicht hat.

Buchdruckerkunst, Radio und Fernsehen haben jeweils die Fähigkeit des Menschen gesteigert, seine Unfähigkeit zu multiplizieren. Jetzt kommt noch der Computer hinzu. Der Computer einer Luftfahrtgesellschaft druckte 6000 statt zehn Nachbestellungen. Die Gesellschaft sah sich plötzlich einer Lieferung von 5990 Paketen Pfefferminzschokolade zuviel gegenüber.

Durch „*Peters* Placebo" („*Peters* Austausch") – das bedeutet die Anwendung einer neutralen (nicht-eskalierenden) Methode – werden die unangenehmen Folgen unterdrückt, die mit dem Erreichen der Unfähigkeitsstufe verbunden sind: Unfähige Arbeitskräfte sollten wohltönende Reden über die *Würde der Arbeit* halten, anstatt einer Beförderung nachzulaufen. Unfähige Lehrer sollten alle pädagogischen Bemühungen aufgeben und statt dessen ihre Zeit dafür verwenden, sich über die *Bedeutung der Erziehungsarbeit* auszulassen. Unfähige Maler sollten die *Bewunderung für die Kunst* fördern. Unfähige Raumfahrer könnten *Zukunftsromane schreiben*. Sexuell unfähige Leute könnten *Liebesgedichte verfassen*.

Diejenigen, die *Peters* Placebo befolgen, würden zwar wenig sinnvolle Arbeit leisten, aber wenigstens keinen Schaden anrichten. Sie würden auch die Tätigkeit kompetenter Angehöriger der verschiedensten Berufsgruppen und Arbeitsbereiche nicht stören. *Peters* Placebo verhindert die berufliche Lähmung.

Peters Vorbeugemaßnahmen würden Millionen Menschen davor bewahren, jemals ihre Stufe der Unfähigkeit zu erreichen. Diejenigen, die ihre Stufe der Unfähigkeit erreicht haben, könnten mit harmlosen Aufgaben weiter beschäftigt werden und dabei glücklich und gesund bleiben.

Bemerkenswert ist, dass andererseits eine gewisse Schlichtheit des Denkens Menschen oft erfolgreicher macht. Menschen, die nur über eine geringe Menge an Informationen verfügen, kommen mit ihren einfachen Lösungsstrategien häufig eher ans Ziel als Leute mit einer größeren mentalen Kapazität.

Bei Personen, die schwierige Entscheidungen zu treffen haben, könnte also mitunter ein bisschen Dummheit durchaus von Vorteil sein. Denn Erfahrungen können auch dumm machen: Dass wir nicht alles wissen und dass wir immer wieder Fehler machen, ist vielleicht schade, aber keine Schande und wir sind deshalb auch nicht dumm. Wir müssen aber die richtigen Konsequenzen aus dieser Einsicht ziehen.

Die Glückslüge

(nach *Michael Mary*: Die Glückslüge.
Vom falschen Glauben an die Planbarkeit des Lebens 2003)

Jugend und Gesundheit sind machbar. Erfolg ist planbar. Reichtum ist lernbar. „Drei Lügen in Kurzform" nennt *Mary* solche Verheißungen, mit denen selbst ernannte Wohlstands-, Gesundheits-, Lebensbewältigungs- und Glückspriester wie *Ulrich Strunz*, *Bodo Schäfer* oder *Mihaly Csikszentmihalyi* Menschenmassen locken und sich goldene Nasen verdienen. Das Geschäft mit dem Glücksversprechen ist eine Illusion des „Machbarkeitswahns". Die Vorstellung, der Einzelne könne sein Innenleben beherrschen, ist grundverkehrt: Wir sind frei zu wollen, aber nicht frei, alles zu tun. Das Unbewusste und die sozialen Verhältnisse steuern Handlungen weit mehr, als das Ich es zu tun vermag. *Strunz* & Konsorten sind Meister im Fabrizieren von „Scheinwahrheiten" und „verbalem Verpackungsmüll". Nach den hohlen Phrasen der Glückspropheten läuft der Mensch nicht, sondern „plaudert mit den Muskeln"; er frühstückt nicht, sondern macht „Kaujogging". – Verblödung durch die Glückspropheten wie gehabt im „positiven Denken".

Vertrauen Sie niemandem!

Viele Menschen mit „einfachem Gemüt" haben das Bedürfnis, komplexe Zusammenhänge auf einfache Weise zu begreifen. Dazu sind so genannte „**Verschwörungstheorien**" hervorragend geeignet. Verschwörungstheorien sind eine Art vorurteilsbeladener vereinfachender Wahnfantasien, um komplizierte Zusammenhänge scheinbar plausibel zu deuten. So unterschiedlich diese Theorien und ihre Anhänger auch sein mögen, das ihnen zugrunde liegende Denkmuster ist immer gleich: Großes Unglück braucht große Ursachen. Das Wunderbare an einer Konspirationstheorie ist, dass sie erlaubt, alles perfekt zu verstehen. Alles Böse in der Welt geht auf eine einzige Ursache zurück, und diese Ursache sind SIE, wer immer das jeweils sein mag. Banale Sachverhalte mutieren zu finsteren Mysterien.

Nichts ist entlastender, als die Menschheitsgeschichte durch Verschwörungstheorien zu erklären. Für alles Unergründliche, für alle Niederlagen gibt es plötzlich einen Schuldigen. Wenn die Begründungen für Katastrophen, für Bedrohungen zu komplex werden, sucht der Mensch nach Feinden unter seinesgleichen. Man kann sich eben nicht an einem Berg oder einem Triebwerk rächen, wenn eine Lawine oder ein Flugzeug die Familie ausgelöscht haben.

Verschwörungstheorien sind manchmal äußerst schwachsinnig und stets falsch – aber schwer zu widerlegen. Im Gegensatz zur Wirklichkeit, in der völlig unlogische Dinge durchaus geschehen können, sind Verschwörungstheorien immer logisch aufgebaut. Auch wenn sie falsch sind, folgen sie einer klaren Linie. Gegenbeweise belegen nur, wie raffiniert der Gegner ist. Jedes scheinbar unstimmige Detail dient als Indiz für falsch gelegte Spuren. Statt die angeblichen Widersprüche durch eigene Recherchen aufzuklären, machen die Autoren ihre Wissenslücken zum Beleg für angebliche Manipulationen undurchsichtiger Geheimdienstler.

Verschwörungstheorien bieten in unübersichtlichen sozialen und geschichtlichen Situationen Pseudo-Erklärungen an, die so einfach sind, dass fast jeder sie verstehen kann. Sie sind eine Art Medizin für verwirrte Seelen, die von der Realität überfordert sind. Das Fatale an Hirngespinsten dieser Art ist: Sie sitzen so tief, dass man ihnen mit der Realität nicht mehr beikommen kann.

Was nicht passt, wird passend gemacht. Und was passt, wird ungeprüft hingeschrieben. Die unkritische Akzeptanz jedweden Arguments, das auf eine Verschwörung hindeutet, gehört zu den Eckpfeilern aller Konspirationstheorien. Der Verschwörungstheoretiker fängt mit der Schlussfolgerung an und findet dann Gründe, um alles auszuschließen, was ihr nicht entspricht. Wer einen Hammer in der Hand hat, sieht eben überall Nägel.

Seit es Menschen gibt, entwickeln sie Fantasien darüber, dass irgendwelche Mächte, Kräfte oder Menschen ihnen Böses wollen. Eine der frühesten Verschwörungstheorien ist die vom Teufel, der mit den Mächten der Finsternis die gesamte Menschheit ins Unglück stürzen will.

Wenn Verschwörungstheorien keine oder nur eine lächerlich geringe reale Basis haben, ähneln sie dem Verfolgungswahn, sind sie vor allem Produkte eigener Ängste, beschädigter Identität. Andererseits gehört es zu unseren Erfahrungen, dass der Alltag häufig von Übervorteilung, Missgunst, Ausgrenzung und Rücksichtslosigkeit geprägt ist – je häufiger, desto stärker wird die Vorstellung, dass dahinter planvolle Absicht steht.

Dass der oder die Geliebte heimlich noch einen anderen hat, ist wohl die am meisten gehegte Verschwörungstheorie überhaupt.

Verschwörungen sind ein kollektives, soziales Phänomen.

Der amerikanische Präsident *George W. Bush* sprach von einer „Achse des Bösen" (eine für Verschwörungstheorien typische, dramatisierte Formulierung), zu welcher u.a. der Irak, der Iran und Nordkorea gehören.

Für den Verschwörungstheoretiker gibt es keine Zufälle. Was immer in der Gesellschaft geschieht, ist für ihn das Resultat direkten Planens von einigen wenigen, mächtigen Einzelpersonen oder Gruppen.

Populäre Verschwörungstheorien waren oder sind:

- In der frühen Neuzeit wurden „Hexen" für alles mögliche Unheil verantwortlich gemacht.

- Die Nazis sahen im Judentum den Weltfeind schlechthin, der für alles Schlecht auf der Erde verantwortlich sein sollte.
- *Hitler* lebt in einer unterirdischen Festung in der Antarktis und plant, mit Flugscheiben die Welt zu erobern.
- *John F. Kennedy* wurde von der CIA ermordet.
- Das HIV (AIDS-Virus) wurde in einem geheimen CIA-Labor als Kampfvirus gezüchtet, oder gar dazu, die Schwarzen-Gettos der amerikanischen Großstädte zu dezimieren.
- Die Regierungen mischen dem Trinkwasser Drogen bei, um die Bevölkerung gefügig zu machen.
- Die Mondlandung von 1969 wurde in einem amerikanischen Filmstudio vorgetäuscht, um der Sowjetunion die Überlegenheit der USA zu demonstrieren.
- Die US-Regierung steht seit Jahren in Kontakt mit Außerirdischen und billigt die Entführung von Menschen, die für Gen-Experimente missbraucht werden.
- Die TV-Serie „Akte X" ist Teil eines großen Plans, mit dem die Menschen allmählich an den Gedanken „Wir sind nicht allein" gewöhnt werden sollen.
- Drahtzieher der Anschläge vom 11. September 2001 auf das World Trade Center waren der CIA und der Mossad.

Solche Wahnvorstellungen ermöglichen, widersprüchliche Wahrnehmungen unter einen Hut zu bringen und komplizierte Sachverhalte stark zu vereinfachen.

Verschwörungstheorien entstehen aus der Unfähigkeit des Menschen, komplexe Abläufe zu verstehen. Vor allem aber kann er den banalen Zufall nicht ertragen. Er benötigt immer eine Kausalbegründung, um dem Ereignis den Schrecken des Unbestimmbaren und somit die vermeintliche Sinnlosigkeit zu nehmen.

Die Bereitschaft, überall unsichtbare Feinde zu wittern, sitzt bei offenbar tief im Menschen.

Für einen „vernünftigen" Menschen bedeutet ein Mangel an Beweisen, dass es eben keine Verschwörung gibt. Für einen Verschwörungstheoretiker hingegen besteht der beste Beweis darin, dass es gar keinen Beweis gibt. Denn um erfolgreich zu sein, muss eine Verschwörung sich und ihre wahren Ziele tarnen, und als Gegenteil dessen ausgeben, was sie in Wahrheit ist.

Wenn guten Menschen schlechte Dinge passieren, dann muss in der Welt etwas nicht stimmen. Diese Unstimmigkeiten können Verschwörungstheorien überzeugend deuten, und sie können auch, was das Wir-Gefühl der von einer Verschwörung Betroffenen massiv verstärkt, die Verursacher als „Sündenböcke" namhaft machen. Einzelne, Gruppen, Schichten, Klassen, Völker, Nationen, Rassen, Kulturen machen sich mit Hilfe solcher Theorien und der mit ihnen verbundenen Deutungsmuster scheinbar zum Herrn von Verhältnissen, deren Herr sie gerade nicht sind.

Man wird wohl kaum behaupten können, dass Verschwörungstheoretiker zur Intelligenzelite der Menschheit gehören.

Von der **Verhexung des Verstandes** durch die Mittel der Sprache und von **geistigen Wesenheiten** soll im Kapitel „*Dummheit in der Philosophie*" die Rede sein.

Dummheit durch Gefühle

Affektlogik

Dummheit ist nach *Musil* (1937) nicht ein Mangel an Intelligenz, sondern vielmehr ein Mangel an Gefühl: Es gibt eine **intelligente Dummheit**.

Der Mensch ist kein reines Verstandeswesen, sondern wird in seinem Verhalten mehr als wir oft wahrhaben möchten durch irrationale Bedürfnisse und Emotionen gesteuert. Und das ist einerseits auch gut so, denn zum Menschen gehört das Gefühl: Wir handeln meist nicht deshalb dumm, weil wir dumm sind, also aus Mangel an logischem Denkvermögen, sondern weil uns unsere Affekte, Gefühle, Triebe und Leidenschaften zu unangemessenen Handlungen bewegen, die von außen oder aus späterer Sicht „dumm" erscheinen. In praktisch allen Bereichen menschlichen Lebens finden wir Handlungen, aber auch Gedankensysteme, die – kritisch betrachtet – dumm sind, eben weil sie emotional mitbestimmt sind.

Gefühle, besonders Affekte (also starke Gefühlsausbrüche) können auf das Denken ungünstig einwirken, sie schalten das „vernünftige" Denken und Verhalten aus. Wenn wir sehr emotional werden, können wir nicht mehr klar denken und handeln „dumm". Je mehr ein Mensch von seinen Affekten versteht, desto rationaler kann er sich verhalten. Doch meist handeln wir überhaupt nicht nach rationalen Entscheidungen und begründen unsere Handlungen erst nachträglich, wir „rationalisieren" sie. Wird ein Verhalten (z.B. Rauchen) einerseits als schädlich erkannt, ist andererseits aber zur Sucht geworden, so entsteht eine „*kognitive Dissonanz*" (*Festinger*) und es wird ein „vernünftiger Grund" für das an sich unsinnige, schädliche und dumme Verhalten gesucht.

Ein Mensch, der sagt, er sei absolut rational, täuscht sich selbst. Er nimmt nicht wahr, wie sehr die Ratio auch von Gefühlen beeinflusst wird. In unsere scheinbar rationalen Entscheidungen mischen sich häufig „vorrationale" Mechanismen.

Luc Ciompi (1993) hat eine sogenannte *„Affektlogik"* entwickelt. Danach gibt es im Menschen neben einem quantifizierenden Denksystem auch ein qualifizierendes Fühlsystem. Beide verbinden sich zu funktionell integrierten affektiv-kognitiven Fühl-, Denk- und Handlungsprogrammen. Neben dem Denken ist das Gefühl ein gleichwertiges, überlebenswichtiges Instrument zum Erfassen und Bewältigen der Realität. Selbst im scheinbar emotionslosen Denken schwingen unbewusst immer Gefühlselemente mit. Sogar in der so „trockenen" Mathematik erleben wir stimmige Denkwege und Ergebnisse als lustvoll. Plausible Problemlösungen sind von Lust- und Entspannungsgefühl begleitet. Unstimmigkeiten und Widersprüche dagegen gehen mit Unlust und Ärger einher. Eine wirkliche Affektfreiheit von kognitiven Funktionen ist – ebenso wie eine völlige Kognitionsfreiheit von Affekten – eine Fiktion.

An die Stelle einer einzigen und absoluten Wahrheit tritt eine lokale Wahrheit, die erheblich von affektiven Gestimmtheiten und Wertvorstellungen mitbestimmt ist. Ob man die Welt (und sich selbst) durch die Brille einer Liebes- oder einer Hasslogik, einer Aggressions- oder einer Angstlogik betrachtet, macht einen gewaltigen Unterschied. Klar aber ist, dass affektbestimmte Entscheidungen aus rationaler Sicht sich letztlich auch ausgesprochen dumm ausnehmen können. Ein starker Affekt kann zu einer partiellen Verdummung und damit zu dummen Handlungen führen.

So kann man einen Mitmenschen noch so eindringlich vor den Gefahren des Autofahrens warnen, er sieht es ein – und verfällt dann doch dem Rausch der Geschwindigkeit. „Wir erfassen nur, was auch unser Gemüt bewegt ... Unter emotionellem Druck sind wir behindert, unseren Verstand zu gebrauchen" (*Eibl-Eibesfeldt* 1988).

Die ganze neuere Psychologie zeigt, wie wenig rational der Mensch eigentlich handelt, welch große Rolle Triebe und Gefühle spielen und so letztlich Hormone und Neurotransmitter unser Tun und Lassen bestimmen. Häufig geben bei Planungen und Entscheidungen unsere Emotionen – bisweilen gegen alle Regeln der Vernunft und oft wider besseres Wissen – den Ausschlag. Reizentzug, Stress und Drogen können ebenfalls zu rational nicht nachvollziehbaren Entscheidungen führen. Das Gehirn „spinnt". Wir haben Halluzinationen. Wahrnehmen und Denken funktionieren nicht mehr „normal".

Auch „Müdigkeit, Abgespanntheit, Indisponiertheit durch vorangegangene ... psychische Erschütterung oder physische Überbelastung können zu erheblichen Fehlreaktionen führen, die manchmal geradezu unverzeihliche Dummheiten zur Folge haben können" (*Josef* 1995).

Ebenso können Stimmungen unsere Urteilskraft nachhaltig beeinträchtigen und uns zu törichten, kurzsichtigen Handlungen verleiten.

Stimme der Vernunft und Stimmung des Augenblicks
(aus *Alfred Zänker*: Die vielen Gesichter der Dummheit 2001)

Emotionen und Intuitionen wirken ständig in unserem Leben, bei vielen Menschen unwiderstehlich. Sie sind meist viel stärker als das nüchterne, streng rationale Denken. Die lustbetonte Stimmung des Augenblicks setzt sich nur zu leicht gegenüber der Stimme der Vernunft, der Einsicht in die Notwendigkeiten, gegenüber dem „klügeren" Langzeitdenken durch. Unter diesen Einflüssen – eher als durch logische Denkfehler – kommt es zu dummen Entschlüssen im Kleinen wie im Großen: zu den unvergessenen Jugendstreichen und ausgelassenen Scherzen, zu den Seitensprüngen in der Ehe, zum fatalen Schnitzer im Geschäft, zu halsbrecherischen Spekulationen des Börsianers und zur groben Fehlentscheidung eines Politikers.

Hier, in der Welt der Gefühle und Triebe, liegt einer der Gründe, warum wir oft dümmer sind, als wir sein möchten, warum es manchem so schwer fällt, aus Fehlern zu lernen. Gefühlsmäßige Reaktionen machen dem rationalen Kalkül einen Strich durch die Rechnung: Unsere Intelligenz arbeitet dann im Dienst der Affekte, statt sie zu steuern.

Musil spricht von der „angewandten Dummheit durch Affektstörung", bei der Verstand und Gefühl nicht auseinandergehalten werden. ... Wer hat nicht schon bedauert, im Eifer des Gefechts, in freudiger Erregung oder tiefer Entrüstung etwas Dummes gesagt und getan zu haben, das später kaum wieder gutzumachen war? Mancher fällt unaufhörlich in die Fänge seiner Leidenschaft, seiner Süchte, seiner unbewusst wirkenden Triebe. Er kann das Rauchen nicht lassen, verfällt dem Alkohol, gibt sich dem Rauschgift hin oder dem Spieltrieb, obwohl er die damit verbundenen Gefahren für Gesundheit und Wohlergehen sehr wohl kennt. Der abwägende „gesunde Menschenverstand" hat kaum noch eine Chance.

Immer wenn unwiderstehliche Gefühle und Bedürfnisse einen Menschen überkommen, wird die Intelligenz im Dienste der Affekte missbraucht, so auch wenn sich jemand wegen einer Nichtigkeit, die es nicht Wert ist, furchtbar aufregt und cholerisch hineinsteigert statt das Problem sachlich zu diskutieren. Wir sollten uns bemühen, über den Dingen zu stehen, sie sozusagen „von außen", aus Distanz zu betrachten. Wir sollten versuchen einzusehen, wie unsinnig (dumm) es ist, sich über Kleinigkeiten aufzuregen und zu streiten.

„Die Affekte spielen uns bei unserem dummen und ‚nichtdummen' Verhalten immer einen besonderen und nicht berechenbaren Streich, da das rationale Kontrollsystem weitgehend außer Funktion gesetzt wird. Wut, aber auch übergroße Freude lassen uns dumm handeln ... In Wut nehmen wir keine Information auf, und wir können keinen vernünftigen Gedanken mehr fassen, ebenso verdummt uns fanatische oder hingebungsvolle Liebe" (*Josef* 1995). Der Schweizer Psychologe *Andreas Bartels* hat in Untersuchungen festgestellt, dass **Verliebtheit** das Denkvermögen mindert. Bei verliebten Menschen werden die für Gedächtnis und Konzentration zuständigen Gehirnregionen träge – ähnlich wie bei der Einnahme von Drogen.

Geyer (1988[2]): „Der Geschlechtstrieb überrennt Vernunft-Sicherungen und wird zum Gefährten mancher Torheit. ... Er tritt unter mancherlei Verkleidung auf und führt Männlein und Weiblein am Narrenseil."

Die Forderung, es müsse eben die Vernunft die Leidenschaft zügeln oder unterdrücken, ist zwar schnell erhoben, aber meist undurchführbar. Ein Affekt kann nur durch einen anderen Affekt aufgehoben werden, der entgegengesetzt oder stärker ist. „Um Emotionen unter die Kontrolle des Verstandes zu bringen, ist beträchtliche Willenskraft erforderlich. Da dieses keineswegs jedermann und keinem Menschen immer gelingt, gehen menschliche Handlungen oft über das hinaus, was der Verstand im Nachhinein als bessere Lösung erkennt. Sind die Emotionen wieder im ruhigen Fahrwasser, erkennt der Betreffende, dass seine Entscheidung wohl doch dumm, böse oder einfach falsch war (*Grossgebauer* 2001).

Nach *Löwenfeld* (1909) liegt es nahe, dass der Einfluss der Gefühle auf Denken und Handeln bei Beschränkten sich in stärkerem Maße geltend macht, als bei Besserbegabten. Er unterscheidet den **gefühlvollen** und **gefühlsarmen Beschränkten**. Der erstere neigt zu Akten der Gutmütigkeit, der letztere z.B. zu verletzenden Äußerungen.

Affekte und Triebbedürfnisse bestimmen unser Leben mehr, als es sich die Ratio auch nur annähernd ausmalen kann.

Es ist die Unfähigkeit des Intellekts, sich gegen die Emotion durchzusetzen, die dazu führt, dass wir oft wider besseres Wissen das Falsche tun. Global gesehen lassen Egoismus, Profitgier und Machthunger die Menschheit auf den Abgrund zutreiben.

Angst und Panik

Besonders schlimme und letztlich eigentlich doch dumme Verhaltensweisen resultieren aus Ängsten. Ängste kann man nicht so einfach wegrationalisieren.

Angst aber sucht nach einem verursachenden Sündenbock. Verschwörungstheorien bieten hier eine scheinbar einfache Lösung. Als die Pest Millionen Menschen bedrohte, wurden Hexen auf den Scheiterhaufen gezerrt; Juden, Homosexuelle, Aidskranke und – immer schon und besonders jetzt wieder – Ausländer erfüllen diese Funktion. Zur Bewältigung der Ängste und zur Stabilisierung des Selbstwertgefühls brauchen wir Weltfeinde (die „Achse des Bösen" nach US-Präsident *G.W. Bush*), gegen die in heiliger Entrüstung das (eigene) Reich des Guten gerettet werden kann.

Zu dummen Handlungen kommt es auch, wenn Menschen in Panik geraten: Sie handeln „kopflos", z.B. nach einem Unfall oder bei einer Massenpanik (Feuer im Theater, Einsturz einer Tribüne im Fußballstadion). Ein situationsangepasstes Verhalten ist dann oft nicht mehr möglich. Wenn zu viel auf einmal und besonders Angsterzeugendes passiert, verlieren wir den Überblick und die Fähigkeit, rational zu denken, wir geraten in Panik und es kommt zu überstürzter Flucht, obwohl das vielleicht das Dümmste ist, was man in der betreffenden Situation tun kann.

Unverständnis ruft auch hervor, wenn sich ein junger Mensch nach einem Autounfall, bei dem sein geliebtes „heilig's Blechle" arg beschädigt wurde, das Leben nimmt. Wir reden dann von einer „furchtbaren Dummheit".

Für viele unverständlich und daher dumm sind auch lebensgefährliche Extremsportarten wie Free-style-climbing oder Motorrad-Rasen. Solche Verhaltensweisen führen zu Endorphinausschüttung und damit zu Glücksgefühlen. Und manche Menschen brauchen eben diesen „Kick", auch wenn uns solche „Sport"arten idiotisch vorkommen.

„Höhere Dummheit"

Warum auch sehr intelligente Leute dumm entscheiden und handeln

„Immer wieder stellt sich heraus, dass auch diejenigen, die wir zur Elite der ‚Besten und Tüchtigsten' zählen, gegen Dummheit nicht immun sind. Im Gegenteil: Gerade sie verfallen unkritischem Denken und lassen sich dann zu kurzsichtigen, törichten Entschlüssen verleiten.

Diesen Menschen fehlt es nicht an Urteilskraft, aber ihr Verstand wird von Emotionen und negativen Charakterzügen überfahren. Mancher Spitzenmanager ist gescheit, fleißig, ehrgeizig, technisch kompetent. Er scheitert trotzdem, weil er dabei arrogant, nachtragend, selbstsüchtig, zwanghaft, unsensibel, ungeschliffen, hochnäsig wirkt oder unfähig ist zu delegieren, um das volle Vertrauen der anderen zu erwerben" (*Zänker* 2001).

Dummes Verhalten beruht auf mehreren Faktoren:

- Das Gefühl grandioser **Überlegenheit** gegenüber anderen.
- **Arroganz**, die gescheite Leute hochnäsig, unsensibel und unfähig zum Delegieren von Aufgaben werden lässt. Klugen Menschen wird es zur Gewohnheit, mehr zu wissen als andere. Von da ist es nicht mehr weit bis zu dem Punkt, wo man glaubt, alles besser zu wissen: die Arroganz des Neunmalklugen.
- **Selbstüberschätzung** (und Selbstverliebtheit), die den Sinn für die Wirklichkeit raubt. Viele Supergescheite übersehen eine einfache Tatsache: Wenn jemand auf einem bestimmten Gebiet Hervorragendes leistet, ist das keine Garantie, dass ihm das auch auf anderen Feldern gelingt.
  Die Überschätzung der eigenen Person und Wichtigtuerei gelten seit alters her als unmissverständliches Kennzeichen der Dummheit.
- **Isolation**: Außergewöhnliche Intelligenz kann von klein auf zu Isolierung führen. Hochbegabte neigen dazu, sich mit Leuten von ebenso hohem geistigen Niveau zu umgeben. Gefährlich kann das werden, wenn sich die Gruppe mehr auf den Verstand als auf die Erfahrung zu verlassen beginnt. Eine Gefahr ist die mangelnde Bereitschaft, notwendige Änderungen zu akzeptieren. Wenn gescheite Leute sich auf einen Plan geeinigt haben, halten sie gern daran fest, auch wenn andere längst erkannt haben, dass die Richtung falsch ist. Aber gerade Menschen mit besonders rascher Auffassungsgabe sind manchmal vor lauter Ungeduld nicht fähig, anderen zuzuhören, die langsamer sind.
- **Leichtfertigkeit**: Im Gefühl der Allwissenheit kann sich in brillanten Köpfen eine Vorliebe für Risiken entwickeln, die zu verhängnisvollen, dummen Entscheidungen führen kann.

- **Konzernegoismus**: Ein privat hochanständiger Mensch wird als Aufsichtsratsmitglied, wenn er die Verantwortung mit zwölf anderen teilt, zum „Intelligenzverbrecher" (*Lorenz* 1988) und trifft im Gremium konzernegoistische Entscheidungen, die mitunter für die gesamte Menschheit katastrophale Folgen haben können und sich damit letztlich und global gesehen als ausgesprochen „dumm" erweisen.

8 Die Evolution der Intelligenz

In der Evolutionsgeschichte der Hominiden
sind wahrscheinlich nie so viele Individuen
in so kurzer Zeit verblödet wie heute.
Franz M. Wuketits

Alles, das gesamte Universum und damit auch unsere Galaxis, unser Planetensystem, unsere Erde und das gesamte Leben auf ihr befindet sich in ständiger Entwicklung. Das ist eigentlich eine Selbstverständlichkeit. Dennoch gibt es Leute, die aus ideologischen Gründen meinen, die Evolutionstheorie als Teufelswerk ablehnen zu müssen. Diese Kreationisten sehen die Organismen der Erde und erst recht den Menschen als die direkte Schöpfung eines höheren Wesens an. Demgegenüber steht die gut begründbare These der Zufälligkeit der Entstehung bestimmter Organismen und v.a. eben auch des Menschen im Rahmen der Naturgesetze. Auch das Auftreten der Intelligenz ist wahllos. „Wir Menschen waren in der Evolution ebenso wenig ‚beabsichtigt' wie die anderen Arten von Lebewesen. Dass wir dennoch entstanden sind, verdanken wir einer langen Kette unwahrscheinlicher (aber natürlich nicht unmöglicher) Konstellationen" (*Wuketits* 2002, 2). Die Existenz eines Planes der Evolution ist bloßes Wunschdenken. Unser Planet könnte auch sehr gut ohne uns Menschen, die wir uns als Endziel der Evolution und Spitze der Intelligenz betrachten, existieren. Es gibt allerdings nicht nur die Auffassung, dass wir das Ziel oder ein Volltreffer der Evolution seien. Etliche Autoren nämlich halten den Menschen für einen Irrläufer oder Fehlschlag der Entwicklung des Lebens auf der Erde. Ganz anderer Meinung ist *Eibl-Eibesfeldt* (1988): „Wenn man gelegentlich hört, wir seien ‚Mängelwesen', die sich auf den Krücken der Kultur durchs Leben schleppten, dann ist das eine falsche Sicht. Wir sind keine biologisch ungenügend ausgestatteten Wesen, vielmehr machen uns eine Vielzahl besonderer Anpassungen zu einem ‚Volltreffer der Evolution' … Dank unserer Veranlagung zum Generalisten haben wir gute Aussichten, in der weiteren Evolution zu bestehen – Aussichten, die wir uns allerdings auch verbauen können."

Der Mensch – ein Irrläufer der Evolution?
(aus *Arthur Köstler*: Der Mensch – Irrläufer der Evolution 1981[2])

Alle Versuche, die verhängnisvolle Geschichte unserer Spezies zu diagnostizieren, müssen vergeblich bleiben, wenn sie nicht die Möglichkeit einbeziehen, dass der Homo sapiens Opfer einer der zahllosen Fehler der Evolution ist. Wie unter anderem das Beispiel der Gliederfüßler und Beuteltiere zeigt, kommen solche Fehler vor und können sich negativ auf die Gehirnentwicklung auswirken.

Ich habe einige der ins Auge fallenden Symptome der Geisteskrankheit aufgeführt, die für unsere Art endemisch zu sein scheint: 1. die in grauer Vorzeit überall anzutreffenden Rituale des Menschenopfers; 2. das hartnäckige Austragen intraspezifischer Kriege, die früher nur begrenzten Schaden anrichten konnten, heute jedoch den ganzen Planeten gefährden; 3. die paranoide Spaltung zwischen rationalem Denken und irrationalem, auf Affekten beruhendem Glauben; 4. der Gegensatz zwischen der Genialität der Menschheit bei der Unterwerfung der Natur und ihrer Unfähigkeit, mit ihren eigenen Problemen fertig zu werden – symbolisiert durch die neue Grenze auf dem Mond und die Minenfelder quer durch Europa.

Die Evolution hat mit dem Menschen ein Lebewesen geschaffen, das aufgrund seiner biologischen Konstitution und Dummheit zum Untergang verurteilt ist.

Und wir wissen nicht, unter welchen Bedingungen sich intelligente Wesen aus hochentwickelten Lebensformen bilden und ob dies gar zwangsweise geschieht. Darüber hinaus könnte es völlig andere Formen der Intelligenz geben als die unsere. Weil uns aber die unterschiedlichen Anforderungen und Wege zur Intelligenz nicht bekannt sind, lässt sich über ihre Entwicklungswahrscheinlichkeit nur spekulieren.

Klar ist, dass ein Lebewesen, das in der Vorstellung künftige Situationen vorwegnehmen, das heißt denken kann, gegenüber weniger intelligenten Konkurrenten im Vorteil ist. Was wir im Verlauf der Hominisation (Menschwerdung) feststellen können, ist jedenfalls eine ständige Cerebralisation, eine Zunahme der Gehirnmasse.

Die Fähigkeit zur Herstellung von Geräten (Werkzeuge, die mit Hilfe von Werkzeugen hergestellt werden) und später die „Zähmung“ des Feuers gelten zusammen mit der nicht rekonstruierbaren Entwicklung der Sprache als Kriterien der Gattung Homo. Die Sprechfähigkeit des Menschen vergrößert auch sein Denkvermögen. Bis zu einem gewissen Grade könnte für die Steige-

Evolution der Denkprozesse

rung der Intelligenz auch die sexuelle Auslese eine Rolle gespielt haben, wenn nämlich Frauen gescheitere Männer bevorzugt hätten und wenn klügere Frauen für Männer attraktiver gewesen wären. Das ist nach *Wesson* (1995) allerdings eher unwahrscheinlich. Jedenfalls ist nichts davon bekannt, dass sich heutige Frauen von einem hohen IQ besonders angezogen fühlten, insbesondere, wenn er sich in abstraktem Denken ausdrückt. Und auch bei den Männern geht normalerweise weibliche Intelligenz nicht vor Schönheit, geschweige denn, dass kluge Frauen mehr Kinder bekämen.

Bei allen Mängeln unseres Denkvermögens, bei all unserer konstitutionellen Dummheit, hat die Begrenzung unserer Intelligenz auch Vorteile. *Nicholas Rescher* (1994) ist überzeugt, dass es evolutionsmäßig sogar kontraproduktiv wäre, wenn wir wesentlich klüger wären. Unsere Art hat sich so entwickelt, dass wir die ökologische Nische eines intelligenten Wesens einnehmen. Die Intelligenz ist eine Spezialität des Homo sapiens. Sie reichte über Jahrmillionen aus, den Menschen überleben zu lassen und die Um- und Mitwelt zu manipulieren. Wären wir deutlich weniger klug, als wir es in der Tat sind, wären wir nicht überlebensfähig gewesen.

Wäre umgekehrt eine große Zahl von Menschen (statistisch gesehen) wesentlich klüger, wäre auch unsere Fähigkeit, die Umwelt zu beeinflussen und zu erklären, größer. Dass uns die Evolution mit einer Reservekapazität an Intellekt ausgestattet hat, die Aktivitäten wie höhere Mathematik, theoretische Physik oder einer hochentwickelten Technik ermöglicht, ist ein Nebeneffekt.

(Unsere Intelligenz reicht allerdings nicht aus, das ganze Universum zu erklären.) Eine höhere Intelligenz hätte nach *Rescher* aber auch eine gewisse Selbstüberschätzung zur Folge. Viele Leute würden sich weniger auf andere als vielmehr auf ihre eigenen Fähigkeiten verlassen, weil sie sich als „über das gemeine Volk" erhaben dünkten. Das Wohlergehen einer Gesellschaft würde durch ein Übermaß an intelligenten Individuen beeinträchtigt werden, weil der rationale Anstoß zu Sozialisation und Kooperation geschwächt würde. Wir würden uns nicht mehr zur Zusammenarbeit genötigt fühlen. In einem Volk von Egoisten würden viele notwendige (soziale) Arbeiten nicht mehr getan, die jedoch für ein Zusammenleben unabdingbar sind.

Weil wir aber an allen Ecken und Enden erfahren, „dass wir einfach nicht klug genug sind, allein zurechtzukommen", sind wir zur Zusammenarbeit gezwungen, und so gesehen ist die Beschränkung unserer Intelligenz kein Mangel, sondern eine Bedingung für das ordnungsgemäße Funktionieren einer menschlichen Gemeinschaft.

Eine Beimischung von Dummheit ist also evolutionär von Vorteil für die menschliche Gemeinschaft. Es wäre nicht gut, wenn wir sehr viel klüger wären.

Um eine wesentlich intelligentere Spezies zu sein, bräuchten wir ein viel größeres Gehirn. Das würde anatomische Probleme bei der Geburt zur Folge haben (das Becken der Frau wäre für die Geburt eines größeren Kopfes zu eng). Darüber hinaus würde ein größerer Gehirnschädel einen weniger agilen Körper verlangen, wir wären plumper und nicht so geschickt.

Außerdem ist es sicher sinnvoll, dass wir keine rein rationalen Wesen sind, weil viele Entscheidungen auch Intuition und emotionales Engagement erfordern. Allerdings wäre eine bessere rationale Kontrolle unserer Affekte zweifellos häufig von Vorteil.

Unsere evolutiv erworbene Intelligenz, die der Umwelt des Urmenschen angepasst war, bringt auch Probleme: Sie ist hoffnungslos überfordert, die vielfältigen und komplexen Probleme unserer Zeit zu lösen. Die Konstruktion und Funktionsweise unseres Gehirn begrenzen unser Denkvermögen. Und die Begrenzung unserer Fähigkeit, viele Dinge gleichzeitig wahrzunehmen und zu tun, zwingt uns zum linearen Denken, zum schrittweisen Vorgehen. Sehr komplexe Zusammenhänge sind wir nicht imstande zu überblicken und zu durchschauen.

Die Evolution hat uns mit einem Gehirn versehen, das so funktioniert, wie es nun einmal seiner Bauweise entspricht.

In Bezug auf die Zukunft der menschlichen Intelligenz gibt es verschiedene Standpunkte:

- Die einen glauben an eine Zunahme der Intelligenz der Menschheit durch verbesserte Bildung und Ausbildung.
- Die Gruppe der „Optimisten" baut auf eine Weiterentwicklung unseres Gehirns. Sie sind der Meinung, dass der Cerebralisationsprozess (die evolutive Hirnentwicklung) noch weitergeht (was sehr unwahrscheinlich ist). Mit fortschreitender Hirnevolution könnte unser Denkhorizont erweitert werden.
- Andere wiederum erwartet einen „Evolutionssprung", bei dem Mensch und Maschine „verschmelzen". In einem solchen Kyborg (kybernetischer Organismus) würde das menschliche Gehirn zwecks Informationsaustausch mit einem Computer zusammengeschaltet.
- Die Grenzen menschlichen Verstandes sind zwar durch die begrenzte Größe und Komplexität unseres Gehirns vorgezeichnet, doch werden sie durch neue Einsichten, Theorien (etwa in der Physik) und Techniken (Computer) hinausgeschoben.
- Eine letzte Gruppe schließlich (so *Arthur C. Clarke* 1969) meint, dass die Entwicklung der KI (künstlichen Intelligenz) in einer nicht allzu ferneren Zukunft (*Clarke* spricht vom Jahr 2080) weit über die menschliche Verstandesfähigkeit hinausgehen wird und Computerroboter den Menschen in intellektueller Hinsicht überflügeln werden. Es bestehe kein Anlass zu der Annahme, dass Maschinen nicht intelligenter werden können als ihre Erbauer. (Auch ein Schüler kann gescheiter werden als seine Lehrer.) Manche KI-Forscher träumen ebenfalls von einer Welt voller guter Blechtrottel, die bald schon die kleingeistigen biologischen Eingeborenen des Planeten Erde ersetzen. Möglicherweise werden die „Anthropoiden" erkennen, dass es besser sei, die Spezies Mensch zu eliminieren, damit die Evolution als nichtorganische weitergehen und der Planet gerettet werden kann. Die Menschheit hätte dann der Evolution einen Dienst geleistet, auf den sie stolz sein könnte, meint *Clarke*.

Es ist kaum anzunehmen, dass eine Entwicklung in diese Richtung die prinzipielle und konstitutionelle Dummheit des Menschen zurückdrängen oder gar beseitigen wird können, denn Dummheit wird nicht selektioniert.

9 Die historische Allmacht der Dummheit

Die Geistesgeschichte der Menschheit
ist wie ihre Geschichte überhaupt eine
wenn auch unvollständige, so doch
erschütternde Dokumentation ihrer
unverbesserlichen Dummheit.
Horst Geyer

„Geht man gedanklich einmal – nur ganz grob – die Geschichte der Menschheit durch, so kann man verstehen, dass große Denker nicht anders konnten, als von einer unglaublichen Dummheit der Menschen zu sprechen. Unter dieser Dummheit verstehen alle diese Denker die von Menschenhand begangenen Missetaten und Fehlentscheidungen, die wahrlich zum Himmel schreien. Die Erde entpuppt sich primär als eine Stätte der Dummen. Die Geschichte ist voll von ihrem törichten Verhalten. Die Dummheiten und Gemeinheiten der Menschen reichen vom Schierlingsbecher für *Sokrates*, über die abscheuliche Sklavenhaltung, die jahrhundertelange grausame Judenverfolgung, die unmenschlichen Hexenverbrennungen, die perfidesten Foltermethoden, die ungeheuerlichen Anmaßungen von Kirchenfürsten und weltlichen Herren und deren hinterlistigen Methoden der Volksverdummung bis hin zu den unzähligen Kriegen. In ihnen ließen Päpste, Kaiser, Könige, Fürsten und andere ‚Führer' im Namen Gottes, der Vorsehung, des Mammon oder aufgrund von ‚Visionen' und nach Erfindung von oft lächerlichen Anlässen vor allem aus Habgier und persönlicher Bereicherung viele Millionen Menschen in den Tod laufen. Es hat Kinderkreuzzüge gegeben, es hat die grausame Inquisition gegeben, das große, christliche Betrugsgeschäft des Ablasses, die menschenverachtenden und -vernichtenden Konzentrationslager für Andersdenkende, die Duldung und Förderung von Kinderarbeit, die systematische Benachteiligung von Frauen ..." (*Grossgebauer* 2001).

Besonders zahlreich sind für *Zänker* (2001) die Beispiele aus der Geschichte dafür, dass Macht den Charakter verdirbt, korrumpiert, zum Größenwahnsinn führt und verdummt.

Die Betrachtung des Phänomens menschlicher Dummheit im Verlauf der Geschichte zeigt eindrucksvoll, dass sich sehr dumme

Menschen und Handlungen immer und überall finden. Doch lassen sich verschiedenste **Standpunkte** dazu unterscheiden:

- *Konrad Lorenz* (1973) bescheinigt der Menschheit angesichts der zahlreichen „Todsünden" (wie Übervölkerung, Atomwaffen, Verwüstung der Umwelt) aufgrund der genannten Verhaltensweisen und eingetretenen Folgen „eine unglaubliche kollektive Dummheit". Daraus ist aber wohl nicht abzuleiten, dass *Lorenz* der Meinung wäre, frühere Generationen hätten weniger dumm gehandelt als die heutige Menschheit dies tut. Allerdings war (nach *Josef* 1995) die Menschheit, jedenfalls die unserer Breiten, noch nie so gebildet wie heute und sie war gleichzeitig noch nie so dumm und manipulierbar wie heute. Auch *Gürster* (1967) ist der Meinung, dass sich aller Bildung und Aufklärung zum Trotz an der menschlichen Natur nichts Entscheidendes geändert hat.

Homo insipiens: Der dumme Mensch
(aus *Josef Rattner*: Homo insipiens – der dumme Mensch 1976)

Es ist eine nicht zu übersehende Tatsache, dass die Menschen großenteils dumm sind. Wie anders könnte man sich den Verlauf der Weltgeschichte und der Geschichte unseres Jahrhunderts erklären? Die drohende Selbstvernichtung der Menschheit durch Atombomben ist nur ein kleiner Akkord in der Sinfonie der Dummheit, die uns aus allen Epochen der Menschenwelt entgegendröhnt. Daher ist es verwunderlich, dass sich die Humanwissenschaften so wenig mit dem so weit verbreiteten Schwachsinn der Gattung homo auseinandersetzen ... Ein Überblick über die individuellen und kollektiven Dummheiten der Menschen würde ganze Bibliotheken füllen ...

Wir verweisen nur auf tausende nutz- und sinnloser Kriege, in denen Hekatomben von blühenden Menschen für irgendwelche Macht- oder Wirtschaftsinteressen, oft sogar nur für die Eitelkeit bestimmter Potentaten hingeopfert wurden. Die Volksmassen aller Zeiten und Zonen, die die ökonomische Ausbeutung durch eine kleine Schicht Privilegierter willig erduldet haben, darf man füglich nicht als „klug" bezeichnen. Der Fanatismus von Religionskämpfen, in denen sich die Menschen wegen kleiner Varianten ihrer Gottesvorstellungen rücksichtslos ausrotteten, muss wohl auch in die Kategorie „Debilität" eingeordnet werden. Nebenbei erwähnen wir den „Hexenwahn", welchem zufolge in Europa einige Millionen unschuldiger Frauen auf dem Scheiterhaufen verbrannt wurden: das kranke Hirn von Mönchen hatte die Regeln ausgebrütet, nach welchen man Hexen erkennen, foltern und verurteilen konnte ...

Betrachtet man lediglich unser eigenes Jahrhundert, so genügen Faschismus, Bolschewismus, zwei Weltkriege, Aufrüstung trotz der Erfahrung der unheilvollen und opferreichen Kämpfe, dumpfes und primitives Dahinleben der breiten Volksschichten usw., um die überall aufgehende und alle Krisen und Katastrophen überstehende „Saat der Dummheit" in voller Blüte zu sehen.

- Demgegenüber ist sich *Karl Raimund Popper* (1994) sicher, „dass wir dümmer sind als je zuvor und unkritischer dem gegenüber, was zu glauben gerade modern ist". Zwar wurde im Verlauf der Hominisation durch eine Verdreifachung des Großhirns vom Vormenschen zum homo sapiens die Intelligenz des Menschen enorm gesteigert, unser Denkhorizont wurde gewaltig erweitert. In der relativ kurzen überschaubaren Geschichte jedoch hat sich, was die Kontrolle des Cortex über die niedrigen Hirnzentren anlangt, welche für Triebe und Gefühle zuständig sind, nichts geändert. Deshalb scheint der Mensch auch nicht imstande, aus der Geschichte zu lernen. Er fällt im Gegenteil immer wieder in die Irrationalität von früher zurück.
- *Bertrand Russell* (1973[3]) vertritt die Auffassung, „dass unsere Zeit letzten Endes auch nicht viel schlimmer ist als frühere Epochen, die von unseren Vorfahren überstanden wurden, ohne dass es zur letzten und äußersten Katastrophe kam". Er meint, dass sich „der Wahnwitz der eigenen Zeit leichter ertragen lässt, wenn man ihn vor dem Hintergrund vergangener Dummheiten betrachtet".
- Noch optimistischer äußert sich *Zänker* (2001): „Die Bilanz des 20. Jahrhunderts, vor allem seiner zweiten Hälfte, ist alles in allem über Erwarten günstig ausgefallen. Sie ist ein Beweis mehr dafür, dass die Menschheit über mehrere Generationen hinweg offener, toleranter, klüger wird, so gewalttätig, dumm und kurzsichtig sich Einzelpersonen, Gruppen und Nationen gelegentlich verhalten mögen. Wissen und Kompetenz verbreiten sich zusehends über die Erde. Lernfähigkeit und Lernbereitschaft von Milliarden Menschen nehmen zu. Mögen viele Länder bisher auch nur einen Bruchteil ihres Begabungspotenzials ausnutzen können, die Menschheit als Ganzes bewegt sich zweifellos auf einer steil ansteigenden Intelligenzkurve."
- Möglich wäre auch, dass „gescheite" (Altertum, Aufklärung) und „dumme" Epochen (das „dunkle" Mittelalter) einander

abgelöst haben. Diese Auffassung einer pendelartigen Entwicklung hat insofern einiges für sich, als sich etwa in der Philosophiegeschichte in der Tat Epochen ausmachen lassen, die eher rational geprägt waren und solche, in denen Irrationalismen und Aberglaube vorherrschten. Die Entwicklung philosophischen Denkens verlief keineswegs geradlinig vom bildhaft-mythischen zum abstrakt-logischen Denken, „vom Mythos zum Logos". Vielmehr gab es immer wieder „Rückfälle" in spekulative Denkschemata. Ganz in diese Richtung meint auch *Zänker* (2001): „In der Menschheitsgeschichte sind dunklere Zeiten der Verdummung und Unterdrückung des freien Denkens dennoch immer wieder Epochen der Aufklärung und Befreiung gefolgt – fast wie im Pendelschlag. ...Immer wieder hat der Homo sapiens neue Dummheiten begangen, immer hat er sie aber auch kraft seiner Intelligenz überwinden können. So ist der Aufstieg des Menschen mit dem ‚Austritt aus der Unmündigkeit' und mit zunehmender Klugheit verbunden gewesen." Dummheit und Klugheit erscheinen uns als die beiden Seiten menschlicher Intelligenz. Liest man in Büchern über die Dummheit nach, „welchen Wahnideen, welchem gräulichen Unsinn, welch törichtem Aberglauben sich die Menschheit in Jahrhunderten verschrieben hat, so ist man versucht, Genugtuung darüber zu empfinden, wie herrlich weit wir es gebracht haben, und die Wiederkehr gewisser Dummheiten dank unserem intensiveren, höher entwickelten Bildungswesen für unmöglich zu halten. Aber solche Genugtuung und solches Vertrauen wäre wiederum nur ein Beweis für unsere eigene Dummheit" (*Gürster* 1967). „Die Last der Vergangenheit liegt auf uns; wir sind dumm, weil wir in einer Tradition von Dummheit heranwachsen" (*Rattner* 1976).

- Eine weitere Position geht von der Annahme aus, dass der Begriff der Dummheit zeitlich-historisch relativiert werden muss. Es gibt keine absoluten, zeitlosen Kriterien für dummes Verhalten. Was gestern als ausgesprochen klug galt, sehen wir heute als dumm an. Es kommt immer auf die Umstände und auf den Blickwinkel an, von denen aus Handlungen oder Denksysteme betrachtet werden. Die Qualifizierung „dumm" und „intelligent" muss immer im Kontext anderer Faktoren gesehen werden. Jede Zeit und auch jedes Land scheint besondere Formen von Dummheit hervorzubringen. *Gürster*: „Jede Zeit hat die Dummheit, die sie verdient und die sie im Grunde haben will."

10 Kränkung des abendländischen Geistes

Es ist unglaublich, wie viel Geist in der Welt aufgeboten wird, um Dummheiten zu beweisen.
Oscar Wilde

Dass Emotionen unser Denken tiefgreifend beeinflussen können, zeigt auch die geistesgeschichtliche Tatsache, dass zahlreiche Erkenntnisse der Wissenschaft zu teils heftigen Reaktionen geführt haben, wenn diese weltanschaulich relevant waren und die Eigenliebe der Menschheit, insbesondere „den abendländischen Geist" gekränkt haben. Fortschritt ist häufig mit einer Desillusionierung im Sinne einer Entmythologisierung verbunden. Solche umstürzlerischen Gedanken, die das eigene Weltbild bedrohen, werden von vielen weltanschaulich eher konservativ fixierten Menschen nicht goutiert und oft höchst emotional bekämpft. Hier siegt häufig das Gefühl über den Verstand. *Sigmund Freud* hatte drei solcher Kränkungen diagnostiziert:

1. Die **kosmologische Kränkung** durch *Kopernikus*: Die Erde ist nicht Mittelpunkt des Universums, sondern kreist als kleiner Planet um die Sonne, die ihrerseits ein winziger Stern am Rande unserer Galaxis ist. Diese ist wiederum nur eine von vielen Milliarden Galaxien. Das heliozentrische Weltbild wurde freilich nicht erst von *Kopernikus* ge- oder erfunden. Schon *Aristarch* von Samos vertrat ein heliozentrisches System. Dafür wurde ihm von den zeitgenössischen Spießbürgern Irreligiosität vorgeworfen.
2. Die **biologische Kränkung** durch *Darwin*: Der Mensch ist mit höheren Tieren verwandt und nicht von einem Gott geschaffen. Mehr noch: Er ist ein Zufallsprodukt der Evolution, die keineswegs auf irgendein Ziel zusteuert. Zahlreiche zufällige Ereignisse – bis hin zu Vulkanausbrüchen und Meteoriteneinschlägen – führten zum Resultat, das wir vorfinden.
3. Die **psychologische Kränkung** durch *Freud*: Der Mensch ist kein hehres Vernunftwesen, sondern wird weitgehend auch am Narrenseil der Triebe durch die Weltgeschichte gezogen.

Diesen Kränkungen *Freuds* lassen sich problemlos zahlreiche andere hinzufügen, z.B.:

4. Nach *Marx* ist der Mensch ein **Produkt der Umwelt** und nicht seiner Gene. Damit ist auch die angeblich angeborene Fähigkeit zu herrschen in Frage gestellt, was der herrschenden Klasse natürlich wenig Freude macht.
5. Es ist durchaus denkbar (wenn auch nicht sehr wahrscheinlich), dass der Mensch, der sich oft als „Krone der Schöpfung" sieht, nicht das einzige intelligente Wesen im Weltall ist: die **anthropozentrische Kränkung.** Prinzipiell bedeutet es einen anmaßenden Größenwahn, anzunehmen, dass wir im riesigen Kosmos die einzige intelligente Rasse sind. Die Entdeckung außerirdischer Intelligenzen hätte weitreichende weltanschauliche Konsequenzen. Die Frage nach der Position des Menschen im Kosmos müsste neu gestellt werden.
6. Psychische Prozesse, einschließlich das menschliche **Bewusstsein,** sind in einem langen Entwicklungsprozess entstanden und existieren nicht unabhängig von physikalisch-biologischen Prozessen. Erleben ohne Gehirn ist im wahrsten Sinne des Wortes ein Unding. Diese Feststellung erübrigt alle Spekulationen über körperfreie Geister, über Seelenwanderung oder Unsterblichkeit einer als eigenständige Substanz gedachten Seele. Ontogenetisch beginnt die psychische Entwicklung mit Einsetzen der zugrunde liegenden Hirnprozesse (ablesbar am EEG) im dritten Embryonalmonat.
7. Dass all unser Erleben, dass alle psychischen Vorgänge auf zugrunde liegenden Hirnprozessen beruhen, wird auch durch die für viele unangenehme Erkenntnis bestätigt, dass Gefühle durch Neurotransmitter entstehen und gesteuert werden. Dies ist die **neurobiologische Kränkung.**
8. Die Verhaltensforscher bestätigen uns, dass auch das menschliche Verhalten sich aus tierischem langsam entwickelt hat: Dies wäre die **ethologische Kränkung** (*Vollmer* 1992), die noch verstärkt wird durch Erkenntnisse der Evolutionären Ethik, wonach auch Verhaltensnormen menschlicher Gesellschaften in tierischen Sozietäten ihre Vorläufer finden.
9. Die von Metaphysikern verteidigten absoluten Werte sind ein Widerspruch in sich. Wert ist oder hat etwas immer nur in der Beurteilung und Einschätzung einer Person. Ebenso wenig gibt es ein bei allen Menschen gleiches Gewissen, zu verschieden sind die Wertordnungen der einzelnen Völker und Ideologien. Gewissen ist ein Produkt der Erziehung und Verinnerlichung der in einer Gesellschaft gelebten und gültigen Werte: die **ethische Kränkung.**

10. Auch ein angeblich für alle Menschen vorgegebener **Sinn des Lebens** entpuppt sich als Chimäre. Das Leben hat den Sinn, den der einzelne ihm gibt. Dies gilt genau so für die Weltgeschichte. Auch in sie sollte man keinen geheimnisvollen Sinn hineininterpretieren. Weder unser Leben, noch die Geschichte der Menschheit und schon gar nicht die Evolution haben einen ihnen innewohnenden Sinn.
11. Die sogenannte **Willensfreiheit** ist eine Täuschung, der wir nur allzu gerne erliegen. In Wahrheit bedürfen alle unsere Entscheidungen eines Motivs, das allerdings im Temperament unserer Person liegt. Da wir meist zahlreiche Möglichkeiten des Handeln vor uns sehen, erweckt die Fixierung auf eine dieser Möglichkeiten den Eindruck, dass eine freie Wahl zwischen allen getroffen worden sei. Was de facto existiert, ist ein Gefühl der Freiheit. Freiheit bedeutet, dass wir durch unsere ureigenen Bedürfnisse bestimmt sind. Unser Handeln wird durch Motive unserer Persönlichkeit gesteuert und – prinzipiell – nicht von außen erzwungen.
12. Die Evolutionäre Erkenntnistheorie (entwickelt von *Lorenz*, *Vollmer*, *Riedl* und *Ditfurth*) erklärt, wie sich unser Erkenntnisapparat phylogenetisch gebildet hat und warum es uns daher so schwer fällt, die anschauliche Welt des Mesokosmos zu überschreiten, beziehungsweise unanschauliche Zusammenhänge sowohl des Makro- als auch des Mikrokosmos zu begreifen. Dies nicht zu können bedeutet für viele eine **epistemologische Kränkung.**
13. Wir sind auch nicht in der Lage die komplexen Zusammenhänge der irdischen Ökosysteme zu durchschauen und anschaulich zu erfassen. Auch diese eigentlich naheliegende Feststellung bedeutet für viele eine Kränkung der Selbsteinschätzung ihrer kognitiven Fähigkeiten: die **ökologische Kränkung.**
14. Eine weitere Bedrohung des christlich-abendländisch-metaphysischen „Denk"gebäudes wäre eine in der Zukunft durchaus denkbare Schaffung künstlichen Lebens. Wo bliebe dann die **Entelechie,** die überraumzeitlich wirkende „schöpferische Lebenskraft"?
15. Eine für Metaphysiker äußerst unangenehme Bedrohung der Position des Menschen als Krone der Schöpfung geht von der Entwicklung einer **künstlichen Intelligenz** aus. Es verletzt den Stolz und menschliches Selbstverständnis, zuzugeben, dass es eines Tages Computer und Roboter geben könnte, die

den Menschen in zahlreichen Fähigkeiten übertreffen. „Weil – so schließt er messerscharf, nicht sein kann, was nicht sein darf."

16. Zahlreiche Vertreter heutiger Wissenschaft und Philosophie sehen in den „drei Pfeilern der abendländischen **Metaphysik"** nach *Kant* (Gott, Willensfreiheit und Unsterblichkeit der Seele) nicht nur in den Ideen von Freiheit und Seele, sondern auch in der Gottesidee lediglich Fiktionen (Als-ob-Vorstellungen).

All diese Kränkungen als solche zu empfinden – oder schlimmer – sie gar nicht zu Kenntnis zu nehmen, darin besteht die Dummheit des abendländischen Spießbürgers der „Hinterwelt", der sich seines wohlgefügten behaglichen Weltbildes nicht berauben lassen will und mitunter emotional äußerst heftig auf entsprechende Versuche reagiert. Verständlich wird dies durch die Tatsache, dass wir generell nicht bereit sind, oft schon in früher Kindheit eingeimpfte Überzeugungen (auch wenn es sich um als Aberglauben entlarvte handelt) aufzugeben oder gegen eine weniger schmeichelhafte Auffassung einzutauschen.

11 Geistige Verirrungen

Die Dummheit, die bis zum
Absurden geht, hat etwas Erhabenes.
Karl Julius Weber

Denken kann auch seltsame Irrwege gehen, die man – objektiv betrachtet – als ausgesprochene Dummheiten ansehen muss.

1. Die mildeste Form der geistigen Verirrung ist das **Vorurteil**. Es ist ein stereotypes Deutungsmuster, das sofort auftaucht, sobald eine ähnliche Situation eintritt. Die schlimmsten derartigen Vorurteile sind solche gegen andere Menschen, nur weil sie eine andere Sprache sprechen, eine andere Hautfarbe oder andere Sitten haben.
   Eine andere Form geistiger Störung ist die **Leichtgläubigkeit**, besonders, wenn man eine Sache nicht versteht, aber sich nicht traut nachzufragen. Selbst die scheinwissenschaftliche Veröffentlichung eines auf der Nase laufenden Tieres („Nasobem") sollen manche geglaubt haben.
   Ein großer Bereich ist der **Aberglaube**. Harmlos ist der Amulettzauber, z.B. Glücksbringer. Schlimmere Auswirkungen hat der medizinische Okkultismus, wenn von völlig untauglichen oder sogar schädlichen Mitteln Heilung erwartet wird, während man eine erfolgversprechende Behandlung versäumt.
2. Ein sehr starker Anreiz ist für viele die **Entschlüsselung der Zukunft** durch verschiedene Wahrsageformen wie Kaffeesatzlesen, Astrologie, Pendel, Handlesen, Kartenlegen usw. Man sieht dabei bestimmte „Anzeichen" als Hinweis unbekannter Mächte auf die von ihnen vorbeschlossene Zukunft an.
3. Der gefährlichste Bereich geistiger Verirrung ist der **Fanatismus** und die damit oft verbundene irrationale Bildung von Außenseitergruppen (fundamentalistische Sekten, kriminelle Cliquen, Ku-Klux-Klan, Neonazi).

Über all diese Bereiche geistiger Verirrungen wird noch ausführlich zu sprechen sein.

12 Wir handeln dumm, weil ...

Wir alle sind Narren, es hat
keiner das Recht, einem anderen seine
eigentümliche Narrheit aufzudrängen.
Georg Büchner

1. ... der im Verlauf der Hominisation entstandene angeborene Teil unserer Intelligenz nicht ausreicht, wir einen angeborenen Intelligenz„mangel" haben, d.h. verschiedene – zum Teil auch geschlechtsgebundene – Begabungen nicht in dem Maße ausreichend vorhanden sind; um uns zweckmäßig und situationsadäquat handeln zu lassen. (Freilich erhebt sich die Frage nach einem Maßstab für menschliche Intelligenz. Wo liegen die Grenzen einer optimalen oder maximalen Intelligenz?)
2. unsere Intelligenz (v.a. die Fantasie) in unserer Kindheit und Jugend in Erziehung und Ausbildung zu wenig oder falsch gefördert wurde;
3. wir durch Erziehung und geheime Miterzieher (Freunde, weltanschauliche Institutionen und Medien, Traditionen) indoktriniert und künstlich verblödet werden;
4. es in den Schulen an Aufklärung und wissenschaftlicher Ausbildung mangelt und auch die Medien ihrer Bildungsaufgabe nicht gerecht werden;
5. wir nicht imstande sind, sehr komplexe Zusammenhänge zu erfassen und langfristige Folgen unseres Handelns vorauszusehen;
6. wir zu wenig Fantasie haben, um uns die Folgen dummen Tuns auszumalen;
7. unsere Emotionen und Motivationen uns entgegen besserem Wissen längerfristig gesehen unangemessen, eben dumm, handeln lassen;
8. wir unbewusst verschiedensten kognitiven Täuschungen unterliegen, die häufig zu dummen Fehlentscheidungen führen;
9. wir (vor allem bei diffizilen philosophischen Problemen) der „Verhexung des Verstandes durch die Mittel der Sprache" (*Wittgenstein*) unterliegen und dadurch „falsch" denken – mit oft haarsträubenden Resultaten, etwa in der Annahme „geistiger Wesenheiten".

Man kann natürlich fragen, ob mit Eliminierung all dieser Defizite auch die menschliche Dummheit schlechthin beseitigt wäre. Vollkommenheit auch in intellektueller Hinsicht ist zweifellos eine Chimäre.

Zusammenfassung: „Allgemeines über Dummheit"

- Dummheit ist ein Phänomen, das uns überall in der menschlichen Umwelt in vielfältigster Form begegnet. Daher ist der Ausdruck selbst auch **kaum definierbar**. Besser als von „der" Dummheit zu sprechen, sollte eigentlich von „dummen" Aussagen, Umständen, Handlungen oder allenfalls Ideengebäuden die Rede sein.
- Meist wird „Dummheit" negative definiert als das **Gegenteil von Intelligenz**, als mangelnde Fähigkeit zur Problemlösung, als Denkschwäche. Aber auch Fantasielosigkeit ist ein wesentliches Merkmal des dummen Menschen.
- **Handlungen** nennen wir „dumm", wenn ein Verhalten der Situation unangemessen ist und ungewollt einen Schaden herbeiführt.
- Zahlreiche **Formen** der Dummheit lassen sich unterscheiden: prinzipielle Dummheit des Menschen aufgrund der Begrenztheit unseres Auffassungsvermögens, angeborene und erlernte Dummheit, fakultative und essenzielle Dummheit, naive und intellektuelle Dummheit, logische und emotionale Dummheit, individuelle und kollektive Dummheit, gespielte und verschleierte Dummheit, doktrinäre und neurotische Dummheit, eigene und fremde Dummheit.
- Dumm sein ist **relativ**. Es lassen sich folgende Unterschiede feststellen: Zeitlich und situationsabhängige individuelle Dummheit, interindividuelle (was mir dumm erscheint, muss es für den andern nicht sein), gesellschaftliche (unterschiedliche Bewertung von Handlungen als dumm oder nicht dumm in verschiedenen Gesellschaften) und historische Dummheit (was früher als gescheit und richtig galt, erscheint uns heute äußerst dumm).
- Das Konzept der **multiplen Dummheit** besagt, dass es, so wie es verschiedene Formen der Intelligenz, auch entsprechende Mängel gibt. Wir sind in verschiedener Hinsicht (partiell) dumm.
- So wie es Begabungsunterschiede der Geschlechter gibt, existieren auch **geschlechtsspezifische Formen** dummen Verhaltens. Während der IQ von Frauen um einen Mittelwert angesiedelt ist, gibt es häufiger sehr intelligente, aber auch sehr dumme Männer.

- Auch an sich kluge Menschen können sehr dumm handeln. Zum einen aufgrund **fehlgeleiteten Denkens** (kognitive Täuschungen, Bestätigungstendenz, Wahrnehmungstäuschungen, Gedächtnistäuschungen, logische Fehler beim Schließen, Unfähigkeit, komplexe Zusammenhänge zu erfassen, Neigung zu Verschwörungstheorien, Verhexung des Verstandes durch die Sprache).
- Der andere Grund sind unsere **Gefühle**, die unser Denken und Handeln stärker als man glaubt, beeinflussen (Affekte, besonders Angst und Panik, Kränkungen unserer Geisteshaltung).
- Zahlreiche unserer Verhaltensweisen sind nicht „dumm an sich", sondern im Verlauf unserer **Evolution** entstanden und ursprünglich durchaus sinnvoll. Sie sind aber unserer Massengesellschaft von heute nicht mehr adäquat.
- Auch viele im Verlauf der **Geschichte** entstandene Traditionen führen zu heute eigenartig dummen Handlungen.
- Viele Menschen unterliegen (meist durch mangelnde wissenschaftliche Ausbildung) **geistigen Verirrungen**, die den Blick verstellen und sie dumm handeln lassen (Vorurteile, Leichtgläubigkeit, Aberglaube und Fanatismus).

Bei der Vielzahl möglicher Formen und Ursachen von Dummheit wäre es vermessen, zu glauben, dass Dummheit und dummes Handeln des Menschen jemals ausgerottet werden könnten.

Teil 2

Reiche der Dummheit

Natürlich werden auf allen möglichen Gebieten Dummheiten en masse gemacht. Doch fällt Dummheit in bestimmten Bereichen besonders auf. In der Folge seien daher einige markante Dummheitsbereiche näher beleuchtet.

1 Dumm durch Erziehung

Man kann Dummheit
sorgfältig durch Erziehung
zu Vorurteilen herbeiführen.
Alexander Mitscherlich

Kätzchen wurden in einem nicht gerade tierfreundlichen Kaspar-Hauser-Experiment in einer extrem reizarmen Umwelt aufgezogen. Die fehlende Möglichkeit, Erfahrungen machen zu können, führte zu schweren Verhaltensstörungen. Aus Deutschland wurde ein Fall bekannt, in dem eine Mutter, die einer fundamentalistischen fanatischen religiösen Sekte angehörte, ihren Sohn jeden Tag viele Stunden mit verbundenen Augen ruhig sitzen ließ. Auch hier waren die Folge des Reizentzugs schwerste Verhaltensstörungen und psychische Defizite. Nachdem die Mutter die Sekte verlassen hatte, wurde das Kind psychotherapeutisch behandelt, doch waren die Störungen nicht mehr völlig zu kompensieren. Auch die mangelhafte Entwicklung der Intelligenz konnte nicht aufgeholt werden.

Dieser Fall zeigt, dass fehlende Erfahrung in der frühen Kindheit später nur teilweise wettgemacht werden kann. Das bedeutet aber auch, dass Kinder durch entsprechende Erziehungsmaßnahmen (auch absichtlich) dumm gehalten oder gemacht werden können.

Intelligenz ist weitgehend auch angeboren, aber diese Beschränktheit kann durch entwicklungshemmende Umwelt und/oder Maßnahmen verstärkt werden. Hier darf man von Verdummung sprechen. Generell können wir behaupten: Alle Dummheit, die nicht evolutiv, rassisch, geschlechtlich oder durch Erbfehler bedingt ist, kann auf mangelnde Förderung oder Fehlerziehung (Vorurteile, Aberglaube, Indoktrination, sprachliche Euphemismen) zurückgeführt werden.

Kant glaubte, dass einer die „Naturgabe" der Urteilskraft, wenn er sie denn besitze, immer noch üben und trainieren müsse, weil Dummheit die unausweichliche Folge bei Versäumnissen in der Entwicklung und Förderung der Urteilskraft sei. Daher sind die eigentlichen Wurzeln der Dummheit auch nicht so sehr in der Konstitution des einzelnen zu suchen als vielmehr im sozialen und gesellschaftlichen Bereich seiner Bildung und Erziehung.

„Wer das Pech hat, von beschränkten Eltern zu stammen und deren intellektuelle Minderwertigkeit zu erben, hat daneben zumeist auch das Missgeschick, in einem Milieu aufzuwachsen, das seiner geistigen Entwicklung wenig förderlich ist" (*Löwenfeld* 1909).

Josef Rattner (1976) drückt sich pointiert aus: „Dumme Kinder haben dumme Eltern und umgekehrt ... Dumme und unwissende Eltern können ihren Kindern nur ein Minimum von Informationen und Denktechniken auf ihren Lebensweg mitgeben. Dabei ist die Dummheit der Eltern gefährlicher als ihre Unwissenheit: Dumme Menschen haben nicht nur Informationsmangel, sondern sie sind zumeist auch Kolporteure falscher Meinungen und Anschauungen, die das Kind verwirren und sein Zutrauen in die intellektuelle Begreifbarkeit der Welt wesentlich vermindern."

Intelligenz ist – wie schon öfter betont – kein rein rationales Phänomen, sondern ein tief im Emotionalen verankertes Persönlichkeitsmerkmal. Daher kann es keine „bloße Intelligenz-Erziehung" geben. Wer sein Kind vernünftig, einsichtig, wissbegierig, lernfähig und aufgeschlossen machen will, muss ihm zunächst ganz andere Eigenschaften anerziehen. Ist das Gefühlsleben eines Menschen ausgeglichen und lebenszugewandt, so stellt sich Intelligenz sozusagen von selbst ein. Ist jedoch die Emotionalität gehemmt, verkümmert, lebens- und menschenfeindlich, so wird man durch alle Schulen und Hochschulen der Welt nicht zum „gesunden Menschenverstand" gebracht werden können.

Da der IQ von Eltern und Kindern nicht selten ziemlich ähnlich ist, ist es nur schwer möglich, dass dumme Eltern intelligente Kinder hervorbringen, geschweige denn zu solchen erziehen können.

Besonders ungünstig für die Gesamtzusammensetzung einer Bevölkerung und deren Intelligenz ist die Tatsache, dass die unterste Schicht jeder sozialen Gemeinschaft besonders hemmungslos Kinder in die Welt setzt.

So wirken ungehinderte Fortpflanzung der intellektuell Minderbegabten einerseits, bewusste Beschränkung der Kinderzahl der Hochbegabten und der bildungsmässige Abstieg der sogenannten Elite andererseits in der gleichen Richtung auf die weitere Verdummung nicht nur der europäischen, sondern auch der übrigen Völker der Welt. Familien haben eben nicht nur einen Lebensstil, sondern auch einen Denkstil. Dazu gehört auch meistens ein gewisser geistiger Horizont, der in der Familiengruppe heimisch ist. Wer innerhalb dessen aufwächst, wird im Hinblick auf Intelligenz und Dummheit merklich geprägt.

Mit dieser Prägung bringt der dumme Mensch weitere dumme Menschen hervor. Die Infektion hat also übergegriffen.

Also: Ein großer Teil der Intelligenz ist vererbt und entsprechende Mängel können deshalb nicht so ohne weiteres behoben werden. Das heißt, dass insbesondere die Schule am Intelligenzniveau der Kinder nicht allzu viel ändern kann.

Überhaupt ist eine Erziehung, welche glaubt, die menschliche Natur grundsätzlich ändern zu können, eine Utopie. Weder die alte Prügelpädagogik noch antiautoritäre Erziehung konnten die Menschheit verbessern. Erziehung kann Intelligenzunterschiede sicher nicht ausrotten, höchstens mildern. Umgekehrt können Erziehung und Schule Dummheit zweifellos auch fördern. Mit der Diagnose „dumm" sollte man vorsichtig umgehen. Das Versagen von Kindern in der Schule kann nämlich verschiedene Ursachen haben: *Nicht immer können schlechte Schulleistungen auf ererbte Begabungsmängel zurückgeführt werden.*

- Man kann Kinder auf bestimmten Gebieten dumm machen, wenn man ihnen immer wieder vorsagt, dass sie dumm seien. Dadurch entstehen Minderwertigkeitsgefühle. Ein sich minderwertig fühlendes Kind aber kann nicht lernen. Daher verlangt die Bekämpfung der Dummheit in erster Linie das Fernhalten von allem, was dem Kind Minderwertigkeitskomplexe einflößen könnte.
- Bemerkenswert ist auch, dass dumme Kinder sehr häufig gleichzeitig auch faul sind. Die Faulheit ist eine Schwester der Dummheit. Zur Entwicklung der Intelligenz gehört nämlich auch eine Portion Fleiß.
- Manch „dummer Schüler" versagt nur deshalb, weil er in ungünstigen Verhältnissen aufgewachsen ist und zu wenig gefördert wurde.
- Nur wenige Kinder erlernen von ihren Eltern oder Lehrern jemals die Technik der rationalen Problemlösung und fällen aus diesem Grund dann häufig dumme Entscheidungen.
- Immer häufiger finden wir heute in den Schulen verhaltensgestörte Kinder, welche durch eine falsche Erziehung vermurkst

wurden und sich nicht konzentrieren können, von den Mitschülern gehänselt oder von unqualifizierten Lehrern zynisch behandelt werden.

- Andere Minderleistungen sind durch eine falsche Methodik erklärbar, zum Beispiel wenn der Schüler nicht dem angesprochenen Lerntyp angehört.
- Ferner kann der Schüler nicht „auf derselben Wellenlänge" wie der Lehrer liegen, auch (meist) gegenseitige Antipathien spielen eine große Rolle.
- Wie in jedem Beruf gibt es natürlich auch unter den Lehrern solche, die ihren Job als „Berufung" missverstanden haben und eigentlich ungeeignet sind, dies aber häufig nicht einsehen oder wahrnehmen wollen – auch eine Form von Dummheit. Wie sollen da die Intelligenz der Schüler gefördert werden?
- Manch intelligenter Schüler scheitert oder gibt resigniert auf, weil er unterfordert ist oder sich vom Lehrstoff nicht angesprochen fühlt, andere Interessen hat und sich langweilt.
- *Freud* sprach von der „strahlenden Intelligenz" des vorschulpflichtigen Kindes und wundert sich darüber, wie rasch diese durch geistige Stumpfheit ersetzt wird. Er machte hierfür die repressive Erziehung verantwortlich und die Einpflanzung sexueller und religiöser Denkblockaden.

Der Schweizer Pädagoge *Jürg Jegge* hat in seinem bekannten Bestseller „*Dummheit ist lernbar*" (1991) festgestellt, dass Dummheit keine unveränderbare Größe ist und Schülern durch Benachteiligung anerzogen wird. Viele beschränkte Kinder könne man bei guter Betreuung aus ihrem unverschuldeten Teufelskreis von Entmutigung, Misserfolg, Isolierung und Angst herausholen. Pädagogische Diagnosen auf chronische Dummheit führen seiner Auffassung nach oft zur negativen Auswahl mit lebenslangen Nachteilen für die Betroffenen (nach *Zänker* 2001).

Was wir brauchen, ist ein Schulsystem, das differenziert auf die Schüler eingeht, das Begabungen unterscheidet, aber nicht, um die weniger Begabten auszuscheiden, sondern in dem Bemühen, möglichst viel aus dem geistigen Rüstzeug jedes einzelnen zu machen.

Dummheit ist lernbar
(aus *Jürg Jegge*: Dummheit ist lernbar 1991)

Schülerbericht: Ich merkte, dass ich eben dumm sei und fast nichts begreife. Wenn wir Leseaufgaben bekamen, machte ich sie überhaupt nicht mehr. Ich dachte, ich sei ja dumm, für was also lernen. Das Rechnen fand ich noch viel komplizierter als das Lesen, und darum machte ich mir gar nie die Mühe, richtig aufzupassen ...

Ich dachte, dass sie mich wohl für mutlos und dumm hielt. Meine Vermutung, bestätigte sich auch. Von nun an war es nur noch eine Qual für mich, zur Schule zu gehen. Mich beherrschte der Gedanke: Du bist dumm, einfältig und für nichts zu gebrauchen ...

Ich glaubte nämlich, ich sei dumm geboren, bleibe für immer blöd und sterbe einfältig. Und für dieses Dummsein-Müssen würde ich nun noch hart gestraft, wo ich doch nichts dafür könnte.

So kommen wir zum Resultat, dass der Mensch – soweit seine Beschränktheit nicht angeboren ist – zu einem erheblichen Teil im Prozess des Hineinwachsens in seine Kultur unwillkürlich oder mitunter auch willkürlich – sozusagen künstlich – „verdummt" wird. Erziehung in Familie und Schule, aber auch Einflüsse der Gleichaltrigen (der *„peer-group"*) und heute zunehmend der verschiedenen Medien spielen dabei eine Rolle. Wir sind nicht nur Schöpfer, sondern auch Geschöpfe unserer Kultur. Und diese Kultur ist (nach *Rattner* 1976) abergläubisch, kriegsführend, intolerant, sexualfeindlich, denkfeindlich, autoritär und sadomasochistisch, lebensfeindlich, unvernünftig, hasserfüllt, geld- und machtgierig, primitiv usw. Wie sollte dieser Komplex von unerfreulichen Eigenschaften nicht auf den jungen Menschen abfärben?

In früheren Jahrhunderten wurden ganze Bevölkerungsschichten durch die jeweiligen kirchlichen und weltlichen Mächte von Bildungsmöglichkeiten fern gehalten. Dies geschieht in rückständigen (z.B. einigen islamischen) Ländern auch heute noch, wenn dort Mädchen ein Schulbesuch verweigert wird. Die geistige Rückständigkeit einer Vielzahl von Menschen war und ist dann ein Produkt der Gesellschaft.

Rattner (1976): „Der Staat hat kein Interesse daran, die Mehrheit der Menschen klug und geistig unabhängig werden zu lassen. Mit ‚denkenden Persönlichkeiten' hätte er wohl sehr viel mehr Mühe, wenn er Aufrüstung und Krieg, wirtschaftliche Benachteiligung der Mehrheit durch kleine Minderheiten, parasitäre Existenz von Beamten usw. beibehalten wollte. Wann immer der Staat ins Erziehungssystem eingriff, wollte er nicht ‚freie Menschen', sondern ‚Untertanen' heranbilden."

Die Erziehung zur Dummheit beginnt im Elternhaus, die Schule setzt sie fort. In manchen – v.a. weltanschaulich relevanten –

Bereichen nützen Staat und Kirche ihre Macht dazu, die Schule regelrecht als Verdummungsanstalten aufzubauen, um schon den Kindern ihre dummen und verdummenden Ideologien einzuimpfen.

Eine Kulturschande jedoch ist, dass sogar die Universitäten – selbst wenn wir von der eigens zwecks Indoktrination eingerichteten theologischen Fakultät einmal absehen – mitunter als hohe Schule der Dummheit fungieren. Hier werden nicht selten „Fachidioten" herangebildet, die keine Ahnung von anderen Gebieten haben und daher wie andere (weniger gebildete) Leute unwissend, abergläubisch und dumm sind. Akademische Grade schützen vor Dummheit nicht.

2 Medien – Verdummung oder Aufklärung?

Fernsehen macht die Dummen
dümmer und die Klugen klüger.
Marcel Reich-Ranicki

Ist unserem Erziehungssystem wird der Grundstein dafür gelegt, dass wir uns verdummen lassen, ohne es richtig zu merken. Durch eine falsche Erziehung wird Dummheit produziert und verstärkt. In der Folge sind alle etablierten Einrichtungen an Verdummungsprozessen beteiligt, die uns mit oder ohne Absicht manipulieren. In erster Linie sind es die Ideologien von Staat und Kirche, die uns via Medien übergestülpt werden sollen. So werden wir Opfer einer gigantischen Massenverdummung (bis hin zum Fanatismus), an der vor allem das Fernsehen massiv mitwirkt. Für *Frank Palanay* (1972) bildet die heutige **Mediokratie** sogar „das Mistbeet für kollektive Dummheiten; sie ist der Erzfeind der Herrschaft der Vernunft". Wir leben in einer Ära unbegrenzter Tolerierung schädlicher und gefährlicher Massenstupidität. *Wokart* (2001): „Das Niveau, auf dem die Medien das menschliche Bedürfnis nach Kunst und Unterhaltung befriedigt, ist ungewollte oder vielleicht sogar gewollte Volksverdummung. In der Tat ist eine entwickelte Urteilsfähigkeit für den ungetrübten Genuss der angebotenen Art von Unterhaltung und Zerstreuung eher hinderlich. Sie wird von den Medien daher auch nicht gefördert. Die bekannte Formel für das traurige Ergebnis dieser Sorte Befriedigung lautet, dass wir uns noch zu Tode amüsieren könnten."

Wenn man sich vor Augen hält, dass ein Jugendlicher bis zum 18. Lebensjahr mehr Zeit vor dem Fernseher als in der Schule zugebracht hat, scheint dies doch sehr bedenklich. Besonders die untere, weniger gebildete Bevölkerungsschicht verbringt einen Großteil der Freizeit vor der Glotze.

Mit der Spaß- und Unterhaltungskultur, die sich im Fernsehzeitalter ausbreitet, feiert die Torheit neue Triumphe. Die neuen Medien halten ungeheuer viel Menschen im Bann der Unmündigkeit und Abhängigkeit von Vordenkern. Wir leben in einer Zivilisation, welche die Infantilität auch der Erwachsenen fördert. Nicht nur dümmliche, fantasielose „Seifenopern", sondern auch brutale Gangster- und Wildwestfilme gaukeln dem unkritischen

Zuseher eine Welt vor, die es so kaum gibt. Wie in *Platons* Höhlengleichnis verlieren die Leute beim Fernsehen den Blick für das Wahre und Schöne und verdummen dabei. Zu viel Fernsehen macht erwiesenermaßen dumm.

Doch sind die Fernsehanstalten nicht alleine daran schuld, dass sie zu einer Art „Fernsehdebilität" beitragen. Denn doofe Sendungen werden von zahlreichen Sehern nicht nur geschätzt, sondern auch aktiv gewünscht. Die Programmgestalter sind von der Mentalität breiter Zuschauermassen abhängig. So erzieht das Fernsehen auch diejenigen zu geistiger Anspruchslosigkeit, die an sich gar nicht so anspruchslos wären. In der Abhängigkeit seiner Freizeitgestaltung vom Fernsehen gewöhnt sich auch der anspruchsvollere Zuschauer an die Banalitäten, die ihm in monotoner und geisttötender Einfallslosigkeit vorgesetzt werden – wie etwa „Soap-Opera"-Serien, die meist einen unsäglichen „Schmarren" beinhalten. Während im Hauptabendprogramm überwiegend stupide Unterhaltung geboten wird, werden die anspruchsvolleren bildenden Sendungen nur allzu häufig ins Nachtprogramm verschoben, das sich nur noch wenige Interessierte ansehen.

Reklamationen bei Sendern über volksverblödende Sendungen etwa astrologischer oder esoterischer und pseudowissenschaftlicher Art werden ignoriert, denn das „Publikum" wünsche solche Beiträge. Und in der Tat führt ein Absetzen solcher Sendungen regelmäßig zu einer Flut von Protesten. Trotzdem: Hier werden zumindest die öffentlich-rechtlichen Fernsehsender ihrem Bildungsauftrag zweifellos nicht gerecht. Wenn schon solche Sendungen unvermeidbar scheinen, so wäre doch zumindest zu fordern, dass diese von einem wissenschaftlichen Fachmann kritisch kommentiert werden.

Statt Kritik- und Urteilsfähigkeit zu fördern, fördern die Massenmedien Dummheit, Mittelmäßigkeit und den Eindruck, dass eigentlich eh alles in Ordnung sei.

Die Frage „Kriegt ein dummes Volk nicht nur die dummen Führer, sondern auch die verdummenden Medien, die es verdient, oder schrumpfen sich die Medien die Hirne ihrer Konsumenten auf ihr Niveau zurecht?" muss daher so beantwortet werden: Beides trifft zu. Einerseits verlangen durch die vorausgehende Erziehung verdummte Menschen stupide Sendungen. Andererseits tragen die Medien auch aktiv zu einer weiteren Verblödung der Massen bei. So konnte *Konrad Lorenz* vor der wachsenden Indoktrinierbarkeit des Menschen warnen.

Vom Gesetzgeber wäre zu fordern, hier regulierend einzugreifen und ausgesprochen verdummende Sendungen zu verbieten und an deren Stelle aufklärende Dokumentationen zu setzen. Doch wer entscheidet, was dumm und pseudo ist? Denn so einfach ist die Sache leider selten. Hier müssten wissenschaftliche Gremien eingesetzt werden, welche entsprechende Themenbereiche unter die Lupe nehmen. Natürlich könnte man sagen, das sei eine Bevormundung des Bürgers. Schließlich leben wir in einer Demokratie und da darf jeder jeden Unsinn äußern. Die Frage ist bloß, ob hier nicht ein höheres Gut zur Disposition steht, nämlich die Bildung und Entdummung der Bevölkerung.

Die Profiverblöder

Von der Wiege bis zur Bahre sind wir ständig Verdummungsversuchen ausgesetzt.

- Von den *Eltern* übernehmen wir die in unserer Gesellschaft tradierten Vorurteile und abergläubischen Vorstellungen, auch wenn sie objektiv noch so dumm erscheinen mögen.
- *Lehrer* vermitteln häufig überholte oder abergläubische Weltbilder. So gibt es z.B. sogar Biologielehrer, die eine Evolution leugnen. Das ist etwa so wie wenn ein Atheist Religion unterrichten würde.
- Die *Politiker* wissen genau, was uns gut tut und was wir brauchen. „Der Staat" braucht keine freien, selbstbewussten Bürger, sondern „Untertanen".
- *Militärs,* welche uns die Notwendigkeit von Rüstung und Krieg einreden wollen.
- *Kirchen,* Sekten und Gurus, die den Menschen die unsinnigsten Vorstellungen als absolute Wahrheiten anbieten und zu glauben vorschreiben.
- *Chemieberater* der Landwirtschaft, welche die Bauern künstlich verdummen, indem sie ihnen sagen, welche Gifte sie einzusetzen haben, damit die Nahrungspflanzen perfekt wachsen.
- *Reklamefachleute,* die uns unnötige oder gar schädliche Produkte aufschwatzen.
- *Schriftsteller,* die uns den blühendsten Unsinn als Fakten oder wissenschaftlich untermauerte Theorien verkaufen: Esoteriker, Astrologen, Präastronautiker (à la *Däniken*), Antievolutionisten und andere Fundamentalisten.
- Die *Medien,* die verdummende statt aufklärende Sendungen unter's Volk bringen.

Das sind nur einige Beispiele von Proponenten der Verdummungsmafia. Die Liste könnte beliebig fortgesetzt werden!

3 Vorurteile

Vorurteile sind die Vernunft der Narren.
Voltaire

Von allen menschlichen Schwächen wirkt keine zerstörerischer auf die Würde des Einzelnen und die sozialen Beziehungen unter den Menschen als Vorurteile. Ein Vorurteil ist eine ungerechtfertigte negative Einstellung gegenüber einer Person oder Personengruppe allein aufgrund ihrer Zugehörigkeit zu einer bestimmten sozialen Gruppe, z.B. zu einer Minorität. Es ist ein Stereotyp mit stark negativen Eigenschaften. Vorurteile beruhen nicht auf persönlicher Erfahrung oder Urteilsbildung, sondern sind (meist von Autoritätspersonen) kritiklos übernommene Meinungen, die einer sachlichen Argumentation nicht standhalten.

Wir haben Vorurteile, weil wir denkfaul sind und weil wir mit einigen wenigen Schablonen und Schematismen alles wissen und verstehen wollen. Dieses Schablonendenken ist so ausgeprägt, dass auch ein scharfer Beobachter wie *Freud* zur Auffassung gelangte, der Mensch sei „ein Wesen von schwacher Intelligenz, welches von starken Trieben beherrscht sei". Die Last der Vergangenheit liegt auf uns. Wir sind dumm, weil wir in einer Tradition von Dummheit heranwachsen.

Vorurteile werden oft durch Manipulation vermittelt oder doch verstärkt. Sie sind sehr hartnäckig und schwer korrigierbar, vor allem deshalb, weil ihre primären Ursachen im emotionalen Bereich liegen. Hass, Neid, Angst vor dem Fremden, Eitelkeit und Selbstgerechtigkeit schaffen sich im Vorurteil ein „Ventil". Man kann sich am besten reinwaschen, wenn man andere anschwärzt. Die Änderungsresistenz aus affektiven Gründen macht ein Fehlurteil erst zum Vorurteil, unterscheidet den Irrtum vom Denkstereotyp.

Vorurteile sind unreflektierte, verzerrende Denkschablonen, die uns das Nachdenken und das Sich-mit-dem-Anderen-Beschäftigen abnehmen und so effizient zur systematischen Volksverdummung beitragen.

„Wir wachsen in eine Kultur hinein, die uns von Kindheit an mit einem dichten Gewebe von Vorurteilen umgibt, so dass wir uns – ohne es zu wissen und ohne es zu wollen – zeitlebens in Dummheit und Lüge verstricken. Die Brille unserer Vorurteile hindert uns daran, Welt und Mensch richtig zu sehen. Vorurteile machen dumm“ (*Rattner* 1976).

Selbst die dümmsten Vorurteile haben auch gewisse **Vorteile**: Sie dienen der psychischen Entlastung in Angstsituationen mangels Orientierung und geben eine gewisse Verhaltenssicherheit im sozialen Handlungsfeld. Wir meinen genau Bescheid zu wissen über bestimmte Menschengruppen und wie wir uns ihnen gegenüber zu verhalten haben, ohne dass wir uns mit ihnen auseinandersetzen müssen.

Zum andern genießen Opfer von Vorurteilen eine gewisse Narrenfreiheit: Die „Frau am Steuer“ wird nicht nur verkannt, sie kann auch mit Wohlwollen und Nachsicht rechnen. Dasselbe gilt von anderen Zielen unserer Vorurteile wie zerstreuten Professoren, exaltierten Stars, Skilehrern, Schwiegermütter und alten Jungfern, die alle in ein vorfabriziertes Schema passen.

Der vorurteilsfreie Mensch ist eine Utopie
(nach *Evelyn Horsch* in „Psychologie heute“ 6/2000)

Vorurteile, so glauben wir gerne, haben immer nur die anderen: Menschen, die sich benachteiligt fühlen, oder jene mit „autoritärem Charakter“. Neueste Forschungsansätze aber zeigen: Vorurteile entstehen, wenn Machtprivilegien gefährdet sind.

Da autoritäre Persönlichkeiten in einer Welt leben, mit der sie nur unzureichend klarkommen, wird alles, was sie innerlich in Konflikt bringen könnte, feindselig zurückgewiesen. Anfälligkeit für Ideologien, vor allem rechtsgerichtete, Unterwerfung unter etablierte Autoritäten und Bereitschaft zu Vorurteilen, dabei ein tyrannisches und aggressives Verhalten gegenüber Andersdenkenden zeichnen jene Menschen aus.

Wo Kinder stark kontrolliert oder überbehütet aufwachsen, wo sie kaum eigene Problemlösungsstrategien entwickeln können und deshalb unsicher und unselbständig werden, da entstehen in belastenden Situationen Tendenzen zu einer „Flucht in die autoritäre Sicherheit“. Dieser Menschentyp ist kein pathologischer Neurotiker, sondern entspricht eher dem Durchschnittstyp unserer Gesellschaft.

Vorurteile beeinflussen unsere Bewertung und unser Verhalten meist unbewusst, jenseits unserer bewussten Kontrolle. Sie entstehen aus stereotypen Kategorien, die wir brauchen, um unsere unübersichtliche Welt übersichtlich zu machen und zu regulieren.

Das passiert schon in frühester Kindheit. Die Kategorien und Wertsysteme unserer Bezugspersonen nehmen wir quasi mit der Muttermilch auf.

Vorurteile gehören zu sozialen Systemen einfach dazu. Meint man, eins sei verschwunden, produziert das Sozialsystem flugs ein neues.

Sich einzugestehen, dass wir alle Vorurteile haben, das ist der Anfang wirklicher Erziehung zur Toleranz.

Wer allem und jedem gegenüber tolerant ist, ist deshalb keineswegs frei von Vorurteilen. Meist ist er nicht einmal tolerant, sondern in Wirklichkeit nur scheintolerant, um Konflikten aus dem Weg zu gehen, manchmal auch gleichgültig. Wirkliche Toleranz heißt nämlich sich auseinandersetzen mit eigenen Abneigungen und Ressentiments – und diese überwinden, indem ich dem anderen dieselben Rechte und Freiheiten einräume wie mir selbst.

Vorurteile geben der Mehrheit der Bevölkerung die beruhigende Scheingewissheit, dass die Minderheit ihr Los entweder verdient (wegen ihrer „minderwertigen" Natur) oder aber gar nicht anders haben will („arm, aber glücklich"). Für die Betroffenen wird diese sich selbst erfüllende Prophezeiung zu einem wahren Teufelskreis, dem so leicht keiner entrinnt. So werden die Angehörigen einer Minderheit als „dumm" bezeichnet, gleichzeitig räumt man ihnen weniger Bildungschancen ein, wodurch die „Dummheit" (durch schlechtere Ausbildung) objektiv erst bewirkt wird.

Der Arrogante, der Mächtige, der Geltungssüchtige, religiöse Sekten und politische Parteien, alle benutzen das Instrument der Vorurteilsbildung, um sich selbst „ins rechte Licht" zu rücken, kurz, alle diejenigen, die glauben, Sündenböcke zu brauchen. Auch Zeitungen verwenden gern das Instrument der Vorurteilsbildung, um Klischeevorstellungen im Leser zu erzeugen und um dessen Beifall zu erheischen, denn man braucht ja den Stammleser (vgl. *Josef* 1995).

„Herrschende Klassen haben seit jeher gewusst, dass sie die Unzuträglichkeiten ihrer Herrschaft wesentlich mildern können, wenn sie den Unterdrückten einen ‚Sündenbock' zuspielen, der ‚an allem schuld ist'. In den Religionen wurde diese Funktion durch den Teufel oder einen anderen Anti-Gott übernommen; in Staat und Wirtschaft waren und sind es die ‚Nachbarnationen', die anderen Religionen, der Jude, der Neger, der Kommunist usw. Vorurteile dienen zur Ableitung von Spannungen, die aus Terror irgendwelcher Art entstehen; das verdummte Volk jagt dann seinen Pseudo-Feinden nach und lässt seine eigentlichen Ausbeuter, Unterdrücker und Blutsauger in Ruhe" (*Rattner* 1976).

Eines der verhängnisvollsten Vorurteile ist der **Nationalismus**: Dem eigenen Volk, der eigenen Rasse werden alle Tugenden, den Nachbarvölkern alle komplementären Laster zugeschrieben. Der Faschismus ist nichts anderes als die folgerichtige und extreme Ausgestaltung des nationalen Vorurteils.

Vorurteile und speziell die Dummheit des Rassismus fallen nicht vom Himmel, sondern werden erlernt – nicht nur im Elternhaus oder bei Freunden, sondern häufig leider auch in der Schule. Was wir brauchen, sind gesellschaftliche Bedingungen, die Vorurteile nicht zu Ressentiments werden lassen. Wir brauchen Lebenschancen für alle, welche die Suche nach Sündenböcken überflüssig machen und die gleichberechtigte Begegnung zwischen Menschen unterschiedlicher kultureller und sozialer Herkunft ermöglichen.

Vorurteile bilden auch die Grundlage für den weitverbreiteten rassistischen Humor, die berühmten **Witze** über Schotten, Juden, Ostfriesen, Burgenländer oder Schwiegermütter. Äußern wir unsere Vorurteile in witziger Form, weil wir nicht wirklich an sie glauben? Oder können diese Witze selbst auch Vorurteile schaffen, weil das gemeinsame Lachen Stereotypen verstärkt?

„Wir müssen erkennen, dass der Mensch kein Wesen ist, dem es auf Genauigkeit und Wahrheit um jeden Preis ankommt" (*Koch* 1978). Das gilt für die Täuschung über uns selbst genau so (Bestätigungstendenz!) wie über die Vorurteile anderen oder sogar Ereignissen gegenüber (vgl. Verschwörungstheorien!).

Der Ausbruch aus der engen Welt der Vorurteile ist nicht leicht und setzt eine gewisse Unbekümmertheit, vor allem aber auch Informiertheit voraus. Stereotype Pauschalurteile gegenüber anderen Menschen können nur durch persönliche Kontakte und Kennenlernen abgebaut werden. Insbesondere muss erkannt werden, dass der Induktionsschluss von der Erfahrung mit einem Individuum einer Gruppe auf alle Mitglieder derselben meist in die Irre und damit zu einem nur schwer korrigierbaren und eigentlich dummen Vorurteil führt.

4 Kollektive Verdummung durch Sprachverfall

Ein Kluger bemerkt alles, ein Dummkopf
macht zu allem eine Bemerkung.
Heinrich Heine

Die „kollektive Verdummung" einer Gesellschaft geht Hand in Hand mit einem fortschreitenden Sprachverfall. Zeichen dafür sind **Floskeln** wie „nachvollziehen", „hinterfragen", „sich einbringen", „ich gehe davon aus" usw.

Heutzutage grassiert auch eine **Anglizismenseuche**. In manchen Boulvardblättern finden sich auf jeder Seite eine größere Zahl von oft wohl kaum verstandenen englischen Ausdrücken oder Amerikanismen, mit denen sich Halbgebildete und Eingebildete schmücken, und dies völlig unnötigerweise, weil es für sie sehr wohl eine angemessene deutsche Entsprechung gäbe. Da liest man von *Highliths, Outdoor, Open Air, Event, Fashionshow, Action, Kids, Youngster* usw., von der „Computersprache" ganz zu schweigen (*downloaden* ... etc.)

Sprachverschmutzung

So wie es eine ökologisch-materielle Umweltverschmutzung durch Vergiftung und Zerstörung unserer Lebensgrundlagen gibt, so kann man auch im moralischen, geistigen und sprachlichen Bereich von einer „Verschmutzung" (und damit Verdummung) reden.

Eine gar nicht so harmlose Verschmutzung der geistigen Umwelt des Menschen ist die Sprachregelung und Verführung durch sprachliche Ausdrücke, die Wahrheit verstellende und dadurch verblödende Euphemismen. Der Hilfsschüler muss „Sonderschüler" genannt werden, die Putzfrau „Raumpflegerin", der Verbrecher wird zum „Straftäter", der Verrückte darf nur noch als „psychisch krank" bezeichnet werden. Ein Armer ist ein „sozial Schwacher", das Wort „Neger" ist diskriminierend und darf nicht mehr in den Mund genommen werden, man spricht vom „Schwarzen". Ein künstliches Gebiss heißt „dritte Zähne" und eine Perücke „Zweitfrisur", statt von „Waldsterben" ist von „neuartigen Waldschäden" zu sprechen.

Hierher gehört auch die Verharmlosung (aber auch Verteufelung) im militärischen oder politischen Bereich, aber auch im Rahmen von Ideologien, in Wirtschaft und in der Werbung. So wurde die erste auf Hiroschima abgeworfene Atombombe auf den Kosenamen (!) „Little Boy" getauft. Zu bombardierende Großstädte werden im militärischen Jargon zum „Zielgebiet", um den Bomberpiloten das Bewusstsein zu nehmen, tausenden Menschen den Tod zu bringen. Die Möglichkeit, die gesamte Menschheit mehrfach (!) auszurotten, wird als „Overkill" verharmlost. Krieg wird zu einer „bewaffneten Auseinandersetzung". Tausende tote Zivilisten in einem Krieg sind ungewollte, aber nicht vermeidbare „Kollateralschäden".

Auch in der Politik werden wir ständig mit Sprachregelungen konfrontiert und man glaubt offenbar (aber irrtümlich) damit das politische Denken verändern zu können. Während Politiker z.B. von der „Ermordung" eines durch „Terroristen" entführten Kollegen sprechen, sehen die Entführer sich als „Freiheitskämpfer", die eine „Hinrichtung" eines verachtungswürdigen Vertreters eines verhassten Systems exekutieren.

Besorgte Bürger, die ihre Angst vor einem Kernkraftwerk artikulieren, werden von der Energielobby und von Politikern als „Chaoten" abgestempelt. Auch seriöse Globalisierungsgegner werden häufig mit solchen in einen Topf geworfen.

Die Chemieindustrie bezeichnet Gifte gegen Insekten oder Unkräuter (!) als „Pflanzenschutzmittel". (Slogan: „Pflanzen schützen heißt Menschen nützen.")

Chemisch erzeugte Dünger sind „Mineraldünger" (was in der Sache ja auch stimmt), während sie von Verfechtern eines Biologischen Landbaus als (unbiologische) „Kunstdünger" abgetan werden.

Auch das Wort „Urbarmachung" ist ein Euphemismus für die Zerstörung von Lebensgemeinschaften, obwohl der Ausdruck ursprünglich einen positiven Inhalt hatte im Sinne von Ackerlandgewinnung.

Außenseitermethoden der Medizin werden von ihren Befürwortern lieber als „Komplementärmedizin" bezeichnet, die auf der Universität gelehrte Medizin abschätzig als „Schulmedizin".

Auch im ideologischen Bereich ist eine Verteufelung anderer Menschengruppen durch abwertende Sprachregelungen häufig. Vor allem werden Feindattrappen verwendet, um den politischen Gegner zu diffamieren. So ist für den überzeugten Kommunisten der „Kapitalist" und „Imperialist" der Inbegriff alles Bösen. Umgekehrt ist für den Kapitalisten das Wort „Kommunist" ein Schimpfwort.

Einer Manipulation durch Sprachregelung sind wir alle täglich ausgesetzt, nämlich der Werbung, vor allem im Fernsehen. Aber nicht nur durch Werbesendungen werden wir ungefragt und ungewollt manipuliert, sondern durch die Informationsflut überhaupt, die uns ständig frei Haus geliefert wird und uns die Illusion umfassenden Wissens vermittelt.

Gefährlich sind Sprachregelungen deshalb, weil sie unser Denken und Handeln massiv beeinflussen und wir dadurch verdummt werden.

Otto Buchegger
(Internet-Beitrag 2001)

Falls es noch mehr Beweise braucht, dass die menschliche Rasse durch Dummheit zum Scheitern verurteilt ist – hier einige echte Packungsaufschriften von verschiedenen Konsumartikeln:

1. Auf einem Fön von Sears: „Nicht während des Schlafes benutzen."
   [Mist, das ist die einzige Gelegenheit, wo ich Zeit hätte, mir die Haare zu machen.]
2. Auf einem Stück Seife der Firma Dial:
   „Anleitung: Wie normale Seife benutzen."
   [Und wie geht das ...?]
3. Auf Tiefkühlkost von Swansons:
   „Serviervorschlag: Auftauen."
   [Aber das ist „nur" ein Vorschlag.]
4. Auf Tiramisu von Tesco's (auf die Unterseite aufgedruckt):
   „Nicht umdrehen!"
   [Hoppla, schon zu spät!]
5. Auf einem Bread-Pudding von Marks & Spencer:
   „Das Produkt ist nach dem Kochen heiß."
   [Ist nicht wahr??!! Echt?!]
6. Auf der Verpackung eines Rowenta-Bügeleisens:
   „Die Kleidung nicht während des Tragens bügeln!"
   [Aber das hätte doch noch mehr Zeit gespart?]
7. Auf Nytol Schlafmittel:
   „Achtung: Kann Müdigkeit verursachen!"
   [Nichts anderes haben wir gehofft.]
8. Auf einer japanischen Küchenmaschine:
   „Nicht für die anderen Benutzungen zu benutzen."
   [Zugegebenermaßen, jetzt sind wir neugierig.]

5 Moralische Verblendung

Lieber schlecht als dumm!
Schlechte Menschen sind auch ab und zu gut.
Dumme sind immer bloß dumm.
Alexandre Dumas

Aussagen sind Sätze mit Wahrheitswert. Sie können wahr oder falsch sein. Normen sind keine Aussagen, sondern Imperative (Befehlssätze) und daher auch nicht wahr oder falsch, sondern bestenfalls zweckmäßig, der Situation angemessen oder aber unzweckmäßig, unangemessen und in diesem Sinne „falsch". Unzweckmäßige *moralische Normen* sind insofern falsch, als sie mitunter fatale Auswirkungen haben können. In diesem Falle dürfen wir sie wohl „dumm" nennen.

Allerdings kann der Ausdruck „dumm" im Zusammenhang mit Moral häufig in einem ganz anderen Sinne angetroffen werden: Wer sich an die Moral hält ist der Dumme. Lüge, Bestechung, „Freunderlwirtschaft" scheinen in vielen Lebensbereichen gang und gäbe zu sein. Nicht nur in der Politik, sondern auch im öffentlichen Dienst und in der Wirtschaft gab es immer schon Leute, die sich auf Kosten anderer bereichert und sich damit in den Augen der meisten Menschen „unmoralisch" verhalten haben. Die sogenannten „Anständigen" sind die Dummen. Derjenige, der moralische Grundsätze hat oder beachtet, wird von denen, die sich's richten können, belächelt. Die Verletzung moralischer Normen ist für sie ein Kavaliersdelikt.

Letztlich ist auch jedes Verbrechen eine Art von „Dummheit". Aber natürlich, und das soll an dieser Stelle besonders vermerkt werden, wurden und werden grosse (Kapital)-Verbrechen nicht nur von Dummköpfen inszeniert.

Das ist die eine Seite. Auf der anderen Seite gibt es Spießbürger, welche mit Vehemenz antiquierte moralische Normen vertreten, die später äußerst negative dumme Konsequenzen haben können. „Der Gutmensch ersetzt das Denken durch eine dogmatische Moral" (*Öller* 1994). Über nichts entrüstet er sich so sehr wie über Verhaltensweisen, die seiner Ideologie zuwiderlaufen.

Es ist aber evident, dass zahlreiche als unumstößlich geltende moralische Normen aus den verschiedensten Gründen heute kei-

Schöpfungsgeschichte! (Karikatur von Silvio Raos in den „Vorarlberger Nachrichten" 1998)

ne Gültigkeit mehr haben sollten, weil sie großen Schaden anrichten und damit dumm sind.

Verquere Sexualmoral

Als eines der auffälligsten Beispiele bietet sich die Sexualmoral der katholischen Kirche an.

Verbohrt vertritt der Papst selbst angesichts der Bevölkerungsexplosion eine Sexuallehre, wie sie weder in den modernen Industriestaaten noch in den Ländern Afrikas sowie Mittel- und Südamerikas befolgt wird. *Augstein* (1994): „Die Ignoranz des ‚Heiligen Vaters' in Fragen der Geburtenkontrolle ist für die gesamte Weltzivilisation eine echte Herausforderung."

Die Ablehnung jeder Möglichkeit der Verhütung ist indes verantwortungslos und letztlich auch dumm.

Auch das strikte Abtreibungsverbot ist angesichts der Übervölkerung der Erde global verhängnisvoll und daher dumm. Mit dieser Gesinnung wird in Kauf genommen, dass Millionen geborener Kinder verhungern.

Aus der Sicht der katholischen Kirche freilich ist diese Ideologie höchst zweckmäßig, werden doch dadurch in der gläubigen Dritten Welt jede Menge neuer Schäfchen produziert.

Nicht nur angesichts der weltweit bekannten und zu befürchtenden rasanten Verbreitung des Aids-Virus ist die Anti-Verhütungkampagne (Kondomverbot!) des Papstes und seiner Kardinalskollegen eine wahre Katastrophe.

Die katholische Kirche hat auch stets Waffen gesegnet, mit denen Christen (einen natürlich „gerechten") Krieg führten, vor allem dann, wenn es gegen die sogenannten Ungläubigen ging. Dabei würde ja eigentlich das Gebot der Nächstenliebe den Einsatz von Waffen gegenüber Mitmenschen doch wohl eher verbieten. Hier besteht also ein systemimmanenter Widerspruch. Ob das die scheinheiligen Repräsentanten des Systems in ihrer konservativ-moralischen Verbohrtheit überhaupt zu erkennen vermögen, bleibt dahingestellt.

Auf der einen Seite also soll menschliches Leben unbedingt geschützt werden, auf der anderen Seite wird das Sterben Unschuldiger (durch Hunger und Krieg) gefördert oder sogar befürwortet. Hier wird eine total widersprüchliche, unakzeptable und unglaublich dumme Moral vertreten, die der gesamten Menschheit als die einzig „wahre" aufs Auge gedrückt wird.

Wenn man dann noch die Kriminalgeschichte des Christentums betrachtet, ist klar, dass hier Ansprüche gestellt werden, welche der Institution Kirche aus historischen Gründen bestimmt nicht zustehen.

Wenn die Papstkirche Homosexualität und Pädophilie (letztere sicher zu Recht) verurteilt und andererseits immer mehr Fälle dieser Verhaltensweisen bei Priestern bekannt und so lange wie irgendwie möglich vertuscht werden, zeugt dies nicht nur von einer scheinheiligen Moral, sondern auch von unglaublicher Dummheit, weil offenbar davon ausgegangen wird, dass die Vorfälle von der Öffentlichkeit nicht wahrgenommen oder gleich wieder vergessen würden.

Die drei Denkhemmungen

(aus *Josef Rattner*: Homo insipiens: Der dumme Mensch 1976)

Immer, wo man Menschen zu Gefügigkeit und Gehorsam erziehen will, tut man gut daran, ihnen **sexuelle** Hemmungen zu implantieren;

nur der gequälte und unterdrückte Leib schafft die Ausgangsbasis für eine knechtische Seele. Daher haben alle autoritären Gesellschaftsformen der Vergangenheit und Gegenwart sexuelle Tabus errichtet.

Der Glaube an unantastbare, nicht mehr hinterfragbare Autoritäten ist eines der größten Übel der Menschheitsgeschichte.

Die „Krönung" der **autoritären** und **sexuellen** besteht in der **religiösen** Denkhemmung: es handelt sich offenbar um drei miteinander verklammerte „Hemmungssysteme", die sich wechselseitig stützen und zementieren. Die Religion ist die stärkste sexualrepressive Kraft in unserer Kultur. Sie lehrt aber die Menschen nicht nur Sexualverdrängung und Sexualabscheu, sondern auch das gläubige und unkritische Hinnehmen fragwürdiger Denkinhalte.

Die unselige Abtreibungsdebatte kehrt heute als Stammzellendebatte wieder. *Peter Michael Lingens* (2001) erscheint es eine unchristliche Perversion, „den unteilbaren Schutz menschlichen Lebens heranzuziehen, um zu begründen, dass die Verwendung solcher Embryonen verboten gehört. Ich hindere die Rettung von Menschen, indem ich die Rechtspersönlichkeit von Zellgebilden schütze."

Damit wären wir wieder beim menschenverachtenden Standpunkt der katholischen Kirche, dass mit der Vereinigung von Ei und Samenzelle (der Befruchtung) schon ein vollwertiger Mensch da sei. Das ist biologischer Nonsens und der lässt sich restlos ad absurdum führen: Seit „Dolly" wissen wir, dass es möglich wäre, aus jeder beliebigen Zelle einen Menschen herzustellen – dürfte man den dann töten? Was für ein lächerliches, mechanistisches Kriterium des Menschseins, das nicht einmal im Kleinen stimmt: Aus der Vereinigung von Ei- und Samenzelle entsteht kein Mensch, wenn nicht bestimmte, von der Mutter zur Verfügung gestellte Proteine ihre Wirkung entfalten. Und von einer menschlichen Persönlichkeit sollte frühestens dann gesprochen werden, wenn ab dem dritten Schwangerschaftsmonat die Gehirnströme einsetzen.

Es ist unsinnig, einen Zellhaufen als (vollwertigen!) Menschen (mit allen Rechten) zu deklarieren und es ist unseriös, dessen Abtötung als Mord an einem Menschen zu bezeichnen und gleichzeitig kerngesunde, lebensfrohe junge Menschen in den Krieg abzukommandieren! Auf der anderen Seite ist es global gesehen mehr als dumm, durch In Vitro-Fertilisation, Leihmutterschaft und Cloning Kinder auch noch „künstlich" zu produzieren, wo unsere Erde ohnedies – wenigstens in vielen Gebieten – hoffnungslos übervölkert ist. Zu erklären ist dies nur durch den überwältigenden Kinderwunsch vieler Menschen, der sich gegen jegliche Vernunft durchsetzt. Jedenfalls aber verschlimmert die moderne Medizintechnik zusammen mit der christlichen Moral das Elend in der Dritten Welt. Global gesehen ist das ungehemmte Produzieren von Nachkommen und das Erhalten von (werdendem) Leben um jeden Preis kurzsichtig und dumm.

Skurrile Sex-Verordnungen

Welch unglaublich dumme Vorschriften sich (offenbar verklemmte) Männer einfallen ließen, zeigen die folgenden Beispiele:

- In der **USA** treibt die Gesetzgebung in Bezug Sexualiät besonders seltsame Blüten:
  - In *Connecticut* dürfen Kondome nicht verwendet, in *Wisconsin* nicht verkauft und in *Kalifornien* darf dafür nicht geworben werden.
  - Für Geschlechtsverkehr vor der Ehe wird man in *Arizona* für 3 Jahre verknackt.
  - In *Minnesota* müssen fremdgehende Ehefrauen bis zu 3000 Dollar berappen, Männer hingegen dürfen betrügen.
  - In *Michigan* drohen bis zu 5 Jahren Knast für onanierende Männer.
  - Im Bundesstaat *Idaho* wandert man für Analverkehr lebenslänglich in den Knast.
- Wer in **England** eine fremde Frau um Sex bittet, hat die Wahl: 180 Euro Strafe oder 3 Monate hinter schwedische Gardinen.
- Wer es in **Ungarn** bei Licht treibt – auch im eigenen Heim – macht sich strafbar.
- In **Sizilien** dürfen Frauen ihren nackten Körper am Strand präsentieren, nicht aber Männer: „Die männliche Anatomie kann obszön werden, sogar unabsichtlich" Und:
- „Keine Frau, die fett, hässlich und unattraktiv ist, darf sich nackt am Strand zeigen."
- In **Schweden** ist es verboten, in Fotoautomaten „Ganznacktbilder" von sich selbst machen zu lassen.
- In **China** Sexfilme zu schauen, kann bis zu 3 Jahre Gefängnis zur Folge haben.

Moralisch unfähig?

Ein anderes aktuelles Beispiel auf lange Sicht besonders dummer Moral ist der Umgang der Menschheit mit den Ressourcen des Planeten Erde.

Mit „ohnmächtiger Wut" müssen wir zusehen, wie „wirtschaftliche Zwänge" zu systematischer Zerstörung von Lebensgrundlagen führen: die Regenwälder werden abgeholzt, die Meere leer gefischt und verseucht, Boden und Trinkwasser vergiftet, die Luft verpestet und die Ozonschicht zerstört. Dies geschieht zwar meist nicht in böser Absicht – von bewusstem Öko-Terror und Ökokrieg abgesehen aber doch wissentlich. Letztlich geht es stets um Geld und Macht. Die Gleichgültigkeit der Mit- und Nachwelt gegenüber ist es, welche Politiker, Wirtschaftsbosse und Militärs so dumm handeln lassen, dass sie hemmungslos das Überleben der gesamten Ökosphäre aufs Spiel setzen. Es ist die Unfähigkeit des Intellekts, sich gegen die Emotion durchzusetzen, so dass oft wider besseres Wissen das Falsche getan wird. Egoismus, Profitgier und Machthunger lassen die Menschheit unaufhaltbar auf den Abgrund zutreiben. Ein Ökozid (ökologischer Selbstmord) wird absehbar.

Angesichts solcher Fakten fragt man sich, ob der Mensch überhaupt zu moralischem Verhalten fähig ist und ob er nicht einfach zu dumm ist, wenigstens sein eigenes Überleben zu sichern.

Viele ökologisch relevante Handlungen derer, die auf Erden das Sagen haben, erscheinen aus einer Langzeitperspektive außerordentlich dumm, obwohl oder gerade weil sie kurzfristig Profit versprechen.

Es sind oft uralte Verhaltensmuster, denen wir folgen, die wir vom Steinzeitmenschen geerbt haben und die in einer Kleingruppen-Gesellschaft durchaus sinnvoll waren, die sich jedoch in der Massengesellschaft von heute verhängnisvoll auswirken. *Adorno*: „Keine Universalgeschichte führt vom Wilden zur Humanität, sehr wohl eine von der Steinschleuder zur Megabombe." Der moralische Fortschritt – sollte es einen solchen überhaupt geben – hinkt dem technischen Fortschritt nach. *Evans* (1979): „Tatsache ist, dass wir klüger sind, als wir es uns leisten können, und dass wir unsere technische Beherrschung der Wissenschaft unendlich viel weiter vorangetrieben haben als unsere Bemühungen um Erkenntnisse im philosophischen und sozialen Bereich." Wir sind offenbar nicht in der Lage, unsere triebmäßige Veranlagung mit Hilfe des Stirnhirns ausreichend zu kontrollieren.

Wuketits (2002, 1) vertritt die Auffassung, dass – entgegen allen idealistischen Vorstellungen – unser moralisches Verhalten seine evolutiven Wurzeln nicht transzendieren kann. Rationale Überlegungen können lediglich zu seiner Verbesserung beitragen. Für eine Realisierung des Projekts Weltethos (*Küng* 1991) gibt es keine berechtigte Hoffnung. Hierfür sind nicht allein die in unserer Stammesgeschichte stabilisierten Verhaltensdispositionen verantwortlich, sondern auch eine Kultur, deren (politische) Vertreter ja gar kein Interesse an einem Weltethos haben, sondern jene Dispositionen bloß ihren eigenen egoistischen Interessen und Absichten unterordnen.

Angesichts der Globalisierung in allen Bereichen bleibt es dennoch eine dringende Forderung, eine zeitgemäße angepasste universelle Moral zu schaffen und es muss daran gearbeitet werden. Eine global gültige Moral müsste *menschengerecht, sachgerecht* (z. B. umweltgerecht) und vor allem auch *praktikabel* sein. Allerdings ist es absolut fraglich, ob eine solche universelle Zivilisationsmoral gegen die kurzsichtige Dummheit der meisten Menschen durchgesetzt werden kann. Anzeichen dafür, dass der Mensch klüger und damit „besser" werden wird, gibt es jedenfalls nicht. Im Gegenteil: Noch nie waren Kriege so grausam, gab es so viel Verbrechen, Terror und Umweltzerstörung wie heute. Das hängt zusammen mit der ständig wachsenden Zahl der Vertreter unserer Spezies und andererseits mit der ebenfalls steigenden technischen Fähigkeit des Menschen.

6 Die Hinterwelt der Spießbürger

Zu wissen, was man nicht wissen kann, und nicht zu wissen, was man wissen kann, charakterisiert die geistige Situation der Hinterwelt.
Manfred Schlapp

Wir leben in einer Welt der universellen und kollektiven Verdummung. Das Ergebnis dieses Verdummungsprozesses ist der typische Spießbürger.

Manfred Schlapp hat die Spießbürgergesellschaft in seinem Buch *„Steckbrief der Hinterwelt"* (1971) herzerfrischend-kritisch unter die Lupe genommen:

„Wer dumm auf die Welt kommt, kann dafür nicht zur Rechenschaft gezogen werden. Er mag naiv, begriffsstutzig oder schwerfällig sein, aber er ist selten hintertückisch, gemein oder bösartig; er gleicht eher dem liebenswerten Gesellen Goofy aus *Walt Disneys* Tierreich. Wer aber nicht dumm zur Welt kommt, sich aber von seiner Umwelt verdummen lässt, entwickelt sich zu jenem Menschentyp, aus dem sich die Hinterwelt rekrutiert."

Lutz Röhrich definiert im *„Lexikon der sprichwörtlichen Redensarten"* (1977): „Spießbürger sein heißt ein engstirniger Mensch sein, der sich jedem Fortschritt verschließt und veraltete Anschauungen und moralische Grundsätze hartnäckig verteidigt."

Spießbürgerliches Verhalten ist eine Form der Dummheit. Der typische Spießbürger ist sehr engstirnig, fühlt sich als Mittelpunkt der Welt und versucht, anderen das Leben schwer zu machen.

Der provinzlerische, bornierte Spießer torkelt dahin zwischen Minderwertigkeitskomplex und Selbstüberschätzung. Meist ist er mit sich selbst ungeheuer zufrieden und bildet sich ein, alles Wissenswerte zu wissen. Er lebt in einem Narrenparadies.

Das Weltbild der spießbürgerlichen Hinterwelt ist starr und absolut, es bedarf keiner Korrektur. Wer es kritisiert, wird gejagt und gesteinigt. Andersdenkende würde die Hinterwelt, wenn dies noch möglich wäre, am liebsten dem Scheiterhaufen überantworten. Da dies heutzutage nicht mehr legal ist, wird der Kritiker psychisch „fertig gemacht" und schließlich totgeschwiegen.

Was dem hinterweltlerischen Spießbürger anerzogen worden ist, gilt ihm als recht und heilig, auch wenn es stupide, unsinnig und antihuman ist. **Der Spießbürger kann mit Fug und Recht**

als der Prototyp des dummen und vorurteilsbeladenen Menschen bezeichnet werden. Er lebt in einer beneidenswerten Gewissheit: Was er denkt, ist so richtig und kann gar nicht anders sein.

Auch die Relativität menschlicher Wertordnungen vermag der Hinterweltler nicht zu erfassen. Er orientiert sich an starren Denkschematas und Verhaltensnormen und ist zu einer wertfreien Beurteilung nicht fähig. *Schlapp*: „Er versteht sich als Wächter und Repräsentant der herrschenden Moral, er kennt die Grenzen von Gut und Böse, er fühlt sich dazu legitimiert, zu loben oder zu tadeln; kurz, er wagt es stets, den ‚ersten Stein zu werfen'." Er verwaltet höchste Wert mit der arroganten Überzeugtheit des Dummen.
Das gilt auch für ästhetische Werte: Von selbsternannten „avantgardistischen Künstlern" lässt er sich jeden Scheiß als großartiges Kunstwerk andrehen. „Prominentenproletariat" und Politiker lassen sich nicht selten von solchen Pseudokünstlern verarschen und kaufen ihnen um (volkseigenes) Steuergeld sündteure „Werke" ab, um sie öffentlich aufzustellen – und sie sind auch noch stolz darauf. Sie verhalten sich wie der Kaiser ohne Kleider.

Die vielen Gesichter der Dummheit

(aus *Alfred Zänker*: Die vielen Gesichter der Dummheit. Torheit – eine Triebfeder des Lebens 2001)

Was ist typisch für das Verhalten des dummen Spießers?
Er oder sie glaubt, alles zu wissen und zu verstehen, vermag sein Wissen aber oft nicht zur rechten Zeit und am rechten Ort einzusetzen, auch im Examen. Er oder sie hat ein sehr selektives Gedächtnis, das eigene Erfolge aufbläst, Fehlschläge bagatellisiert und rasch vergisst. Wenn er mal Recht hat, trumpft er auf: Das hab' ich doch immer gesagt! Deshalb kann er auch seine tatsächliche Unwissenheit nicht eingestehen. Er ist unfähig, Probleme klar zu formulieren und dabei vorauszudenken, ist unwillig, nach Informationen zu suchen, sie zu verarbeiten und seine eigene Fantasie walten zu lassen. Berechtigtes und unberechtigtes Misstrauen vermag er schwer zu unterscheiden, hat ein Talent für Missverständnisse und reagiert selbst überempfindlich auf Kritik.

Da überrascht es nicht, dass dieser Menschentyp an vorgefassten Meinungen hartnäckig festhält und zum Überoptimismus neigt. Komplexe und unterschiedliche Ansichten vermag er nicht zu würdigen und will schon gar nicht einsehen, warum seine Meinung nicht sofort von anderen angenommen wird … Wenn er in eine gedankliche Klemme gerät, wenn er plötzlich vor ihm unvertrauten Schwierigkeiten steht, reagiert er mit ausgelassenem Lachen und sucht nach listigen Details, um vom Thema abzulenken …

Er hat meist Erklärungen und Ratschläge für alles und jedes bei der Hand. In seiner Allwissenheit unterschätzt er die Gegenspieler. Er oder sie ist meist auch unfähig, sich in andere hineinzuversetzen. Für eigene Schwächen hat er kein Auge und schiebt unangenehme Dinge von sich; sollen sich andere darum kümmern. Er verfällt falschen Analogien, Trugschlüssen, neigt zum Aberglauben, wird leicht zum Opfer von Reklame und Propaganda.

Und wo es gilt, den Posten eines hohen Politikers, Gewerkschaftsführers, Bankvorstandes, Kardinals, Generals, Klinikchefs oder Obersten Richters zu besetzen, fühlt sich der Spießbürger dafür geschaffen, „Verantwortung zu übernehmen".

„Da der Hinterweltler mit Vorliebe in hierarchische Institutionen flieht, findet man ihn häufig im Ordnungsgefüge des Staatsdienstes, der ihm nicht nur eine zwar begrenzte, aber selbstwertfördernde Machtposition verspricht, sondern auch jene materielle und ideelle Sicherheit gewährt, die ihm die Sorge einer eigenen Lebensgestaltung abnimmt. Der Beamtenapparat, wichtigster Faktor einer gut funktionierenden Gesellschaft, erstarrt aus diesem Grunde häufig in hinterweltlerischer Ineffektivität, weil die spezifische Struktur dieser Organisation gerade den disponierten Hinterweltler anlockt …

Mit Begeisterung verschreibt er sich auch der soldatischen Karriere, da er dabei hinter der Maske beamteter Pflichterfüllung seine kainitischen Urtriebe in legalisierter Form abreagieren kann. Ferner faszinieren ihn der Zauber des Waffenrockes, die Disziplin der Truppe und die ritualisierten Atavismen, deren sich der Zivilist im Fasching durch die Maskerade und in der Vorpubertät durch das Indianer- bzw. durch das Räuber-und-Gendarm-Spielen entledigt. Da es vor allem den Hinterweltler zum Soldatenrock zieht, verwandeln sich viele Kasernenhöfe schnell zum Tummelplatz der Hinterwelt" (*Schlapp* 1971).

Dem **beamteten Spießbürger** außerordentlich wichtig ist eine streng hierarchische Ordnung. Diese drückt sich unmissverständlich auch aus in der Qualität, Form und Größe des Schreibtisches, an dem man sitzt, in der sonstigen Ausstattung des Büros und nicht zuletzt, ob und mit welchen Teppichen der Raum ausgelegt ist. Selbst die Farbe des Teppichs kann dabei wichtig sein. Das Allerwichtigste aber, das am heißesten begehrte Ziel und die Erfüllung aller Wünsche ist der Titel eines Direktors. Wer sich als Direktor anreden lassen darf, hat den Gipfel seines beruflichen Erfolgs und privaten Glücks erreicht und fühlt sich im Übermaß für die Mühsal entschädigt, die er dafür manche Jahre auf sich nehmen musste (*Marcus* 1977).

Der Spießbürger lässt sich durch nichts aus der Fassung bringen. „Er ist stets bereit, sich über das eine Meinung zu bilden, was er nicht versteht, und unfehlbar über das zu urteilen, was er nicht weiß. Seine ureigenen Zwangsvorstellungen zu allgemeinen Prinzipien des Denkens erhebend, findet er in seinem Weltbild das wirksame Instrument, das ihm zur Allwissenheit verhilft" (*Glucksmann* 1990).

Des Spießers Fetisch schlechthin – das Auto
(aus *Holger Rust*: Die Revolution des Spießertums 1999)

Es ist eine schlichte Wahrheit: Nirgends tobt sich das Spießertum ärger aus als auf der Straße. Denn es gibt nichts Spießigeres als Menschen, die aus einem unbeseelten Gegenstand eine Ideologie machen, aus einem Ding einen Lebensinhalt, aus einem Auto einen Fetisch. Und es sind nun einmal in der Regel Männer, die sich so verhalten. Was nicht heißen soll, dass nicht jene Frauen genauso spießig sind, die den alten Spruch nachbeten, dass sie die Beziehung von Männern zu ihren Autos nicht verstehen ... Wo das Sperma schwach wird, muss Benzin her, hört man sie rezitieren.

Und der Fasching beginnt, und die Nadeln der Drehzahlmesser touchieren den roten Bereich, den Bereich des letzten Abenteuers. Adrenalinstöße jagen durch den Körper. Das Herz rast vor Jagdfieber, Schweißperlen stehen auf der Stirn. Erfolg ist alles, und der ist messbar: Am Ende der Jagd stehen sie breitbeinig drei Fahrzeuglängen vor den verdrängten Gegnern im Stau.

Im innerstädtischen Verkehr braucht es andere Taktiken. Spurenwechsel nach einem kreischenden Dragster-Start an der Ampel, Zehntelsekundengewinne durch Ausscheren auf die Busspur, Kolonnenspringen, Abdrängen, Ausbremsen, raffinierte Nutzung der Linksabbiegespur, um sich blitzschnell wieder vor der geradeaus fahrenden Schlange einzufädeln. Hämisches Lachen, grimmige Mienen, Kino im Kopf, Kribbeln im Bauch, Verstand im Hintern. Ab und an hört man sie lospreschend Zwischengas geben, während die Gänge eingerissen werden – wie damals, als die Autos noch keine synchronisierten Getriebe besaßen.

Motorradfahrer – im Volksmund auch „Organspender" genannt – sind die Feinde par excellence des fortgeschrittenen Automobilisten. Sie sind vor allem deshalb die Feinde, weil sie auf Kurzstrecken um einiges geschwinder von der Startlinie kommen und den Autofahrern aus dem röhrenden Auspuff Hohnsalven ins chrombewehrte Antlitz feuern.

Löwenfeld (1909) betont die Enge und Armut spießbürgerlichen Daseins: „Der Beschränkte verzichtet vielfach wegen seiner mangelhaften Begabung auf höhere Ziele und Genüsse, bescheidet sich mit einer untergeordneten Stellung, die einen sicheren Boden verschafft, und fühlt sich dabei behaglich. Der beschränkte arme Teufel ist auch weniger in der Lage, infolge der Einengung seines geistigen Horizontes die Kümmerlichkeit seiner Existenz durch Vergleich mit dem Lose anderer sich zum Bewusstsein zu bringen. Er ist auch leichter imstande, sich durch Trostgründe, welche die Religion bietet, über die Misere seines Daseins zu beruhigen, zumal das Christentum den Armen im Geiste die ewige Seligkeit für ihr Defizit in diesem Leben in Aussicht stellt."

Spießbürgerlicher Mentalität entspricht es auch, alle Mitmenschen von der Richtigkeit ihrer Weltanschauung zu überzeugen und entsprechend zu manipulieren. *Schlapp*: „Mit Erfolg beherrscht die Hinterwelt die Erziehungspolitik, die Publizistik und die Massenmedien, um die Mitbürger in der gewünschten Weise einseitig zu programmieren und die Entstehung konkurrierender Denkweisen zu verhindern. Dadurch ist sie in der Lage, ihre dominierende Rolle zu verewigen, die Gesellschaft unmündig zu halten und ein intellektuell gleichgeschaltetes Meinungsmonopol zu errichten. An die Stelle der sachlichen Diskussion tritt das vorfabrizierte Diktat, anstelle des verstehenden Mitfühlens herrscht Geist der Intoleranz, des Hasses und der Rache."

Buchegger (2001) bemerkt zu Recht, dass es nicht nur individuelle Dummheit gibt, „auch Firmen, Organisationen, ja ganze Staatsgebilde können dumm sein. Oft hat diese Dummheit ihre Wurzel in Erfolgen der Vergangenheit. Diese Erfolge werden zu Tabus hochstilisiert und führen dann dazu, dass sie nicht einmal mehr diskutiert werden, geschweige dem in Frage gestellt werden dürfen. Gute Beispiele für diese kollektive Dummheit sind in Deutschland das Auto, in England die Royals, in den USA die Handfeuerwaffen."

Der Spießerstaat
(aus *Hermann Marcus:* Der Spießerstaat 1977)

Der Staat, in dem wir leben, ist ein Spießerstaat, weil in allen seinen Bereichen, auf allen seinen Ebenen und in allen seinen gesellschaftlichen Gruppen Spießergeist und Spießerverhalten dominieren, sich allzu viele seiner Bürger allzu oft in der kläglichen und kleinlichen Rolle von Spießern präsentieren.

Die Eigenschaften, die sich unter dem Begriff des Spießertums versammeln, sind nicht sehr erfreuliche. Es ist eine Kombination von Engstirnigkeit und Rückständigkeit, von Kleinlichkeit und Engherzigkeit, von schrankenlosem Opportunismus und Selbstgenügsamkeit, die sich im allgemeinen Bewusstsein zu der Vorstellung von Minderwertigem, Geringgeschätzem, Kläglichem verbinden.

Am wohlsten fühlt sich der Spießer in einem Schema, in dem alles seinen gewohnten Platz hat, in einer Routine, die jeden Schritt berechenbar macht und das Leben in hergebrachten Gleisen verlaufen lässt.

Und weil kein Mensch als Spießer gelten möchte, hält sich auch niemand dafür. Die Neigung, andere für Spießer zu halten, wächst mit dem Grad der Überzeugung, selbst keiner zu sein. Aber Selbstkritik war noch niemals eine Stärke des Spießers. Es entsteht daher oft die groteske Situation, dass sich Spießer gegenseitig ihr Spießertum vorwerfen, ohne zu merken, dass der Vorwurf, den sie gegen den anderen erheben, gleichermaßen auf sie zutrifft.

Verhältnisse, die ihm diese Ruhe und Sicherheit gewährleisten, würde er am liebsten verewigen, und wer ihm solche Verhältnisse bietet oder auch nur verspricht, hat in ihm einen treuen Gefolgsmann. Veränderungen, die seinen gewohnten Lebensrhythmus stören oder Leitbilder, die ihm vertraut sind, ins Wanken bringen könnten, sind ihm ein Gräuel. Was ihm unsicher oder riskant erscheint, scheut er wie die Pest. Seine Wissbegierde hält sich in Grenzen.

Auch ist sein Machtbedürfnis in der Regel kleiner als sein Ruhebedürfnis.

Hat er allerdings Macht, übt er sie so kleinlich, dumpf und engstirnig aus, wie es seinem Wesen entspricht. Er kann zu einem sehr unangenehmen, zu einem unerträglichen und gefährlichen Chef werden. Was er tut, ist immer wichtig, und auch, was er nicht weiß, weiß er besser.

Zugegeben, es wäre nicht gut, wenn unser ganzes Volk aus Menschen ihres Schlages bestünde, weil wir dann doch wohl unter dem Muff und Mief geistiger Reglosigkeit ersticken würden und die Hoffnung auf gesellschaftlichen Fortschritt und soziale Emanzipation ein für allemal begraben müssten. Aber wäre es nicht eine ebenso große Katastrophe, wenn es unter uns lauter Nichtspießbürger gäbe, souveräne Einzelpersönlichkeiten und Figuren mit der Wesensart von Werkpiloten, Rennfahrern, Sprengmeistern, Künstlern, Playboys und Intellektuellen? Die Unordnung wäre dann vermutlich so groß wie jetzt die Ordnung, die Unsicherheit so groß wie jetzt die Sicherheit, der Unfriede so groß wie jetzt der Friede.

Eine „treffsichere Witterung für Gleichgeartete in allen Schichten und Positionen, ein instinktives Zusammenwirken im öffentlichen und privaten Leben" (*Walter von Cube*) hilft ihnen dabei, sich zu einer festen Front zusammenzuschließen und sich immer wieder aufs Neue zu formieren, wenn Breschen in ihre Reihen geschlagen werden.

So steht sie immer wieder unerschütterlich da, die große Heerschar der Häuschenbesitzer und Kleingärtner, der Mallorcareisenden und Illustriertenleser, der Fußballfans und Fernsehabonnenten, der Skat-, Sanges- und Kegelbrüder, der rheinischen Frohnaturen unter den Narrenkappen des Karnevals, der bayrischen Kraftnaturen in Münchens Hofbräuhaus und der hessischen Äppelwointrinker.

Die Welt um ihn herum mag sich ändern, die Welt, in der er lebt, sich wandeln, er selbst, der Spießer, wird der Spießer bleiben, der er ist, mit all seinen unverlierbaren und unverkennbaren Wesenszügen, in all seinen Verkleidungen und unter allen seinen Masken. Wenn er mit seiner Freiheit zugleich auch seine Wohlhabenheit verloren haben wird, wird er sein ewiges Spießertum dadurch beweisen, dass ihn der Verlust der Wohlhabenheit mehr schmerzen wird als der Verlust der Freiheit.

Wozu wir alle aufgerufen sind, ist eine individuelle Konterrevolution gegen das Spießertum, die in der lustvollen Opposition jedes einzelnen Menschen gegen Esoterik, Angst und Prominentenwahn entsteht. Das heißt, dass wir alle, jeder einzelne und jede einzelne von uns, den Impulsen nicht nachgeben sollten, die persönliche Bequemlichkeit, wie immer sie auch legitimiert sein mag, über die Verantwortung für das Gemeinwohl zu stellen (nach *Rust* 1999).

7 Idioten an die Macht? – Dummheit und Politik

Die Macht braucht zu ihrer Verwirklichung
die Dummen, die sie ermöglichen.
Ernst Petz

Die Machtgeilheit der Dummen

Möglicherweise ist die Verteilung der Intelligenz unter den Politikern auch nicht viel anders als in der Gesamtbevölkerung. Allein die Machtgeilheit der Dummen lässt a priori Schlimmeres befürchten. Jedenfalls ist die Vorstellung, dass hochqualifizierte, erstklassig geschulte Hochbegabte das Sagen haben, weniger schlimm als die Vision, dass uns dumme, machtbesessene Ignoranten regieren, dass die Politik aus einer Ansammlung von Schwachköpfen besteht. Schon *Platon* forderte, dass nur Philosophen (also Weise) zu Königen gekrönt werden sollten. *Esther Vilar* (2000) ist allerdings der Ansicht, dass ein Intelligenter gerade wegen seiner hervorragenden Qualitäten zum Herrschen denkbar ungeeignet sei, weil er schon im Rennen um die Macht aufgebe, ehe es richtig begonnen hat. *Vilar* meint, es sei offenkundig, dass da oben die Dummen sitzen, „weil der Zustand unserer Welt es uns täglich vor Augen führt". Dies wollten nur jene nicht wahrhaben, die eben dort sitzen und darum selbstverständlich der Meinung sind, sie hätten ihren unaufhaltsamen Aufstieg ihrer Intelligenz zu verdanken. Unter dem Rest der Bevölkerung halte so gut wie jeder seine Politiker für mehr oder weniger beschränkt. „Für die wenigen Ausnahmen unter ihnen halten wir die Bezeichnung „Staatsmann" bereit." Natürlich – so *Vilar* – fänden sich nicht gerade die Allerdümmsten oben auf dem Gipfel. Aber die Chance, dort einem wirklich intelligenten, fantasievollen Menschen zu begegnen, sei relativ gering. Die Frage sei, warum wir die Beschränkten nicht in die Wüste schicken und einen Intelligenten auf seinen Posten wählen.

Vilar überzeichnet zweifellos, denn sicher finden sich unter den Politikern auch viele kluge Köpfe.

Eine hohe Intelligenz bei Politikern birgt aber auch eine Gefahr: Niemand ist gefährlicher als ein mit starkem Willen und hoher Intelligenz begabter Mensch, in dessen Kopf sich die Überzeugung festgesetzt hat, zu wissen, wie die Probleme und Leiden der Menschen ein für allemal zu beheben seien (vgl. *Gürster* 1967). Er kennt die allein selig machende Wahrheit und kämpft sie mit quasi-religiösem Eifer durch.

Allerdings gilt auch der sokratische Satz „Je mehr man weiß, desto mehr weiß man auch, was man nicht weiß." Es ist daher wohl nicht von ungefähr, dass sich unter den Politikern so wenig Wissenschaftler finden.

Kommt ein dummer Mensch an die Schalthebel der politischen, wirtschaftlichen oder bürokratischen Macht, so kann dies dessen Gefährlichkeitspotenzial enorm steigern. Menschen in der Führungsschicht werden mitunter in ihrer Isolierung und Selbstherrlichkeit vom Größenwahn befallen, verlieren den Sinn für das real Mögliche und begehen fatale Dummheiten (vgl. *Zänker* 2001). Manchmal fragt man sich, wie einer zu einem Ministerposten kommt, da seine bisherige Tätigkeit und Ausbildung mit dem Ressort überhaupt nichts zu tun haben. Offenbar glauben diese Supermänner, alles zu können. In Wahrheit jedoch sind sie inkompetent und unfähig, angemessene und richtige (z.B. ökologisch verträgliche) Entscheidungen zu treffen. Dementsprechend fallen solche dann auch aus. Angesichts der Machtgeilheit und mitunter auch Dummheit mancher Politiker ist nicht damit zu rechnen, dass Zahl und „Macht der Hohlköpfe und Halunken" zurückgehen (nach *Piper* in *Deschner* 1992).

Gewalt, Pseudomoral und *George W. Bush*

Der christliche Fundamentalist und US-Präsident *Bush* ist ein exzellentes Bespiel verbohrter (auch religiös-fundamentalistisch motivierter) Politdummheit.

Er fühlte sich als Gottgesandter, der die Welt vom islamischen Terrorismus befreien muss. In erschreckender Realitätsentrücktheit ließ er Afghanistan und den Irak erobern, um diese Länder von grausamen Regimen zu befreien. Der Dilettantismus, mit dem dies geschah, hinterließ ein noch größeres Chaos, als das vorherige. In unvorstellbarer Naivität, unglaublicher Arroganz und dümmlicher Selbstüberschätzung glaubte er, von den befreiten Völkern als Befreier und Beglücker mit offenen Armen empfangen und mit Blumen überschüttet zu werden. Die amerikanische Politik ist indes kläglich gescheitert und das Ergebnis dieser Befreiungsaktionen ist eine Katastrophe. Das endgültige Ende dieser misslungenen Politik wurde durch das Bekanntwerden der Folterungen irakischer Häftlinge durch US-Soldaten eingeläutet, die ganz offensichtlich von höchster Stelle angeordnet waren. In seiner unsäglich kurzsichtigen Dummheit haben *Bush* und seine Helfershelfer die Welt mutwillig in Gefahren gebracht, die es vor dem irakischen Kriegsabenteuer gar nicht gab.

Mitunter kann „Dummheit" in der Politik auch eine Ausrede sein: Absichtlich falsches politisches Handeln kann im Nachhinein als lediglich dumm deklariert und damit pseudoentschuldigt werden.

Stimmvieh?

Wir leben – glücklicherweise – in einer Demokratie. Alle dürfen ihre Vertreter in Gemeinde, Land und Staat frei wählen. Dabei herrscht Gleichberechtigung: Der Dümmste hat das gleiche Stimmrecht wie der Klügste. Für den Intelligenten muss es eigentlich ein Schlag ins Gesicht sein, mit den Dummen gleichgestellt zu werden. Bei der Wahl gibt man buchstäblich seine Stimme ab, die dann in einer Wahlurne begraben liegt. Der Gewählte spricht dann für uns Dinge aus, die wir so nie gesagt hätten.

Politiker werden vom Volk bei Wahlen bestellt. Damit hat das Wahlvolk einen ungeheuren Einfluss auf Gemeinde- und Staatsangelegenheiten. Wer sich einer solchen Wahl stellen will, tritt einer Partei bei, profiliert sich durch entsprechende Aktionen und große Worte und lässt sich bei den nächsten Wahlen zum Mandatar küren. Die größten Chancen, als Kandidat eines Wahlkreises aufgestellt zu werden, „hat nach wie vor der Kumpeltyp, jener Typ also, der mit sich reden lässt, mit dem man reden kann und der mit jedermann gut auskommt. Natürlich muss er sich, wenn er Bundestagskarriere machen will, in der Partei hochgedient und überzeugende Beweise dafür eliefert haben, dass er niemals die von der Partei vorgezeichneten Wege verlässt, nicht über die Stränge schlägt und keine Extratouren reitet. Er muss, um als Mandatsträger akzeptiert zu werden, für das Parteivolk kalkulierbar sein und bleiben" (*Marcus* 1977).

Seine Existenzberechtigung bezieht der Politiker daraus, dass er als Mandatsträger sich um die Bedingungen für das Wohlergehen der Bürger kümmert. Doch dem Begriff „Gemeinwohl" haftet längst ein ähnlich vorgestriger Geruch an wie dem Wort „Moral".

Politische Rede zum Nachdenken: „Ihre Partei wurde bei den letzten Wahlen ganz schön pulverisiert! Was werden Sie besser machen? Werden Sie gar zurücktreten?" Antwort: „Ich sage Ihnen in aller Deutlichkeit ein Beispiel aus der Wirtschaft: Sie haben einen stinkenden Käse im Geschäftsregal. Werden Sie ihn aus dem Verkehr ziehen, einen besseren Käse machen? Aber nein!! Wir müssen ihn nur besser positionieren, präsentieren … usw. usf. …"

Ausgerechnet denen, die die Gesellschaft anführen, scheint das Bewusstsein abhanden gekommen zu sein, dass politische wie wirtschaftliche Macht auch mit Verantwortung und nicht nur mit Selbstverwirklichung oder Profit zu tun hat.

Korrupte, unwahrhaftige, egoistische oder vorrangig Partei- oder Gruppeninteressen verpflichtete Politiker gab es immer. Die Täuschung des Wählers jedoch ist heutzutage nicht einmal mehr ein Kavaliersdelikt, sie gehört zum Handwerkzeug des Politikers. Erfolgreichen Politikern gelingt es offenbar besonders gut, die Menschen zu täuschen oder zu manipulieren. Sie verstehen es, die emotionalen Bereiche der Psyche anzusprechen und zu mobilisieren, so dass der Verstand überspielt, verdrängt und so seiner kontrollierenden Funktion beraubt wird.

Das Gebot „Du sollst nicht lügen!" (sprich: „Du sollst den Wählern keine falschen Wahlversprechungen machen!") zählt in der Politik nicht. Und nach *Russell* (1973[3]) gibt es keinen Unsinn, den eine Regierung durch geschickte Propaganda ihren Untertanen nicht einreden könnte.

Das Handeln unserer Politiker, die Kurzzeiterfolge aufweisen müssen, damit sie wiedergewählt werden, wird durch ein Nach-uns-die-Sintflut-Denken bestimmt. Langzeitprobleme werden deshalb gern ausgeblendet, vor allem dann, wenn ihre Wahrnehmung restriktive Maßnahmen erfordern würde, die das Wahlvolk verärgern könnten, z.B. weil sie das Wirtschaftswachstum vorübergehend einschränken würden. Unsere Politiker bedienen sich dazu des Mittels der verbalen Verschleierung, oder sie vermeiden es, das Problem auch nur mit einem Wort anzusprechen (vgl. *Eibl-Eibesfeldt* 1988).

Der Politiker, der gewählt werden will, verspricht das Blaue vom Himmel, von dem er weiß, dass er es nie und nimmer wird einhalten können. Er verkauft das Wahlvolk für dumm und lügt unverfroren – in der nicht ganz unbegründeten Annahme, dass das „blöde Stimmvieh" die Versprechen bis zu den nächsten Wahlen wieder vergessen haben wird. Oder sind diese Sorte von Politikern so dumm, dass sie nicht merken, dass das Volk gescheiter ist also sie? Oder wählen wir sie nur, weil keine Besseren da sind? Oder sind keine Besseren da, weil diese angesichts der Beschränktheit der Wählermassen sowieso keine Chance hätten? (Vgl. *Vilar* 2000.)

Jedenfalls: **Die Macht braucht zu ihrer Verwirklichung die Dummen, die sie ermöglichen.**

„Denn nirgends herrscht das Volk: Überall herrschen die Regierungen (und leider auch die Bürokratie, das heißt die Beamten, die nur schwer oder gar nicht zur Verantwortung gezogen werden können)" (*Popper* 1994).

Steckbrief des politischen Gutmenschen

Inkompetenz, Dickfelligkeit, Borniertheit, Arroganz, geistige Unbeweglichkeit, Unverfrorenheit, Wahrnehmungs- und Wirklichkeitsverweigerung, Wichtigtun und Wichtignehmen der eigenen Person, Unfehlbarkeitsdenken, miese Arbeitsmoral und bürokratisch-juridische Verblödung sind wenig schmeichelhafte Attribute, die bei politischen Karrieristen und Ministerialbeamten leider nicht selten diagnostiziert werden müssen. Eitelkeit, Eifersüchteleien zwischen Politikern, persönliche Animosität vervollständigen den Eigenschaftskatalog des politischen Gutmenschen.

Was bei Politikern häufig auffällt, ist ihre augenscheinliche Inkompetenz. Inkompetenz aber geht allzu oft Hand in Hand mit Selbstüberschätzung. Die schlecht Qualifizierten sind sich ihrer Mängel kaum bewusst und, wenn sie darauf hingewiesen werden, meist nicht bereit, Schwächen zuzugeben und zu korrigieren (siehe *Zänker* 2001).

Es muss aber betont werden, dass es selbstverständlich auch anständige, integre und fleißige Politiker (und Beamte) gibt – sofern sie nicht behindert werden.

Ein beamteter Politiker, der zu rasch oder zu viel arbeitet, verfällt leicht dem Mobbing oder wird hinausgeekelt. Denn die Arbeitsmoral der höheren Beamten, die oft auch politisch aktiv sind, bewegt sich mitunter auf einem unglaublich niedrigen Niveau: Was in einem Ministerium zehn Beamte „leisten", könnten zwei Mitarbeiter locker erledigen. Der heilige Bürokratius wird zur gemeingefährlichen Stupidität. (Obige Behauptungen beruhen übrigens auf verbürgten Berichten von Betroffenen!) Dumm ist hier allerdings eher der Dienstgeber und das Volk, welche derartiges Verhalten und bürokratische Auswüchse tolerieren.

Nicht dumm, aber unverfroren genehmigen sich Politiker aller Couleurs Gehälter, von denen Normalsterbliche nur träumen können. Oft haben sie dann noch mehrere Nebenjobs, z.B. in einem Aufsichtsrat, wo nochmals kräftig zugelangt wird. Und das doofe Stimmvieh nimmt dies – wenn auch mit gelegentlichem Murren – hin, nach dem Motto „Da kann man eh nichts machen".

Ideologie und Macht

Ideologisierung und Dogmatisierung in der Politik führen zu einer Polarisierung von Menschengruppen, was mitunter gefährliche Folgen bis hin zu Kriegen hat. Es bedeutet daher eine Verniedlichung des dogmatischen Denkens, dieses nur als Dummheit zu bezeichnen.

Wo Ideologie im Spiel ist, werden Höchstleistungen an dummem Verhalten produziert, besonders dann, wenn sie in Fanatismus ausartet. Dann regiert wahrhaftig die Dummheit und die Menschen werden zu mehrheitlich autoritätsgläubigen **Untertanen**, zu einer blökenden Hammelherde. Totalitäre Regime sind warnende Beispiele.

„Der Glaube an unantastbare, nicht mehr hinterfragbare Autoritäten ist eines der größten Übel der Menschheitsgeschichte" (*Rattner* 1976).

Verdummung der Masse aber ist die oberste Maxime der Mächtigen und derer, die an einem Hebel der Manipulationsmöglichkeit sitzen.

Unwürdigste Form der Volksverdummung ist die demagogische Art der Volksbeherrschung durch **politische Schlagwörter** und die Knebelung der Gedankenfreiheit.

Dummheit ist es auch, die Meinung anderer unterdrücken zu wollen, wie dies in autoritären Staaten üblich ist. Solche Methoden des Gesinnungsterrors wenden sich schließlich gegen die Herrschenden.

Allzumenschliche Eigenschaften wie Eitelkeit, Machtgier, Herrschsucht, Habsucht, Geltungssucht und Ignoranz sind wesentliche Ursachen dummen und verdummenden Verhaltens der Mächtigen, der Herrscher und Politikerkaste. Sie tragen die Hauptverantwortung für das Unglück in unserer Welt.

Potentaten aller historischer Kulturen bewegten sich zwischen den gleichen Fixpunkten: Machterwerb und Selbstverherrlichung, Machterhalt und Vergöttlichung.

„Die Geschichte der Machtpolitik ist nichts anderes als die Geschichte der nationalen und internationalen Verbrechen und Massenmorde (einige Versuche zu ihrer Unterdrückung eingeschlossen). Diese Geschichte wird in der Schule gelehrt und einige der größten Verbrecher werden als ihre Helden gefeiert" (*Popper* 1994).

Auch das Massenelend in der Dritten Welt ist hauptsächlich auf politische Dummheit der Führer in den verschiedenen Hunger-Staaten zurückzuführen. Wir haben diese Staaten zu schnell und zu primitiv befreit. Es sind noch keine Rechtsstaaten. Dasselbe würde geschehen, wenn man einen Kindergarten sich selbst überließe (vgl. *Popper* 1994).

Wir müssen uns im Klaren sein, dass wir – und damit auch unsere politischen Führer – uns so verhalten, wie wir es eben tun, weil wir letztlich ein evolutives Erbe mitschleppen: „Kultur und Zivilisation haben den Affen in uns nicht abgelöst, sondern ihm erst zu seiner vollen Entfaltung verholfen. Kein Wunder, sie sind ja selbst Erzeugnisse dieses Affen und seiner in der Evolution entstandenen Verhaltensprogramme ...

Bei allen unseren ehrgeizigen Projekten in Politik und Wirtschaft, bei allen Reformbemühungen in den Bereichen Erziehung, Justiz und so weiter muss unsere (evolutive) Vergangenheit stets berücksichtigt und mitgedacht werden. Die vielen kläglich gescheiterten sozialen beziehungsweise politischen Utopien, die schon unzählige Menschenopfer gefordert haben, sollten uns eine Warnung sein" (*Wuketits* 2002).

Die Dummheit der Klugheit

Von *Heinz Kahlau*

Immer schon
wurde die Klugheit
heftiger und erfolgreicher
bekämpft
als die Dummheit.

Die Klugheit, die nie
ihrer selbst wegen
klug ist,
muß sich
erkennen lassen,
weil sie wirken will.

Die Dummheit aber,
in ihrer Selbstsucht,
verbirgt sich,
so lange als möglich,
hinter
der Klugheit.

Außer
sie ist
an der Macht.

8 Ist Aggression dumm?

Es liegt in der menschlichen Natur, vernünftig zu denken und unvernünftig zu handeln.
Anatole France

Das evolutive Erbe

Unter „Aggression" (zwischen Menschen) verstehen wir körperliches oder verbales Handeln, das mit der Absicht ausgeführt wird, zu verletzen oder zu zerstören. Gewalt ist Aggression in ihrer extremen und sozial nicht akzeptablen Form.

Man unterscheidet zwei Arten von Aggression:

1. Die instrumentelle (kalte) Aggression
   Hierher zählen Handlungen ohne große emotionale Beteiligung, bei denen die Schädigung des Opfers nicht Selbstzweck, sondern nur Mittel zum Zweck ist – etwa bei Raubüberfällen, Einbrüchen oder Diebstahl.
2. Die emotionale (heiße, ärgerbedingte, feindselige) Aggression
   Hauptabsicht ist hier die Schädigung des Opfers. Ihr gehen starke Gefühle voraus. Der Aggressor befindet sich in einem erregten Zustand, der oft durch Frustration verursacht wurde. Skinheads, Punks, Rocker, Hooligans erhalten durch gemeinsame Aggressionen der Gruppe oder mit der Gruppe als Rückhalt eine Bestätigung ihrer Männlichkeit und ihres Selbstwertes.

Ein Großteil der alltäglichen aggressiven Handlungen sind Mischformen, bei denen die erste oder zweite Aggressionsart überwiegen kann.

Tiere sind aus verschiedenen Gründen aggressiv. Sie kämpfen um Territorium, Nistplatz, Rangordnung und Sexualpartner oder verteidigen ihre Jungen.

Der Mensch hat die Sprache und sollte also fähig sein, Konflikte verbal auszuräumen, aber nein, er greift – eigentlich dumm – zur Gewalt. Schuld daran ist sein angeborenes **Aggressionspotenzial**, das er mit den Tieren teilt. Aggressivität ist neben der Intelligenz über Jahrzehnte hinweg das stabilste aller Persönlichkeitsmerkmale. Die Disposition zur Aggression kann jedoch gefördert oder gehemmt werden.

Die ganze neuere Psychologie zeigt, wie wenig rational und deshalb (objektiv betrachtet) der Situation unangemessen und damit „dumm" der Mensch häufig handelt, welch große Rolle Triebe und Gefühle spielen (und so letztlich Hormone und Neurotransmitter unser Tun und Lassen bestimmen). Deshalb besteht jederzeit die Gefahr, dass aggressive Gefühlsregungen in primitive Gewaltakte ausarten, dass aus emotionalen Gründen Dummheiten begangen werden.

Wie und warum kommt es zu aggressiven Handlungen? Warum kann der Mensch Konflikte nicht gewaltfrei lösen? Ist er zu dumm dazu?

Nach der Frustrations-Aggressions-Hypothese von *Berkowitz* lösen aversive Ereignisse jeder Art unangenehme Gefühle aus und bewirken gleichzeitig Flucht- und Aggressionstendenzen. Aversive Gegebenheiten sind solche, die man lieber vermeiden würde. Dazu zählen nicht nur Frustrationen, sondern auch selbstwertmindernde Ereignisse wie Schmerz, Hitze, Kälte, Gestank, unangenehme starke Erregung, Beengtheit in überfüllten Räumen und dergleichen mehr. Auch Misserfolge, Beleidigungen, ungerechte Behandlung oder körperliche Übergriffe sind starke aversive Reize und rufen Wut und Aggression hervor. Aversive Situationen werden meist durch Flucht beendet, nur in etwa zehn Prozent mit Aggression.

Das soziale Phänomen der Gewalt kann sich in verschiedenen Formen äußern, nämlich als physische Aggression (Schlagen), psychische Aggression (Ausgrenzung), verbale Aggression (Beschimpfen) und Vandalismus (Sachbeschädigung).

Das Aggressionspotenzial ist bei den Geschlechtern etwa gleich groß – es wird nur unterschiedlich ausgelebt.

Burschen wenden eher physische Gewalt und Vandalismus an, Mädchen setzen eher psychische Gewalt ein.

Eindrucksvoll weist die Kriminalstatistik aus, dass Gewalttäter meist männlich sind: Nur rund neun Prozent aller Mörder und Totschläger sind weiblich, auch leichte und schwere Körperverletzung gehen nur in jedem achten Fall auf das Konto einer Frau. Männern verschafft Gewalt ein Gefühl der Macht und Überlegenheit. Bei Frauen hingegen geht die Angriffslust häufig mit der Empfindung von Ohnmacht einher, oft ist sie mit Scham und Schuldgefühlen verbunden. Deshalb greifen Frauen zu subtileren Mitteln: Sie erpressen mit Tränen, intrigieren, verweigern sich oder schmieden Allianzen, ohne dabei die Fäuste einzusetzen.

Warum sind Jugendliche von heute so gewaltbereit?

Ungünstige elterliche Erziehung trägt zu einer antisozialen oder gar kriminellen Karriere bei und ist eine Bürde, die auch an die nächste Generation weitergereicht wird. Es besteht ein deutlicher Zusammenhang zwischen harter Bestrafung, die jemand als Kind selbst erfahren hat und der eigenen Neigung zu harter Bestrafung als Erzieher von Kindern. Über die Erziehung werden aggressive Verhaltensmuster tradiert. Autoritäre Erziehung, unterwürfiger Gehorsam, Hass, fehlende Selbstliebe, Mangel an emotionaler Wärme, inkonsistentes Erziehungsverhalten und elterliche Aggressionen wirken beim Kind gewaltfördernd.

Nicht von ungefähr rotten sich gerade in ihrer Kindheit lieblos abgespeiste, verprügelte oder vernachlässigte Jugendliche mit geringem Selbstwertgefühl mit ebenso Gequälten zusammen, um in einer Bande zum ersten Mal im Leben so etwas wie Geborgenheit zu verspüren und Selbstbestätigung zu erhalten, zugleich aber um sich gegenseitig zum Austoben aufgestauter Wut zu stimulieren.

Mehrfachtäter unter delinquenten Jugendlichen hatten signifikant häufiger kriminelle Eltern, delinquente ältere Geschwister oder delinquente Freunde.

Jugendliche verhalten sich aggressiv, wenn sie über keine geeigneten Strategien verfügen, mit Konfliktsituationen umzugehen. Täter fassen neutrale Situation bereits als „provozierend" auf und haben ein schwankendes Selbstwertgefühl (von massiv übersteigert bis sehr niedrig).

Gewalt in Medien

Immer wieder werden die Medien, besonders das Fernsehen für die Zunahme der Gewalt v.a. bei Kindern und Jugendlichen verantwortlich gemacht. Medien allein jedoch machen niemanden gewalttätig oder kriminell. Wenn aber in der Familie Gewalt stattfindet, kann die Mediengewalt bei Kindern eine gewalttätige Grundhaltung verstärken, indem sie durch Gewöhnung als „normal" erlebt wird. Deshalb ist es sehr wohl bedenklich, dass die Medien, geduldet vom Gesetzgeber, sich so unglaublich dumm verhalten und mit einer Gewaltgeilheit sondergleichen andauernd brutale Filme zeigen, die zu noch mehr Gewalt in unserer Gesellschaft beitragen.

Der durchschnittliche amerikanische Schüler saß nach zwölf Schuljahren ungefähr doppelt so viele Stunden vor dem Fernseher wie in der Schule und hat dabei mindestens 32 000 Morde und 40 000 Mordversuche konsumiert. Kein Wunder, dass einer Umfrage zufolge 35 Prozent aller amerikanischen Schüler im zwölften Schuljahr glauben, sie würden das Rentenalter nicht erleben, da sie zuvor erschossen werden!

Um aus der Gewaltspirale einen Ausweg zu finden, bedarf es nicht nur einer veränderten Erziehung, sondern auch besserer gesellschaftlicher Verhältnisse, Elternschulung und weniger Filme, in denen Gewalt vorgemacht wird. Denn Gewalt wird nachgeahmt. Ob und wie oft Aggressionshandlungen imitiert werden, hängt nicht zuletzt von den beobachteten Konsequenzen ab. Der amerikanische Psychologe *Bandura* zeigte in den Fünfzigerjahren des vorigen Jahrhunderts Kindern in einem Film aggressives Verhalten von sympathischen und mächtigen Modellpersonen. Solche, die sich aggressiv verhielten und damit Erfolg hatten (man gehorchte ihnen) wurden besonders häufig imitiert. Aggressives Verhalten tritt auch häufiger auf, wenn es positiv eingeschätzt wurde, z.B. als „männlich" oder „gesund".

Erwachsene Versuchspersonen, die dafür gelobt wurden, dass sie einer anderen Person starke elektrische Schläge verabreichten, wurden im Laufe des Experiments immer aggressiver, indem sie die Stärke der Schläge ständig erhöhten. Nicht gelobte Versuchspersonen dagegen erhöhten die Intensität der Schläge nicht.

Interessant sind auch Untersuchungen über den Einfluss von aggressiven Computerspielen auf die Gewaltbereitschaft von Kindern und Jugendlichen. Es hat sich gezeigt, dass schon eine halbe Stunde Gewaltspiel die Sensibilität für das Leid und die Not anderer verringert – und die Aggressionsbereitschaft fördert. Das Einfühlungsvermögen, die Empathie, ist einer der wichtigsten Hemmfaktoren für aggressives Verhalten. Wenn sie fehlt, kann das z.B. dazu führen, dass aus einer harmlosen Rangelei unter Kindern eine gewalttätige Prügelei wird.

Kriminellen geht die Dummheit ihrer Gewalttaten leider oft erst auf, wenn es zu spät ist und sie im Gefängnis büßen. Dann sehen sie ein, wie dumm (nachteilig für sie selbst und andere) sie eigentlich gehandelt haben.

Aggression ist daher dumm in dem Sinne, dass sie der Psyche des Täters und vor allem auch einem gedeihlichen Zusammenleben in der menschlichen Gemeinschaft schadet, daher unmoralisch ist und jedenfalls mit einem „vernünftigen" Verhalten nichts mehr zu tun hat.

Aggression als solche ist zwar nicht dumm – weil sie emotionell bedingt, biologisches Erbe und ursprünglich überlebensnotwendig ist –, aber die Folgen von Aggression können sich als fatal dumm herausstellen.

Krieg ist die Niederlage
des menschlichen Geistes.
Henry Miller

Militarismus oder der organisierte Schwachsinn

Von der **individuellen Aggression** zu unterscheiden ist die **Gruppenaggression**, wie sie zwischen verfeindeten Banden, im Terror, im Bürgerkrieg oder im Krieg gegen andere Völker als Instrument der Außen„politik" vorkommt.

Beim Menschen ist mit der Möglichkeit mittels künstlicher Waffen und aus größerer Entfernung zu töten die angeborene Tötungshemmung „überrannt" worden. Jederzeit besteht die Gefahr, dass aggressive Gefühlsregungen in primitive Gewaltakte ausarten. Wir sind zur grausamsten und skrupellosesten Spezies geworden, die je auf Erden lebte.

Seit der erfinderische Homo sapiens sich mit Maschinengewehren, Kanonen und schließlich sogar mit Atombomben ausgerüstet hat, kann er sich solche unkontrollierten Aggressionen immer weniger leisten.

Dummheit kann töten, ja sie kann zum Massenmörder werden. Völkermord, ethische Säuberungen, Terror, Folter und Vergewaltigung sind Gegenstand der täglichen Berichterstattung. Sie sind uns selbstverständlich geworden – vor allem, wenn wir nicht selbst davon betroffen sind, empfinden wir kaum noch etwas dabei.

Man kann ruhig behaupten, dass ein Großteil der Weltgeschichte eine Geschichte politischer Dummheiten ist. Oder zeugen etwa die ständigen Kriege nicht von Dummheit? Ohne Kriege wäre die Weltgeschichte zweifelsohne völlig anders verlaufen.

In den letzten fünfeinhalb Jahrtausenden Menschheitsgeschichte haben geschätzte 14000 kriegerische Auseinandersetzungen dreieinhalb Milliarden Menschenleben gefordert.

Geyer (1988[11]): „Dass die paradoxe Behauptung *aller* rüstenden Staaten, sie wollten mit ihren Waffen den Frieden erhalten und nichts anderes – dass diese Behauptung nicht im Hohngelächter einer klugen Menschheit untergeht, das ist ein weiterer Beweis dafür, dass ‚die' Menschheit eben nicht ‚klug' ist – wenn es eines solchen noch bedurft hätte."

Und es sind immer die anderen, die den Frieden stören, die Krieg wollen, es sind immer die anderen, die uns nicht in Ruhe lassen, es sind immer die anderen, die man so radikal wie möglich beseitigen muss, damit endlich einmal Friede und Gerechtigkeit und Wahrheit auf der Welt regieren (nach *Gürster* 1967).

Zwar muss man zugebe, dass kriegerische Auseinandersetzungen zur Entwicklung der menschlichen Zivilisation beigetragen haben. Ohne sie wären wohl kaum große Reiche und damit Hochkulturen entstanden. Auf der anderen Seite haben Kämpfe und Kriege aber auch viel Leid über die Menschheit gebracht.

Wuketits (1998): „Ein Krieg, *jeder* Krieg ist der deutlichste Beweis dafür, dass der Mensch die oberste und jüngste Schicht seines Gehirns, den *Neocortex*, dem er seine Vernunft verdankt, nicht zu nutzen weiß; dass ihm als Konfliktlösung nichts anderes einfällt als die seit jeher in der Evolution der Organismen praktizierte *Gewalt* …

Derjenige, der an seiner eigenen Wohnungstür zehn Sicherheitsschlösser anbringen lässt, wäre noch zu belächeln, aber eine Menschheit, die in ihrem Sicherheitsbedürfnis und ihrer Angst vor Feinden (die doch immer nur der eigenen Spezies angehören) in nukleare und sonstige Waffen unzählige Milliarden Dollar investiert, ist eigentlich nicht mehr zu retten."

Das Phänomen Krieg ist sehr komplex. Erst wenn mehrere Faktoren zusammentreffen, führt dies zum Krieg. Aus Machtgelüsten, wegen Raumanspruchs oder um Rohstoffe wurden und werden Kriege geführt und leider auch aus ideologisch-religiöser Verblendung. Beispiele dafür gibt es genug – von den Kreuzzügen bis zum „heiligen Krieg" islamistischer Fanatiker.

Die kriegstreibenden Militärs aller politischen Systeme sind stets darauf bedacht, durch Indoktrination und Manipulation über die Propaganda in öffentlichen Medien ein deutliches Feindbild zu erzeugen. Wesentlich für den Prozess der Umwandlung von Bürgern in Soldaten, die im Krieg fähig und willens sein müssen, zu töten, ist die Herstellung eines Feindbildes, das den Gegner als ein unmenschliches, hassenswertes Objekt beschreibt. Der Feind wird zum „Unmenschen" erklärt. Durch eine solche Dehumanisierung wird dem anderen jedwede menschliche Qualität abgesprochen. Dies machte unter den Nazis den Massenmord an den Juden oder den Abwurf von Atombomben, mit dem Ziel, „Frieden zu bringen", erst möglich.

Aggression und sogar unmenschliches Handeln wird dann wahrscheinlicher, wenn wir aufhören, andere als Menschen mit Gefühlen, Gedanken und Zielen wahrzunehmen.

Ursachen für Kriege

Die eigentliche Ursache für Kriege ist nicht die Aggressivität des Menschen. Kriege haben sich vielmehr oft an irgendeiner Dummheit entzündet, und darin liegt eine tödliche Gefahr. Von anderen Überlegungen abgesehen, sollte dies allein ausreichen, das Problem menschlicher Dummheit sehr ernst zu nehmen.

Wenn man bedenkt, aus welch niederen Beweggründen (Machtgier, Fanatismus) Kriege geführt wurden und werden, erkennt man die Dummheit solcher Unternehmungen. Dank der Beschränktheit vieler Potentaten „ist die Geschichte unseres Planeten ein einziges Kriegsprotokoll, dank ihrer wird sie es bis an ihr Ende bleiben. Mit ihrem roboterhaften Raffen nach mehr – mehr Seelen, mehr Land, mehr Profit – haben sich die Mächtigen dieser Welt in Abständen immer wieder auch selber aufs Schafott geführt. Gelernt haben sie daraus nichts" (*Vilar* 2000). Die Repräsentanten kriegsführender Staaten haben meist keinerlei moralische Skrupel. Sie sind Egoisten, die ihre Machtansprüche und ihren Platz in der Geschichte sichern wollen. Das Wohlergehen ihrer „Untertanen" ist ihnen gleichgültig.

„In ihrer höchsten Aktualität erweist sich die Dummheit als die einzig mögliche Ursache für einen dritten Weltkrieg. Was sonst könnte die atomaren Gegner dazu verführen, aufeinander loszugehen, da die verhängnisvollen Folgen allen gut bekannt sind?" (*Glucksmann* 1990)

Das Potenzial der Selbstzerstörung hat mit der Entwicklung moderner Waffen seine Perfektion erreicht. Diese extreme Selbstzerstörungsmöglichkeit, in Verbindung mit der Stupidität hat die Überlebenschancen der Menschheit radikal verringert. Atombombe und Dummheit bilden in der Tat eine fatale Kombination.

Altbekannte Formel:
Viel Uniform
+ wenig Hirn
= Gräuel

Konservative Geister wollen nicht wahrhaben, dass das Militär an sich schon ein kriegsauslösender Faktor ist. Bis zum Überdruss wird der alte römische Spruch wiederholt: *Si vis pacem, para bellum* (wenn du den Frieden willst, bereite den Krieg vor). Man erkennt nicht, dass der militärische Geist, der sich dauernd auf den Krieg vorbereitet, ihn auch schließlich auslöst (nach *Rattner* 1976).

So hat der Militarismus in der Geschichte der Kultur eine verhängnisvolle Rolle gespielt; er, der sich als Retter der Völker ausgab, wurde stets deren Verderber.

Wie schön (dumm) ist es, Soldat zu sein?

Eine urblöde Verherrlichung des Krieges lieferte einst der Rechtsgelehrte *Otto v. Gierke* (1841–1921). In seiner Rede „*Krieg und Kultur*" nannte er den Krieg zwar einen furchtbaren Kulturzerstörer, der aber, als gerechter Krieg, „zugleich der mächtigste aller Kulturbringer" sei. „Wir begrüßen diesen Krieg auch als ein durch göttliche Fügung uns gesandtes Heil!" Welche Wohltaten bringt der Krieg dem Staat und dem Volk? Er stärkt „die sittliche Kraft des Gemeinwesens", indem er „hinwegfegt, was innerlich verfallen und zum Untergange reif war", zum Beispiel „das alte Erbübel eines seichten Kosmopolitismus" oder „die Lehren des Pazifismus, deren in ihrer Unklarheit doppelt gefährliche Friedensschwärmerei auf die Entmannung der Völker abzielt".

Besonders im Ersten, aber auch im Zweiten Weltkrieg zog man mit Enthusiasmus hinaus „ins Feld", Uniform tragen machte Spaß. Ruhm und soldatische Ehre erschienen erstrebenswert.

Die großen Katastrophen des vorigen Jahrhunderts, seine Kriege und Revolutionen sind insofern Katastrophen der Dummheit, als sie sich nur an einem Menschentypus ereignen konnten, dem bei Kriegen und Revolutionen nichts Besseres einfiel als der Gedanke, mitzumachen und „dabeizusein".

Aber diese systematische Volksverdummung, welche den Krieg zum Höhepunkt des Menschen- und Staatslebens hochstilisiert, kennen wir seit Jahrtausenden.

Kriege haben für die Menschheit insgesamt ja durchaus auch Vorteile: Sie sind nicht nur der Vater vieler Erfindungen, sondern man kann mit ihnen auch viele Dumme ausrotten. Dies wird seit alters her erfolgreich betrieben, denn es finden sich ja immer noch „Idealisten" und Fanatiker, die für die im sicheren Bunker sitzenden Dummschlauen in den Kampf ziehen und sich abschlachten lassen. So wird die Dummheit bestraft. Das Kriegs-„recht" ist das größte Unrecht! Wer nicht mitmacht ist *Kriegsdienstverweigerer* und wird hingerichtet.

Stellt man sich die Gräuel vor, die ein Krieg mit sich bringt, ist eine solche Kriegsbegeisterung der Dummen schwer nachvollziehbar. **Kriege sind Dokumente für die Unbelehrbarkeit und bodenlose Dummheit der Menschheit.** Dummheit war seit jeher auf Erden die zuverlässigste Quelle zwischenmenschlicher Grausamkeit. Dennoch hatten wir an der irdischen Intelligenzverteilung kaum etwas auszusetzen. Grausamkeit gegen die eigene Art und die Fähigkeit lebensgefährlicher Dummheit gehören ganz offensichtlich zum Wesen des Menschen.

Die größeren Kriege unserer Zeit genau wie die meisten Kriege zwischen den Staaten des Altertums wurden nicht durch aufgestaute Aggression verursacht, sondern durch die instrumentale Aggression der militärischen und politischen Eliten.

Nach *Eibl-Eibesfeldt* (1988) ruft aber auch jede aufgezwungene Dominanz Widerstand hervor. „Das gilt in besonderem Maße dann, wenn ein Volk ein anderes beherrscht – hierin liegt auch heute noch ein Haupthindernis auf dem Weg zum Frieden."

Die eigentliche Ursache von Kriegen ist aber meist der Machtwahn einiger weniger oder auch einzelner „Führer", ob sie nun *Cäsar*, *Hitler*, *Milosevic* oder *Bush* heißen.

Die Mehrheit der Bevölkerung fällt dümmlich auf die Hetze einiger Machthaber und Militärschädel herein. Mit Begeisterung ziehen die Manipulierten für ihre „großen Führer" in den Krieg und opfern ihr Leben. Ins Fäustchen lachen sich die eigentlichen Verbrecher, die Waffenerzeuger, -lieferanten und -schieber. Sie machen ihr glänzendes Geschäft mit der Dummheit der Belieferten. Die Rüstungsindustrie produziert immer noch grässlichere Waffen, die von den Militärs natürlich „getestet" werden müssen. Als Testgelände dienen „Schurkenstaaten", die angeblich den Weltfrieden gefährden. Die unglaublich große Zahl an Wissenschaftlern und Technikern, die für die Rüstung arbeiten, sieht offenbar nur ihre hohen Gehälter und hat keine Skrupel, dass sie damit menschenverachtende barbarische Kriegsführung fördert.

Interessant ist ein Gedanke von *Vilar* (1995): Die Menschen können sich für Kriege begeistern, weil sie nach einem schöneren „ewigen Leben" dürsten. Natürlich haben Kriege ihre Ursachen nicht direkt in diesem Jenseitsdurst der Massen. Doch er ist mit schuld, dass Kriege möglich sind und dass Menschen sich dazu missbrauchen lassen. Im Konflikt gegen den Irak gab die iranische Führung ihren Kind-Soldaten Plastikschlüssel mit in die Schlacht: Im Fall ihres Todes sollten sie sich damit das Tor zum Paradies aufschließen.

Bis auf den heutigen Tag ist der Militarismus die Brutstätte der vollendeten Unterwerfung des Menschen unter die Staatsgewalt. Der militärische Drill schließt sich sinngemäß an die autoritäre Erziehung in Elternhaus und Schule an. Er macht aus dem Menschen faktisch eine „Befehlsmaschine", eine gedankenlose Marionette, die auf Kommando töten und vernichten oder auch sterben kann.

Charakterlich auf Ehrgeiz, Kampf und Ruhmsucht getrimmte Menschen werden vom Militarismus besonders angezogen; auch Psychopathen aller Art drängen sich zu den Armeen, da sie dort ihre Minderwertigkeitsgefühle kompensieren und ihr Geltungsstreben ausleben können.

Mitscherlich (1987^2): „Das Kriegführen bringt hohe Risiken; um so erstaunlicher ist es, wie es einer Clique, einer Interessentengruppe immer wieder gelingt, ihre Mitmenschen dazu zu bringen, dieses Risiko des Verlustes von Leib und Leben, Hab und Gut auf sich zu nehmen. Bei aller physischen Macht, über die Staatsapparate verfügen, könnten sie das nicht ohne ein psychisches Entgegenkommen. Man muss annehmen, in vielen von uns bestünde unbewusst bleibend ein hohes Maß von Destruktionsbereitschaft und insbesondere von Neigung zur *Selbstdestruktion,* die leicht erregbar sind. Sonst würde nicht erst das Ansinnen, am

Kriegführen sich zu beteiligen, sondern schon die Verpflichtung, sich zum Kriegführen abrichten zu lassen, auf mehr Widerstand stoßen. Unsere Moral lehrt uns, nicht zu töten – auch nicht uns selbst –, offenbar gegen einen uneingestandenen Hang, gerade dies zu tun. Das ist der Ansatzpunkt der Verführbarkeit zum Krieg als Handwerk."

Zwei Faktoren lassen sich (nach *Wuketits* 2002) benennen, die ernstlich im Laufe der Geschichte einer Entwicklung zu größerer Friedlichkeit im Weg standen. Sie tun es immer noch. Es sind dies die leicht weckbare Feindseligkeit des Menschen gegen seine Artgenossen und die unausrottbare Dummheit.

Generäle – erst schießen, dann denken

(aus *Esther Vilar*: Der betörende Glanz der Dummheit 1990)

Die Macht ihrer Dummheit reicht bis in die Schulstuben hinein. Vor dem Unterricht werden Flaggen gehisst und Hymnen gesungen, und dort wird dann von den heroischen Tagen erzählt, an denen ein tapferer General irgendeinen anderen um den lächerlichen Preis von ein paar tausend Toten in die Flucht schlug.

Wirklich nichts Neues von den Generälen

Und wenn so immer wieder einmal eine Generation heranwächst, die das alles nicht mehr hören will, kommen sie aus ihren Kasernen heraus und schaffen Ordnung. Und erst wenn sie in ihrer heiligen Einfalt das Land so weit ruiniert haben, dass das Geld nicht einmal mehr für neue Panzer und Flugzeugträger reicht, geben sie die Macht großmütig „an das Volk zurück". Denn das hatten sie ja von Anfang an versprochen, nicht wahr?

Wie soll man es anstellen, dass gerade jene, die auf ihre eigene Freiheit schon am Kasernentor verzichten, dann später die unsere respektieren?

Leben ohne Krieg – eine Illusion?

In seiner mehrtausendjährigen Geschichte hat der Militarismus in unseren Tagen unzweifelhaft seinen Höhepunkt erreicht. Wenn wir ihn nicht überwinden können, wird die Menschheit möglicherweise daran zugrunde gehen.

Es ist indes zu befürchten, dass mit zunehmender Zahl der Menschen auf unserem Planeten Kriege, bewaffneten Konflikte, Menschenrechtsverletzungen und anarchistischen Entwicklungen künftig sogar zunehmen werden.

Die Charta der Vereinten Nationen verpflichtet ihre Mitglieder, sich um eine friedliche Beilegung von Streitigkeiten zu bemühen. Das umfassende Verbot militärischer Gewalt gehört zu den großen Errungenschaften der Völkerrechtsentwicklung. Leider aber wird die Staatenwelt anerkennen müssen, dass es auch in Zukunft größere Mächte und mittlere sowie kleinere Staaten geben wird, die eine universelle und wirksame Achtung der Menschenrechte und Grundfreiheiten einschließlich der Gedanken-, Rede-, Gewissens-, Religions- oder Überzeugungsfreiheit für alle ohne Unterschied der Rasse, des Geschlechts oder der Sprache nicht zur Kenntnis nehmen wollen.

Die Hoffnung vieler Menschen, dass dies das Weltgewissen – falls es so etwas überhaupt gibt – aufrütteln würde, gehört leider in den Bereich der Illusionen. Für Vierfünftel der Menschheit ist der Begriffe der Demokratie ein Fremdwort. Ohne echte Demokratie wird es keine Menschenrechte, aber auch keinen Frieden unter den Menschen geben. Die Feinde pluralistischer Entwicklungen, Despoten und Diktatoren jedweder Provenienz, aber auch die Oberdemokraten werden (unter dem Deckmantel „Demokratie") alles daran setzen, ihre Machtpositionen zu behaupten.

Popper (1994) vertritt die auf den ersten Anschein paradoxe Auffassung, wir müssten die Diktatoren unserer Zeit durch Kriege verjagen, um dadurch die Welt zu retten. „Wir müssen für den Frieden Krieg führen."

Es ist eine Frage des Überlebens, ob es gelingt, die Dummheit machtgieriger Zeitgenossen und deren Aggressionsgelüste in die Schranken zu weisen und generell unsere Aggressivität in solche Bahnen zu lenken, dass sie sozial- und umweltverträglich wird. Dazu braucht es eine Menge Fantasie – und gerade sie geht dem Dummen ab.

Wuketits (1998): „Dass der Mensch aus all diesen Kriegskatastrophen noch immer nicht die Konsequenzen gezogen hat und sich zum weltweiten Frieden bereit finden konnte (der ja ständig propagiert wird), ist bezeichnend und lässt *Homo sapiens* einmal mehr als *Homo demens* erscheinen."

Es muss den Mächtigen klar gemacht werden, dass Rüstung nicht nur kostspielig, sondern eigentlich auch Wahnsinn ist. Besonders gilt dies für Europa, wo ein externer Feind weitgehend abhanden gekommmen ist und daher Abrüstung leicht möglich wäre. Das Geld für militärische Zwecke (z.B. „Abfangjäger") könnte wahrlich sinnvoller eingesetzt werden. Auch die Vernichtung nuklearer und chemischer Waffen kostet Unmengen und verursacht darüber hinaus erhebliche Umweltprobleme.

Aber das Militär abzuschaffen, dazu hat kein Staat (und noch weniger ein einzelner Politiker) den Mumm. Zu mächtig sind irrationale Ängste vor einem möglichen „Feind" und zu einflussreich auch „der militärisch-industrielle Komplex", die Waffenlobby und die Militärs selbst.

Mit einem Prozent weniger Rüstungsausgaben könnten die Mittel für Entwicklungshilfe um ein Drittel erhöht werden. Ohne Militär und Rüstung könnte die ganze Menschheit paradiesisch leben, kein Mensch müsste hungern oder gar verhungern. Aber zu dieser Erkenntnis reicht die Intelligenz unserer politischen Eliten offenbar nicht aus.

Wir können es uns nicht länger leisten, der bemoosten Weisheit *Si vis pacem, para bellum* zu folgen. Die Parole *Wenn du Frieden willst, dann bekämpfe die Dummheit* sollte sich besser ins Zeitalter der Atombombe fügen.

„Die Fehler, die die moderne Zivilisation begehen kann, sind irreparable Katastrophen, aus denen man nichts mehr lernen kann" (*Oeser* 1988). Ein Atomkrieg, dessen Gefahr nach dem Fall des eisernen Vorhangs keineswegs gebannt ist, kann mit einem Schlag alle Kulturen dieses Planeten zerstören, und wir würden

Sind Kinder gescheiter als Generäle? (aus „Wann & Wo" vom 12. 3. 2003)

nicht einmal mehr die Zeit haben, diese beispiellose Dummheit zu bedauern (nach *Wuketits* 1998).

Vilar (1995) sieht einen Beitrag zur Verminderung der Kriegsgefahr im Aufgeben des Jenseitsglaubens: Wer nicht an ein Leben nach dem Tode glaubt, hängt logischerweise mit viel mehr Leidenschaft an dem einzigen Leben, das er besitzt.

Als Ersatz für die verloren gegangene, instinktive Tötungshemmung sind beim Menschen das Mitgefühl und die Moral als so genanntes Gewissen wirksam. Diese Grundmotive des Altruismus wirken antagonistisch dem Egoismus und der Aggression entgegen und müssen durch Erziehung erlernt werden. Auf diesen beiden Eckpfeilern beruht die Hoffnung der Gesellschaft auf soziale Gerechtigkeit und Frieden.

Aber: Menschen sind Raubaffen und werden es auch bleiben. „Wer eine friedliche Gesellschaft anstrebt, darf das aggressive Erbteil des Menschen nicht verleugnen; er muss vielmehr das Recht auf Hass und Aggression anerkennen – und dann versuchen, mit den Folgen nach bestem Vermögen zurechtzukommen" (*Wuketits* 2000).

Popper (1994) glaubt, dass das große Problem, den „ewigen Frieden" auf Erden zu schaffen, nicht unlösbar ist. Angesichts der Dummheit des Menschen und seines biologischen Erbes, vor allem auch in Anbetracht der Tatsache, dass bei vielen Entscheidungen Gefühle und Triebe über die Vernunft siegen, dürfte die

Verwirklichung dieses Ziels aber wohl für alle Zeit ein Wunschtraum bleiben. Umgekehrt möchte man die Menschen erst dann als „vernünftig" bezeichnen, wenn sie Krieg und Militär restlos abgeschafft haben werden.

9 Zu dumm zum Überleben

Die Abschaffung der Menschheit
löst alle Umweltprobleme.
Karl Steinbuch

Zur Lage der Menschheit

Der Mensch schlechthin scheint jede direkte Beziehung zu seinen Lebensgrundlagen verloren zu haben, sonst könnte er sie – würde man meinen – nicht dermaßen zerstören. „Je stärker sich der Mensch von der Diktatur der Natur befreite, desto deutlicher zeigte sich, wie total er ihr immer ausgeliefert war und bleiben wird" (*Gruhl* 1992[3]).

Die vom Menschen in seinem Unverstand verursachten Probleme häufen sich überall.

- **Klima**: Die Erde heizt sich auf, wobei immer noch umstritten ist, ob sich dies tatsächlich so nachteilig auswirkt wie oft angenommen.
- Die **Weltmeere** werden immer mehr leer gefischt.
- **Korallenriffe** – die artenreichsten Biotope der Erde – werden zunehmend zerstört.
- **Mangrovewälder** – wichtige Kinderstube für Fische – verschwinden zusehends.
- **Regenwälder** mit ihrer enormen Artenvielfalt werden abgeholzt und abgebrannt.
- Die **Desertifikation** schreitet rasant fort. Immer mehr kultivierbares Land wird –zum Teil durch menschliches Verschulden – (durch Kahlschlag, Überweidung, Überdüngung, Versalzung und Entwässerung) zu Wüste.
- **Artenvielfalt**: Der homo „sapiens" verdrängt seine Mitgeschöpfe durch Zerstörung von Lebensräumen. Das Artensterben schreitet rasant voran.
- **Übervölkerung**: Der Mensch vermehrt sich über die Maßen und niemand weiß, wo die Grenzen der Tragfähigkeit unseres Planeten liegt und wie die Ökosysteme einen weiteren Anstieg verkraften.

Bedürfte es noch eines Beweises für die sehr mangelhafte Intelligenz des Menschen, die Situation der Menschheit bietet dafür Belege in Hülle und Fülle. Die gnadenlose Diagnose zu unserer

Lage lautet kurz und knapp: **Wir Menschen führen einen ökologischen Weltkrieg gegen das Leben auf der Erde und zerstören – Gipfel der Dummheit – unsere eigenen Lebensgrundlagen.**

In der Beurteilung der gegenwärtigen Lage der Menschheit und deren Zukunft lassen sich drei Standpunkte unterscheiden: (1) der optimistische, (2) der pessimistische und (3) der realistisch-kritisch-besorgte.

Während der Optimist die Situation für nicht ernst und durchaus hoffnungsvoll hält und der Pessimist sie für völlig verfahren und hoffnungslos ansieht, schätzt sie der besorgte kritische Realist zwar ernst aber nicht hoffnungslos ein.

Der **Optimist** wird sich wenig Gedanken über die Zukunft der Menschheit machen und bestenfalls die Auffassung vertreten, der Mensch habe dank seiner Vernunft auch aus schwierigen Situationen immer noch einen Ausweg gefunden: „Irgendwie wird es schon weitergehen." So sieht der Futurologe *Hermann Kahn* entgegen allen Unkenrufen ein Zeitalter „der Freude, der Erfüllung, des Friedens und des Wohlstandes für nahezu jedermann" kommen. Die gegenwärtig in Mode befindliche selbstzerstörerische Meinung verhindere die Lösung der derzeitigen Schwierigkeiten.

Man sollte allerdings bedenken, dass die Menschheit nie zuvor in ihrer Geschichte sich in einer Lage wie heute befunden hat.

Der wohl bekannteste Proponent der Optimisten ist *Björn Lomborg*. In seinem Buch *„Apocalypse No!"* (2002) vertritt er allen Ernstes die Meinung, der Erde und der Menschheit ginge es noch nie so gut wie heute. Er sieht eine äußerst rosige Zukunft:

- Dank industrieller Landwirtschaft sei die Kalorienaufnahme seit 1961 pro Kopf und Tag um 24 Prozent gestiegen, in den Entwicklungsländern sogar um 38 Prozent; der Prozentanteil der hungernden Menschen hingegen sinke trotz rasant wachsender Bevölkerung.
- Die Gesundheitsversorgung habe sich derart dramatisch verbessert, dass die Menschen heutzutage doppelt so lange lebten wie vor 100 Jahren; geradezu „fantastisch" sei die Zunahme in den Entwicklungsländern: Dort habe sich die Kindersterblichkeit um mehr als 50 Prozent verringert.
- Energie- und Rohstoffreserven gingen noch lange nicht zur Neige. Öl lasse sich aus Schiefer gewinnen – für einen Preis von 40 Dollar pro Barrel, noch etwas 250 Jahre lang; viele Rohstoffe seien in den letzten 100 Jahren allen Unkenrufen zum Trotz sogar billiger geworden.

- Das Problem der Umweltverschmutzung werde übertrieben; dank immer ausgeklügelterer Techniken nehme die Belastung von Luft, Wasser und Boden stetig ab.
- Die globale Temperatur steige zwar, die Folgen für die Erde aber seien weit weniger gravierend als landläufig angenommen; das Geld für den Klimaschutz solle die Menschheit lieber in die Entwicklungshilfe stecken.

Zynismus und Schönfärberei?

Auch *Dirk Maxeiner* und *Michael Miersch* sehen die Schwarzmalerei der selbsternannten Umweltschützer eher kritisch. Sie unterscheiden in ihrem *„Lexikon der Öko-Irrtümer"* (1998) zwischen

- **schlichten Irrtümern** („Omas Küche war gesünder"),
- **bewussten Irreführungen** („die Elefanten sind vom Aussterben bedroht"),
- **ideologischen Dogmen** („Kunststoffe wie PVC sind schlecht für die Umwelt"),
- **falschen Prognosen** („Energie wird immer knapper") und
- **unbewiesenen wissenschaftlichen Annahmen** („Der Mensch verursacht eine Klimakatastrophe").

Zu den hartnäckigsten Öko-Mythen zählt der Glaube, Bio-Nahrung sei in jedem Fall gesünder als industriell verarbeitete Nahrungsmittel. Der einzige Vorteil, den die Bio-Nahrung hat, liegt in der Heilkraft des Glaubens. Das dürfte auch für die eine oder andere Heilslehre der Naturschützer gelten.

Auch der Londoner *„Economist"* attestierte den Untergangsprophezeiungen eine „schreckliche Wahrheitsbilanz": Wenn die emotionale Betroffenheit durch propagierte Bedrohung – wie Wald- oder Artensterben, wachsende Müllberge, Gentechnik etc. – zu groß wird, sind Menschen bereit, Vernunft und Logik über Bord zu werfen und die angeblichen Missstände für bare Münze zu nehmen. Selbst dann noch, wenn das ursprüngliche Übel beseitigt wurde oder aktuelle Fakten und Messungen eindeutig dagegen sprechen. So hat das Dauergetrommel bei vielen Menschen zu allgemeinem Zukunftspessimismus geführt. Das Getrommel geht aber munter weiter.

So weit die Optimisten.

Der **Pessimist** wird — wie der Optimist — ebenfalls nichts unternehmen, da ohnedies nichts mehr zu retten sei. Der Mensch sei unbelehrbar und werde sich zwangsweise zu Tode vermehren oder sich sonst irgendwie selbst ausrotten. *Carl Friedrich von Weizsäcker* meint, die Atombombe wäre für uns beobachtende Außerirdische „der schlagende Beweis für den infantilen Charakter der technischen Zivilisation auf der Erde: Nicht einmal, wenn es an ihr eigenes Leben geht, können sie das Spielen lassen."

Konrad Lorenz spricht von der „niederschmetternden Unfähigkeit, die innerartlichen Probleme der Menschheit zu lösen", denn das Verhalten des Menschen sei bei weitem nicht so ausschließlich von Vernunft bestimmt, wie viele Philosophen annehmen, sondern in viel höherem Maße von angeborenen Verhaltensweisen gesteuert, als wir wahr haben wollen.

Max Born äußert sich noch negativer: „Ich bin der Ansicht, dass der Versuch, den die Natur auf dieser Erde gemacht hat, ein ‚denkendes' Tier zu erzeugen, fehlgeschlagen sein mag. Es ist nicht nur die beträchtliche und ständig anwachsende Wahrscheinlichkeit, dass ein nuklearer Krieg ausbrechen und alles Leben auf Erden zerstören kann. Auch wenn diese Katastrophe vermieden wird, kann ich nur eine dunkle Zukunft für die Menschheit sehen."

Und *Theo Löbsack* glaubt in seinem Buch *„Versuch und Irrtum – Der Mensch: Fehlschlag der Natur"* (1974) nachweisen zu können, dass das menschliche Großhirn überzüchtet und daraufhin angelegt sei, die Welt durch die Technik immer mehr umzugestalten, gleichzeitig aber außerstande sei, die Impulse aus tieferen Hirngebieten zu beherrschen. Der Mensch sei prinzipiell unfähig, die anstehenden Probleme zu lösen und daher zum Untergang verurteilt.

Auch *Hoimar von Ditfurth* (1985) vertritt in seinem Buch *„So lasst uns denn ein Apfelbäumchen pflanzen – Es ist so weit"* die Auffassung, dass die Menschheit „mit Naturnotwendigkeit" einer finalen Katastrophe entgegengeht.

Der **besorgte realistische Kritiker** sieht wie der Pessimist deutlich, dass die moralische Entwicklung des Menschen der Evolution seiner intellektuellen Fähigkeiten weit nachhinkt. Er zieht daraus aber nicht die ruinösen Konsequenzen, die der Pessimist unausweichlich findet, sondern glaubt begründen zu können, dass der Mensch noch eine Chance habe. Ob er diese auch nutzt, ist eine andere Frage. Wesentlich scheint, dass die um unsere Zukunft besorgten Zeitgenossen die große Katastrophe vermeidbar halten, wenn wir unser Verhalten entsprechend ändern. *Robert Jungk*: „Wir werden viele Teilkatastrophen haben, aber nicht die große Katastrophe. Und die kleinen Katastrophen werden uns lehren, die große Katastrophe zu vermeiden."

Warum handeln wir ökologisch dumm?

Die wahre Dummheit des Menschen besteht im Hochmut und in der Vermessenheit, alles machen und kontrollieren zu können. Diese lebensgefährliche Dummheit und Unbelehrbarkeit des Menschen ist ein Musterbeispiel kollektiver Stupidität. Individuelles – vielleicht sogar genetisch bedingtes – Fehlverhalten kann sich zur kollektiven Dummheit auswachsen und so durch Kriege oder Ökokatastrophen sogar existenzbedrohend für die ganze Spezies werden. *Josef* (1995): „Die derzeitige Intelligenz der Menschheit als Summe ihrer technisch-wissenschaftlichen Leistung ist möglicherweise die große Dummheit dieser Menschheit und könnte einmal zu ihrem Niedergang führen."

„Wo Gefahr ist, wächst auch das Rettende" schrieb *Hölderlin*. Wenn man das wahnsinnige Treiben des Menschen und seinen Umgang mit den eigenen Lebensgrundlagen ansieht, kann man nicht glauben, dass dieser Trost für das Menschengeschlecht Gültigkeit hat. Denn wo man hinblickt, zeigt sich die offensichtliche Unfähigkeit des Menschen, das Leben auf unserem Planeten sinnvoll zu regeln und überall finden wir Dokumente für die Dummheit und Unbelehrbarkeit der Menschheit.

Mehrere Faktoren sind es, die uns ins Verderben zu führen scheinen:

1. Überbevölkerung

Wir vermehren uns viel zu stark. Ursache für die Bevölkerungsexplosion in der Dritten Welt ist die moderne Medizin, die bei gleichbleibendem Fortpflanzungsverhalten die Säuglingssterblichkeit stark herabsetzte. Die Bevölkerung der Erde wächst exponentiell und niemand kann sich vorstellen, was das bedeutet. Unsere Triebausstattung enthält diesbezüglich keine Hemmung. So wird uns das biblische Gebot „Seid fruchtbar und mehret euch!" zum Verhängnis. Die Übervölkerung der Erde durch den Menschen ist zweifellos die Grundursache für alle Ökoprobleme. Die Bevölkerungsexplosion findet aber nicht nur in den Entwicklungsländern statt, sondern auch bei uns herrscht Überbevölkerung. Aus ökologischer Sicht nämlich sind viele Länder des Nordens stärker übervölkert als etwa Indien. Wir verbrauchen viel mehr Energie, Rohstoffe, Landschaft und zerstören und vergiften die Umwelt wesentlich stärker als die Dritte Welt. Je länger dem Wahn gehuldigt wird, die Vermehrung der Menschen könne so weitergehen, desto grauenvoller wird die Zukunft sein. *Gruhl* (1992[3]): „Unser Planet wird um so früher zum Friedhof der Menschen werden, je schneller deren Zahl zunimmt." Geburtenkontrolle ist die Voraussetzung für eine menschenwürdige Weiterexistenz unserer Art auf dem Erdball.

2. Explosion unserer Ansprüche

Nicht nur die Bevölkerung explodiert, sondern auch die künstlich geweckten Bedürfnisse und unser daraus resultierender Luxus. Das bedeutet ein dauerndes quantitatives Wachstum und damit auch eine zunehmende Umweltbelastung.

3. Grenzen des menschlichen Verstandes

Unserer Gattung ist eine exzessive Gehirnentwicklung passiert, die enorme Vorteile mit sich brachte, zugleich aber verantwortlich ist für die größte evolutionshistorische Krise (vgl. *Wuketits* 1999). Unser Gehirn ist nicht in der Lage, sich selbst zu kontrollieren. Deshalb muss der Mensch heute den Vorwurf hinnehmen, als Krebsgeschwür oder gar Totengräber des Ökosystem Erde zu fungieren. *Wuketits* (1998) spricht von der *„Naturkatastrophe Mensch"*.

„Unser begrenztes Wahrnehmungs- und Denkvermögen und unsere begrenzte Moral sind der Komplexität und Eigendynamik der von uns selbst geschaffenen technischen, wirtschaftlichen, politischen und sozialen Strukturen nicht mehr gewachsen" (*Wuketits* 2002, 1). So gesehen sind wir eine Fehlkonstruktion der Natur, die dazu führen wird, dass unsere Spezies „vorzeitig" von der Bühne des Lebens wieder abtritt.

Der Mensch ist nicht imstande, komplexe Zusammenhänge zu erkennen und über mehrere Generationen vorauszudenken. Auch kann er sich ein exponentielles Wachstum (Bevölkerungsexplosion) nicht vorstellen. Daher ist er auch nicht gewillt, Maßnahmen zu setzen, welche die Folgen seines Tuns eindämmen, obwohl er durch entsprechende Hochrechnungen über diese Konsequenzen informiert ist. Aber diese werden bagatellisiert und verdrängt.

Wir entscheiden uns häufig für ein Verhalten, das uns kurzfristig Vorteile verspricht, obwohl wir wissen (oder wissen müssten), dass es uns längerfristig schaden wird und so gesehen dumm ist. Insbesondere handeln Politiker und Industriebosse in kurzsichtiger Nach-uns-die-Sintflut-Mentalität oft gegen besseres Wissen um die Langzeitwirkungen ihres Tuns. *Boxsel* (2001): „Die Dummheit hat ihren Sitz nicht im Denken, sondern im Zum-Trotz-Handeln." Oder sie halten die Mahnungen der Ökologen und um die Zukunft unserer Kinder besorgten Zeitgenossen für übertrieben, unrealistisch oder zumindest unbewiesen. So legitimieren sie ihr verantwortungsloses Handeln, wursteln weiter wie bisher und zerstören hemmungslos Ressourcen und die Lebensgrundlagen der Menschheit und aller Mitlebewesen.

4. Triebstruktur des Menschen

Bei unseren Entscheidungen spielen bekanntlich emotionale und triebhafte Motive häufig eine wesentlich größere Rolle als rationale Überlegungen. Und so liegt denn auch die eigentliche Ursache für viele Ökokatastrophen in der menschlichen Triebstruktur:

- Aus Egoismus und Bequemlichkeit ist der Mensch nicht bereit, Abstriche zu machen, wenn es um Verzicht geht. Fortpflanzungstrieb, Machtgelüste (Rüstung), aber auch der Trieb des Mannes, Krieg zu spielen, ferner Besitz- und Profitgier („Geld regiert die Welt") und allgemein der menschliche Egoismus führen zur Zerstörung unserer Welt – trotz besseren Wissens.
- Ohne Zwang von oben (Gesetzgeber) oder von unten (Konsumenten) setzt die Industrie selten notwendige Maßnahmen zum Schutz der Umwelt, obwohl solche häufig auch Vorteile bringen (Recycling, bessere Energienutzung, Rohstoffeinsparung usw.).
- Manche dummen Handlungen entspringen einem Scheuklappendenken. An sich kluge Leute in Wirtschaft, Politik und Verwaltung tun oft sehr dumme Dinge, vor allem deshalb, weil sie häufig nur den sofortigen Profit im Auge haben. Selbst erfolgreiche Spitzenmanager treffen oft unerwartet grobe, für ihr Unternehmen und die eigene Zukunft gefährlich dumme Fehlentscheidungen – als wären sie „von allen guten Geistern verlassen".
- In den Drittweltländern sind es auch die Schulden, die das Land scheinbar (!) dazu zwingen, seine Ressourcen rücksichtslos auszubeuten, um die Schuldenlast verringern zu können.

5. Fortschrittsmythos und Moral

Auch die Wachstumsideologie und der Mythos vom unendlichen technischen Fortschritt treiben die Menschheit und ihre Welt in den Abgrund.

Technisch haben wir es „herrlich weit gebracht", der sinnvolle Einsatz der Technik und unsere Moral hinken unserem Können jedoch nach. *Nelly Moia* (in *Deschner* 1992): „Ein Abgrund klafft zwischen dem intellektuellen und dem moralischen Fortschritt des Menschen. An der Disproportion zwischen seiner technischen Macht und seinem primitiven Egoismus droht die Welt unterzugehen."

Außer dem Menschen vernichtet kein anderes Lebewesen seine eigenen Lebensgrundlagen. Der tiefere Grund für dieses wahnsinnige Verhalten aber liegt in unserer evolutionären Vergangenheit: Der Mensch war nie ein „Umweltschützer", sondern hat seine Umwelt oft schonungslos ausgebeutet. Das war in den Kleingruppen des frühen Menschen kein Problem. In der Massengesellschaft und mit den technischen Mitteln von heute jedoch wird dieses Verhalten zur existenziellen Bedrohung der gesamten Menschheit.

Lobbys, Multis, Technokraten

(Aufsatz des Autors aus dem Jahre 1980)

Zweifelsohne ist die Bevölkerungsexplosion in der Dritten Welt bedrohlich für die gesamte Biosphäre der Erde. Die größten Umweltprobleme aber finden sich nicht durchwegs in Ländern mit Spitzenwerten von Bevölkerungsdichte oder -wachstum, sondern in jenen mit dem höchsten Lebensstandard. Würden wir unsere technische Zivilisation auf alle Menschen ausdehnen, so wären wir bereits allesamt an den Folgen zugrunde gegangen. Um den Völkern der Dritten Welt, die ein Wirtschaftswachstum brauchen, Spielraum zu geben, müssen wir zurückstecken, damit die gesamte Umweltbelastung nicht noch katastrophaler wird als sie ohnedies schon ist.

Die in der Ideologie eines ständigen quantitativen Wachstums befangenen Technokraten messen den Wohlstand eines Volkes an seinem Brutto-Sozial-Produkt. Die Wachstumsideologen sind schwer von der selbstmörderischen Tendenz ihres Systems zu überzeugen. Treffend formulierte *Horst Stern*: „Es ist sinnlos mit Technokraten zu streiten, die kennen den Preis von allem und den Wert von nichts."

Man muss wissen, dass das Brutto-Sozial-Produkt auch dann steigt, wenn die Zahl der Verkehrsunfälle, der Drogenheilanstalten und Krankenhäuser, die Zahl der Krebspatienten oder der Pillenkonsum zunehmen. Was wir aber benötigen, ist ein *qualitatives Wachstum*. Dies bedeutet ein verstärktes Angebot jener Güter, die das Leben lebenswerter, menschlicher machen und die in der Gesundheit eines Volkes, in seinem Gemeinschaftssinn und in seinem Bildungsstand ihren Ausdruck finden.

Der Übergang zu einer qualitativen Entwicklung erfordert eine grundsätzliche Umstellung der Denkweise, die man als Übergang vom Erwerbs- oder Gewinnprinzip zum Haushalts- oder Sparprinzip bezeichnen könnte. Gerade daran aber sind die wirklich Maßgebenden nicht interessiert. Diese wirklich Mächtigen unserer Erde sind nicht so sehr Politiker, sondern verschiedene Interessensgesellschaften.

Gegen die Manipulation, Diktatur und scheinbare Allmacht der Energielobbys, Chemiemultis und ökologisch ungebildeten Technokraten müssen wir uns wehren. Denn so ohnmächtig wie wir es uns selbst einreden – aus Bequemlichkeit oder um keine Scherereien zu haben – sind wir nicht.

Es gilt zu durchschauen, dass Macht nur bestehen kann, wenn genug Leute da sind, die von der Wirksamkeit dieser Macht überzeugt sind: Macht ist im Grunde immer nur geglaubte Macht.

Von den egoistisch-utilitaristischen Technokraten dürfen wir uns die Rettung der Erde und der Menschheit nicht erwarten. Sie handeln in Unkenntnis ökonomisch-ökologischer Zusammenhänge oder sehen die bedrohte Umwelt mit den Scheuklappen des Profits und Wirtschaftswachstums und ignorieren berechtigte Bedenken verantwortungsvoll denkender Menschen gegen ihre gigantomanischen, landschaftszerstörenden und umweltfeindlichen Technologien und Projekte.

Eher dürfen wir uns von kleinen Alternativgruppen etwas erwarten, die sich überall auf der Welt formieren und den Aufstand gegen die alles Leben überwuchernde Technik proben. Es gilt dabei nicht, die Technik als solche abzuschaffen – sie ist Ausdruck des schöpferischen Menschen –, wohl aber müssen ihre Auswüchse und Fehlentwicklungen zurückgestutzt werden. Wir alle können sehr wohl etwas dazu beitragen, den machthungrigen, umweltzerstörenden Größenwahn der nur scheinbar Allmächtigen einzubremsen. Aufklärung der Bevölkerung, Bürgerinitiativen, Konsumverweigerung gegenüber ökologisch schädlichen Produkten, Protestaktionen gegen die Ausrottung von Tiergruppen (Wale), die Zerstörung der Landschaft und riesiger Waldgebiete der Tropen oder gegen die Verpestung der Meere sind nur einige Aktionsmöglichkeiten, die immer häufiger zielführend sein werden und so mithelfen können, unsere Welt entgegen den kurzsichtigen Interessen der Technokraten lebenswerter zu gestalten und die bedrohte Biosphäre zu retten.

Die Ökoweisen

Ist die finale Katastrophe vermeidbar?

Dass die Menschheit vom Planeten Erde einst wieder verschwinden wird, ist unausweichlich. Das Wann – so scheint es – können wir mit einigem Geschick hinausschieben. Dazu bedarf es allerdings eines „Paradigmenwechsels". Ohne gravierende Einschnitte kann die Menschheit – entgegen aller Schönfärberei unserer Lage – längerfristig nicht überleben. Soll die Selbstzerstörung der Menschheit vermieden werden, muss es zu einer durchgreifenden Umsteuerung kommen. Wir müssen die zerstörerische Politik überwinden und es muss die ökologische Maxime gelten:

„Handle so, dass die Überlebensinteressen aller heutigen und künftigen Lebenssysteme – auch zum Vorteil des Menschen – gewährleistet sind!"

Heute allerdings berechtigt nicht einmal das Verhalten der reichen Länder zu der Hoffnung, dass diese ihr Wissen und ihren materiellen Reichtum klug und umsichtig einsetzen, um späteren Generationen ein menschliches Leben auf der Erde zu ermöglichen. Es gibt, für jedermann sichtbar, bestimmte Entwicklungen, die eher für das Gegenteil sprechen. Wir erkennen zwar, dass wir die Umwelt kaputt machen oder dass die Erde überbevölkert ist. Aber die katastrophalen Folgen treffen erst unsere Kinder und Enkel. Alles ist noch „so weit weg". Wir sind in die Falle des Kurzzeitdenkens getappt und es wäre höchste Zeit für eine schmerzhafte radikale „Fehlerkorrektur". Diese Neuorientierung muss berücksichtigen, wie der Mensch von Natur aus „vorprogrammiert" ist. Noch wäre Zeit, gegenzusteuern.

Hemminger (1990) meint, dass die notwendigen Änderungen nicht so sehr an der Erkenntnisfrage scheitern. „Wir leiden weit weniger an der Tatsache, dass wir das Komplizierteste nicht verstehen, als daran, dass wir selbst das Einfache nicht verwirklichen können." Schuld daran ist also nicht so sehr mangelnde Intelligenz und mangelnde Fähigkeit, die komplexen Ökosysteme zu durchschauen, exponentielles Wachstum zu begreifen oder sich anbahnende Katastrophen zu erahnen, als vielmehr der fehlende politische Wille. Und warum fehlt dieser? Weil die verantwortlichen Entscheidungsträger von eher kurzsichtigen Interessen motiviert sind. Natürlich ist bei der Bewältigung von Umweltproblemen nicht nur nach rationalen Gesichtspunkten zu entscheiden, auch das Emotionale darf dabei nicht zu kurz kommen. Man braucht Gefühl und Verstand, um Umweltprobleme erfolgreich zu bewältigen. Wissen alleine reicht nicht aus. Nur, wer auch seine Gefühle als dem Faktenwissen gleichwertig in die Planung miteinbezieht, kann erfolgreich mit einem komplexen Ökosystem umgehen. Denn „emotionalisierte" Menschen neigen eher zu einer Globalbetrachtung der Lage und verschaffen sich so den notwendigen Überblick über das gesamte Problem. Zudem erleichtern Gefühle Entscheidungen in nicht klar umrissenen Situationen.

Wer ökologisch orientiert ist, handelt noch längst nicht so. Erst wenn relevante Wertvorstellungen mit Gefühlen verknüpft werden, wird auch entsprechend gehandelt.

So sehr gewisse Emotionen zu ökologisch verheerenden und so letztlich dummen Fehlentscheidungen beitragen können, ohne Gefühl geht es auch nicht. Wir dürfen unsere geistigen Fähigkeiten nicht überschätzen, sollten andererseits aber auch die Rolle der emotionellen und triebmäßigen Motivation in positiver wie negativer Richtung nicht unterschätzen.

Was kann und sollte gegen Dummheit im ökologischen Bereich getan werden?

Nach *Lorenz* (1983) ist „grundsätzlich unvoraussagbar, ob *Homo sapiens* zugrunde gehen oder überleben wird; wir sind aber verpflichtet, für das Überleben zu kämpfen".

Selbst wenn eine tollkühne Führung den Versuch zur Rettung des Planeten wagen würde, bleibt eine große Frage: Müsste sie nicht noch während der Operation an den uneinsichtigen Massen (und vor allem Politikern!) scheitern?

Das Ziel der Rettung unseres Planeten und das Hinauszögern des Untergangs der Menschheit sowie die moralische Pflicht, unseren Nachkommen eine gesunde Umwelt zu hinterlassen, rechtfertigen alle Anstrengungen, die unternommen werden können. Wir müssen es versuchen. Ansätze für eine intelligentere Umwelt- und Erdpolitik gibt es. Hier einige Beispiele:

- Forcierung der Erforschung des komplexen Systems *Gaia*, um Vorschläge für das weitere Vorgehen zu erarbeiten.
- Die Geschichte zeigt, dass es einzelnen oder kleinen Gruppen immer wieder gelingt, die Gesellschaft wachzurütteln und sie über die Brisanz eines Problems aufzuklären. So sind schon dramatische soziale Veränderungen bewirkt worden. Heute arbeiten Wissenschaftler wie nie zuvor gemeinsam daran, den biologischen Reichtum der Erde zu schützen.
- Es gilt, die Vorteile der technologischen Revolution (Computer, Biotechnik) zu nutzen. Mit modernen Computern lässt sich die zukünftige Entwicklung auch komplexer System vorausberechnen, die wir intuitiv und mit unserem Verstand allein nicht mehr zu erfassen vermögen.
- Die Forschungsergebnisse müssen sowohl der Öffentlichkeit als auch den Entscheidungsträgern in Wirtschaft und Politik klar und überzeugend präsentiert werden. Politiker müssen dazu gebracht werden, entsprechende gesetzliche Voraussetzungen für ökologisch angepasstes Handeln zu schaffen; Konzernmanager müssen zum Umdenken in die ökologische Richtung bewegt werden.
- Wir müssen möglichst vielen Mitmenschen klar machen, warum wir uns häufig ökologisch dumm verhalten; Wir müssen ihr ökologisches Bewusstsein und Gewissen schärfen und sie für die Lage der Menschheit sensibilisieren.
- Ein eher naiver Vorschlag ist, unseren Verstand zu aktivieren, und zu beherzigen, was der seit langem fordert:

- Ändert die Lebensgewohnheiten.
- Lernt wieder zu verzichten.
- Werdet friedlicher, auch im eigenen Umfeld.
- Respektiert alles, was lebt.
- Erkennt eure Grenzen.

■ Detaillierte Ausarbeitung und dann auch Durchsetzung des Konzepts
„*Faktor vier*" (**doppelter Wohlstand bei halbiertem Ressourcenverbrauch**): Ressourceneffizienz.
Zur Rettung der Erde verlangt *Hans-Joachim Schellnhuber* (Focus 28/1999) die Einrichtung eines globalen Umweltmanagements und die
Einteilung der irdischen Biosphäre in Zonen:
- *Gemäßigte Breiten*: **Agrarländer** der Zukunft
- *Wüstengebiete*: **Hochtechnologiefirmen** (überreichlich Solarenergie, wertvolle Landschaften oder Böden werden nicht zerstört)
- *Amazonasgebiet* oder *Borneo*: Funktion der Bewahrung der **Artenvielfalt**, Nutzung genetischer Ressourcen. Idealer Standort für **Biotechnologie-Betriebe**, **Erholungszentren**; Bedeutung für Wasserkreislauf und andere **Regelleistungen** der Ökosphäre.

Zur Umsetzung bräuchte es internationale Institutionen wie Weltbank oder UN-Sicherheitsrat, der ökologische Fehlentwicklungen als interventionswürdige Bedrohung für den Frieden werten kann. Mit Nationalstaaten ist dies nicht zu machen (dummer Nationalegoismus!). Eine wesentliche Voraussetzung einer globalen und wirklich greifenden Umweltpolitik ist daher eine *sinnvolle Globalisierung* im Sinne einer weltweiten Zusammenarbeit auch im ökologischen Bereich. Sie ist der einzige Weg, vielleicht auch irgendwann zu einer vereinten Welt zu gelangen.

■ Es gilt, den Vorteil und den Nutzen ökologischen Handelns klar zu machen. Man muss den Menschen – und vor allem den Politikern und Konzernmanagern – bewusst machen, dass die Zerstörung natürlicher Lebensräume „ein schlechtes Geschäft" ist, ganz unabhängig von den sozialen, kulturellen und moralischen Nachteilen. *Andrew Balmford* und Kollegen kommen zum Ergebnis, dass ein globales Netzwerk von Naturschutzgebieten der Weltbevölkerung jährlich 4500 Milliarden € mehr an „Waren und Diensten" liefern könnte als das gleiche Land in bebauter, von Menschen kultivierter Form. Dass Ökosysteme weltweit dennoch in fast unverminderter Rate zerstört werden, liegt nach Meinung der Experten vor allem an drei Faktoren: dem Streben Einzelner nach schnellem Gewinn, der Unkenntnis über den wahren wirtschaftlichen Wert von Naturschutzräumen und, in einigen Ländern, steuerlichen Anreizen für die Verwandlung von Natur in „Nutzflächen". In jedem dieser Fälle wäre der Erhalt der Ökosysteme weitaus mehr Wert gewesen als ihr jetziger – oft kurzfristiger – kommerzieller Gewinn. Viel Geld hätten sie auch eingebracht bei nachhaltiger, also Natur erhaltender, Nutzung und als Urlaubsziel für Touristen.

Wohlstand und Zukunft

Meist versteht man heute unter „Wohlstand" den materiellen Wohlstand, gemessen am Bruttosozialprodukt und quantitativen Wachstum. Wenn wir den Begriff genauer ansehen, müsste Wohlstand aber auch zu tun haben mit Wohlbefinden, wir müssten auch immaterielle Werte in die Definition mit einbeziehen. Und „Wachstum" müsste vor allem qualitatives Wachstum bedeuten (vgl. Kasten *„Lobbys, Multis, Technokraten"*). Diese Art Wohlstand wäre zu messen an Gesundheit und Bildungsgrad eines Volkes, an Hygiene und Lebensqualität (intakte Umwelt, saubere Luft, gesunde Nahrung, wenig Lärm und Stress, unverbrauchte Landschaft und keine Kriege). Negative Dinge wie Unfallopfer, Autoreparaturen, Raucherschäden, Krebstote und Umweltsanierung wären vom Bruttosozialprodukt abzuziehen. Wenn Waffen-, Auto- und Pharmaindustrie oder Tabakwerke größere Umsätze erzielen, wenn wir mehr Ärzte und Autospengler brauchen, geht es uns nicht besser, wie die Theorie des materiellen Wohlstands uns weismachen will, sondern schlechter! Allerdings würde die Reduktion dieser Sparten auch Arbeitsplätze kosten.

Solche könnten andererseits durch eine konsequente ökologisch orientierte Politik in hohem Ausmaß geschaffen werden, etwa im Bereich der Gebäudesanierung, der Installation von alternativen Energieanlagen oder der Verbesserung der öffentlichen Verkehrsverbindungen.

Die Kosten für Neubau und Erhalt von Straßen, Flugplätzen und Häfen, sowie ein hoher Anteil der geschätzten Umweltkosten sollten (nach *Weizsäcker* 1997) den Verkehrsteilnehmern angelastet und Exportsubventionen müssten radikal abgebaut werden.

Auch wenn die meisten Politiker und Ökonomen davon überzeugt sind, dass die Wirtschaft ständig weiter wachsen muss: Ein solches ungebremstes quantitatives Wachstum würde in letzter Konsequenz die Existenz der Menschheit insgesamt gefährden. Wir müssen also das quantitative Wirtschaftswachstum drosseln. „Notwendig ist jedoch nicht nur der Wachstumsverzicht allein, sondern sogar eine deutliche Absenkung des Lebensstandards in den reichen Industrienationen. Deren Bürger verpulvern, obwohl sie nur zehn Prozent der Weltbevölkerung ausmachen, zur Befriedigung ihrer Wünsche inzwischen 80 Prozent der Weltressourcen mit den bekannten ökologischen Folgen" (*E. U. v. Weizsäcker*).

Weizsäcker legt in seinem Buch *„Faktor Vier"* (1997) dar, dass es unabdingbar für das Überleben der Menschheit ist, den Wohlstand vom Ressourcenverbrauch abzukoppeln, um das vernetzte System Erde wieder ins Gleichgewicht zu bringen. Würden die von *Weizsäcker* in seinem Buch vorgeschlagenen Verbesserungen in großem Maßstab umgesetzt, könnte unser Leben in einer neuen Form des Wohlstands sogar angenehmer werden. Wenn man die Technik vernünftig einsetzt, kann die ganze Menschheit die Lebensqualität eines der reichsten Länder der Welt erreichen (nicht notwendigerweise genau die gleiche Lebensweise). Was wir dazu brauchen, ist eine entschiedene und effiziente Umweltpolitik aller Staaten. Denn wenn wir die Ökosysteme weiter zerstören, könnten mangels Nahrung und Trinkwasser sowie durch Verteilungskriege Abermillionen Menschen sterben. Prinzipiell jedoch ist nach *Weizsäcker* sogar ein *doppelter Wohlstand bei halbiertem Naturverbrauch* machbar. Es heißt, die Ressourcen effizienter zu nutzen. **Ressourceneffizienz** streckt die weltweiten Rohstoffvorkommen und kann die Sprengkraft internationaler Konflikte um Öl, Metalle, Wälder, Wasser oder Fischgründe verringern. Selbst die schwierigsten globalen Probleme der Verteilungsgerechtigkeit können ohne schwerwiegende Opfer irgendeines Erdteils gelöst werden. Dies jedenfalls versuchen *Weizsäcker* und seine Koautoren nachzuweisen. *Hemminger* (1990) meint sogar: „Würde die Menschheit alle nur möglichen Maßnahmen verwirklichen, die nach heutiger Kenntnis Glück, Gesundheit und Frieden in der Welt fördern, würden die Erde in wenige Jahrzehnten zu einem Garten des Wohlstands und der Gerechtigkeit werden." Ob er da die Dummheit des Menschen nicht gewaltig unterschätzt? Denn diese Form von Dummheit der Gattung ist es, die uns womöglich zum Untergang verurteilt. Es ist die Unfähigkeit sehr vieler oder der meisten Menschen, global und menschheitsolidarisch zu denken und vor allem zu handeln.

In seinem früheren Buch „*Erdpolitik*" (1989) weist *Weizsäcker* auf eine Gefahr hin: „Die ökologischen Sachzwänge, die uns, ob wir es wollen oder nicht, in ein Jahrhundert der Umwelt hineinzwingen, wären ein geradezu idealer Vorwand für Staaten, Staatenbünde oder Wirtschaftsgiganten, eine Art Ökodiktatur zu errichten ... Die Versuchung für den Staat wird groß sein, die begrenzten Ressourcen zu rationieren, das Wirtschaftsgeschehen im Detail zu lenken und von oben festzulegen, was Bürger ‚um der Umwelt willen' tun und lassen müssen. Experten für ‚Lebensqualität' könnten von oben definieren, was für Bedürfnisse befriedigt werden dürfen ... Eine ökologische, schöne neue Welt' ist in Sicht."

Der Mensch auf dem Aussterbeast?

Wir können (mit *Wuketits* 1999) davon ausgehen, dass heute durchschnittlich 3 bis 5 Arten von Lebewesen pro Stunde (!) aussterben. Damit stellt die derzeitige Katastrophe alle bisherigen Aussterbensszenarien in den Schatten. Viele Pflanzen und Tiere haben Menschen aus Dummheit, Gedankenlosigkeit und in Unkenntnis der komplexen ökologischen Zusammenhänge ausgerottet. Aber auch „wirtschaftliche Zwänge" zählen zu den Ursachen für die Beschleunigung der Ausrottung. Ein Faktor ist die Schuldenkrise, die viele Entwicklungsländer veranlasst hat, immer mehr Rohstoffe, Agrarprodukte, Metalle, Holz und Wasserkraft auf den Markt zu werfen. Diese Wirtschaftsentwicklung fand vielfach auf Kosten von Urwäldern und anderen Schätzen der Natur statt und trug zum Verlust Tausender von Pflanzen- und Tierarten bei. Weil praktisch alle rohstoffexportierenden Länder den Ressourcenverkauf gleichzeitig forcierten, kollabierten schließlich die Rohstoffpreise auf den Weltmärkten. Die Entwicklungsländer mussten also immer noch mehr natürliche Schätze verscherbeln, um ihre Schulden abzahlen zu können.

Jedenfalls ist Homo sapiens zum größten Katastrophenbeschleuniger in der Natur geworden. Mit ungeheurer Geschwindigkeit zerstört er den Lebensraum unzähliger Arten – und zieht sich dabei den Teppich unter den eigenen Füßen weg. 99,99 % aller Arten, die je gelebt haben, sind bereits ausgestorben. Das Schicksal des Aussterbens wird über kurz oder lang auch die gegenwärtigen Arten treffen, und die Annahme, es könnte ausgerechnet uns erspart bleiben, ist nichts als eine pure Manifestation anthropozentrischen Denkens. Auch unser Artentod ist so unvermeidlich wie unser individueller Tod. *Eugen Drewermann* (in *Grossgebauer* 2001): „Die christliche Anthropozentrik kennt kein Recht der Kreatur, sie kennt nur den Menschen und seinen Nutzen, und an der Seite des abendländischen Menschen hat nur Platz, was den Zwecksetzungen des Menschen dient."

Seine notorische Dummheit in den existenziellen Dingen könnte für sein Verschwinden die wahrscheinlichste Ursache sein.

Als „Auslaufmodell" der Evolution wird der Mensch in der Katastrophengeschichte des Universums allerdings nicht mehr als eine Fußnote darstellen (*Wuketits* 1999). So wie wir gar nicht bemerken, wenn eine Insektenart ausstirbt, würde unsere Spezies dem Universum überhaupt nicht „fehlen".

Dass das Leben aller Organismen endlich ist, ist klar, auch wenn wir das Ende unserer Existenz allzu gern verdrängen: In einigen Milliarden Jahren wird sich die Sonne zum Roten Riesen aufblähen und alles Leben auf unserem Planeten vernichten. Und selbst das Auswandern zu einem anderen fernen Planetensystem würde den Zeitpunkt unseres Verschwindens nur hinausschieben. Aber schon viel viel früher könnte es zum Aus für den homo sapiens kommen. Außer durch Atomkriege oder ein ökologisches Desaster könnte der Untergang unserer Spezies auch durch einen Asteroiden oder den Ausbruch eines Supervulkans (wie er etwa im Yellowstone-Nationalpark existiert) herbeigeführt werden. Die Verdunkelung der Atmosphäre durch Schwefel und enorme Aschenmengen könnte zu einer gewaltigen Klimaverschlechterung führen und damit zum Absterben vieler Pflanzen, Tiere, wodurch dann auch das Schicksal des Menschen besiegelt wäre.

Dieses Faktum der Sterblichkeit und definitiven Endlichkeit des Menschen als Individuum wie als Art nagt doch sehr am Anthropozentrismus, an der Vorstellung vor allem des Abendländers, im Mittelpunkt der Welt zu stehen und eine kosmische Bedeutung zu haben. (Vgl. dazu die Ausführungen über die Kränkungen des abendländischen Geistes!) Kosmisch betrachtet ist es der Gipfel menschlicher Dummheit, sich in anthropozentrischem Größen- und Mittelpunktswahn nicht nur als „Krone der Schöpfung" auf Erden, sondern gar als Nabel des Universums zu sehen, wie dies etwa im das Christentum geschieht.

10 Illusionen

Viele Menschen versäumen das kleine Glück,
weil sie auf das große vergeblich warten.
Pearl S. Buck

Die Illusion des absoluten Sinns

Während etwa für *Albert Camus* die Frage nach dem Sinn des Lebens die dringlichste aller Fragen ist, hielten die Empiristen des *Wiener Kreises* die Frage nach dem Lebenssinn für ein Scheinproblem und lehnten daher eine Stellungnahme von der Philosophie her ab.

Nun ist aber die Frage nach dem Lebenssinn für jeden einzelnen von höchster Bedeutung. Sie lässt sich nicht dadurch beseitigen, dass man sie zu einem Scheinproblem erklärt. Zeigt eine genauere Analyse, dass die Fragestellung unklar oder gar semantisch unzulässig ist, so muss zunächst versucht werden, sie zu präzisieren. Sollte sich dann herausstellen, dass die Frage wissenschaftlich in keiner Weise beantwortet werden kann, so ist doch mit der Klärung des Problems einiges geleistet: etwa dass die Beantwortung der Sinnfrage an den Glauben zurückverwiesen oder die Sinngebung dem einzelnen überantwortet werden muss.

Was den Menschen besonders ängstigt, ist das nicht Vorhersehbare, das Zufällige. Deshalb sehen wir ihn bemüht, dem Sinnlosen des Zufalls illusionären Sinn zuzuschreiben. Daraus resultiert auch vielfältiger Aberglaube, der unkritisch den Geschehnissen „höhere Absicht" unterlegt (vgl. *Rattner* 1976). Der Mensch neigt dazu, Angst und Ungewissheit zu beseitigen, indem er allem Handeln und schließlich dem ganzen Leben einen Sinn zu verleihen sucht. Unser Verlangen nach Sinngebung ist sicherlich eine der Wurzeln aller Religionen. Ideologien und Religionen behaupten, einen absoluten Sinn des Lebens zu kennen. Dabei ist interessant, dass die meisten Lebensdeutungen pessimistisch sind. So ist für den Buddhismus alles Leben Leid, von dem es sich zu befreien gilt.

Für den Christen ist der Wille Gottes zwar „unerforschlich", gibt jedoch dem menschlichen Leben immer einen (oft verborgenen) Sinn.

Sinn des Lebens

Nach *Vilar* (2000) kennt vor allem der dumme Mensch keine Existenzangst. Er fürchtet sich nicht vor dem Tod (er kann ihn sich nicht vorstellen) und fragt nicht nach dem Sinn des Daseins: Alle seine Handlungen erhalten in der Erfüllung seiner Komfortgelüste einen unmittelbaren Sinn, und der genügt ihm.

Grossgebauer (2001): „Für viele Menschen sind Autos, Sex, Drogen und TV-Sport die einzigen Sinnstifter in ihrem Leben ... Wohlstand, Langeweile, Familienzerrüttung, Staatsverdrossenheit, Werteverlust anderer Art, Mangel an Vorbildern, Arbeitslosigkeit, allgemeine Perspektivenlosigkeit, aber auch spezielle charakterliche Eigenschaften wie übermäßiger Ehrgeiz, Eitelkeit, Hochmut, Dummstolz u.a., sind die Ursachen für solche dummen Verhaltensweisen, die sich allgemeiner gesellschaftlicher Akzeptanz erfreuen."

Heute werden die Antworten der Religionen auf die Lebenssinnfrage von vielen Menschen nicht mehr als befriedigend empfunden. Deshalb machen sich Aberglaube und oft äußerst menschenverachtende miese Ersatzreligionen in erschreckendem Maße breit. Die Tatsache, dass es auch zufriedene glückliche Menschen gibt, die nach einem Sinn des Lebens gar nie fragen, weil sie ein sinnerfülltes Leben führen, darf nicht darüber hinwegtäuschen, dass zahlreiche Menschen in Angst und Unsicherheit leben, *existenziell frustriert* sind, in einem *existenziellen Vakuum* leben, an einer *Sinnlosigkeitsneurose* leiden (*Viktor Frankl*).

Dem modernen Menschen fehlt die existenzielle Geborgenheit, die ihm früher der überlieferte Glaube gab.

Andererseits ist es gerade die **Absurdität des Todes**, die den Menschen immer wieder drängt, die Frage nach dem Sinn dieses kurzen und oft leidvollen Lebens zu stellen. Besonders der zufällige Tod vor allem junger Menschen erscheint uns sinnlos. *Camus*: „Es ist widersinnig, dass wir geboren werden, und ebenso, dass wir sterben." Nach *Camus* ist die ganze Welt ohne Sinn, das Leben hoffnungslos. Der Tod ist nur durch Verachtung zu besiegen. Das Absurde hat Sinn, indem man sich mit ihm abfindet.

Gedanken zum Tod

„Das Leben nach dem Tod ist eine Antwort der Fantasie auf eine Frage der Vernunft" (*Leon Wieseltier)*.

„Das schauerlichste Übel, der Tod, geht uns nichts an, weil, so lange wir sind, der Tod nicht da ist, ist er aber da, so sind wir nicht mehr" (*Epikur von Samos*).

„Der wolle nicht leben, der nicht sterben will. Denn das Leben ist uns mit der Bedingung des Todes geschenkt, er ist der Weg zu diesem Ziel. Unsinnig ist es daher, den Tod zu fürchten; denn nur das Ungewisse fürchtet man, dem Gewissen sieht man entgegen. Der Tod bedeutet eine gerechte und unabwendbare Notwendigkeit. Wer wollte sich beklagen, in einer Lage zu sein, in der sich alle ausnahmslos befinden ... Nicht den Tod fürchten wir, sondern die Vorstellung des Todes. Der Tod ist die Erlösung von allen Schmerzen und völliges Aufhören; über ihn gehen unsere Leiden nicht hinaus" (*Seneca*).

„Wenn der Mensch nicht stürbe, wenn er ewig lebte, wenn also kein Tod wäre, so wäre auch keine Religion ... Der Tod ist ein Übel, wofür kein Kraut gewachsen ist – am wenigsten auf dem Mist der Theologie" (*Ludwig Feuerbach*).

„Die Vorstellung von einem Leben nach dem Tod sind, wie alle religiösen Vorstellungen Wunschdenken und daher infantil" (*Sigmund Freud*).

„Unser Unterbewusstes glaubt nicht an den eigenen Tod, es gebärdet sich unsterblich" (*Sigmund Freud*).

„Wie an kaum einem anderen Problem hat sich hier das Wunschdenken des Motives bemächtigt, uns das als gewiss hinzustellen, was wir zuinnerst wünschen möchten: das Weiterleben nach dem Tode ist eine Überzeugung, die durch alle Zeiten und Kulturen hindurchgeht" (*Josef Rattner*).

„Der Glaube an die Unsterblichkeit ist das Ergebnis des törichten Geschwätzes derer, die den Tod fürchten" (*Paul Kurtz*).

„Der Tod ist nichts Schreckliches. Schrecklich können wohl die Schmerzen des Sterbenden sein und der Verlust der Lebenden. Und vor allem: Schrecklich sind oft die Fantasien, die den Tod umgeben" (*Norbert Elias*).

Nicht vernünftige Argumente, sondern Gefühle führen zum Glauben an ein zukünftiges Leben. Das wichtigste dieser Gefühle ist die Angst vor dem Tod; sie ist instinktiv und biologisch zweckmäßig. Wenn wir wahrhaft und mit ganzem Herzen an ein Weiterleben nach dem Tode glaubten, würden wir vor dem Tode keinerlei Angst mehr haben" (*Bertrand Russell)*.

Wer jemals einen Sterbenden gesehen hat, wird kaum an Unsterblichkeit und Auferstehung glauben (*Ferdinand Cap*).

Jede Antwort auf die Lebenssinnfrage muss den Tod mit bedenken. Die Versuche, dem Tod seine Unheimlichkeit zu nehmen, sind zahllos. Die Idee der Unsterblichkeit oder einer Seelenwanderung sind Beispiele dafür.

Von manchen Philosophen wurde der Tod bagatellisiert, z.B. von *Seneca* und *Epikur*. (Vgl. Kasten *„Gedanken zum Tod"* im Kapitel über Unsterblichkeit.) Diese Interpretationen übersehen, dass

- dem Toten zwar nichts mehr Böses, aber auch nichts Gutes widerfahren kann;
- wir uns nicht so sehr vor dem Totsein als vor den Umständen des Sterbens fürchten;
- wir uns vor allem grämen über den Verlust lieber Mitmenschen;
- der Mensch den Drang nach einer unbegrenzten Zukunft hat und oft unfähig ist, sich vorzustellen, einmal nicht mehr zu sein.

Was jedoch dem Leben Sinn verleiht, gibt auch dem Tod Sinn. *Bertrand Russell*: „Das Glück ist wahr, auch dann, wenn es ein Ende finden muss, und auch das Denken und die Liebe verlieren nicht ihren Wert, weil sie nicht ewig währen."

Während der tumbe gläubige Mensch den von seiner Religion vorgegebenen Lebenssinn ungefragt und blindlings übernimmt, muss der kritische Philosoph versuchen, auf andere Weise einen solchen zu finden.

Zunächst sind einige Begriffe, die in diesem Zusammenhang auftreten zu analysieren: *Sinn, Wert, Ziel, Zweck*.

Einen *Sinn* oder *Wert „an sich"* gibt es nicht. Er haftet keinem Ding oder Ereignis an, sondern wird vom Menschen zugeschrieben. Etwas erhält für mich einen *Sinn*, wenn ich ihm einen *Wert* beimesse. Auch von *Ziel* oder *Zweck* kann nur geredet werden, wo es Zielsetzungen durch ein bewusst handelndes intelligentes Wesen gibt. *Sinn* besteht in der Verwirklichung eines gesetzten Ziels, das von mir als wertvoll angesehen wird. Und was mir heute erstrebenswert erscheint, ist es morgen möglicherweise nicht mehr. Was mir wertvoll erscheint, ist für einem anderen vielleicht wertlos. Sinn, Wert, Ziel und Zweck sind relative Begriffe. Etwas ist immer für jemanden wertvoll oder sinnvoll.

Das bedeutet, dass ein objektiver, für alle Menschen verbindlicher Sinn des Lebens außerhalb desselben liegen müsste und daher für uns nicht erkennbar wäre. Nur eine überirdische metaphysische Instanz würde diesen Sinn kennen. Die Frage ist nur, was wir davon hätten.

Der österreichische Philosoph *Robert Reininger* (1947) spricht vom „egozentrischen Charakter" der Lebenssinnfrage. Das heißt: Jeder muss für sich selbst entscheiden, worin für ihn sein ganz subjektiver Lebenssinn liegt. Wir selbst haben es in der Hand, unserem Leben ein ganz individuelles Ziel, einen Sinn zu geben. Der Mensch ist in der Beantwortung der Lebenssinnfrage autonom.

Angesichts der Leere des Weltalls und der kosmischen Bedeutungslosigkeit des Menschen auf dem winzigen Planeten Erde, der um eine bedeutungslose Sonne kreist, leiden heute immer mehr Menschen an einer „kosmischen Heimatlosigkeit" (*Kanitscheider* 1995). Sie orten eine Sinnbedrohung. Mit diesem Bedeutungsverlust wollen sich viele nicht abfinden; sie glauben, den geringen Wert ihrer Existenz nicht anerkennen zu können. Spurlos im kosmischen Geschehen wieder unterzugehen, scheint eine der größten Zumutungen der Natur zu sein, die die Menschen nicht wahrhaben wollen (ebd.). Das Universum kennt keinen Plan, keine Absicht, keine Werte, keinen Sinn. Die Welt braucht keinen Sinn zu haben, bloß weil wir das wollen. Und die Evolution hat uns Menschen keinerlei Rolle zugedacht (vgl. *Wuketits* 2002, 1).

Deshalb sind Menschen schon immer auf der Suche nach dem Sinn Illusionen nachgelaufen, um der kosmischen Trostlosigkeit zu entkommen. Zu diesem Zweck haben sie religiöse und metaphysische Sinnmodelle entworfen. Alle Kulturen der Welt haben Religionen erfunden, nicht zuletzt zu dem Zweck, dem Leben einen Sinn zu geben. Das scheint einem tiefen Bedürfnis des Menschen zu entspringen.

Albert (in *Deschner* 1992): „Anhänger der christlichen oder einer Religion ähnlicher Art halten es oft für selbstverständlich, dass ein Verzicht auf den Glauben an einen Gott und ein Leben nach dem Tode das menschliche Leben sinn- und wertlos mache. Nur durch die Erwartungen, die mit ihrem Gottesglauben verbunden sind, scheint ihnen der Sinn des Lebens bestimmt zu sein. Sie können daher auch nicht verstehen, wie man eine atheistische Auffassung vertreten kann, ohne am Sinn dieses Lebens zu zweifeln ...

Wer so denkt, wird auch geneigt sein, sogenannte praktische Gottesbeweise zu akzeptieren, wie sie heute modern geworden sind, Beweise, die darauf hinauslaufen, die Existenz eines Gottes deshalb zu postulieren, weil das bestimmten menschlichen Bedürfnissen entgegenkommt ...

Kann ein Leben ohne Hoffnung auf ein solches Jenseits trotzdem sinnvoll und damit lebenswert sein?

Darauf muss man wohl antworten, dass es keine Garantie für ein sinnvolles Leben geben kann. Sinnvoll kann ein Leben jedenfalls nur insoweit sein, als wir selbst es mit Sinn versehen, indem wir uns Aufgaben stellen, deren Erfüllung wir als wertvoll ansehen können, und uns Tätigkeiten widmen, die in sich befriedigend sind oder zur Erfüllung solcher Aufgaben beitragen. Die Tatsache, dass alles Glück auf Erden zeitlich begrenzt ist, ist an sich kein Grund, dieses Glück als wertlos anzusehen."

Kein Mensch erfüllt sein Leben, indem er vorgegebene Meinungen über die Existenz Gottes, über die Autorität der Bibel oder des Papsttums sowie über das Leben nach dem Tode teilt.

Aber auch der Glaube an die Seelenwanderung und die für einen leidenden Menschen tröstliche Schlussfolgerung, die sich aus ihr ziehen lässt, ist nur eine individuelle Pseudosinngebung: Wenn meine Schicksalsschläge die Folgen von Taten oder Unterlassungen in meinem Vorleben sind, dann hat mein Leiden plötzlich einen Sinn. Denn sinnvoll erscheinendes Leiden ist leichter zu ertragen als sinnloses. Ferner ist es mir nun möglich, durch gute Taten in der Gegenwart meine nächste Existenz glücklicher und schöner zu gestalten oder – der Wünsche höchster – die Wiedergeburt gänzlich zu vermeiden. Damit findet alles, was mir zustößt, eine sinnvolle Erklärung. Na super!

Auch wenn es keinen objektiven kosmisch untermauerten Sinn menschlichen Lebens gibt, auch wenn wir Menschen nicht „die

Krone der Schöpfung" sind, sondern bloß eine belanglose Randfigur im kosmischen Geschehen, müssen wir nicht in nihilistischen Depression versinken. Wir sollten vielmehr zu einer Haltung gelangen, die dem Menschen ermöglicht, seine Kontingenz mit Würde und Gelassenheit zu tragen. „Die Alternative, entweder geplantes Ziel des Universums zu sein oder in Hoffnungslosigkeit zu versinken, besteht für den Menschen gar nicht. Aus anderen, außerchristlichen Kulturen sind uns längst Orientierungen überkommen, die uns helfen können, die Entzugserscheinungen nach dem Verlust der heute obsolet gewordenen theistischen Trostquellen zu überwinden. Sucht man eine lebensphilosophische Maxime, die dem Menschen hilft, scinc kosmologische Durchgangssituation zu bewältigen, so kann er getrost auf den epikureischen Ratschlag zurückgreifen, wie ihn *Horaz* unübertrefflich ausgedrückt hat: ... greif diesen Tag, nimmer traue dem nächsten.

Gerade weil die Wissenschaft uns mit dieser unserer geringen Bedeutsamkeit in der Welt im Großen konfrontiert, müssen wir die Kurzzeitperspektive bei unserer Orientierung zugrunde legen und jede gute Stunde wahrnehmen, die uns das Leben anbietet" (*Kanitscheider* 1993).

Viktor Frankl sieht folgende Möglichkeiten, das Leben „mit Sinn anzureichern":

- Bewußtes Erleben von Natur oder Kunst;
- Begegnung und Liebe zu einem Menschen;
- Kreativ ein Werk schaffen, sich einer Aufgabe völlig hingeben;
- Hinnehmen, was nicht zu ändern ist (Leid zu einer Leistung umgestalten). *Nietzsche*: „Wer ein Warum zu leben hat, erträgt fast jedes Wie."

Leben in einem sinnleeren Universum
(aus *Bernulf Kanitscheider*: Auf der Suche nach dem Sinn 1995)

Auf der Suche nach dem Sinn wird also dem Menschen eine Lehre in *Bescheidenheit* erteilt. Er erfährt, wo er in der Ordnung der Dinge steht, und er lernt davon abzusehen, seine anthropomorphen Kategorien auf den Kosmos zu übertragen. Auf der Suche nach dem Sinn wird der Mensch auf sich selbst zurückverwiesen, er darf nicht auf die Führung durch die Welt warten, er muss sich selber seine Ziele setzen und durch die Vernunft leiten lassen, die Erfüllung seiner Ideale zu erstreben. Auf der Suche nach dem Sinn wird der Mensch reifer, unabhängiger und freier, er lernt mit der Kontingenz des Universums umzugehen, und er versöhnt sich mit der

Idee, dass dieses nicht auf ihn ausgerichtet ist. Diese Erfahrung macht ihn zuletzt zum *freien Geist,* der nicht dem Nihilismus und der Verzweiflung verfällt, sondern der zum Glück eines erfüllten Daseins geführt wird.

Da wir also einen für alle Menschen gültigen absoluten Sinn nicht zu erkennen und „das große Glück" wohl selten zu erreichen vermögen, muss jeder einzelne sein Leben „mit Sinn anreichern", indem er sich an vielen kleinen Dingen erfreut, die uns glücklich machen. Dies gibt schließlich auch dem Ende des Lebens, dem Tod, einen Sinn. Nicht zuletzt kann uns der Humor – der nur dem Menschen mögliche Abstand zu ärgerlichen Dingen – wenigstens in nicht allzu ernsten Situationen – helfen, das Dasein als sinnvoll zu erleben.

Was nun hat das ganze mit Dummheit zu tun? Nun einen objektiven Sinn zu suchen, entspricht zwar einem zutiefst menschlichen Bedürfnis. Was bei diesem Bemühen dabei aber an unsinnigen Ideen herausgekommen ist, gehört sehr wohl in die Rubrik „Dummheit". Viele Menschen können sich mit der Tatsache nicht abfinden, dass wir autonom dem Leben Sinn geben müssen und dass wir nicht einen vorfabriziert von irgendwelchen Gurus oder Sinnverwaltern übernehmen sollten, besonders wenn er mit dummabsurden metaphysischen Ideen gekoppelt angeboten wird.

Wir können den Verlust von allem ertragen,
außer den unserer Selbsttäuschung.
William Hazlitt

Die Illusion des freien Willens

Gott, Seele, Willensfreiheit, die 3 Ideen *Kants,* sind nützliche Fiktionen, Gedankenkrücken, die unser mangelhafter Verstand zu benötigen scheint und die deshalb als „dumm" im Sinne einer allgemeinen Denkschwäche des Menschen bezeichnet werden können.

Von einem „freien Willen" zu sprechen, ist schon an und für sich höchst unklar, da es einen „Willen" als besonderes Seelenvermögen nicht gibt und außerdem die Verwendung des Begriffes „frei" mehrdeutig ist. Es gibt vor allem religiös-weltanschauliche Gründe dafür, dass Metaphysiker und Theologen glauben, an der Idee eines freien Willen gegen jegliche Erfahrung festhalten zu müssen.

Der kalifornische Neurophysiologe *Benjamin Libet* bat Versuchspersonen, zu einem von ihnen selbst bestimmten Zeitpunkt den Finger zu krümmen. Zugleich maß er ihre Hirnströme. Als die Probanden den Entschluss mitteilten, jetzt den Finger zu krümmen, hatten die Nervenzellen des Gehirns schon längst aktiv mit der Vorbereitung der Bewegung begonnen und ein Bereitschaftspotenzial aufgebaut, und das etwa eine Fünftelsekunde vor dem Bewusstwerden der Entscheidung. Demnach werden die Entscheidungen für eine Handlung im Gehirn eigenmächtig gefällt, das Bewusstsein glaube nur, aus freien Stücken zu handeln, in Wahrheit hinkt es eine Fünftelsekunde hinterher. Der Eindruck, frei handeln, die Ansicht, über unseren bewussten Willen Aktivitäten in Gang bringen zu können, beruht daher auf einer Selbsttäuschung. Das Gefühl, eine Entscheidung getroffen zu haben, ist Einbildung. Der freie Wille oder die Willensfreiheit in dem Sinne, dass wir unter identischen Umständen auch anders handeln oder entscheiden könnten, ist eine Illusion. Dass der Mensch der Illusion der Willensfreiheit unterliegt, beruht darauf, dass er die Ursachen seiner Handlungsweise nur selten und teilweise kennt (*Austeda* 1989[6]). Weil wir uns in jedem gegebenen Fall mehrere verschiedene Entscheidungen *vorstellen* können und müssen, glauben wir, dass uns auch verschiedene Entscheidungen gleich möglich wären. Das, was wir als freie Entscheidung erfahren, ist nichts als eine nachträgliche Bestätigung von Zustandsveränderungen, die ohnehin erfolgt wären.

Unsere Entscheidungen sind auch von zahlreichen individuellen Erfahrungen beeinflusst, die wir im Laufe unseres Lebens gesammelt haben. „In die Überlegungen gehen die Werthaltungen ein, denen wir aufgrund religiöser und politischer Indoktrinierung anhängen, und schließlich spielen die uns als biologisches Erbe vorgegebenen Programmierungen (Motivationen) bei der Entscheidungsfindung eine große Rolle." Die Ansicht, „der Mensch handle nur dann frei, wenn er sich ohne Gebundenheit an vorgegebene Verhaltensprogramme entscheiden könne, ist auch einer der Gründe für die oft leidenschaftliche Ablehnung des Gedankens an eine teilweise biologische Programmierung menschlichen Verhaltens. Dabei wird jedoch übersehen, dass uns auch die Kultur programmiert, die uns ja religiöse und politische Wertsysteme vermittelt und einprägt. Aufgrund solcher Programmierung handeln wir ebenfalls ziemlich voraussagbar" (*Eibl-Eibesfeldt* 1988).

Nach *Rohracher* (1958[6]) kann der Mensch in einer gegebenen Wahlsituation nicht jede beliebige Verhaltensmöglichkeit wählen. Willensentscheidungen werden durch charakterliche Dispositionen (Triebe, Interessen), Überzeugungen und Wünsche bestimmt. Hätte er sich aber nicht für eine andere entscheiden können? Nur dann, wenn in ihm andere Motive aufgetreten wären. Und dass jedem Entschluss ein Motivationsprozess, ein Abwägen der verschiedenen Möglichkeiten vorausgehen muss, ist wohl evident. Denn eine absolute Freiheit in dem Sinn, jede beliebige Verhaltensmöglichkeit wählen zu können, wäre die größtmögliche Unfreiheit: Unser Wahl wäre undurchschaubaren Zufallsprozessen unterworfen. Ein freies Entscheiden im Sinne von ursachlos oder zufällig wäre nicht von mir bestimmt, von meiner Persönlichkeit, von meinen Wünschen unabhängig. Eine solche Freiheit würde wohl niemand wünschen. Ein freier Wille wäre ein motivloses Wollen – und dies ist ein Widerspruch in sich.

Ein strenger Freiheitsbegriff – in jeder Wahlsituation jede beliebige Verhaltensmöglichkeit wählen zu können – ist daher unsinnig. Wir wählen, was unserer Persönlichkeit am besten entspricht. Freiheit besteht in dem Sinne, dass der Mensch nicht durch äußere Umstände oder durch innere, triebhafte Nötigung determiniert ist. Der Mensch erfährt sich als Ursache von Ereignissen und fühlt sich daher frei. Echte Freiheit ist nur möglich im Rahmen und auf dem Boden eines wohlverstandenen Determinismus. Und nur so auch erhalten Begriffe wie „Verantwortung", „Schuld", „Strafe", „Pflicht" einen verständlichen Inhalt, denn sie setzen einen gesetzmäßigen und nicht regellosen Verlauf des Wollens voraus. Im Strafrecht muss dann Strafe nicht als Racheakt, sondern als Schutz- und Erziehungsmaßnahme gesehen werden.

Der Indeterminismus ist im strengen Sinne zwar nicht widerlegbar, weil die Faktoren, die eine Willenshandlung determinieren, niemals vollständig aufweisbar sind. Es sprechen jedoch alle Erfahrungen und Überlegungen gegen den Indeterminismus. Der Indeterminismus führt zu Widersprüchen. Er wird allerdings aus weltanschaulichen Gründen oft mit großer Sturheit vertreten.

Trouble mit der Seele

Es gibt keine mentalen Phänomene
ohne materiell-energetische Grundlage.
Gerhard Vollmer

Das Leib-Seele-Problem: Gehirn und Bewusstsein

Die Frage, wie (bewusstes) Erleben möglich sei, bildet eine Grundfrage sowohl der Medizin, der Psychologie und auch der Philosophie. Nach *Ludwig Feuerbach* dreht sich „die ganze Geschichte der Philosophie eigentlich nur um diese Frage" nach Leib und Seele, Materie und Bewusstsein. *Friedrich Engels* bezeichnete sie darum als die **Grundfrage der Philosophie**. Das alte Problem des Verhältnisses von Leib und Seele (von Körper und Geist) kann heute aufgefasst werden als das Problem der Beziehung zwischen Gehirn und Bewusstsein, da ja Erleben stets abhängig ist von einem funktionstüchtigen Gehirn.

Doch wie konnte es kommen, dass die **körperlich-seelische Einheit Mensch** in zwei grundverschiedene „Dinge" zerlegt wurde? Vielleicht hat in vorphilosophischer Zeit der Mensch – bewogen durch die unheimliche Beobachtung des bewegungslosen Körpers eines eben Verstorbenen – als Ursache der Lebendigkeit eine „Seele" angenommen, die man sich als eine Art unsichtbarer Bewohner des Körpers vorstellte, der die Lebensäußerungen veranlasst und steuert. Dem leblosen Körper musste also „etwas" entflohen sein – die Seele. Vielfach findet man auch heute noch bei „primitiven" Völkern die Vorstellung, dass im Schlaf die Seele zeitweilig vom Körper abwesend sei. Im Traum verlässt die Seele den Körper, besucht andere Orte und Personen und führt Handlungen aus, von denen der Schläfer träumt.

Von dieser Vorstellung ausgehend dürfte sich dann die andere vom Leben der Seele nach dem Tod gebildet haben. Demnach trennt sich beim Tod die Seele vom Körper endgültig, lässt ihn leblos zurück, und existiert in einem unsichtbaren, übernatürlichen „Jenseits" weiter.

Die Substanz-Theorie der Seele ist Aberglaube

Was für die Menschheit vergangener Jahrtausende eine (die einzige) sinnvolle Lösung war, kann aus heutiger Sicht höchstens als unbeholfener Versuch verstanden werden, das psychophysische Problem zu knacken.

Für die Existenz eines platonischen Geistsubstrats, einer Seele, gibt es keinerlei Hinweis.

Durch die Fortschritte der Neurobiologie wird der als eigenständige Substanz verstandene „Geist" oder die unsterbliche „Seele" noch mehr in Wohnungsnot geraten.

Ein vom Körper unabhängig existierendes Etwas – eine „Geistseele" – könnte übrigens auf die stoffliche Welt gar nicht einwirken.

Den Mythos und „Wahn einer immateriellen Seele" (*Schopenhauer*) rational aufzulösen, wagen (nach *Schlapp* 1971) selbst anerkannte Fachautoritäten nur mit jener verschleiernden Vorsicht, die das Schockverhalten der Hinterwelt als schwer kalkulierbares Risiko kennt.

Sogenannte „Todesnahe Erlebnisse" („Nahtod-Erfahrungen" engl. *Near-Death-Experiences*, NDE) und „Außerkörperliche Erfahrungen" (*Out-of-Body-Experiences*) werden häufig als starkes Indiz für eine substanzielle Seele angeführt, doch sind diese Phänomene keineswegs beweiskräftig. Denn sie sind physiologisch durchaus erklärbar.

Es gibt nicht eine einzige Komponente der Nahtod-Erfahrung, die nicht bereits durch eine Elektrostimulation des Schläfenlappens, durch schwache elektromagnetische Felder oder andere Reizungen künstlich hervorgerufen worden wäre. Eine Patientin erlebte dabei das Gefühl der Leichtigkeit – und den Eindruck, zwei Meter über dem Bett zu schweben. Sie meinte, von oben auf ihren Unterkörper und ihre Beine herabzusehen.

Auch durch bestimmte Medikamente und Rauschdrogen werden ganz ähnliche Erlebnisse induziert. In der realen Situation der Todesnähe ist meist der rasch eintretende Sauerstoffmangel im Gehirn für die fantastischen Visionen verantwortlich. Sie sind „Hirngespinste eines hinüberschlummernden Denkapparates" (*Degen* 2000). Es muss allerdings der Gedanke dazukommen, den eigenen Tod zu erleben.

Menschen, die eine NDE durchgemacht haben, glauben oft, dass sie tatsächlich gestorben waren und aus dem „Jenseits" zurückgeholt wurden. Ein solches Erleben mag bei ihnen den Glauben an das Weiterleben nach dem Tod mit verstärken.

„Zu mystischen, bewusstseinserweiternden Erlebnissen wie *extrakorporale Erfahrungen,* bei denen sich das Ich weit außerhalb des eigenen Körpers, ja sogar an ganz anderen Orten fühlt, zu Lichterlebnissen, zu überirdischen Erscheinungen und anderen *Halluzinationen* kommt es nach dem Genuss von Drogen, aber auch durch Fasten. Ähnlich wirksam sind verschiedenste Meditations- und Atemtechniken wie Hyperventilation, oder auch der Entzug aller äußeren Sinnesreize in einem *Isolationstank*, in dem man in völliger Dunkelheit und Stille viele Stunden lang schwerelos schwebt. Die entstehenden Halluzinationen als eine reale Trennung von Körper und Geist zu deuten, zeugt von Naivität, ebenso wie die Vorstellung einer ‚*Wiedergeburt*' des persönlichen Ich. Beides muss als eine reine Spekulation angesehen werden, denn es gibt keinerlei objektive Hinweise dafür. Alle praktischen Erfahrungen und wissenschaftlichen Ergebnisse sprechen für eine strikte Koppelung unseres Bewusstseins an ganz spezifische Funktionsstrukturen des Gehirns" (*Wolf* 1993).

Susanne K. Langer (1965): „Es ist wahrhaftig keine größere Zumutung für das Denken, sich vorzustellen, dass ein chemisch aktiver Körper will, weiß, denkt und fühlt, als dass ein unsichtbares, ungreifbares Etwas den Körper ohne physische Vermittlung ‚beseelt' und ihm ‚innewohnt', ohne an irgendeinem Ort zu sein."

Versuche einer Lösung des Leib-Seele-Problems

Die meisten traditionellen Lösungsversuche des Leib-Seele-Problems basieren auf der (oft gar nicht bewussten) Voraussetzung, dass die Seele als unstoffliche und unsterbliche Substanz existiere. Hat man aber den Menschen einmal in zwei Teile (Körper und Geist) zerlegt, so darf man sich nicht wundern, dass man diese nicht mehr „zusammenbringt".

Zur Annahme zweier Substanzen werden wir unter anderem durch das Erleben der Kontinuität des Ichs verführt. Und tatsächlich sind Körperliches und Seelisches zweierlei. Aussagen über Körperliches sind nicht Aussagen über ein seelisches Äquivalent, und diese sind nicht auf jene reduzierbar. Was dem Erleben erwiesenermaßen zugrunde liegt, sind Erregungsprozesse im Gehirn. Dualismus von Substanzen nein, Dualität ja.

Aufgrund dieser unbezweifelbaren Dualität von Erleben und Erregungsgeschehen muss auch die Annahme einer qualitativen Identität beider Prozesse abgelehnt werden. Die Gleichung „Erleben = Erregungen" ist in dieser Form unsinnig. Vertreter einer Identitätshypothese, die glauben, das Leib-Seele-Problem lösen zu können, indem sie Psychisches mit physikalischen (Erregungs)Prozessen identifizieren, unterliegen einer Selbsttäuschung, da Erleben eine neue Qualität darstellt und nicht auf neuronale Vorgänge

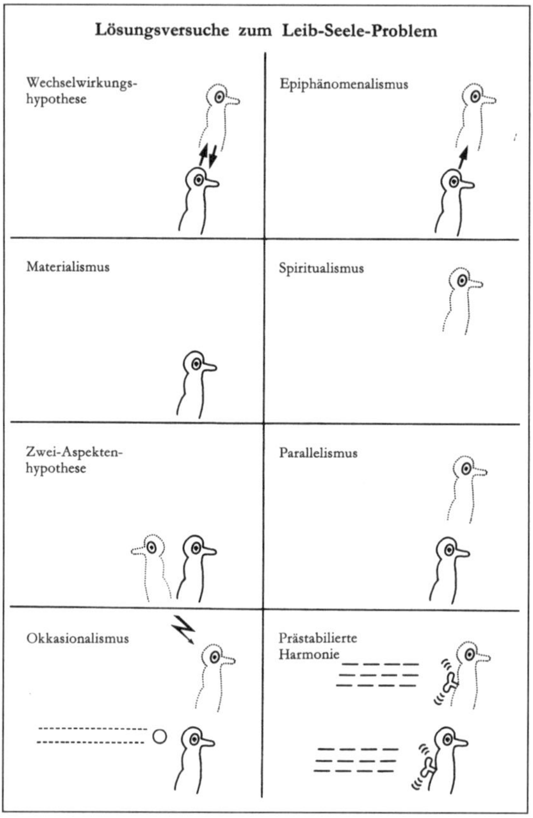

Lösungsversuche zum Leib-Seele-Problem (aus *Reutterer* 2001)

reduziert werden kann. Zwischen Materie und Bewusstsein besteht ein unleugbarer qualitativer Unterschied, und unterschiedliche Qualitäten kann man weder identisch setzen noch logisch auseinander ableiten. Dazu ein Vergleich: eine physikalische (elektromagnetische) Wellenlänge kann nicht logisch äquivalent einer Farbe sein, die man erlebt. Denn das eine hat nur Längenqualität, das andere nur (subjektiv erlebte) Farbqualität. Man kann nicht sagen, die Farbe *Rot* hat etwas „Langwelliges". Die Kluft zwischen Physis und Psyche scheint also unüberbrückbar, das Verhältnis ein irrationales, alogisches.

Manche Philosophen glaubten, das Problem auf die Frage nach dem *Verhältnis* zwischen Geist und Körper reduzieren zu können, ohne zu bemerken, dass damit ja von vornherein Substanzen angenommen werden, die bereits *Hume* vernichtend kritisiert hat: Eine Substanz als Ding ohne jede Eigenschaft ist im wahrsten Sinne des Wortes ein Un-Ding.

Das bedeutet jedoch nicht, dass Erleben ohne Erregungen für möglich gehalten werden könnte oder dass gar zwei Substanzen angenommen werden müssten. *Young* (1989): „Wenn alle geistigen Vorgänge von körperlichen Vorgängen begleitet werden, gibt es keine Notwendigkeit, eine separate Entität, genannt ‚der Geist', zu fordern." Dualismus ist Hirnmythologie.

Eine substanzielle Seele hat in der modernen Naturwissenschaft keinen Platz, trotz mancher intellektueller Verrenkungen von Leuten, die um nichts in der Welt darauf verzichten möchten. Das Bemühen hinterweltlerischer Theologen, Esoteriker und Metaphysiker, die „Seele" als Substanz zu retten, bringt *Martin Walser* auf die bündige Formel: „Was sie vom Körper nicht wissen, taufen sie ‚Seele'."

Eigenartige Blüten treibt auch der Versuch, die Existenz der Seele zu „beweisen": Mit Hilfe der Kirlian-Fotografie will jetzt wieder einmal ein russischer Physiker die den Körper verlassende Seele eines Toten sichtbar machen. Diese Entladungskorona von Hochfrequenzstrahlen an Händen, Fingern, Zehen oder Gegenständen, entsteht aber auch bei Leichenmaterial (längst toten, etwa einer mumifizierten Affenhand) oder auch unbelebten Objekten und hat mit Seele oder „Aura" eines eingebildeten „Astralleibes" nichts zu tun. Es gibt auch „Medien", die behaupten, die „Aura" eines Menschen sehen oder gar aus ihr den Gesundheitszustand des Betreffenden ablesen zu können.

Seele und Licht
(aus *Ester Vilar*: Denkverbote 2000)

„Die Seele mitsamt ihrer skurrilen Wanderung ist immer mehr jungen Menschen heilig. Falls man sie fragt, wohin das Licht einer Taschenlampe geht, wenn man sie zertrümmert (wird es in die nächste Taschenlampe schlüpfen oder lieber in einer neuen Batterie auf den nächsten Käufer warten?), würden sie laut lachen: das Licht einer Taschenlampe sei das Ergebnis des Zusammenspiels all der Elemente, aus denen eine solche Lampe besteht. Mit dem Zertrümmern der Lampe könne es natürlich auch kein Licht mehr geben. Nur bei der Seele verstehen sie keinen Spaß."

Erlebnisse sind das Resultat von Erregungen oder, wenn man will, eine Eigenschaft von ihnen, ihr **Epiphänomen** (ihre Begleiterscheinung).

Genauer: Wenn die neuroelektrischen Erregungen ein Zustand des Gehirns sind, dann sind die Erlebnisse Zustände dieser Gehirnzustände (komplexer Erregungsvorgänge) oder eine Eigenschaft der Eigenschaften von Erregungskonstellationen.

Was wir „Bewusstsein" nennen, ist ein Konstrukt des Gehirns, das aus dem Zusammenwirken unterschiedlicher Gehirnzentren entsteht. Geist und Bewusstsein – wie einzigartig sie von uns auch empfunden werden – fügen sich in das Naturgeschehen ein und übersteigen es nicht. Sie sind nicht „vom Himmel gefallen", sondern haben sich in der Evolution der Nervensysteme allmählich herausgebildet.

Wenn wir das Bewusstsein als Informationsphänomen – als dynamisches System von Informationen – betrachten, so wäre das (bewusste) **Erleben der Informationsaspekt des Erregungsgeschehens**. Warum dieser Informationsaspekt subjektiv erlebbar ist, was Erlebnisse ihrem „Wesen" nach sind, diese Frage lässt sich nicht beantworten.

Bewusstsein als Informationsaspekt des Erregungsgeschehens ist ein Epiphänomen mancher genügend starker Erregungskonstellationen (denn die wenigsten Erregungen sind stark genug, um bewusst zu werden, d. h. ein Erlebnis hervorzubringen; der Großteil der Datenverarbeitung im Gehirn geschieht unbewusst und hat keine Erlebnisseite). Man darf jedoch die Informationen, die durch Erregungen transportiert werden, nicht zu etwas Halbseelischem, zu einer quasipsychischen Substanz verdinglichen. Erleben ist eine neue Qualität komplexer materieller Systeme.

„Für viele Menschen ist die Ableitung des bewussten Erlebens aus den Vorgängen im Gehirn ein widerwärtiger, unerträglicher Gedanke. Sie erblicken darin eine materialistische Entwürdigung des Menschen; das Seelisch-Geistige, seiner Natur nach von Grund aus verschieden von allem Körperlichen, soll nichts anderes sein als das Produkt von Hirnprozessen – was bleibt da noch übrig vom Göttlichen im Menschen, von seiner Sonderstellung in der Natur, von der Würde und Freiheit? Der Mensch soll nichts anderes sein als das naturnotwendige Resultat seiner Gehirnprozesse?

Dass das gesamte psychische Geschehen von Hirnprozessen abhängt, ist sicher, – so sicher, wie eine naturwissenschaftliche Erkenntnis überhaupt sein kann. Es ist aber gar nicht einzusehen, warum das Gefühl für Freiheit und Recht oder das Streben nach sozialer Gerechtigkeit dadurch, dass ihnen Erregungsprozesse im Gehirn zugrunde liegen, entwertet werden könnten – so wenig die Schönheit einer Blume dadurch entwertet werden kann, dass sie in der Erde wurzelt" (*Rohracher* 1967).

Von Metaphysikern wird zwar zugegeben, dass geistige Funktionen von Gehirnprozessen abhängig sind, sie bezweifeln aber, dass sie ausschließlich von jenen hervorgebracht werden. Sie seien notwendige, aber keineswegs hinreichende Bedingung für Erleben. Es müsse noch etwas anderes geben, damit „immaterielles, geistiges Leben" entstehen kann. Es wird daher eine besondere Kraft, ein unkörperliches Prinzip oder eben eine Seele angenommen, die das Gehirn als Werkzeug bzw. Instrument zur Erzeugung psychischer Prozesse benütze.

Eine derartige an sich naive Vorstellung kann prinzipiell weder bewiesen noch widerlegt werden, weil diese Kraft ja definitionsgemäß empirisch in keiner Weise erfassbar ist. Außerdem entsteht wieder die Frage, wie Unkörperliches auf etwas ganz anderes, nämlich auf Körperliches wirken könne.

Schließlich sei noch angemerkt, dass eine solche Hypothese in der Psychologie überflüssig ist, da mit ihrer Hilfe keinerlei Erklärungen gegeben oder Prognosen gemacht werden können. Es ist aber ein Prinzip der Wissenschaft, nicht ohne unbedingte Notwendigkeit neue Faktoren in eine Theorie einzuführen.

Die Frage nach der Entstehungsweise des Erlebens aus elektrochemischen Prozessen der Hirnrinde („Warum haben Erregungen eine Erlebnisseite?") ist gleichbedeutend mit der Wesensfrage „Was ist das Erleben für eine neue Qualität gegenüber elektrischen Hirnvorgängen?".

Da Qualitäten – in unserem Fall Erlebnisse – nicht reduzierbar sind, handelt es sich um eine unzulässige, weil prinzipiell unbeantwortbare Frage. Wir können zwar feststellen, dass es sich beim Bewusstsein bzw. Erleben um ein Informationsphänomen handelt, doch bleibt ein unauflösbarer Rest: Die erlebte Dualität von körperlichen Vorgängen und Erleben ist unaufhebbar, die Existenz des Bewusstseins bleibt (wohl für immer?) ein Welträtsel. An diesem scheitert der menschliche Verstand grundsätzlich. Unsere konstitutionelle Dummheit verhindert eine Lösung.

Zimen (1973): „Bewusstsein gehört zu den Prämissen unseres bewussten Daseins und kann nicht durch sich selbst erklärt werden, ebenso wenig wie es möglich ist, über den eigenen Schatten zu springen."

Wenn wir uns nicht vor dem Tode fürchteten, wäre
vermutlich die Idee der Unsterblichkeit niemals entstanden.
Bertrand Russell

Unsterblichkeit

Die Seele im Jenseits

„Auch du lebst ewig" (*Bernard Jacoby*), *„Der Tod ist nicht das Ende"* (*Milan Ryzl*) – Unzählige Bücher mit derartigen Versprechen (nicht zu vergessen auch die religiöse Literatur!) überschwemmen den esoterischen Dummheitsmarkt.

Die Frage „Was kommt nach dem Tod?" kann auf zweifache Weise beantwortet werden. Entweder mit der nihilistischen Auffassung, dass mit dem Tod alles zu Ende sei, oder mit dem Glauben an ein „Weiterleben" nach dem Tod. Hier gibt es wiederum zwei Möglichkeiten: Entweder wird das „ewige Leben" im einmaligen Durchgang durch das irdische Leben und die Todespforte erreicht, oder es gibt die Möglichkeit mehrerer solcher Lebensdurchgänge (Stichwort „Seelenwanderung").

Die christliche Vorstellung vom individuellen Fortleben einer Seele nach dem Tod (und sogar von einer „Auferstehung des Fleisches"!) ist der Reinkarnationslehre diametral entgegengesetzt. Der Mensch ist als einmaliges Individuum von Gott gewollt und geschaffen. Im „Erwachsenenkatechismus" der katholischen Kirche heißt es: „Vollends widerspricht der Heiligen Schrift und der Glaubensüberlieferung der Kirche die Annahme einer Wiederverleiblichung bzw. Reinkarnation der Seele nach dem Tod für ein neues Leben in dieser Welt." Man kann nach christlicher Auffassung Leib und Seele nicht in der extremen Weise trennen, dass die Seele verschiedene Leiber annehmen könnte, ohne dadurch ihre eigene Identität zu verlieren.

Die Wurzel des Unsterblichkeitsgedankens ist wohl weniger die Sehnsucht, ewig zu leben, als die Unmöglichkeit, sich selbst nicht zu denken. Der Mensch kann sich nicht vorstellen, einmal nicht mehr zu sein. Er erträgt nicht, zu denken, dass er all das Angefangene und Weiterwirkende nicht mehr miterleben soll. Er hat den Drang nach einer unbegrenzten Zukunft. *Schopenhauer* belustigte sich, dass die meisten Leute zwar das Nicht-Weiterleben nach dem Tode unerträglich finden, während sie ihr Nicht-Dagewesen-Sein vor der Geburt gleichgültig lässt.

Der Mensch ist – soweit wir wissen – das einzige Lebewesen auf Erden, das weiß, dass es sterben muss. Und er ist nicht bereit, den Tod als das endgültige Aus zu akzeptieren. Er kann sich mit seiner zeitlichen Endlichkeit nicht abfinden. „Die von fast allen Religionen angebotenen Unsterblichkeits- oder Wiedergeburtsperspektiven künden ebenso davon wie die Bemühungen der Metaphysik, die Unsterblichkeit der Seele zu beweisen. Letztlich können alle Anstrengungen der Menschen, etwas zu machen, was ihr eigenes Leben überdauert, von der Nachkommenschaft bis zu den ‚unsterblichen' Werken der Kunst, als Versuche gedeutet werden, die eigene Begrenztheit und Endlichkeit zu überschreiten" (*Liessmann*, Internet 2003).

Irdischer Nachruhm ist indes vergänglich. *Wokart* (2001): „Unter diesen Umständen hört man es gern, wenn uns die Religion versichert, wir seien viel zu bescheiden, wenn wir uns mit so begrenzten Formen von Unvergänglichkeit zufrieden geben wollten, da der Wunsch nach Dauer und echter Unvergänglichkeit durchaus erfüllt werden könne. Die Religionen und alle anderen Institutionen, die mehr zu wissen vorgeben, als man wissen kann, lösen nämlich gleich alle eschatologischen Fragen und verheißen uns entweder ein jenseitiges ewiges Leben oder den Eingang ins Nirwana, wobei in beiden Fällen mit der Vergänglichkeit der Dinge die Vergänglichkeit selber vergangen sein wird. Weniger gründlich denken diejenigen, die von einer unendlichen Zahl von Wiedergeburten träumen; denn dabei bleibt die Vergänglichkeit selber erhalten, weil sie sich mit jeder Wiedergeburt eines vergänglichen Wesens erneuert und bestätigt. Es ist eine Sache des Glaubens, Versicherungen von Unvergänglichkeit Vertrauen zu schenken."

Und wo dieses fehlt, lässt man sich vielleicht in flüssigem Stickstoff einfrieren, um zu einer späteren Zeit, wenn die Krankheit, an der man verstorben ist, geheilt werden kann, wieder aufgetaut zu werden. Wie meinte einst ein „Bild"-Leser?: „Der wird sich aber wundern, wenn er nicht mehr aufwacht!"

Der Mensch glaubt sich gegenüber allen Lebewesen in einer unerhörten Sonderstellung. Daraus schließt er auf eine Existenz „ohne Ende". Tierliebhaber glauben aber mitunter auch an ein ewiges Leben von (v.a. höheren) Tieren.

Einwände gegen den Unsterblichkeitsglauben ergeben sich außer aus dem Aufweis seiner psychologischen Wurzeln vor allem von der Evolutionstheorie her. Wo nämlich sollte in der kontinuierlichen Entwicklung der Organismen erstmals eine „unsterbliche Seele" auftreten? Dasselbe gilt für die Ontogenese, die Individualentwicklung im Mutterleib. Seit *Darwins* Evolutionslehre ist, so der Philosoph *Hans Jonas*, die Vorstellung von göttlicher

Schöpfung und unsterblicher Seele endgültig unglaubwürdig geworden. Körper und Psyche haben sich in einer langen Geschichte entwickelt. Und wir sind daher sterblich an Leib *und* Seele.

Die narzistische Kränkung, dass wir als Ganzes sterblich sind, versuchen wir auf viele verschiedene Arten zu mildern: Wir erfinden Religionen, die uns ein Leben nach dem Tod versprechen; wir wollen Dinge schaffen, die unser Leben überdauern; wir setzen Kinder in diese Welt und glauben, in ihnen irgendwie fortzuleben. Wir wollen nicht „umsonst" leben oder „umsonst" sterben. (Meist allerdings geschieht die Fortpflanzung aufgrund unseres Sexualtriebes eher ungewollt.)

Der Mensch hat sich eingeredet, das wirkliche Leben fände erst nach dem Tod statt. Und was für ein Leben! Islamische Märtyrer-Terroristen gehen dafür mit Freuden in den Tod.

Löbsack (1976): „Das Bedürfnis nach Unsterblichkeit findet im Glauben an ein Leben nach dem Tode Trost, und dieser Trost ist um so stärker, je glaubensbereiter, glaubensfähiger und glaubensfreudiger ein Mensch ist. Der Glaube an das Jenseits hilft ihm, er macht ihm das ach so begrenzte und bedürftige Erdendasein erträglicher. Und wenn die Aussicht auf ein Leben nach dem Tode noch versüßt wird von der Hoffnung auf paradiesische Freuden, die den glücklich Verstorbenen erwarten, sofern er gebührend gottgefällig gelebt hat, dann hat der Tod schon seinen Stachel verloren. Welcher Sterbliche wäre da nicht bereit, sich für eine solche Zukunft zu qualifizieren?"

Es gibt keine Vorstellung, wie seltsam sie auch sein mag, an die Menschen nicht zu glauben bereit sind, wenn sie ihnen nur Hoffnung auf eine Form der Ewigkeit ihrer Existenz gibt.

Im Grunde ist aber nichts egoistischer als der Glaube, dass die Vollendung des Menschen in einer Verewigung seiner Ichhaftigkeit bestehen müsse.

Die Idee einer Trennung des Menschen in einen sterblichen Körper und eine unsterbliche Seele ist in vielen Religionen (speziell im Christentum) so selbstverständlich, dass jeder, der diese absurde These bestreitet, aufs Heftigste als Ketzer angegriffen wird.

Sagan (2000): „Und wenn mächtige soziale Institutionen darauf bestehen, dass es tatsächlich ein Leben nach dem Tode gibt, dann ist es nicht überraschend, dass Abweichler eher dünn gesät und still sind und der allgemeinen Verachtung anheimfallen."

Dass die (von Gott geschaffene) „Seele" unsterblich ist, haben die „Jenseitsianer" (*Petz* 1993) sogar zu beweisen versucht: Das

Ende aller zusammengesetzten Dinge besteht darin, dass sie in ihre Teile zerfallen. Ein Ding aber, das einfach ist, also keine Teile hat, kann nicht vergehen, sondern ist von unbegrenzter Dauer. Da nun die Menschenseele eine einfache Substanz ist, somit nicht zerfallen kann, hat sie kein Ende, sondern unbegrenzte Dauer. Der Kunstgriff, auf dem dieser „Beweis" beruht, ist die Umdeutung der *Einheit des Bewusstseins* in die *Einfachheit* einer dinglich gedachten Seelensubstanz.

Jede Jenseitsreligion steht und fällt mit der Idee des individuellen Weiterexistierens einer als substanziell postulierten Seele. Wissenschaftlich ist „Unsterblichkeit" nicht erweisbar, weil eine substanzielle Seele nicht fassbar ist. Und logisch ist „Unsterblichkeit" natürlich weder beweis- noch widerlegbar. Doch sprechen gegen die wenigen und schwachen metaphysischen Argumente, die für eine solche ins Treffen geführt werden, sehr gewichtige empirische Fakten. Wenn wir die Ergebnisse der Neuropsychologie und aller Naturwissenschaften Ernst nehmen, haben wir kein einziges wirklich brauchbares Indiz für die Annahme, dass von einem Verstorbenen ein immaterielles „Ding" übrig bleibt. Mit dem Körper verschwindet selbstverständlich auch das gehirnabhängige Erleben, das Bewusstsein, das „Ich". Jede Hoffnung auf ein Jenseits oder eine Wiedergeburt ist damit sinnlos. „Wären wir imstande, durch und durch zu begreifen, wie das Ich vom Körper abhängt, wären wir nicht geneigt zu glauben, dass das Ich in seinem Wesen unabhängig sei von der Auflösung des Körpers. Die Frage der Unsterblichkeit der Person gliche dann der Frage, ob ein Baum weiterleben kann, nachdem er zu Asche verbrannt worden ist" (*Colin Mc Ginn* 1996).

Krematorium ist ein Verbrechen
Leserbrief in den „Vorarlberger Nachrichten"

Ich stehe zu der Meinung, dass ein Krematorium ein regelrechtes Verbrechen ist wie Abtreibung, Gentechnik, Tierversuche etc. Ist die Menschheit noch keinen Schritt weitergekommen, die Sache einmal geistig durchzudenken? Eine menschliche Seele braucht oft unterschiedliche Zeit, bis sie sich vom Körper getrennt hat. Sie ist also trotz aller Todeserklärung noch mit ihm verbunden, daher muss sie auch den Verbrennungsschmerz miterleiden, und das ist gewiss recht grausam. Die meisten Menschen haben vom Sterbevorgang nicht die geringste Ahnung, sonst könnten die Menschen nicht so gedankenlos die Verbrennung lobpreisen. Bei Organverpflanzungen ist es nicht viel anders. In dem Moment, da dem angeblich Verstorbenen die Organe entnommen werden, kann sich seine Seele vom Körper noch gar nicht gelöst haben, ansonsten die Organe ja auch nicht tauglich wären für eine Verpflanzung.

Unsterblichkeit setzt eine „substanzielle Seele" voraus. Die Bezeichnung des Geistes (der Seele) als immaterielle Substanz ist eine *cotradictio in adjecto*, ein hölzernes Eisen, weil „Substanz" immer irgendwie Körperlichkeit (Dreidimensionalität) einschließt. Eine unkörperliche, eigenschafts- und dimensionslose Substanz kann es per definitionem nicht geben. Auch beruht jeder buchstäblich verstandene Unsterblichkeitsglaube auf einer Vermengung zweier Begriffe: des Begriffes der Zeitlosigkeit mit der einer Anwesenheit, deren notwendig zeitliche Dauer als unbemessen und unbemessbar vorgestellt wird.

Absurdität des Unsterblichkeitsglaubens
Unsterblichkeit: Ein geschmackloser, unhygienischer und abstoßender Gedanke

„Es ist die pure Gedankenlosigkeit und eine Unfähigkeit, die Konsequenzen der eigenen Ideen zu überblicken ... wenn sich jemand die Auferstehung der Toten wünscht.

Welche Vulgarität liegt in diesem unseligen Unsterblichkeitsglauben auf der Lauer ... Ich versichere, dass *kein* Mensch, der sich je ernsthaft mit dem Problem beschäftigt hat, auf eine so dumme Idee kommen würde, sich die Unsterblichkeit zu wünschen. Und schon gar nicht etwas so ungeheuer Destruktives, wie sich die Unsterblichkeit aller möglichen unangenehmen Menschen zu wünschen. Grotesk!" (*Lars Gustafsson*)

„Es ist nun eine sehr seltsame Sache, sich vorzustellen, dass am Tage des Jüngsten Gerichts sich irgendwo im Weltraum die Milliarden von menschlichen Lebewesen aller Zeiten und Zonen versammeln, um dort ihr Urteil entgegenzunehmen. Aber man kann dieser Vorstellung gar nicht ausweichen; denn entweder gibt es eine personale Unsterblichkeit des Menschen und ein Jüngstes Gericht, und dann müssen Generationen um Generationen von Männer, Frauen und Kindern, so wie sie einmal gelebt haben, sich aus ihren längst verwehten Bestandteilen wieder zusammenfügen und aus den Gräbern steigen, oder aber wir halten ein solches Ereignis für unwahrscheinlich und unglaubwürdig und es gibt keine personale Unsterblichkeit" (*Szczesny* 1959).

„Wenn es die Auferstehung der individuellen, sich durch ihre Charaktere voneinander unterscheidenden Personen gäbe, wäre sie nur als Wiedergeburt eben dieser verschiedenen Charaktere denkbar. Die Vorstellung einer Person, die sich von ihrem Charakter befreit findet, ist sinnlos … Wenn wir darauf hoffen sollen, alle unsere Verwandten, Bekannten und Freunde wieder zusehen, kann uns diese Verheißung nur erfreuen, wenn wir diesen Menschen so wieder begegnen, wie wir sie leibhaftig gekannt haben. Wenn man sich ihre Tugenden und Schwächen wegdenkt, stünde uns eine Begegnung mit unidentifizierbaren Gespenstern, aber nicht mit Personen bevor" (*Szczesny* 1959).

Ewig leben? – Nein danke!
(aus *Esther Vilar*: Die Erziehung der Engel.
Wie lebenswert wäre das Ewige Leben? 1992)

Man kann … davon ausgehen, dass der Anteil derer, die an ein – wie auch immer geartetes – Ewiges Leben glauben, grob und weltweit gerechnet, so um die fünfundneunzig Prozent beträgt. Doch selbst wenn es nur halb so viele wären, wäre diese Zahl angesichts des gigantischen Unsinns, den es hier ohne den geringsten Beweis zu akzeptieren gilt (zum Beispiel, dass uns ein gerechtes, gütiges Wesen in der einen Welt leiden lasse, um uns in der anderen dafür zu belohnen, oder dass unsere Seele nach einem schrottreif gefahrenen Modell immer wieder in ein nagelneues umsteige), *überwältigend* zu nennen.

Letzten Endes handelt es sich bei Religiosität stets um eine krasse Form von Unbescheidenheit: Man hält die eigene Person für zu wichtig, als dass sie verschwinden könnte.

Der Dumme macht sich keine Gedanken über den Tod. Der kann ihn nicht schrecken. Er kann sich nicht vorstellen, dass es ihn eines Tages nicht mehr geben soll. Intelligente Menschen haben mehr Vorstellungsvermögen als dumme. Und darum auch mehr Angst vor dem Verschwinden, vor dem Ausgelöschtwerden. Und das bedeutet ja das Wort „Sterben". Intelligente sind daher für die Verlockungen der Überlebens-Versicherungs-Gesellschaft sehr viel anfälliger als Dumme. Der Dumme kann sich keine der Alternativen wirklich ausmalen, und deshalb graut es ihn weder vor dem eigenen Verschwinden noch vor des Gastgebers Folterkammer in gleichem Maß wie den mit Fantasie.

Das Leben nach dem Tode sei unvorstellbar schön, das dem rechtschaffenen Christen reservierte Glück sei unbeschreiblich!

Unvorstellbar schön? Das kann auch dem rechtschaffendsten Christen nicht die Angst vor dem Sterben nehmen: Nur etwas *vor-*

stellbar Schönes würde ihn trösten. Auch will er da drüben nicht *unbeschreiblich* glücklich werden. Als Lohn für die vielen Opfer im heutigen Verein begehrt er für den morgigen ein Glück, das man ihm *beschreiben* kann!

Wer an die Freuden des Ewigen Lebens glaubt, tut dies entweder weil er nicht denken kann oder weil er nicht denken will, letzteres aus Todesangst.

Das Ganze ist letzten Endes trotz des erschaudern machenden Themas unglaublich komisch. Wenn man bedenkt, an welche Wahnsinnsideen wir uns da in unserer Verzweiflung hängen: Himmel, Hölle, Fegefeuer, Jüngstes Gericht ... Wenn man überlegt, wie das Leben in einer solch paradiesischen Welt dann in der Praxis aussähe: Was wir dort eine Ewigkeit lang machen würden, worüber wir reden würden, was wir essen würden, wie wir uns lieben würden ... Oder den Unsinn mit der Seelenwanderung, dem Karma, der Körperlosigkeit ... Wenn man versucht, solche fromme Vorschläge zu Ende zu denken, kommt man aus dem Lachen nicht mehr heraus.

Eigentlich ist es ja egal, an welche Überlebensvision wir uns hier halten: Eine ist so abstrus wie die andere, der Glaube daran immer zugleich eine Beleidigung unseres Verstands. So etwas wie eine vernünftig ausgedachte Unsterblichkeit kann es schon darum nicht geben, weil die Idee unseres Weiterlebens nicht vernünftig ist ... Kann man angesichts der Absurdität und Primitivität der Vorstellungen der Jenseitsgläubigen überhaupt davon ausgehen, dass sie einen Verstand besitzen?

Und keiner von denen, die ihre Haut um eines Ewigen Lebens willen zu Markte tragen, dafür in Kriege ziehen, um notfalls sogar zu morden oder sich ermorden zu lassen, kann sich ausgemalt haben, was ihn in diesem Fall erwarten müsste. Ewigkeit heißt *für immer*. Eine Million Jahre, dann noch eine Million Jahre, dann noch eine, noch eine, noch eine ... Da es nichts gibt, was einem für immer gefallen könnte, gibt es nur einen Gedanken, der noch erschreckender ist als der an den Tod: der, dass man nicht mehr sterben darf.

Denn wie gesagt wäre ja das Recht auf den eigenen Tod das einzige, das es in einem Paradies nicht gibt: Ein Ewiges Leben kann man nicht beenden, dies wäre ein Widerspruch in sich selbst.

Ein Leben nach dem Tode kann sich nur wünschen, wer es sich nicht ausmalt, von einem Paradies kann nur träumen, wer keine Fantasie besitzt, und nur ein Narr kann um beides beten.

Falls es ein Ewiges Leben gäbe, wäre dieses auch im positivsten aller Fälle so unerträglich, dass die Frommen ihren Herrgott anflehen würden, es wieder abzuschaffen.

Wiedergeburt – Wahn oder Wirklichkeit?

In Mitteleuropa rechnet jeder Vierte damit, dass sein Leben weder sein erstes noch sein letztes ist. Zwei von drei Amerikanern glauben an die Reinkarnation („Brückenbauer" 28. Juli 2000). Umfragen zeigen auch, dass Frauen deutlich öfter wiedergeboren werden als Männer. Die Seele mitsamt ihrer skurrilen Wanderung ist immer mehr auch jungen Menschen heilig.

Karma und „karmische Belastung aus früheren Leben" werden zunehmend zu einem Erklärungsmodell für Lebensprobleme.

„Auch bei den Gefolgsleuten dieser Vision fällt wieder zuerst der Mangel an Bescheidenheit auf: Man hält die eigene Person ganz einfach für zu wertvoll zum Verschwinden. Außerdem glaubt man hierbei, die Wissenschaft auf seiner Seite zu haben, wie es sich für eine Generation geziemt: Das Gesetz von der Erhaltung der Energie sei einem doch geläufig?" (*Vilar* 2000)

Die gemeinsame Basis aller religiösen Systeme des alten Indien (Hinduismus, Buddhismus), ist das Dogma von der Vergeltungskausalität der Tat (Karma): Wer schlecht gelebt hat, wird in eine niedrigere Kaste oder gar als Tier wiedergeboren. Das menschliche Begehren ist es, was den Kreislauf des Werdens und Vergehens in Gang hält. Um Erlösung zu erlangen, müsste das Begehren und damit die Produktion von schicksalhafter Schuld (Karma) aufhören.

Maria Wölflingseder (1995) schreibt: „Die Schuldfrage kann nicht auf der Ebene, auf der sie wahrgenommen wird, gelöst werden. Höhere Standorte und übergeordnete Sichtweisen müssen eingenommen werden, um sehen zu können, warum wir für alles verantwortlich sind, was uns geschieht. Das heißt, wir müssen annehmen, dass es frühere Leben gibt, Reinkarnation, sonst bleiben viele Dinge unverständlich, unfair und letzten Endes sinnlos. Es ist mir ein Rätsel, wie unsere Philosophen und so genannten Logiker es fertig bringen, in ihren Denkmodellen ohne Reinkarnation auszukommen. Wo bleibt das eherne Gesetz von Ursache und Wirkung?" Die Antwort kann nur lauten: Dieses Naturgesetz gilt für Vorgänge an materiellen Objekten der Natur, nicht aber für imaginäre Geister.

„Dass die Identität eines Wesens durch unzählige Geburten und Tode hindurch gewahrt bleiben soll, lässt sich nur schwer vorstellen. Aber selbst wenn man annimmt, dass nicht nur die Daseinselemente ein einziges Leben überdauern, ergibt sich eine der christlichen durchaus unähnliche Unsterblichkeitstheorie. Das Leben des Menschen findet auch nach dem Tode eine Fortsetzung, nicht weil es ein ‚Jenseits' gibt, sondern weil es den Bedingungen des ‚Diesseits', dem Kreislauf der Erscheinungen weiterhin unterworfen bleibt. Die personale Weiterexistenz ist also kein erstrebter idealer Zustand, sondern die bedauerliche Konsequenz des Verstricktbleibens in Wahn und Lebensgier. Das Ziel des wahrhaft Erwachten ist daher nicht die Verewigung, sondern das Verlöschen seines Daseins und Bewusstseins" (*Szczesny* 1959).

Der im Hinduismus gebrauchte Begriff „**Atman**" ist mit dem westlichen Begriff „Seele" nicht zu verwechseln. Atman meint das göttliche, unsterbliche, unpersönliche, unindividuelle Selbst, nicht aber das individuelle Ich. Es ist also nicht das individuelle Ich, das überdauert, sondern das Göttliche, an dem der Personkern teilhat. Im Buddhismus besteht die Seele nur aus wechselnden Daseinsfaktoren. Eine Seelenwanderung im eigentlichen Sinne kann es hier nicht geben, dennoch glaubt der Buddhist an die Möglichkeit der Wiedergeburt – eigentlich ein Widerspruch.

Die westlichen Reinkarnationsmodelle unterscheiden sich zum Teil von den fernöstlichen. Anders als dort steht bei den westlichen Vorstellungen die Idee einer geistigen Seele, die den Persönlichkeitskern ausmacht, die Träger seiner Identität ist, im Mittelpunkt. In der Antike waren es unter anderem die Ägypter sowie die Philosophen *Pythagoras*, *Platon* und einige Gnostiker, die eine Wiedergeburts- und Seelenwanderungslehre entworfen haben. Auch in der jüdischen Kabbala und in der islamischen Mystik lassen sich Belege für Reinkarnationsvorstellungen finden. In der neueren Zeit waren Denker wie *Schopenhauer*, *Lessing*, *Lichtenberg*, *Balzac* und *Wilhelm Busch* Anhänger und Befürworter der Wiedergeburtslehre.

Der Ausdruck „**Reinkarnation**" ist in Europa wahrscheinlich erst in der Mitte des 19. Jahrhunderts entstanden. Im Gegensatz zu antiken Vorstellungen wird eine Reinkarnation menschlicher Seelen in Tiergestalt ausdrücklich ausgeschlossen. Das zeitliche Eintreffen der Wiederverkörperung ist der menschlichen Einsicht entzogen, die Erinnerung an frühere Erdenleben wird mit zunehmender Anzahl von Reinkarnationen immer klarer. Zweck der Reinkarnation ist die irdische Bußübung für unreine Seelen im Sinne einer kosmologischen Gerechtigkeit. Die Folge der Wiedergeburten währt so lange, bis der Einfluss des Stofflichen überwunden und ein Zustand der „Perfektion und höchsten Glückseligkeit" erreicht ist. Insbesondere vertreten die Theosophen und die Anthroposophen (*Rudolf Steiner*) die Reinkarnationslehre. Bei ihm verschmelzen abendländisch-christliche Momente mit dem östlichen Karma-Gedanken zu einer Theorie zyklischer Wiedergeburten. Der Verlauf des reinkarnierten Lebens (beim Menschen alle 1100 Jahre alternierend als Mann und Frau) wird durch das „Gesetz des Karma" determiniert: „Alles, was ich in meinem gegenwärtigen Leben kann und tue,...hängt als Wirkung mit den früheren Daseinsformen meiner Seele zusammen, und als Ursache mit den späteren" (*Steiner*).

Von den Befürwortern der Wiedergeburtslehre werden **Fälle** besonders von Kindern (speziell in Indien) angeführt, die sich angeblich an mehrere Szenen aus einem früheren Leben erinnern können. Manche „Psychotherapeuten" versetzen Menschen in Hypnose, in der diese angeblich Aussagen über frühere Leben machen. Sie nennen das „Rückführung".

Was spricht nun gegen die Möglichkeit einer Reinkarnation?

- Normalerweise erinnert sich niemand an ein früheres Leben. Was hätte sein Schicksal, das er hier „abtragen" muss, aber für einen Sinn, wenn er gar nicht weiß, weshalb und warum? Und warum gibt es zwar Fähigkeiten und Talente, die man auf Erfahrungen aus früheren Leben zurückführen könnte – aber nur ganz selten eine wirkliche Erinnerung?
- Vor allem bleibt unerfindlich, wie über den Tod hinweg Gedächtnisinhalte ohne Informationsträger und -speicher transportiert werden sollen. Und eine Wiedergeburt, bei der das frühere Leben nicht erinnert wird, ist die Geburt eines Fremden.
- Gegenwärtig explodiert die Bevölkerungszahl auf der Erde. Man müsste also annehmen, dass ein dauernder Zustrom „neuer" Seelen stattfindet. Die bisher noch nie auf der Erde verkörpert waren. Waren sie in Wartestellung? Woher kommen sie?
- Nach indischer Vorstellung soll der Mensch in einem späteren Leben auch als Tier geboren werden können – als Einzeller oder als Elefant? Ist da kein Unterschied?
- Selbst wenn wir ein Fortleben nach dem Tod annehmen, „Seelen" also irgendwie fortexistieren – warum sollten sie dann ausgerechnet immer nur auf der Erde und im Menschen verkörpert werden und nicht in anderen Wesen, womöglich auf einem fernen fremden Planeten?
- Die berichteten Fälle von Rückerinnerung können auch anders erklärt werden:
  - Einige dieser angeblichen Berichte haben sich als betrügerische Manipulation herausgestellt.

  - In anderen Fällen waren die Versuchspersonen zwar aufrichtig, doch sie fantasierten unbewusst, träumten oder hatten Halluzinationen. Ein hypnotisierter Mensch befindet sich in einem Zustand erhöhter Beeinflussbarkeit.
  - In vielen Fällen zeigt sich, dass die Information aus einem „früheren Leben" oft unbewusst aus Büchern, Gesprächen, Filmen und dergleichen aufgenommen worden waren.
- Schließlich setzt jede Seelenlehre, also auch die Lehre von einer Reinkarnation, voraus, dass es neben unserem funktionierenden und psychische Prozesse erzeugenden Gehirn auch noch ein geistiges Etwas gibt, das unabhängig vom materiellen Substrat existieren kann. Geister aber sind nun etwas, das in der modernen Wissenschaft wahrlich keinen Platz hat.

Angesichts der Erkenntnisse aller relevanten Wissenschaften – insbesondere der Neuropsychologie – erscheint die Seelenwanderungslehre fast noch absurder als die These eines ewigen Überlebens einer substanziellen Seele.

Wenn man sie sich konkret ausmalt, führt auch die Reinkarnationslehre zu unsinnigen Folgerungen. Immerhin erspart sie den Menschen die Primitivität eines endgültigen Strafgerichtsverfahrens und ist so fast sympathischer als die Katastrophentheorie des „Jüngsten Gerichts".

Reinkarnations-Versicherungen

Sie sind reich, fürchten aber, als armer Mensch, als Tier oder sonstwie unterpriviligiert wiedergeboren zu werden? Auch für diesen Fall kann Vorsorge getroffen werden:

Versicherung für das nächste Leben

Im Rahmen der „Future Life Insurance Co.", einer speziellen Versicherungsgesellschaft, kann man sich gegen den Fall versichern, dass man im nächsten Leben nicht mehr als homo sapiens, bzw. als Mensch in einem Land der Dritten Welt wiedergeboren wird. Die Versicherungssumme beträgt immerhin 10 Mio. US-Dollar.

Und noch eine Versicherung: „Beerben Sie sich doch selbst, wenn Sie wieder geboren werden!!"

Beide Vorstellungen eines Fortlebens nach dem Tode sind – objektiv betrachtet – ziemlich hilflose Versuche des mageren menschlichen Intellekts, einerseits das Sterben und den Tod zu erklären und andererseits die Sehnsucht nach einem Weiterexistieren des Ichs zu befriedigen.

11 Ideologien: Die Herrschaft der Idioten

Die ultimative Verkörperung
der Dummheit sind Faschisten.
Nic Hazen

„Ideologie" wollen wir definieren als vorurteilsbeladene vor- oder unwissenschaftliche Weltanschauung mit Herrschaftsanspruch. Selbstredend sind dementsprechend auch Religionen Ideologien oder können zumindest zu solchen entarten.

Typisch für Ideologien ist ein krasses Freund-Feind-Denken im Sinne einer Schwarz-Weiß-Malerei und damit verbunden ihre Intoleranz gegenüber allen anderen Welt- und Wertvorstellungen. Ohne Feindbilder können Ideologien nicht bestehen. Nichts ist daher gefährlicher als das unkritische Nachplappern von Parolen, vor allem wenn dadurch Feindbilder geschaffen werden. „Eine Ideologie bedarf schon deshalb eines Feindes, um jemandem die Schuld dafür anlasten zu können, dass die utopischen Versprechungen sich nicht erfüllen. Schließlich liegt es im Wesen der Ideologien, zu versagen" (*Bokun* 1988[3]).

Nicht selten entledigt sich das ideologische Regime der Andersdenkenden durch Folter und Mord. Missliebige, nicht systemgetreue Wissenschaftler und Künstler verfolgt es mit wütendem Hass und vertilgt sie in der irrigen Annahme, Ideen könnten durch physische Auslöschung ihrer Gegner abgetötet werden.

„Den Ideologen ... kennzeichnet der völlige Mangel an Bereitschaft, seine Ansichten zu revidieren. Er will sie bestenfalls bestätigt wissen und sucht selektiv nach allem, was in sein Gedankengebäude passt und somit seine Ansichten bekräftig" (*Eibl-Eibesfeldt* 1988). Die ideologischen Dogmen liegen jenseits allen Zweifels und dürfen keinesfalls kritisiert und in Frage gestellt werden.

Im Grunde bezwecken alle Ideologien eine Rechtfertigung für gesellschaftliche Zustände. Die Mitglieder der betreffenden Gesellschaft bekommen die Dogmen der Ideologie sozusagen übergestülpt. Durch Propagandareden, mit denen man das Volk verdummt und durch mitunter brutale Methoden der Indoktrination werden die Menschen von Kindheit an systematisch künstlich verblödet. Der Bürger hängt am Verdummungstropf. Die Beschränkung auf Teilwahrheiten und die Tendenz zur Simplifizierung komplizierter Sachverhalte sind Mittel der ideologischen Manipulierung des Bürgers (nach *Grossgebauer* 2001). „Ganze Völker können so durch Nichterziehung zum selbständigen Denken dekandent und unmündig gemacht werden" (*Josef* 1995). Das Bedenkliche ist, dass mit den hirnlähmenden Ideologien auch das Böse internalisiert werden kann. Man denke an den Hexenwahn der frühen Neuzeit, den bis zum Massenwahn gesteigerten Antisemitismus des Nationalsozialismus oder an die terroristischen Akte islamischer Fundamentalisten.

Parolen erzeugen Ideologiedummheit. In früher Kindheit eingeprägte ideologische Dogmen sind kaum mehr zu eliminieren. Deshalb wollen Ideologen schon sehr früh Zugriff auf die Gehirne, am besten im Schulalter (bis 14 Jahre). Paramilitärischer Drill von Kindern im Vorschulalter in totalitären Staaten sind genauso Beispiele dafür wie die Kindstaufe der Christen.

Schließlich sieht der so Erzogene die Welt nur noch mit Scheuklappen und durch die gefärbte Brille der Ideologie, die nun auch zu seiner Weltanschauung geworden ist, für die er fanatisiert wurde und für die so mancher ohne zu zögern sterben würde. Wesentliche Aspekte der Wirklichkeit werden einfach ausgeblendet. Auch viele Intellektuelle sind gegen Dummheit nicht gefeit und können zu den Dummen gehören.

Wie wir aus leidvollen Erfahrungen der Vergangenheit wissen, sind Staaten, die über ihre Führung einer totalitären Ideologie verschworen sind, eine ernste Gefahr für die Menschheit. Denn Ideologie und Idiotie sind laut *Buchegger* (Internet 2001) nahe verwandt. Alle Macht den Dummköpfen!?

Rattner (1976): „Die Bibel hatte nicht Recht, als sie den ‚Armen im Geiste' das Himmelreich versprach: Vorläufig wissen wir nur, dass diese Anwärter für den Himmel uns die Erde zur Hölle machen. Man kann regelrecht von der ‚Weltmacht Dummheit' sprechen. Auf sie gründet sich die Herrschaft der Kirchen, des autoritären Staates, der antihumanen Ideologien, jeglicher Fanatismus."

„Eine Reise um den Erdball lehrt, dass die Voraussetzungen für ein humanes Leben noch lange nicht erfüllt sind. Überall herrscht der Geist ideologischer und dogmatischer Verblendung, der jeden kosmopolitischen Humanisierungsprozess mit Erfolg verhindert" (*Schlapp* 1971).

Es gibt noch zahlreiche totalitäre Systeme, in denen der Mensch erniedrigt und vor allem verdummt wird (nach *Grossgebauer* 2001).

"Kameraden – wollt ihr die totale Endlösung? – Wir wollen die Tummmheit in Teutschland ausmerrrzen!"

Nach *Popper* (1994) sind die meisten Ideologien abgründig dumm. Der Kampf gegen die Ideologien ist ein Kampf, der auf alle Fälle wert ist, geführt zu werden. Denn Ideologien, die Intoleranz predigen, verlieren ihren Anspruch auf Toleranz. Deshalb meint auch *Cap* (2003): „Toleranz ist ... eine aktive Haltung, die keine Toleranz gegenüber Intoleranz und Fundamentalismus kennt."

Glorifizierung der Dummheit: die Nazi-Ideologie

Der Nationalchauvinismus ist wohl eines der schlimmsten Vorurteile überhaupt: Das verdummte Volk jagt einem Pseudo-Feind nach und lässt seine eigentlichen Unterdrücker, Blutsauger und Kriegstreiber in Ruhe. *Hitler* und *Göbbels* haben in ihren Propagandareden primitive Instinkte geweckt und gegen Mitbürger aufgehetzt, die als Sündenböcke für alles Schlechte und Böse in der Welt herhalten mussten.

Die Ausrottung ganzer Menschengruppen im Zeichen des Hakenkreuzes (genauso wie seinerzeit die Ausrottung der Inkas durch die Spanier im Zeichen des Kreuzes) sind wohl ein jämmerliches Zeichen menschlicher Dummheit.

Aber auch Bücherverbrennungen sind nichts Neues unter der Sonne und entsprechen der menschlichen Dummheit, die sich hin und wieder in die Verteidigung gedrängt fühlt und dann um so entwaffnender sich selbst entlarvt (vgl. *Geyer* 1988[11]).

August Bebel spottete über den Nationalsozialismus und Antisemitismus als „Sozialismus des dummen Kerls" – wohl nicht ahnend, zu welcher Attraktivität das antisemitische Dummheitssystem es auch für „gescheite" Kerle bringen würde. Immerhin sympathisierte auch ein *Konrad Lorenz* mit der Blut- und Boden-Mythologie.

Doch verurteilen wir nicht voreilig! Ein im Film *„Die Welle"* gezeigtes Experiment führt eindrücklich vor Augen, wie leicht ein Demagoge in einem geschlossenen System selbst kritische Menschen dazu bringen kann, zu einem gehorsamen Mitläufer zu werden. Auch das berühmte Gehorsamsexperiment von *Milgram* hat bewiesen, dass selbst unbescholtene Bürger unter bestimmten Bedingungen bereit und imstande sind, Mitmenschen zu quälen, ja zu Tode zu bringen. Und wer von uns könnte ohne Hochmut behaupten, dass es ihm zu Zeiten des 3. Reiches nicht passiert wäre, mit den ideologischen Wahnideen der Nazis zu sympatisieren?

Auch ein Blick in den „Gottesstaat" Iran zeigt, dass es offenbar bei gewissen Voraussetzungen (Armut, Ungebildetheit) ein Kinderspiel ist, einen Großteil des Volkes in einen Haufen fanatischer Irrsinniger zu verwandeln.

Die Thesen des Nationalsozialismus waren falsch und seine Maximen menschenverachtend. Dumm hingegen waren schlussendlich die Leute, die an ihn geglaubt haben. Und es gingen ihm Millionen von Dummköpfen auf den Leim.

Die Naziideologie und -herrschaft ist (nach *Glucksmann* 1990) im Endeffekt nicht mehr als das räumlich begrenzte und längst überlebte Hirngespinst einer lokalen Elite, die sich selbst zur Herrenrasse deklarierte und ihren Anspruch nach außen nur mit Waffengewalt durchsetzen konnte.

Alles Gerede von einer überlegenen Rasse ist natürlich ebenso Unsinn wie der germanisch-arische „Herrenmensch" – eine Idee, die auf eine Fehlinterpretation von *Nietzsches* „Übermenschen" zurückgeht.

Auch der Glaube der Juden, „das von Gott auserwählte Volk" zu sein, führt notwendigerweise dazu, alle anderen Menschen minderwertig zu sehen.

Rechtsextremismus und rechte Gewalt

Der Afterglaube und Faschismus des Nationalsozialismus spukt heute noch in manchen Hohlköpfen herum. Doch haben die Primitivlinge mit den kahlrasierten Hohlschädeln meist wenig

Rechte Dummheit
(Flugblatt des VSSTÖ)

Ahnung von den Inhalten der verqueren Ideologie, der sie angeblich anhangen und für die sie kämpfen.

Die Neonaziszene ist ein Sammelbecken für pathologisch Gewaltveranlagte. Junge Menschen, die solche enormen sozialpsychologischen Defizite haben, sind auf der verzweifelten Suche nach einem persönlichen Image. In der rechten Gewaltszene finden sie eine ideale Plattform. Sie zieht Menschen mit brutalen sadistischen Persönlichkeitsmustern an. Rechtsradikale Gewalt ist daher keine politische Gewalt. Anders als zum Beispiel der RAF-Terrorismus ist sie reiner Selbstzweck. Sie trägt lediglich ein ideologisches Mäntelchen.

Rechtsextreme Gewalt und jugendlicher Vandalismus sind wie auch der Griff zu Drogen und die daraus resultierende Kriminalität dort am ausgeprägtesten, wo es die größte Arbeitslosigkeit gibt.

Bei Neonazis handelt es sich in der Regel um pathologische Persönlichkeiten. Über 70 Prozent haben eine traumatisierende Vorgeschichte. Unter den Tätern gibt es solche mit einem IQ von 76 und solche, die von betrunkenen oder gewalttätigen Eltern unvorstellbar misshandelt worden sind. Mindestens die Hälfte hat krankheitswertige Persönlichkeitsstörungen, dissoziale Störungen, Versagensängste, Identitätsstörungen.

Dennoch: Jeder der Täter hätte die Tat unterlassen oder abbrechen können. Alle waren verantwortlich für das, was sie getan haben. Taten, bei denen der Täter nicht voll schuldfähig ist, weil er im Affekt gehandelt hat, kommen bei rechter Gewalt so gut wie nie vor. Im Gegenteil: Der Rechtsextremist provoziert ganz bewusst sein Opfer.

Nur einige wenige Täter haben eine eingeschränkte Schuldfähigkeit, meist wegen Alkoholkonsums. Etwa ein Viertel ist bei der Tat stark betrunken, fast jeder Zehnte ist alkoholkrank.

Alle Täter zeigen extrem hohe Aggressionswerte. Gleichzeitig fehlt diesen jungen Männern das Vermögen zur Einfühlung in andere Menschen und deren Leid. Dieses erschreckende Fehlen von Empathie ist ein echtes Merkmal rechter Gewalt. Auch fehlt ihnen in extremer Weise das Schamgefühl. Beim Verhör zittern sie regelrecht. Sie haben Angst vor einer hohen Strafe. Und feige versucht jeder, die Schuld auf den anderen abzuschieben. Sie sind enorm einsam, enorm armselig. Rechtsextreme sind einfach ganz gewöhnlich Kriminelle mit einer verpfuschten Kindheit.

Fanatismus

Eine besonders schlimme und keineswegs harmlose Form der Dummheit ist der durch Indoktrination hervorgerufene Fanatismus, der buchstäblich über Leichen geht.

Es ist geradezu erschreckend, wie von wenigen (sei es *Hitler* und seine Schergen, seien es die Ayatollas oder irgendwelche Terrorchefs) die Dummheit der vielen ausgenutzt und blindwütiger Fanatismus entfacht werden kann gegen andere Völker oder Rassen, besonders aber gegen Andersgläubige, ja sogar gegen Anderssprachige.

„Die Torturen und die Massaker der Inquisition, der Französischen Revolution oder die von *Stalins* und *Hitlers* Henkern begangenen waren tatsächlich ruinöse Dummheiten" (*Palanay* 1972).

Durch Fanatisierung kommt es zu einer Kollektivverblödung. Die Menschen können gar nicht mehr selbständig denken, sind vollkommen indoktriniert. Fanatischer Extremismus ist eine gefährliche, allgegenwärtige Dummheit.

Schon *Löwenfeld* (1909) hielt **die Verbindung von Dummheit und Fanatismus** für besonders widerwärtig.

Die Indoktrinierbarkeit des Menschen ist eine angeborene Disposition. Indoktrination bedeutet eine geistige Vergewaltigung –

häufig schon von Kleinkindern – mit meist lebenslänglich anhaltender Unfähigkeit, das angelegte Denkkorsett zu sprengen.

„Besonders die Heilslehren aller Art können leicht zur Entmündigung, also zur Verdummung des Menschen führen. Der einem dogmatischen Ziel ausgeliefert Handelnde opfert alles, auch sich selbst, um einer ihm eingeredeten Utopie näher zu kommen" (*Josef* 1995). Der von seiner Mission überzeugte Fanatiker, Sektierer oder Fundamentalist nimmt selbst das Risiko des eigenen Untergangs in Kauf. Überzeugungen, an denen starr festgehalten wird, haben eben oft dummes und verhängnisvolles Verhalten zur Folge.

Der Fanatiker hält mit größter Überzeugung an der von ihm vertretenen Ideologie – und sei sie noch so dumm – mit allen Konsequenzen fest, ist dialog- und kompromissunfähig. Er würde lieber sterben als denken. Feinde seines Systems werden mit allen – auch kriminellen – Mitteln bekämpft. „Je überzeugter Menschen von ihrer wahren Lehre gewesen sind, um so fanatischer war schon immer ihre Bereitschaft, dafür Opfer zu bringen – auch Menschenopfer" (*Gruhl* 1992[3]).

Diese Fakten müssen wir zur Kenntnis nehmen, aber auch zum Anlass, mit allen humanen Mitteln dagegen anzukämpfen: Intoleranter Fanatismus verdient keine Toleranz. Fanatisches Denken nur als Dummheit zu bezeichnen, bedeutet eine Verniedlichung.

Der islamische Fundamentalismus

Fundamentalismus ist intolerant, radikal, irrational, fanatisch. Folgende Formen lassen sich unterscheiden: politischer, nationaler, ökologischer, rassistischer und religiöser Fundamentalismus. Wir wollen hier speziell den islamischen Fundamentalismus betrachten.

Das Geschehen des 11. September 2001 in den USA, als zwei vollbesetzte Passagierflugzeuge von islamistischen Glaubenseiferern in die World Trade Center-Towers gelenkt wurden, kann wohl mit Recht als ein Höhepunkt menschlichen Wahnsinns betrachtet werden.

Wie kaum einer anderen Religion haftet dem Islam der Ruch an, religiöse Fanatiker zu produzieren, die im Namen Allahs in den Djihad ziehen und die gesamte Welt gewaltsam ihrem Glauben unterwerfen wollen.

Nach Aussage des Islamexperten *Hübsch* (2001) gibt es im Koran keine einzige Textpassage, die als exegetische Begründung für blutigen Terror herhalten könnte. „Islam und Terror schließen einander aus." Der Islam habe eine humanitäre Grundhaltung und sei nicht verantwortlich für den Missbrauch, den Fanatiker mit ihm treiben. Indem gewaltbereite Fanatiker zur Vernichtung der „Ungläubigen" aufrufen, verstoßen sie gegen ein fundamentales Gebot des Koran. Allerdings liest man dort auch: „Wenn die heiligen Monate abgelaufen sind, dann tötet die Polytheisten, wo immer ihr sie findet, greift sie, belagert sie und lauert ihnen auf jedem Weg auf ..." (Sure 9,5).

Der Moslem *Hamdi Saksuk* wiederum betont, dass die Radikalen im Islam genauso wenig mit dem wahren Glauben zu tun hätte, wie die irregeleiteten Christen in den USA, die im Namen ihrer Religion Ärzte in Abtreibungskliniken erschießen.

Dazu muss allerdings festgehalten werden, dass der politische Islam jede Selbstbestimmung des Menschen als Unglaube zurückweist, worauf der syrische Islam-Experte *Bassam Tibi* hinweist. Islamismus verhält sich zur Demokratie wie Feuer zu Wasser. Im Gegensatz zum Christentum ist der Islam nie durch Aufklärung domestiziert worden und er ist ein großer politischer Faktor. Immer mehr Staaten werden fundamentalistisch: eine Reislamisierung breitet sich aus – und damit die Dummheit.

Eine kollektive Kränkung als Nukleus des Terrorismus?

(nach einer Internetnachricht des ORF)

Der Syrer *Sadik J. el Asm*, einer der bekanntesten Philosophen des arabischen Raums, stellte 2004 in der „Boston Review" Thesen zum Stand der Beziehungen zwischen Westen und Islam auf.

Terrorismus läutet das Ende seines ideologischen Vorfelds ein. Die deutsche RAF und die italienischen Roten Brigaden zeigten das Ende des Kommunismus an. Im Nukleus eines Terrorakts ist immer schon die Verzweiflung über den unumgänglichen Niedergang einer Idee enthalten. Dasselbe trifft auch auf den Islamismus zu.

Terrorismus ist demnach die letzte Konsequenz eines Systems, das keine rationale Möglichkeit auf Veränderung sieht. Terror kann ein System nie verändern, er ist nur ein sichtbares Aufflackern des Widerstandes, im Fall der Islamisten ein verzweifelter Aufschrei im Namen Gottes.

Im Zentrum des zeitgenössischen islamistischen Denkens steht für *Asm* eine kollektive narzisstische Kränkung: Die Moslems wurden zu Objekten der Geschichte, während sie sich selbst jahrhundertelang als Subjekte, als Macher, als Führer sahen.

Unverrückbar ist weiterhin der Glaube, dass sich die „natürliche" Ordnung wiederherstellen wird, weil sie sich herstellen muss, weil die Gegner falsch liegen.

Es geht ihnen nicht um die Überwindung von westlichem Kolonialismus oder Imperialismus, sondern um das Übernehmen einer globalen Führungsrolle.

Dieses Ziel gilt *Asm* als bestimmend für das Selbstverständnis der Araber. Ihre reale machtpolitische Impotenz kollidiert mit diesem Traum, führt zu massiven Minderwertigkeitskomplexen, Kompensationshandlungen, wildem Abenteurertum, politischer Rücksichtslosigkeit und in letzter Konsequenz zu globalem Terrorismus.

Der „traurige Araber" hat keine andere Chance, als zu warten, bis er wieder zu seinem Recht kommt; einziger Ausdruck seiner Verzweiflung: ein gelegentlicher Terrorakt.

Und eine Änderung der Machtverhältnisse ist dabei denkbar unwahrscheinlich. Die arabische Welt hat dem Westen militärisch und machtpolitisch nichts entgegenzusetzen.

Gilles Kepel schreibt in seinem Buch *„Die neuen Kreuzzüge. Die arabische Welt und die Zukunft des Westens"* (Piper Verlag 2004):

Europa muss Spannungen mit dem Islam entschärfen und islamische Eliten fördern.

Für *Kepel* sind Europas junge Moslems potenzielle Erfolgsgaranten des Demokratieprojektes: Sie vereinigten die arabische bzw. islamische Wesensart mit den europäischen Erfahrungen.

In der zweiten Generation dieser moslemischen Einwanderer gebe es – vor allem in Großbritannien, Frankreich und Deutschland – bereits zahlreiche Universitäts- und Hochschulabsolventen. „Mit ihren hervorragenden Leistungen sind diese Menschen ein wesentlicher Bestandteil Europas und könnten, wenn sie wollten, Brücken schlagen in die Heimatländer ihrer Eltern, in den Nahen Osten, nach Nordafrika oder Pakistan."

Hans-Peter Dürr (Der Spiegel 2/1993) meint zwar, der islamische und auch der christliche Fundamentalismus seien langfristig nur hilflose Versuche, die Modernisierungsprozesse aufzuhalten. Letztlich handele es sich um Rückzugsgefechte einer sterbenden „patriarchalischen" Lebensform. Vorläufig allerdings haben wir mit dem Terror zu leben. Der Terrorkrieg findet statt zwischen einem extremistischen Islamismus, der eine durch fanatische Mullahs vorangetriebene Pervertierung des Islams darstellt und der westlichen Zivilisation mit ihren Wertvorstellungen. Die heutige wissenschaftlich-technische, aber auch militärische Überlegenheit des Westens, sowie dessen wesentlich höherer Lebens-

Was wohl in diesen Köpfen vorgeht? (Nach einer Karikatur in der „Neuen Krone" vom 23. August 2003)

standard führt auch zu verletztem Stolz und Minderwertigkeitskomplexen bei den Muslimen.

Christian Ortner (Format 40/2001) trifft den Nagel auf den Kopf, wenn er meint: „Nicht der christliche/jüdische Kulturkreis ist dem Islam überlegen, sondern die offenen Gesellschaften den geschlossenen. Nicht die Bibel ist dem Koran überlegen – die säkularisierte, aufgeklärte Welt ist den Gottesstaaten aller Schattierungen überlegen. Und zwar haushoch."

Die Pläne für die großen terroristischen Anschläge stammen immer von einer intellektuellen Elite. Das Fußvolk sind blinde, ungebildete fanatisierte, emotional aufgepeitschte Leute. Die Selbstmordattentäter sind Fanatiker, deren Persönlichkeiten so vielfältig sind wie die Bewegungen, für die sie kämpfen.

Solange es militante islamistischen Führern gelingt, in den Köpfen ihrer Anhänger den Glauben zu verwurzeln, sie stünden im Einklang mit dem Willen Allahs und befolgten nur dessen Befehl und würden nach dem Anschlag auf Ungläubige als Belohnung direkt ins Paradies eingehen, findet der Terror Nährboden. Solange viele Muslime mit der Arroganz und Überheblichkeit des Westens, sowie (vermeintliche) Demütigungen durch diesen konfrontiert werden, haben fanatisch islamistische Ideen eine große Chance, Sympathisanten zu finden – in der islamischen Welt wie im Westen.

Jungfrauen für islamische „Märtyrer"!

Im August 2001 strahlte CBS ein Interview mit dem Hamas-Aktivisten *Mohammed Abu Wardeh* aus, der Terroristen für den Einsatz als Selbstmordattentäter (shahid) in Israel anwarb. *Abu Wardeh* sagte damals: Ich beschrieb ihnen, wie Gott die Märtyrer entschädigt, wenn sie ihr Leben für ihr Land opfern. Gott schenkt jedem 70 Paradiesjungfrauen (Huris), 70 Ehefrauen und ewig währendes Glück.

Der Prophet sprach: Niemand, der ins Paradies eintritt, wird je wieder in diese Welt zurückkehren wollen, selbst wenn ihm alles geboten würde, mit Ausnahme des Märtyrers, dessen Verlangen es sein wird, auf diese Welt zurückzukehren und zehn Mal um der großen Ehre willen, die ihm zuteil wurde, getötet zu werden. (*Sahih Muslim*, Kap. 781 & 782) Wie sehen nun die Belohungen im islamischen Paradies aus?

Des Terros Lohn ist unsicher!

Diese werden von dem Koran-Interpreten und Universalgelehrten *Al Suyuti* (gest. 1505) höchst anschaulich geschildert: „Jedes Mal, wenn wir einer Huri beiwohnen, werden wir feststellen, dass sie eine Jungfrau ist. Ferner wird der Penis eines Auserwählten nie erschlaffen. Die Erektion währt ewig, und das Gefühl, das einen bei der Vereinigung befällt, ist unendlich süß und nicht von dieser

Welt. Würde man die Erfahrung in dieser Welt machen, fiele man in Ohnmacht. Jeder Auserwählte (d. h. Muslim) wird 70 Huris heiraten, neben den Frauen, die er auf der Erde geheiratet hat, die alle eine köstlich verlockende Vagina besitzen."

Unterschwellig ahnen die fanatisierten „Gotteskrieger" vielleicht, wie sinnlos die von verbohrten, engstirnigen islamistischen Mullahs ausgedachten Ideen und Pläne sind. Doch diesem Zweifel begegnen sie, indem sie sich der fixen Idee total verschreiben, die schon die Kreuzritter des Christentums zu ihren verbrecherischen Taten verleitete: der Idee des „Gott will es" (vgl. *Hübsch* 2001).

Der Terror lechzt nach allgemeiner Anerkennung durch Furchterregung und neigt daher zum unvergesslichen Großverbrechen. An sich aber ist Terror eine Strategie der Schwäche.

Strategien gegen die verheerende Dummheit des Terrorismus

Dass unsinnige und gefährliche Ideen nicht mit Waffen ausgerottet werden können, ist eine Lektion, die uns die Geschichte erteilt hat. Auch kann Terror nicht mit Gegengewalt beseitigt werden. Die Einteilung der Welt in „die Bösen" und „die Guten" sowie hektische Sicherheitsmaßnahmen vermögen zwar oberflächlich Kräfte zu mobilisieren, werden den Terror aber nicht ausmerzen können.

Was kann und muss getan werden?

- Unverzichtbar scheint, materielle Voraussetzungen für ein einigermaßen menschenwürdiges Überleben in jenen Ländern zu schaffen, in denen der Terrorismus eine Heimstatt hat. Großzügige Finanzhilfen der reichen Länder mit entsprechender Ausgabenkontrolle wären notwendig.
- Generell muss der Frust der erdrückenden Verhältnisse gemindert werden.
- Die soziale Lage in den armen islamischen Ländern ist dringend zu verbessern; Armut und Arbeitslosigkeit müssen minimiert werden.
- Menschenrechte sind von der internationalen Staatengemeinschaft einzuklagen.
- Meinungs- sowie Pressefreiheit sind zu ermöglichen und selbstverständlich.

- Der Unterdrückung der Rechte von Frauen ist entgegenzuwirken.
- Schulbildungs- und Ausbildungsmöglichkeiten sind zu schaffen oder zu verbessern.
  Der Einfluss von Terroristen-Trainingslagern, in denen zu Hass und Gewalt erzogen wird, kann erst dann schwinden, wenn Schulbildung erschwinglich und für alle zugänglich ist.
- Die Freiheit der Forschung und Lehre ist neben der Glaubens- und Gewissensfreiheit eine der wichtigsten Grundlagen für den Fortschritt in einem Land. Die reichen Industrieländer sind somit herausgefordert, dafür zu sorgen, dass derartige Grundlagen vor allem in jenen Staaten geschaffen werden, die zu Keimzellen von nationalem wie internationalem Terrorismus geworden sind.
- Ein umfassender gesellschaftlicher Bewusstwerdungsprozess wäre durch die Besinnung auf die Grundsätze der Weisheit und Vernunft, die man in den Prinzipien der Aufklärung findet (die es weltweit gibt), zu erreichen.

Allerdings stellt sich auch die Frage, ob das westliche Zivilisationsmodell in jenen Breitegraden wirklich das Mittel der Wahl darstellt. Es gilt, dem Nahen Osten mit Druck und Anreizen zu helfen, sich zu modernisieren und zu demokratisieren. Langfristig kann man den verrückten Islamisten à la *Bin Laden* das Wasser nur abgraben, wenn sich politisch in der arabischen Welt Grundlegendes ändert.

Auch ist zu befürchten, dass all diese Forderungen fromme Wünsche bleiben, weil „Geld die Welt regiert" und die Mächtigen sich über alles Recht hinwegsetzen, ohne befürchten zu müssen, zur Verantwortung gezogen zu werden.

Dennoch muss mit allen Mitteln versucht werden, Fanatismus und damit Dummheit zu bekämpfen und den geistig-moralischen Sumpf des Terrorismus auszutrocknen. Der „Kampf" gegen den Terrorismus muss vielfältig und differenziert erfolgen, am wenigsten mit militärischen Mitteln. Patentrezepte gibt es nicht.

Die Existenz des militanten Islamismus und generell von fanatischen Terroristen zeigt besonders eindringlich, wie unabdingbar notwendig der Kampf gegen die Dummheit an allen Fronten ist.

12 Religion: Ist glauben dumm?

Denken ist nicht die Stärke der Glaubenden.
Horst Hermann

Wenn wir die verschiedensten Religionen ansehen, kann man sich nur wundern, wieviel an Unsinn Menschen zu glauben imstande sind. Schätzungen zufolge gab es im Verlauf der Menschheitsgeschichte an die 100 000 verschiedene Religionen, deren Glaubensinhalte sich an Abstrusitäten überbieten. Menschen sind nicht nur bereit, für ihre Religion in den Krieg zu ziehen und ihr Leben zu opfern, sie vollbringen auch die – für einen Außenstehenden – unsinnigsten und dümmsten Handlungen: Ein alter Tibeter meißelt jede Woche einen „Mani"-Stein gegen Dämonen. Insgesamt hat er schon 2500 gefertigt. Ein Lamabuddhist verbringt 6 Stunden täglich im Gebet gegen tausende geglaubte Dämonen. Auf den Philippinen lassen sich Männer in der Karwoche ans Kreuz nageln, um die „Leiden Christi" nachzuvollziehen. „Da gibt es Leute, die barfuß zu entlegenen Orten pilgern, sich auspeitschen und auf Steinen schlafen … die ihre Gesichter mit Stoff verhängen und fünfmal am Tag in die Knie gehen. Die ihre Witwen bei lebendigem Leib verbrennen und ihre Kühe als Heilige verehren. Die einem Unsichtbaren riesige Häuser bauen, wo ihnen Verkleidete gegen Honorar versichern, dass zumindest der sie sieht. Und dies alles, um sich ein Leben nach dem Tode zu verdienen!" (*Vilar* 2000)

Nasenbohren am Sabbat verboten
(aus den „Vorarlberger Nachrichten" 12. 1. 1998)

Tel Aviv (APA, dpa) Rabbi *Ovadia Josef*, der geistige Mentor der einflussreichen Schas-Partei in Israel, hat in einem neuen Erlass das Nasenbohren am heiligen jüdischen Sabbat verboten. *Josefs* Entscheidung war in einer Predigt von ihm enthalten, die über Satellit verbreitet wurde.

Laut *Josef* verletzt das Nasenbohren strenge Sabbat-Gesetze, weil dabei versehentlich dünne Haare aus den Nasenlöchern herausgerissen werden könnten. Dadurch würde gegen das Sabbat-Verbot verstoßen, sich in irgendeiner Weise die Haare zu schneiden.

Gewisse Wahnvorstellungen, schizophrene Halluzinationen und Imaginationen, die man als Außenstehender für eine irreale Spinnerei hält, kennt man unter dem Namen „Jerusalem-Syndrom": Fromme Pilger der „heiligen Stadt" bilden sich ein, Jesus oder gar Gott zu sein. Eine 36-jährige englische Oberschullehrerin beharrte auf ihrer wunderbaren Empfängnis. Sie erwarte einen Sohn von Jesus.

Es ist ein Wahnwitz, dass der Großteil der Menschheit religiös ist und den seltsamsten abergläubischen Vorstellungen anhängt. Aber es ist offenbar tief in der menschlichen Persönlichkeitsstruktur verankert, der Welt und seinem Leben Sinn zu geben und sie zu erklären. Da es in Vorzeiten keine Wissenschaften gab, die dies zu leisten imstande gewesen wären, erdachten die Menschen religiöse Systeme, in denen Glauben mit Wissen verwechselt oder in denen beide gleichgesetzt wurden. Es kann daher dem Menschen nicht vorgeworfen werden, deshalb dumm zu sein. Aber wenn man sich die Inhalte der diversen Religionen ansieht, dann muss man dennoch am Verstand des Menschen zweifeln und sich fragen, wie es möglich ist, dass ein Vernunftwesen derartigen Unsinn für bare Münze zu nehmen vermag.

Warum verhalten sich Menschen als *homines religiosi* so sagenhaft dumm?

Biologische Grundlagen der Religiosität

Es scheint ein „Urbedürfnis" des Menschen nach Religion zu geben, für das auch ein neurologisches Substrat existiert, nach seiner Entdeckung von Journalisten sogleich als „**Gottes-Modul**" gefeiert. Es ist dies eine Hirnregion, die offenbar für religiöse Gefühle und Erfahrungen zuständig ist. Ob betende Christen oder meditierende Buddhisten – es werden die gleichen Hirnzellen auf die gleiche Art aktiviert. Verschiedenste Umstände können zu religiösen Gefühlen führen:

- Patienten, die an einer bestimmten Form von Epilepsie im linken Temporallappen des Gehirns leiden, berichten häufig über mystische und religiöse Erlebnisse, über „spirituelle Visionen".
- Die individuelle Neigung zu (*temporal lobe transients*) TLT-Episoden ist genetisch bedingt.
- *Michael Persinger* ist es gelungen, Gefühle, die im Mystizismus eine Rolle spielen, durch die elektrische Stimulierung des Gehirns hervorzurufen. Eine transcranielle Magnetstimulation

führt bei 4 von 5 Probanden zu „übernatürlichen" oder „spirituellen" Empfindungen: die Gegenwart eines höheren Wesens, eine Berührung Gottes, der Eindruck, den Körper zu verlassen oder zu Geistererscheinungen. Die Entladungsstürme im Temporallappen vermitteln das charakteristische Gefühl der Existenz einer übernatürlichen Macht.

- Auch physiologische Veränderungen – wie ein Abfall des Blutzuckers oder Sauerstoffmangel – aber auch psychische Belastungen wie Angstzustände, Depressionen oder einfach nur zu wenig Schlaf können eine elektrische Instabilität im Temporallappen verursachen. *Persinger* glaubt, dass aus diesem Grund viele Menschen in besonders schwierigen Lebenssituationen „zu Gott finden".
- Die Einnahme von Drogen, wie LSD und Meskalin, versetzte viele Menschen in die Lage, religiöse Erfahrungen nachzuempfinden. Es ist vermutlich kein Zufall, dass viele primitive Religionen den Gebrauch von Drogen, exzessive Tänze, Gesänge, Fasten und andere Wege, das Bewusstsein neurochemisch zu verändern, praktizierten, um mit der Geisterwelt Kontakt aufzunehmen. Halluzinationen und Träume wurden oftmals als Zugang zum Göttlichen betrachtet. Was diese Erfahrungen in Wahrheit jedoch miteinander verbindet, ist möglicherweise eben nicht ein objektiv erlebter Gott, sondern vielmehr eine subjektive Wahrnehmung, die auf immer dieselbe Art und Weise in den betreffenden Hirnregionen ausgelöst wird – und deshalb auch zu ähnlichen Erlebnissen und Gefühlen führt (*Robert Todd Carroll*, Internet 2002).
- Meditierende schalten ihre Sinne für die Außenwelt ab. Möglicherweise bekommt der Schläfenlappen deshalb keinen Input mehr. Seines gewohnten Futters beraubt, kann das linke Orientierungsareal die Grenze zwischen dem Selbst und der Welt nicht mehr definieren. Und da hat das Gehirn gar keine andere Wahl, als seinen Besitzer eng verbunden mit allem und jedem wahrzunehmen. Durch die fehlende Stimulation des Orientierungs-Assoziations-Areal verschwindet auch der Bezug zu Zeit und Raum; das resultierende Gefühl der Ewigkeit und Endlosigkeit wird von den Meditierenden als völlig real empfunden.

Es gibt also eine psychobiologische genetisch determinierte Disposition für Religiosität. Diese wird den Fortbestand der Religion in der Gesellschaft sichern und verhindern, dass Aufklärung sich allzu breit macht. Die institutionellen Glaubensvertreter haben also wenig zu fürchten (vgl. *Kanitscheider* 1996).

Selbst wenn die Religion nur eine Placebo-Funktion besäße, ist durch ihre biologische Verankerung gesichert, dass auch in Zukunft das Faszinosum der Transzendenten erhalten bleibt (vgl. *Kanitscheider* 2000).

Die Erkenntnis, dass Religiosität eine evolutionsbiologische Adaption darstellt, erlaubt allerdings nicht den Schluss, dass die transzendenten Objekte der religiösen Verehrung Illusionen oder Fiktionen sind. *Kanitscheider* (1996): „Aus der Einsicht in die evolutionäre Funktionalität folgt nicht logisch die ontologische Fiktionalität." Wir können deshalb auch den Glauben an ein außerweltliches höheres Wesen nicht a priori als ausgesprochene Dummheit abtun. Der Mensch kann für diese Disposition sozusagen nichts dafür, sie ist ihm angeboren. Aber mystische Erfahrungen sind private Selbstgespräche und weisen keinesfalls auf eine göttliche Realität hin.

Wenn religiöses Hoffen – wie irrtümlich die Hoffnung auch sei – tatsächlich eine Art lebensfördernde Ausstattung darstellt, dann muss skeptische Kritik an ihr eigentlich als inhumane, zersetzende Tätigkeit eingeschätzt werden. Sollte man Aufklärung verbieten, weil sie womöglich gesundheitsschädlich ist? Dieser Weg zurück in das Zeitalter vor der Aufklärung ist wohl schon deshalb nicht möglich, weil sich unser heutiges Wissen über die religiöse Selbsttäuschung nicht mehr auslöschen lässt (vgl. *Kanitscheider* 1996).

Warum sind Religionen entstanden?

Zur Entstehung von Religionen gibt es zahlreiche Erklärungsversuche: Der frühe Mensch hatte keine Möglichkeit, Naturvorgänge, die für ihn bedrohlich schienen, rational zu erklären. Dazu kam das Gefühl der Furcht und der eigenen **Machtlosigkeit** gegenüber den Naturgewalten. Auch die Erfahrung der **Sterblichkeit** und die Unbegreiflichkeit des Todes, der Wunsch nach einem Fortleben und einem „Wiedersehen" von lieben Angehörigen sowie der Wunsch nach einer ausgleichenden Gerechtigkeit und nach Geborgenheit bei einem höheren, Wunder vollbringende Wesen mögen zur Bildung religiöser Vorstellungen (Götter, Unsterblichkeit) mit beigetragen haben. Nach *Bertrand Russell* (1964) ist die wichtigste Quelle der Religion zweifellos die **Angst**.

„Kriege, Seuchen und Schiffskatastrophen, das alles macht die Menschen religiös." *Kurt Tucholsky* meint: „Der Mensch hat zwei Überzeugungen; eine wenn es ihm gut geht, und eine, wenn es ihm schlecht geht. Letzteres nennt man Religion."

Freud sieht die Religionen als Illusion an, deren wahrer Charakter sich schon dadurch enthülle, dass ihre Inhalte so haargenau dem entsprechen, was ein Mensch sich nur wünschen kann und realiter nirgends findet: Gerechtigkeit, Belohnung des Guten und Bestrafung der Bösen in einer jenseitigen Welt ewiger Seligkeit oder ewiger Verdammnis. Wenn *Freud* allerdings glaubt, die Menschheit werde dieser Stufe des „Infantilismus" entwachsen, so unterschätzt er aller Wahrscheinlichkeit nach nicht nur die Dummheit, sondern vor allem auch das Glaubensbedürfnis des Menschen.

Nach Auffassung des **Marxismus** erzeugt die Ohnmacht der ausgebeuteten Klassen im Kampf gegen die Ausbeuter die Hoffnung an ein besseres Jenseits und die Ausbeuterklasse der Kapitalisten hat die Religion seit jeher benutzt, die unterdrückten Massen geistig niederzuhalten, indem sie diese auf ein besseres Jenseits vertröstete.

Auch wenn man der Meinung sein mag, dass Religion reiner Aberglaube ist und die Menschen verdummt, muss man zugestehen, dass sie für viele Menschen in einer Welt voller Bedrohungen **Lebenshilfe** und Halt sein und dass sie soziologisch gesehen einen die Gesellschaft stabilisierenden Faktor darstellen kann. Tröstungen wie sie die Religion zumal dem naiven Menschen vor allem angesichts des Todes zu bieten vermag, kann die Wissenschaft trotz aller Fortschritte niemals offerieren. Und da Religion objektiv unbeantwortbare Fragen beantwortet, ist sie auch durch nichts zu ersetzen, vor allem nicht durch Wissenschaft.

„Der wissenschaftliche Naturalismus kann die sinnstiftende Rolle der Religion kaum übernehmen, nicht nur weil ihm die spirituelle Kraft fehlt, sondern gerade *weil* er die biologischen Quellen der religiösen Emotionen aufgedeckt und damit das Geheimnis der Wirkungen religiöser Überzeugung zerstört hat" (*Kanitscheider* 1996).

Es gibt zahlreiche Religionen in der Welt, von denen jede viele Anhänger hat, einschließlich Menschen höchster Intelligenz, Aufrichtigkeit und Ehrlichkeit. Aber wir wissen, dass Leute mit der höchsten Intelligenz, Integrität und Aufrichtigkeit von ganzem Herzen an etwas Falsches glauben können (nach *Bondi* in *Deschner* 1992).

„Wenn das theologische System rationaler Kritik nicht standzuhalten vermag, erhebt sich die Frage, warum trotzdem so viele Menschen an der Religion auch in ihrer theologischen Ausprägung, festhalten. Die Antwort ist einfach: Die Wurzel der Religion liegt in Bedürfnissen des Gemüts ... Durch die Religion wird das Verlangen nach Geborgenheit befriedigt. Der Glaube, in Gottes Hand zu stehen, den scheinbaren Zufällen des Daseins nicht schutzlos preisgegeben zu sein, da alles Geschehen von Gott gelenkt wird, kann dem Gläubigen unversiegbaren Lebensmut und tröstende Hoffnung selbst in schwerem Leiden geben. Denn es ist ihm nicht erlaubt, irgend etwas im Leben als sinnlos anzusehen, wenngleich er den Sinn des Geschehens meist nicht erkennen kann" (*Rauscher* o.J.).

Es soll auch nicht übersehen werden, dass der religiöse Glaube Grundlage für humanes Verhalten sein kann. Viele Männer und Frauen leisten im Glauben an Gott oder aus Dankbarkeit gegen ihren „Erlöser" oder in Erwartung ewiger Seligkeit ihren Mitmenschen in vorbildlicher Weise Beistand. Es muss jedoch betont werden, dass die humanistischen Elemente im (christlichen) Glauben mit seiner theologischen Grundlage in Wahrheit und gegen die Behauptung der Theologen und Meinung vieler Laien nichts zu tun haben. Man könnte auch von einem jenseitsorientierten Egoismus sprechen. Der Gläubige handelt „gut", um seinem gestrengen Gott wohlgefällig zu sein und in den Himmel zu kommen bzw. aus Angst vor den Strafen der Hölle.

Theologie – eine unsinnige „Wissenschaft"?

Theologiekritik

Wenn transzendente Wesenheiten und „Orte" (Himmel, Hölle, Fegefeuer) definitionsgemäß jenseits des vom Menschen Erfahrbaren liegen, ist es eigentlich anmaßend und dumm, zu behaupten, über das Meta-Physische, über das „Unsagbare" dennoch Aussagen machen zu können, wie dies die Metaphysiker und Theologen tun.

Die Theologie ist eigentlich eine „Wissenschaft" von etwas nicht Wissbarem.

Dennoch beharrt die „Heilige Synode" darauf, „dass Gott, aller Dinge Ursprung und Ziel, mit dem natürlichen Licht der menschlichen Vernunft aus den geschaffenen Dingen sicher erkannt werden kann" (vgl. Röm 1.20); doch lehrt sie, seiner Offenbarung sei es zuzuschreiben, „dass, was im Bereich des Göttlichen der menschlichen Vernunft an sich nicht unzugänglich ist, auch in der gegenwärtigen Lage des Menschengeschlechtes von allen leicht, mit sicherer Gewissheit und ohne Beimischung von Irrtum erkannt werden kann."

Die Grundlage der christlichen Theologie ist die Bibel. Bei genauerem Hinsehen ergibt sich allerdings ein nicht sehr erbauliches Bild von diesem „Buch der Bücher". Sie erweist sich

- als logisch inkonsistente Aneinanderreihung von Erzählungen;
- als Sammelsurium von „heidnischen" Kulten und Philosophien;
- sie enthält eine widersprüchliche Metaphysik;
- vertritt eine widersprüchliche Ethik;
- sie strotzt vor Grausamkeit, Intoleranz und Gnadenlosigkeit;
- nicht *sie* ist Grundlage des Christentums, sondern *Paulus;*
- die meisten historischen Fakten sind falsch;
- besonders die Genesis steht in völligem Widerspruch zu unseren naturwissenschaftlichen Erkenntnissen.

Zu einer **„Wissenschaft"** des Nichtwissbaren ausgebaut wurde die Lehre des Christentums ja erst durch die „Kirchenväter" und besonders durch die Scholastik.

Aus dem Blickwinkel ihrer Kritiker kommen Theologie und Christentum nicht gut weg.

- „Die Theologie als das angebliche Wissen von Gott hat abgewirtschaftet, auch bei den geistig minder Bemittelten." (*Mauthner*, Wörterbuch der Philosophie)
- Das Christentum „ist der frühe und naive Niederschlag eines Konglomerats mythischer, magischer und ideologischer Vorstellungen aus verschiedenen Volksreligionen" (*Szczesny* 1959).
- Das ganze spekulative Gebäude der christlichen Glaubenslehre ruht auf den zu Dogmen erhobenen Missverständnissen einer naiven Daseinsinterpretation (*Szczesny* 1959).
- Den theologischen Vorstellungen der christlichen Gelehrten des Mittelalters entsprach eine einzige Welt mit der Erde und ihren auserwählten Menschen als Mittelpunkt göttlicher Schöpfung.
- Wer den Gottesschwindel predigt, kann nur ein Dummkopf oder ein Schurke sein (*John Most*).
- *Hans Henny Jahnn* hat sich nicht gescheut, den Glauben an einen persönlichen Gott eine Anmaßung, eine Lüge und zuletzt eine Dummheit zu nennen.

- Bei Gott, spricht es für Gott, dass er alle die dummen Köpfe braucht, die ihn predigen? (*Rauscher* o.J.)
- *Friedrich Engels* nannte das Christentum gar einen „von Betrügern zusammengestoppelten Unsinn".
- „Seien es die Dogmen der Willensfreiheit und des Sündenfalls, der Allmacht und Güte Gottes, der Dreieinigkeit und der Transsubstantiation usw. – in allen diesen Glaubenssätzen findet die Vernunft so viele Ungereimtheiten und Absurdidäten, dass sie diese unmöglich anerkennen kann" (*Volker Mack* in *Deschner* 1990).
- Christentum – eine zu Fanatismus pervertierte Religion.
- „Die Lehre der römisch-katholischen Kirche ist eine Geisteskrankheit, die eine besondere Epidemiologie hat, ähnlich derjenigen eines Virus" (*Richard Dawkins*, Evolutionsbiologe).
- „Theologie ist die intellektuelle Form einer Therapie für Krankheiten und Bedürfnisse, die es ohne Kirche gar nicht gäbe" (*Hermann* 1992).
- „Den Rückgriff auf Transzendenz, Außerweltliches, Unnatürliches, Esoterisches hält der Naturalist ... für eine intellektuelle Bankrotterklärung" (*Vollmer* 1995).
- „Die Theologie befindet sich in einem peinlichen Irrtum, wenn sie glaubt, wissenschaftliche Erkenntnisse in ihr System einbauen zu können. Dazu müsste die Wissenschaft zuerst ihrer Autonomie beraubt, zur ancilla degradiert, sie muss domestiziert und denaturiert werden, sie muss amputiert und verkrüppelt werden, denn nur ein solcher Krüppel von Wissenschaft reicht dem Glauben die Hand zur Synthese" (*Rauscher* o.J.).
- Nach *Voltaire* ist die Theologie keine Wissenschaft, sondern eine Art Dichtung, die damit beschäftigt ist, sich mit unbewiesenen und unbeweisbaren Spekulationen zu befassen und mit diesen so zu verfahren, als wären es chemische Formeln.
- Der Titel „Wissenschaft" wird von der Theologie für sich in Anspruch genommen und damit missbraucht, um daraus Gewinn zu ziehen und in einer eigenen Fakultät auf der Universität unter Schutz der Obrigkeit ihren Nonsens verbreiten zu können. Eine Disziplin, die sich mit Erfahrungsjenseitigem beschäftigt, kann keine Wissenschaft im gewöhnlichen Sinne sein, weil sie nicht deren Methoden verwendet und auch nicht verwenden kann. Erkenntnisse der Naturwissenschaften werden abgelehnt, wenn sie den vorgefassten Überzeugungen widersprechen. Deshalb ist Theologie keine

Wissenschaft und der Glaube letztlich der Todfeind der eigentlichen (Natur-)Wissenschaft – allen Beteuerungen zum Trotz (vgl. *Löbsack* 1976).

Das Gottesproblem

Zweifellos ist es für uns Menschen naheliegend, für die Existenz der Welt einen „Macher", einen Schöpfer anzunehmen. Der Kosmos als gottgewollte **Schöpfung** scheint dadurch erst einen Sinn zu bekommen. Schließlich bietet diese Vorstellung dem gläubigen Menschen auch ein Gefühl der Geborgenheit. Sein Schöpfer kümmert sich um ihn, ja liebt ihn sogar. Indes ist die Behauptung, dass die Welt *für* den Menschen erschaffen wurde und der gesamte Kosmos auf den Menschen hin orientiert sei, fast lächerlich absurd.

Vor allem aber ergeben sich theoretisch eine ganze Reihe von Problemen.

Zunächst liegt die Beweislast nach einer allgemein akzeptierten logischen Regeln immer bei dem, der eine Behauptung aufstellt (z.B. „Gott existiert") und nicht bei dem, der sie bezweifelt.

Zum Zweiten ist die Existenz Gottes weder logisch noch empirisch beweisbar – eigentlich selbstverständlich, denn weder kann mit Hilfe logischer Schlussfolgerungen die Existenz von irgendetwas „bewiesen" werden, noch ist Gott Objekt irgendwelcher Sinneserfahrung. In der Tat gibt es – wie *Esther Vilar* (1992) bemerkt – für die Existenz des Ungeheuers von Loch Ness mehr Anhaltspunkte als für einen an uns persönlich interessierten, für uns das Beste wollenden Schöpfer.

Dem zum Trotz schließt der sogenannte **ontologische Gottesbeweis** (am deutlichsten von *Anselm von Canterbury* formuliert) vom Begriff eines „vollkommensten Wesens" (oder auch „allerrealsten Wesens") auf dessen tatsächliche Existenz. Würde einem vollkommensten (oder allerwirklichsten) Wesen die Existenz (die Wirklichkeit) fehlen, so wäre dieses ja gerade nicht vollkommen (oder wirklich). Hier liegen gleich drei Fehler oder Missverständnisse vor: 1. kann es vom Eigenschaftswort „vollkommen" (oder „wirklich") keine Steigerung geben; 2. wird hier die Existenz als Eigenschaft missverstanden; 3. ist der Schluss von der Denkidee (dem Begriff) auf die Realität selbstredend logisch nicht zulässig.

Kant hat übrigens auch alle anderen „Gottesbeweise" auf das ontologische Argument zurück- und damit ad absurdum geführt.

Auch die These, Gott sein als *causa prima* ein notwendiges Wesen, beruht auf einem logischen Fehler: Das Wort „notwendig" kann sinnvoll nur auf analytische Aussagen und nicht auf Dinge (reale Objekte) angewandt werden, das heißt nur auf solche Sätze, die zu leugnen ein Widerspruch in sich selbst bedeuten würde. Ein „notwendiges Wesen" könnte man nur dann gelten lassen, wenn die Leugnung seiner Existenz ein Widerspruch in sich selbst wäre.

Der Kirchenlehrer *Thomas von Aquin* sieht die Sache freilich genau umgekehrt, wenn er meint: „Vornehmlich aber ist jemand dann dumm, wenn er bezüglich der Höchsten Ursache ein Fehlurteil fällt." Gott nicht erkennen zu wollen ist für ihn eine Dummheit. Für seine Kontrahenten ist gerade die Behauptung Gott erkennen zu können eine anmaßende Dummheit. Nach *Vollmer* (1995) ist es sinnvoll, die Gotteshypothese zu verneinen: „Sie ist, soweit verständlich, unprüfbar und insgesamt entbehrlich." Daher ist es auch ehrlicher, unsere prinzipiell-konstitutionelle Dummheit einzugestehen und sich zum Atheismus zu bekennen, als sich als Agnostiker davonzustehlen und zu sagen, es könnte ja vielleicht doch einen Gott geben oder sich gar zum Glauben an ein anthropomorph gedachtes Wesen zu bekennen, das wir uns als alten Mann mit weißem Bart vorstellen.

Metaphysisches Theater und atheistische Bescheidenheit
(aus *Nelly Moia*: Marionette mit Herz. In *Deschner* 1992)

„Die biblischen Religionen mit dem Menschen und seinem Planeten als Mittelpunkt göttlichen Interesses schmeicheln dem Egozentriker, der partout metaphysisches Theater braucht, um sich wichtig vorzukommen. Atheistische Bescheidenheit, die das Theater ablehnt, ist aber nicht mit trockener, kalter Gefühlslosigkeit zu verwechseln. Atheismus verhindert keinesfalls die Freude und den Genuss an Kunst und Natur, ist durchaus vereinbar mit Sinnlichkeit und Temperament."

Es lässt sich auch die nicht unberechtigte Frage stellen, woher, wenn das Universum von Gott geschaffen ist, Gott selbst komme. Denn hier wird mit der Annahme einer *causa sui* (Ursache ihrer selbst) die Ursachenreihe (Kausalkette) willkürlich abgebrochen. Gott selbst ist ja nicht mehr geschaffen. Das Problem ist also nur zurückverschoben. Während die Materialisten die Kausalkette mit der Annahme eines ewigen Kosmos (oder auch eines Hyperkosmos) abbrechen, wird sie im „**kosmologischen Gottesbeweis**" bei Gott abgebrochen. Jedoch: wenn Gott ohne Ursache existieren kann, so kann auch die Welt ohne Ursache existieren. Die Antwort, dass Gott „aus sich heraus" existiere, kann nicht überzeugen, sondern ist lediglich eine Verlegenheitsfloskel.

Wir sehen also, dass wir beim Versuch, die Existenz der Welt und damit auch des Menschen rational zu erklären, in unüberwindbare Denkschwierigkeiten kommen.

Dem einen mag es plausibel erscheinen, eine letzte Ursache der Welt oder wenigstens eine höhere Dimension anzunehmen, in der unser Kosmos eingebettet liegt und der dieser sein Dasein verdankt. Der andere könnte argumentieren, dass es weder notwendig noch statthaft sei, diesem dem menschlichen Verstand ohnedies unfassbaren Universum eine weitere, noch unfassbarere Dimension überzuordnen. Ist es – so könnte er fragen – nicht unerklärlich und wunderbar genug, dass es Materie, das All, dass es uns gibt? Muss man daneben unbedingt noch ein höheres Prinzip annehmen?

Das Fehlen jeder Möglichkeit, einen obersten Weltgeist zu begründen ist ein guter Grund gegen die Annahme seines Vorhandenseins. Wenn gar nichts *für* die Existenz einer verborgenen Entität spricht, behandelt man sie in der Wissenschaft als Fiktion (vgl. *Kanitscheider* 1995).

Akzeptiert man die Hypothese von einer höheren, empirisch unerfahrbaren Dimension, so ist diese allerdings nicht identisch mit jenem absoluten Wesen, das in den Religionen als Gott verehrt wird. Der Gott, den manche Philosophen als Absolutes orten, ist nicht der personale Gott der Religionen. Jeder Versuch aber, Gott als „Person" zu fassen führt unausweichlich zum **Anthropomorphismus** (vgl. *Austeda* 1989).

Die Hoffnung, in den letzten Naturgesetzen auf einen anteilnehmenden Gott zu stoßen, geht ins Leere, die Entmystifizierung des Kosmos führt nicht nur zu einer zunehmenden „Wohnungsnot Gottes", sondern auch zur Erkenntnis, die *Stephen Weinberg* so formuliert hat: „Je begreiflicher uns das Universum wird, desto sinnloser erscheint es uns."

„Menschen, die an Gott glauben, sind entweder davon überzeugt, dass Beweise für ihren Glauben existieren, oder sie denken einfach, dass es keinen Grund gibt, nicht an Gott zu glauben. Erstere halten die Argumente der Atheisten für albern, arglistig, irreführend, schwach, substanzlos oder lächerlich. Letztere betrachten die Atheisten als Sturköpfe, die nicht bereit seien, ein Risiko einzugehen, um zu einer möglichen, erhabenen Wahrheit zu gelangen. Keine der beiden Gruppen betrachtet jedoch ihre eigenen Argumente und Ansichten mit dem gleichen kritischen Blick, den sie auf die Atheisten wirft.

Diesen beiden Typen von Gläubigen ist eines gemeinsam: Ihr Wunsch, an ihre eigene Selbsttäuschung zu glauben, ist derart stark ausgeprägt, dass sie sich einreden, bei der Verfolgung ihres Wahns absolut rational und vernünftig zu sein, währenddessen die Atheisten in der Ablehnung desselben Wahns irrational und unvernünftig seien" (*Robert Todd Carroll*, Internet 2002).
Und einer agnostischen Ungewissheit vermögen die wenigsten stand zu halten. „Diese Ungewissheit ist uns gewiss. Unsere Dummheit ist uns irreversibel vorgezeichnet" (*Gerspach* 1988).

Das Gottesbild der christlichen Theologie

Nach *Vollmer* (1993) besteht kein Zweifel, dass der Theismus hohen Erklärungswert hat. Letztlich kann er auf jede Frage, warum dies oder jenes der Fall sei, antworten: „Weil Gott es so wollte." Wissenschaftstheoretisch sind aber solche Universaltheorien, die jedes denkbare Ereignis erklären können, besonders verdächtig: Sie können nicht ernsthaft geprüft werden, weil sie selbst dann, wenn sie falsch sind, nicht als falsch erkannt werden können.

Die Theologen mögen sich winden wie sie wollen, ihre „Vorstellungen" von Gott sind außerordentlich widersprüchlich und teilweise geradezu lächerlich dumm und sie stellen eine permanente Beleidigung der menschlichen Intelligenz dar. Da sind wohl die verkorksten Vorstellungen des gläubigen Volkes zwar vielfach noch naiver, aber ganz sicher nicht dümmer. Dass die Theologie immer häufiger gezwungen ist, aus barem Unsinn scheinbaren Tiefsinn zu machen, fällt ihrem Stammpublikum nicht auf.

Ist die Theologie eine „Wissenschaft"?

(aus *Josef Rattner*: Homo insipiens: Der dumme Mensch 1976)

Eine einfache Überlegung lehrt uns, dass die Theologie in Lehre und Forschung an den Universitäten nichts mehr zu suchen hat. Sie ist ein leibhaftiger Anachronismus, ein Überbleibsel aus wissenschaftsfremden Epochen. Es ist eine bodenlose Dummheit, die uralte Tradition der Theologieausbildung an der Hochschule fortzusetzen.

Alle Wissenschaften sind im Grunde zunächst „Wissenschaften von der Wirklichkeit", das heißt: sie müssen einen „Gegenstand" haben, der real ist. Eine „Wissenschaft vom Unwirklichen" kann es – bei Vernunft betrachtet – nicht geben. Theologie ist nun aber: Wissenschaft von Gott. Da es aber durchaus strittig ist, ob es überhaupt einen Gott gibt, kann man nicht behaupten, dass man hierüber Wissenschaft treiben könne. Solange uns die Theologen den sicheren Beweis von der Existenz Gottes schuldig bleiben, ist es ein Widersinn, dass mit staatlicher Unterstützung an der Universität „Gotteswissenschaft" gelehrt und gelernt wird. Es ist befremdlich, dass sich fast niemand über diese Absurdität Gedanken macht.

Dabei hat die Geschichte der Theologie (und des religiösen Glaubens jeglicher Observanz) zur Genüge gezeigt, dass im Namen der Gottesgelehrtheit soviel „Idiotie" doziert worden ist, dass man kaum weiß, wie man die verschiedenen Arten religiöser Geistesschwäche befriedigend einordnen soll. Dazu kommt der entschiedene Fanatismus aller „Gottesforscher", die nahezu immer bereit waren, Andersdenkende und Andersgläubige der Verfolgung oder der physischen Ausmerzung zu überantworten. Eine „Wissenschaft", auf der historisch so viel Dummheit und Ignoranz lastet, hat ihre universitäre Daseinsberechtigung längst schon eingebüßt.

Wie widersprüchlich das christliche Gottesbild ist, zeigt u.a. auch das Problem der **Theodizee**, der Rechtfertigung Gottes angesichts der Übel in der Welt. Dieses Problem ist nach *David Hume* unlösbar, weil es auf einer in sich widersprüchlichen Annahme beruht. Der Widerspruch besteht zwischen den Annahmen, dass es einen Gott gibt und dass dieser Gott eine zugleich allwissende sowie allmächtige und sittlich vollkommene Persönlichkeit darstellt. Wenn nämlich Gott allmächtig ist, so ist er auch für alle Übel dieser Welt verantwortlich, sofern er um diese Übel weiß. Und wenn er für die Übel verantwortlich ist, so ist er nicht sittlich vollkommen. Es ergibt sich daher eine viergliedrige logische Alternative: Entweder (a) es gibt überhaupt kein Übel in der Welt oder (b) Gott weiß nichts von diesem Übel oder (c) Gott ist nicht allmächtig oder (d) Gott ist nicht sittlich vollkommen. Da die Existenz von Übeln in der Welt nicht zu bestreiten ist, bilden unter der Voraussetzung, dass Gott existiert, die drei Eigenschaften Gottes – Allwissenheit, Allmacht und sittliche Vollkommenheit – eine widerspruchsvolle Satzklasse.

Ein Gott, wie ihn das Christentum verkündet, von dem so widersprüchliche Eigenschaften behauptet werden, kann nicht existieren. Da nützt auch das berühmte *„credo quia absurdum"* nichts, was wiederum der Lehre der Kirchenvätern widerspricht, der Mensch könne Gott durch das „Licht der Vernunft“ unzweifelhaft erkennen. Es ist kaum anzunehmen, dass einigermaßen intelligente Theologen, die offiziell von ihnen zu vertretenden Unsinnigkeiten ihrer Lehre allen Ernstes selbst glauben und für bare Münze nehmen.

Vom Sinn der Sinne
(*Oliver Steeger* in „Psychologie heute“ 12/1996)

Ohne Sinnesempfindungen an einer Körperperipherie bleibt es nicht nur dunkel im Geist – es existiert nicht einmal ein Bewusstsein! Ein unendlicher Gott beispielsweise, verfügt allein deshalb über kein Bewusstsein, weil er keine Peripherie hat. Und dies schließt auch eine Absage an jedwedes „spirituelles Prinzip“ in dieser Welt, an eine geistige Gegenwelt zur Materie und selbstverständlich auch an ein bewusstes Leben nach dem Tode aus.

Christen (Katholiken mehr als Protestanten, von den Mitgliedern von Kleinsekten ganz zu schweigen) haben eine ganze Menge absurder und widersprüchlicher Behauptungen der „Gottesgelehrten“ zu glauben: Der (natürlich männliche) patriarchalische Gott sei ein auf den Menschen bedachtes, persönliches, überirdisches Wesen mit menschlichen Eigenschaften, ein allmächtiger, allwissender, aber auch den Menschen unendlich liebender und barmherziger Schöpfer und Herrscher. Gott ist nur „Einer“, bestehe aber aus drei Personen: Vater, Sohn und heiliger Geist. „Ein Gott – drei Personen“: Es bleiben eben drei Personen. Mit dieser **Trinitätslehre** ist der strenge Monotheismus allen sprachlichen Verrenkungen der christlichen Theologen zum Trotz aufgehoben, ganz zu schweigen vom geheimen Polytheismus in der katholischen Heiligenverehrung. Was etwa dem Hindu seine Götter sind, sind dem Christen die Heiligen.

Dazu tritt als verehrte mütterliche Gottheit noch eine Jungfrau, die mit Gott, bzw. seinem Geist einen Sohn gezeugt hat und der, halb Gott, halb Mensch – ein religiöser Zwitter – als Erlöser der Menschheit fungiert. Er musste einen gewaltsamen Tod erleiden, denn sein Vater(gott) habe ihn aus Liebe zu den Menschen geopfert: Der Gott, der Gott sterben lässt, um Gott zu besänftigen. Die von ihm geschaffenen Menschen lässt er sündig und schuldig werden, um sie dann dafür zu richten oder zu begnadigen und erlösen lassen zu müssen.

Das muss man sich einmal vorstellen! Gott Vater ist von einem Menschenpärchen (Adam und Eva) beleidigt worden, weil es vom „Baum der Erkenntnis aß". Um nun an den Beleidigern Rache zu nehmen, bringt der Vater seinen Sohn um, bzw. – was bei Gottes Allmacht auf das Gleiche hinausläuft – er duldet, wie sein Sohn, noch dazu der einzige, umgebracht wird. Dadurch ist das „Verbrechen" der Beleidiger gesühnt und die gesamte Menschheit „von der Erbschuld erlöst". Perverser geht's nicht.

Beim **Abendmahl** (in der „heiligen Kommunion") findet nach katholischer Lehre ganz real oder realistisch ein Essen des Leibes Christi statt, des Gottes oder Gottmenschen. Unnötig zu sagen, das kein heutiger Mensch, auch der glaubenswilligste nicht, so etwas mit seinem Denken vereinbaren kann. Jeder fühlt, dass dies aus einem urtümlichen, längst versunkenen Denksystem stammt. Und ebenfalls sollte und dürfte es wohl nicht nötig sein zu bemerken, dass solch ein symbolisches Essen des Gottes nur der Nachhall eines einst sehr viel realistischeren, nämlich wirklich kannibalischen Mahles ist (nach *Wyneken* 1964).

Eine andere widersprüchliche Unsinnigkeit: Die Verfolgung der Juden wurde damit gerechtfertigt, dass Vorfahren der später lebenden Juden, die Kreuzigung des schuldlosen Heilands verlangt hätten, eine Begründung, die, vom theologischen Standpunkt gesehen, geradezu absurd ist. Denn nach Paulinischer, allen christlichen Konfessionen gemeinsamer Lehre war der Opfertod des Messias die notwendige Bedingung für die Erlösung der Menschheit, so dass jene Juden, die seine Kreuzigung verlangt haben, als Werkzeuge der um das menschliche Heil besorgten Vorsehung anzusehen sind (vgl. *Rauscher* o.J.).

Dieses Gottesbild ist eine der widersprüchlichsten, wirrsten und merkwürdigsten Konstruktionen in der Religionsgeschichte.

Die angebliche Geburt Jesu durch eine jungfräuliche Mutter ist biologischer Nonsens. Wenn es beim Menschen **Parthenogenese** (Jungfernzeugung) geben sollte, was nicht erwiesen ist, so könnte das Kind nur weiblich sein.

Die Jungferngeburt ist übrigens ein Motiv, das in mehreren Mythen des Orients vorkommt und offenbar von dort übernommen wurde. Von den meisten Christen wird dieses fromme Märchen ebenso für bare Münze genommen wie die Verwandlung von Brot und Wein in Leib und Blut Jesu, die Erschaffung der Welt in sechs Tagen oder die leibliche Himmelfahrt Marias.

Wären Geschehnisse dieser Art möglich, wären die Naturgesetze außer Kraft gesetzt und die materielle Welt könnte gar nicht existieren. Wo religiöse Glaubenssätze der Vernunft oder Naturgesetzen widersprechen, müssen erstere als falsch oder gar unsinnig angesehen werden.

„Das entschlossene Festhalten der römisch-katholischen Kirche an absurden Glaubenssätzen ... bedeuten weder Sieg noch Behauptung des christlichen Spiritualismus, sondern Rückzug. Man versteift sich auf seiner Position, gerade weil man den Boden unter den Füßen verliert" (*Szczesny* 1959).

Die Bildung von unbezweifelbaren Glaubenssätzen (**Dogmen**) bewirkt ein Erstarren des Glaubenssystems und führt zu noch mehr Widersprüchen mit wissenschaftlichen Erkenntnissen.

Angelologie

Fast jeder dritte Deutsche ist davon überzeugt, dass es Engel gibt, jeder fünfte ist nach eigener Angabe schon einem solchen begegnet.

Engel sind laut Bibel Boten Gottes. Wenn die Seele zum Himmel aufsteigt, fliegen sie mit. Wer zur Hölle fährt oder ins Fegefeuer, hat einen Racheengel zur Seite. Nach der Ankunft im „Ofen, in dem das ewige Feuer brennt" beteiligt er sich als „Engel des Zorns" an der Bestrafung des Sünders.

Mit der weltbewegenden Frage, wie aus braven Engeln böse Teufel wurden, beschäftigt sich eine eigene „Wissenschaft", die Angelologie. Angelologen haben sich von jeher besonders für die gefallenen Engel interessiert. Denn mit der Furcht vor den Höllenstrafen lässt sich jede Christengemeinde entschieden leichter lenken als durch die Hoffnung auf Güte.

Es gibt verschiedene Klassen von Engeln. Die höchste Kaste sind die Seraphim und Cherubim. Der Prophet *Jesaja* hat überliefert, wie die Seraphim die aerodynamischen Probleme ihrer Sechsflügeligkeit lösen: „Mit zweien decken sie ihr Antlitz, mit zweien ihre Füße und mit zweien fliegen sie." Warum spirituelle Wesen, eigentlich ja unabhängig von Raum und Zeit, überhaupt Flügel brauchen, darüber geben die Angelologen keine Auskunft.

Wie viele Köpfe die himmlischen Heerscharen zählen, ist strittig. *Thomas von Aquin* meinte, dass nicht nur jeder Mensch einen Schutzengel hat, sondern auch jedes Tier. Andere Gottesmänner ließen die Populationsdichte im Himmel weiter anwachsen. Sie schrieben auch Pflanzen, selbst Tautropfen eigene Engel zu. Wie diese Myriaden geschaffen wurden, ist göttliches Geheimnis. Eine geschlechtliche Vermehrung kommt jedenfalls nicht in Betracht. Engel haben keinen Sex, das gilt als gesichert. Wer im Himmel wohnt, ob als Engel von Anbeginn oder als Mensch, dessen Seele in die Ewigkeit aufgestiegen ist, der wird und bleibt ledig. Den ersten Päpsten galten die Engel gewöhnlich als männlich. Manche Darstellungen

aus alter Zeit zeigt sie mit Rauschebärten. Im sinnenfrohen Mittelalter ging der Trend dann eher in Richtung Frau oder Kind, beide meist ziemlich leicht bekleidet, wenn überhaupt.
Vor einigen hundert Jahren häuften sich in der Literatur auch die Berichte, dass fromme Männer bei ihrer Ankunft im Himmel von attraktiven Engelinnen begrüßt wurden, mit einer herzlichen Umarmung und so weiter.

Im Grunde ist der ganze jüdisch-christliche Offenbarungsglaube ein blanker Unsinn und viele Glaubens„wahrheiten" scheinen dem Unbefangenen zu absurd, als dass ein denkender Mensch sie hinnehmen könnte. Dennoch ist es eine traurige Tatsache, dass auch Menschen, die in anderen Bereichen durchaus als relativ intelligent eingestuft werden können, dort wo es um Glaubensfragen geht, in einer seltsamen geistigen Schizophrenie ihr kritische Vernunft auszuschalten imstande und die dümmsten und **abstrusesten Glaubenssätze** zu schlucken bereit sind. Merkwürdig: Im selben Gehirn können logisches und gläubiges Denken unabhängig voneinander ablaufen, manchmal allerdings auch in seltsamer Vermischung. Und offenbar fällt den Betreffenden dieser Widerspruch gar nicht auf – irgendwie auch eine Form von Dummheit.

Millionen von Kindern wachsen in einer Welt auf, die von Engeln, der heiligen Kommunion, Gott-dem-Vater-dem-Sohn-und-dem-Heiligen Geist, Jesus, dem Heiland und Erlöser, erfüllt ist. Dass es all diesen Dingen an Logik und Vernunft fehlt, wird von ihnen nicht wahrgenommen. Für diese Kinder ist es ebenso selbstverständlich, an die Verwandlung von Brot und Wein in den Körper und das Blut des Nazareners bei der „Heiligen Messe" zu glauben, wie an die Elektrizität. Mathematik lernen sie genauso, wie den Katechismus. Die Absurdität dieses Nebeneinanders wird nicht bemerkt. Für viele Leute ist es ebenso natürlich, an Feen, an Hexen und an den Bösen Blick zu glauben, wie daran, dass Feuer heiß ist. Die ständige Bekräftigung des Gottesglaubens innerhalb der Gemeinde ist möglicherweise der Hauptgrund dafür, dass er den Gläubigen so vernünftig erscheint (nach *Robert Todd Carroll*, Internet 2002).

Auch das **Gebet**, das ja zur Praxis vieler Religionen gehört, stellt ein Problemfeld dar:

„Das Gebet verstärkt die Illusion, dass der Glaube irgendwie gerechtfertigt sein könnte: Wenn man niederkniet, kommt Demut auf, wenn man den Kopf neigt, spürt man die Bereitschaft zum Gehorchen" (*Vilar* 2000).

Im philosophischen Sinne kommt jede Anbetung einer Gotteslästerung gleich, weil sie durch ihr Lob den Allmächtigen auf von Menschen zu Tugenden erklärte Eigenschaften reduziert. Jedes an einen Gott adressierte Kompliment ist auch eine Blasphemie. Denn wenn Gott weiß, wie gütig, gerecht und weise er ist, und es trotzdem immer wieder aus den Mündern seiner Schäfchen hören möchte, hätte dies ja zu bedeuten, dass er außerdem auch noch eitel, selbstgefällig und publicitysüchtig ist.

Bei genauerer Betrachtung gibt es aber auch ein physikalisch-energetisches Problem: Wenn man Beten als echten Informationsaustausch zwischen zwei ontologischen Ebenen versteht, als Wechselwirkung zwischen Natur und Übernatur, zwischen dem Menschen und einem außerweltlichen göttlichen Wesen, so bedeutet dies eine Durchbrechung der Naturgesetze. Oder soll man allen Ernstes ein Erlebnis, das ein Gläubiger als „Gespräch mit Gott" erfährt, als tatsächlichen Kontakt des neuronale Substrats des Gehirns mit einer außerweltlichen Substanz interpretieren? Wie sollte das Gehirn durch einen Reiz aus dem Jenseits stimuliert werden?

Dass eine Silbe, die für ein Fantasieprodukt steht, das nicht einmal in Umrissen beschrieben werden kann, zu einem Bewusstseinsbestandteil vieler Menschen wurde, mutet eigenartig an. Und je mehr Leute diese Illusion besitzen, desto eher erwerben ihn andere, weil sie der Meinung sind, dass das, was viele glauben, nicht unglaubwürdig sein könne (vgl. *Löbsack* 1976). Dass man mit seinem Glauben auf der Seite der Mehrheit ist, gilt der dumben Hinterwelt des Spießbürgers als Beleg für die Richtigkeit des Geglaubten.

Vilar (1992): „Diese dumpfe Selbstgewissheit in dem am wenigsten abgesicherten aller Bereiche ist geradezu das Markenzeichen des gläubigen Menschen. Obwohl das Verb ‚glauben' eine Umschreibung für ‚nicht wissen' ist, tut man stets so, als wisse man alles. Und wenn einer kommt, der sich ausdrücklich als *Nicht-wissender* bezeichnet (ein *Agnostiker*), dreht man auch diesem das Wort im Mund herum und nennt ihn einen *Suchenden*. Und was sieht er? Nun, eben das, was man selber bereits gefunden hat – den wahren Glauben. Dass es einen solchen schon per definitionem nicht geben könnte, weil man etwas *Wahres* nicht *glauben* muss (man *weiß* es) ficht dessen Verkünder nicht an: Ein gläubiger Mensch kann einem ungläubigen nicht nur das Woher und Wohin erklären, sondern weiß auch, was diesen glücklich macht."

Der Skeptiker von heute zerbricht sich weniger über den Angebeteten als über die Anbeter den Kopf. „Denn für ihn ist das

Mysterium der Schöpfung nicht Gott, sondern die Milliarden Menschen, die da inmitten dubiosester Umstände so unverdrossen für ihn Reklame machen und jedes Erdbeben als Warnung, jeden Beinbruch als Strafe, jede Blume als Geschenk von ihm deuten. Den Ungläubigen fasziniert die Selbstgewissheit, mit der ihm diese Ewigkeitsspekulanten ihre Paradiese anpreisen; die Genauigkeit, mit der sie den Weg dahin kennen; die Zuvorkommenheit, mit der sie ihm ihre Höllen beschreiben; die Sicherheit, mit der sie zwischen Gut und Böse unterscheiden; die Unbekümmertheit, mit der sie mit ihren Glocken lärmen; die Ungeniertheit, mit der sie ihr Herdenleben als Glück bezeichnen – und ihn, den Ungläubigen, als verlorenes Schaf" (*Vilar* 1992).

In einem früheren Buch (*Der betörende Glanz der Dummheit*, 1990) schreibt *Vilar*: „Dieser Gott hat zwar vielleicht die Erde gemacht, leider aber auch das Erdbeben. Er schickt einem das Badewasser, aber auch die Überschwemmungskatastrophen. Er lässt Krokusse und Krebsgeschwüre gleichermaßen sprießen, hält seine Hand über den Flug von Schwalben und Raketen. Wenn es ihn gibt, dann ist er nicht nur der Vater des Atoms, sondern auch der Atombombe gewesen. Dann ist er nicht nur der Erfinder der Kinder, sondern auch der Kinderlähmung. Dann hat er seinen hübschen Homos das brutale Aids-Virus hinterhergeschickt. Dann hat er sich nicht nur ein ‚auserwähltes Volk' erkoren, sondern auch noch jenes zweite, das es wegradierte. So wunderbar sind seine Wege also nicht. Höchstens zum Wundern.

Und als Adressat für Gebete wäre er schon gar nicht zu gebrauchen. Denn wenn dieser Gott so ist, wie er ihm erscheint – unzurechnungsfähig und grausam –, dann sollte man auf gar keinen Fall durch Beten noch zusätzlich seine Aufmerksamkeit provozieren: Wer weiß, ob er einem zur schlechten Physikzensur nicht auch noch ein gebrochenes Bein schickt?"

Eine Umfrage des österreichischen Nachrichtenmagazins *profil* (52/53, 21. Dezember 1992) ergab folgende Überzeugungen:

85 %	Es gibt einen Gott
52 %	Es gibt einen Himmel
34 %	Es gibt eine Hölle
46 %	Es gibt Engel
61 %	Es gibt ein Leben nach dem Tode
47 %	Die Menschen stammen von Adam und Eva ab

Die „heilige" Kirche

Die christlichen Kirchen erheben allesamt den **Alleinvertretungsanspruch** für die absolute Wahrheit. Dieser Anspruch, im alleinigen Besitz einer absoluten Wahrheit zu sein, ist auch eine der wichtigsten Ursachen für Intoleranz und Hass auf Andersdenkende. In Wirklichkeit haben die Kirchen den Alleinvertretungsanspruch in Sachen Absurdität. Mit merkwürdigen intellektuellen Verrenkungen und Verbiegungen wird jeder Aufklärungsversuch und jede wissenschaftliche Erkenntnis, die den Glauben (oder besser: die widersprüchlichen Behauptungen einer absurden Theologie) vermeintlich gefährden, bekämpft. Insbesondere gilt dies natürlich für fundamentalistische Sekten. Indes, die Wahrheit zu knebeln und in intoleranter Weise unterdrücken zu wollen, zeugt von ausgesprochener Dummheit. Die christliche Erziehung hat die Intelligenz in Europa durch zwei Jahrtausende regelrecht verdunkelt.

Die Menschen wurden und werden bewusst in Unwissenheit gehalten, selbständiges Denken ist nicht gefragt, die Gläubigen sollen glauben und Wissen soll den Glauben nicht gefährden. Schwarze (Ketzer-)Schafe kann die Kirche nicht brauchen, ihr genügen die weißen, die keine unangenehmen kritischen Fragen stellen. Religionen sind Gehirngleichrichter. Die Kirche will gar nicht, dass die Leute nachdenken. Nachdenken, das zu Andersdenken führen könnte, ist ihr höchst verdächtig. Ihr ist nur die Zahl der eingeschriebenen und Kirchenbeitrag zahlenden Mitglieder wichtig. Und mit Störefrieden ist die Kirche seit eh und je „fertig" geworden. Wer aus der Gemeinschaft der Heiligen ausbricht, wird geächtet. „Wer es wagt, die Religion als Ganzes in Frage zu stellen, wird durch den ‚**Blasphemieverdacht**' erledigt: Er ist ein schlechter und unanständiger Mensch, denn gute und anständige Menschen sind definitionsgemäß gottgläubig. So wurden die edelsten und klügsten Menschen aller Zeiten, die meistens Skeptiker waren, von der Kirche verunglimpft, verfolgt und gar nicht selten ‚eliminiert'" (*Rattner* 1976). Früher wurden Ketzer durch Verbrennung entsorgt, heute wird der Betreffende von fanatischen Proponenten der Kirche zunächst heftig verbal attackiert, bedroht und schließlich totgeschwiegen. Bereits *Schopenhauer* sinnierte: „Was für ein schlechtes Gewissen die Religion haben muss, ist daran zu ermessen, dass es bei so schweren Strafen verboten ist, über sie zu spotten."

Gertrude und *Thomas Sartory*: „Das Christentum ist die mörderischste Religion, die es je gegeben hat."

„Bei *Fjodor Dostojewski* heißt es: Wenn es Gott nicht gäbe, wäre ja alles erlaubt! Tatsächlich sind es gerade die Gottesfürchtigen, die sich alles erlauben. Und was das Schlimmste ist: Sie tun all dies stets im Namen ihres Herrn" (*Vilar* 2000).

Die Institution, die aller Welt Sünden vorrechnet und Reue verlangt, ist selbst zwar hunderttausendfach schuldig geworden, aber völlig reueunfähig. Die historische Inquisition gipfelte im Herausschneiden der Zunge, im Erdrosseln, im Feuertod. Theoretisch gibt sich das Christentum für die friedliebendste Glaubensgemeinschaft der Weltgeschichte aus. Praktisch ist es nachweislich die blutrünstigste aller Religionen. Man denke an die Kreuzzüge, an die Ausrottung indianischer Hochkulturen im Namen Christi, aber auch an die Glaubenskriege unserer Zeit. Aber die Ausrottung der Heiden war den „dummen Christen" nicht genug; sie kämpften auch mit derselben Sturheit und Brutalität gegeneinander.

Überblickt man die religiösen Streitigkeiten in Europa während des Reformationszeitalters, so kann man zur Formel gelangen, dass Religiosität ein anderes Wort für mörderischen Fanatismus ist. Aber Religion ist leider nicht nur mit Fanatismus und Dummheit, sondern auch mit Verlogenheit vereinbar.

Wäre die Kirche noch überall an der Macht, wie sie es im Mittelalter und bis zur Neuzeit im Abendland war, so würde sie wohl noch immer mit „Feuer und Schwert" über alle jene herfallen, die ihren Glauben anzweifeln.

„Der von einem unbedingten allumfassenden Glauben, sei es dem Glauben an eine Idee, an ein Ideal, ja auch dem Glauben an Gott, völlig ergriffene Mensch erträgt nur schwer den Gedanken, dass andere diesen Glauben nicht teilen wollen oder auch nicht teilen können. Ihr Nichtglauben scheint seinen eigenen Glauben in Frage zu stellen, er verfällt dann dem törichten Wahn, den auch ihm nie völlig fremden Zweifel an seinem Glauben oder seiner Überzeugung dadurch beseitigen zu können, dass er den ‚Ungläubigen' physisch oder wenigstens moralisch vernichtet. Dadurch, dass er ihn zu vernichten wagt, beweist er nicht nur seinen Glaubensgenossen und Anhängern, sondern auch sich selbst, dass er seiner Sache gewiss ist und dass sie allein die rechte ist" (*Gürster* 1967).

Schon *Voltaire* stellte fest: „Ist eine solche Kirche, eine solche Religion göttlich zu nennen, ist sie noch glaubwürdig? Sie muss es wohl sein, denn so viele Betrügereien, so viele Irrtümer, so viele Dummheiten, wie sich seit siebzehnhundert Jahren über uns ergießen, haben ihr nichts anhaben können. Sie ist ohne Zweifel göttlich, dass siebzehnhundert Jahre Schurkereien und Schwachsinnigkeiten sie nicht haben zerstören können."

Und *Goethe* schließt sich diesem Verdikt an, wenn er in den *„Zahmen Xenien"* schreibt:

„Es gibt gar viel Dummes in den Satzungen der Kirche. Aber sie will herrschen, und da muss sie eine bornierte Masse haben, die sich duckt und die geneigt ist, sich beherrschen zu lassen. Die hohe, reichdotierte Geistlichkeit fürchtet nichts mehr als die Aufklärung der unteren Massen."

Die Kirche fordert Glauben; wer viel glaubt, weiß wenig; wer wenig weiß, ist dumm; je dümmer einer ist, desto leichter ist er zu regieren. Die von der Kirche verhängten Denkverbote haben es daher den Herrschern aller Zeiten sehr erleichtert, die von ihnen geführten Völker auszubeuten und in Kriegen auf die Schlachtbank zu führen.

Rattner (1976): „War die christliche Religion anfänglich eine Heilslehre für die Armen und Bedrückten gewesen, denen die Seligpreisungen der Bergpredigt galten, so gewannen später die Reichen und Mächtigen durch das Bündnis der Kirche mit dem Staat immer mehr Einfluss auf die kirchliche Lehre und Praxis; Klasseninteressen verbargen sich hinter religiösen Streitigkeiten. Die Religion wird ein hochwillkommenes, vielfach benütztes Werkzeug zur Niederhaltung der Unfreien und Besitzlosen, denen man mit Erfolg den Ausgleich im Jenseits versprechen kann, um zu verhindern, dass sie auf Verbesserung ihres Loses im Diesseits hinarbeiten."

Die Religionen, die uns motivieren, unser einziges Leben gering zu achten und noch geringer das des Anders- oder Nichtgläubigen, sind unser größtes Verhängnis. Sie sind der Hauptgrund dafür, dass die Menschen auf dieser Welt nicht friedlich zusammenleben können (nach *Piper* in *Deschner* 1992).

Der Feldprediger macht den genasführten Volksmassen weis, dass sie für Gott, Führung und Vaterland zu sterben hätten.

Abgesehen von dieser verbrecherischen Volksverdummung ist die Kirche auch in Friedenszeiten ein herrschaftsstabilisierender Faktor. Der Staat neigt daher stets zu einem Bündnis mit dem Klerus, wie umgekehrt die Kirchenfürsten – wenn irgend möglich

– „immer auf der Seite der Star-Banditen der Geschichte" standen (vgl. *Deschner* 1986).

Kriminalrätsel
(aus *Nelly Moia*: Marionette mit Herz. In *Deschner* 1992)

Die christlichen Kirchen fördern die menschliche Grausamkeit und Gemeinheit. Sie sind fest gegründet auf dem Granitfelsen der menschlichen Lebensangst und Todesfurcht, auf der abgrundtiefen Dummheit und Faulheit der meisten Menschen und auf der darauf grassierenden Unwissenheit.

Infam wesentlich und seit jeher. Wer hat die Sklaverei praktiziert und gerechtfertigt? Wer die Folter? (praktiziert und gerechtfertigt). Wer hat sie bekämpft und abgeschafft? Wer? (Bitte – das alles lernen wir nicht in der Schule, also wissen wir es auch nicht ...). Wer hat die Unterdrückung der Frauen und die Ausbeutung der Armen als Gottes Wille erklärt und unterstützt? Wer das skrupellose Schinden der Tiere? Der Natur? Wer hat heimtückisch die Verachtung der ratio gelehrt und irrationale Ängste geschürt, die gefügig machen, kritisches Denken und Handeln lähmen? Wer hat über ein Jahrtausend lang den wissenschaftlichen und besonders den medizinischen Fortschritt aufgehalten und damit (über ein Jahrtausend lang) *unermessliches Leid* über die Menschen gebracht – und auf diesem Elend seine Macht gegründet? Wer sucht heute den Kampf gegen AIDS zu behindern, wer verhindert soweit als möglich (d.h. ganz wesentlich!) die für diesen Planeten *lebensnotwendige* Geburtenkontrolle? Wer verteufelt jeden Schwangerschaftsabbruch, wer steht der längst fälligen Legalisierung einer humanen Sterbehilfe im Weg? Wer paktiert seit jeher mit den abgefeimtesten Tyrannen, bis in unsere Zeit hinein?

„Gleichgültig, wie hoch die Ideale waren, die ihre Begründer seinerzeit motivierten: In den Händen ihrer Nachfolger degeneriert jede Religion und jede Ideologie früher oder später zu einem bloßen Machtinstrument. Die Kriminalgeschichte der christlichen Kirche, die Gegenwart der katholischen mit ihrem Verbot der Empfängnisverhütung, das für das Elend ganzer Völker verantwortlich ist, zeigt uns in aller Deutlichkeit, wie sogar die Lehre von der Barmherzigkeit von einem machtgierigen Klerus entstellt und missbraucht werden kann" (*Vilar* 2000).

Trotz aller berechtigter Kritik muss man aber auch zugestehen, dass jede Religion auch davon lebt, dass ein Teil ihrer Diener mehr taugt, als sie. Ja die guten Christen sind am gefährlichsten – man verwechselt sie mit dem Christentum (siehe *Deschner* 1990).

„Der Priesterstand ist dringend daran interessiert, dass gewisse seelische Bedürfnisse wach gehalten werden, also z.B. ein Schuldgefühl gegenüber der Gottheit und das Verlangen nach einer Versöhnung mit einem angeblich erzürnten Gott, die eben die Kirche anzubieten hat. Vom Priesterstand wird die Gewissensnot suggeriert und künstlich gesteigert (z.B. mit dem abscheulichen Schreckbild ewiger Höllenstrafen). Wenn sie also die Seele von ihrer Angst befreien wollen, müssen sie ihr zuvor Angst einflößen; sie gleichen Ärzten, die ihre Patienten krank machen, um sie zu heilen. Hierin besteht die Gefährlichkeit des Priesterstandes. Er ist, um seine eigene Unentbehrlichkeit zu beweisen, darauf angewiesen, das menschliche Seelenleben zu vergiften, zu deformieren, zu denaturieren, zu vergewaltigen. Über diese seine Wirkung ist sich selbstverständlich der einzelne Priester nur in den seltensten Fällen klar. Er ist ja selbst schon ein Opfer priesterlicher Erziehung und Suggestion, und nur selten ringt sich aus diesem Circulus vitiosus ein einzelner zur Freiheit durch" (*Wyneken* 1964).

Auch nach *Deschner* (1990) ist die Kirche eine Praxis, die krank macht, um heilen zu können; die in Nöten hilft, die man ohne sie gar nicht hätte. Die Kirche stempelt die Gläubigen zu „Sündern", damit sie die armen Seelen dann umso prompter retten kann.

Die patriarchalische Struktur nicht nur der Theologie, sondern auch (vor allem) der Institution der katholischen Kirche äußert sich in der extremen Frauenfeindlichkeit und in einer Sexualfeindlichkeit. Die völlige Verachtung der Frau wurde von *Saulus von Tarsos* ((*Paulus*), dem eigentlichen Begründer der christlichen Lehre, eingebracht und ist seither untrennbar mit dem Christentum verbunden. Die Frau brachte nach seiner Meinung die Sünde in die Welt, als Eva dem Adam die Frucht vom „Baum der Erkenntnis" reichte. Und es gab tatsächlich Diskussionen, ob Frauen überhaupt Menschen seien und eine unsterbliche Seele hätten.

Wie Untersuchungen zeigen, haben Frauen eine größere Glaubensbereitschaft. Nur so ist es zu erklären, dass die meisten christlichen Frauen sich die Diffamierung durch ihre Kirche immer noch gefallen lassen. Als ausgesprochen intelligent wird man dieses Verhalten nicht bezeichnen können.

Doch gibt es die Meinung, Frauen könnten nicht so unnatürlich sein und Religionen erfinden. „Das ist, wie so vieles auf diesem verkorksten Planeten, ein Privileg der Männer" (de *Martin* 1996).

Immerhin sehen immer mehr Menschen (auch viele Frauen) die kirchlichen Ge- und Verbote zunehmend kritischer. Zölibat,

Konzelebrationsverbot mit Evangelischen, Verbot höherer Positionen für Frauen, Verbot von Ministrantinnen, Pillenverbot usw. All diese hinterweltlerisch-rückständigen und dummen Maßnahmen, die letztlich auf die Kirche selbst zurückfallen, bewirken zumindest bei „fortschrittlicheren" Geistern in der Kirche verständnisloses Kopfschütteln. Der rasante Verfall der kirchlichen Autorität zeigt sich auch in den immer mehr zusammenschrumpfenden Grüppchen sonntäglicher Kirchenbesucher. Und trotz aller Gags und Anpassungsversuche mancher anvantgardistischer Priester ist der Niedergang wohl kaum aufzuhalten.

Reinhard Piper (in *Deschner* 1992) meint: „Mag Religion folkloristisch weiterleben; werden ihren Vertretern die staatlichen Geldhähne zugedreht – auch die subsidiären –, dann verkümmern sie von selbst." Diesen Optimismus zu teilen fällt schwer angesichts des tiefsitzenden metaphysischen Bedürfnisses und der Dummheit des Menschen. Der religiöse Wahn ist wohl unsterblich.

Religionsprophylaxe
(aus *Esther Vilar*: Die Erziehung der Engel –
Wie lebenswert wäre das Ewige Leben? 1992)

Gerade auf dem Gebiet der *Religionsprophylaxe* könnte die künftige Technik wahre Wunder vollbringen: Mit dem richtigen „Impfprogramm" ließe sich religiöser Fundamentalismus ebenso zum Verschwinden bringen wie derzeit Kinderlähmung und Diphtherie. (Immer von der unrealistischen Annahme ausgehend, eine Vorbeugung gegen diese verheerendste aller Volkskrankheiten würde von der überwältigenden Mehrheit der bereits Erkrankten gestattet.)

Auch für Individuen, bei denen die Paranoia bereits voll ausgebrochen ist, gäbe es dank der neuen Methode Hoffnung – natürlich nur, sofern sie sich freiwillig einer Behandlung unterzögen. Nach dem Vorbild heutiger Suchtentwöhnung würde die Therapie eines solchen – von Todesangst gepeinigten und daher zum Opfer eines Ewigkeitsdealers gewordenen – Patienten in streng angeschirmten Spezialzentren vor sich gehen. Geschützt vor Missionaren und in Gesellschaft anderer Überlebenssüchtiger, könnte er sich ganz seiner Erlösung von dem Übel widmen und sich auf die Rückkehr in ein Leben „in Wahrhaftigkeit" vorbereiten.

Die Behandlung selbst hätte vor allem die Stärkung seiner geistigen Widerstandkraft zum Ziel und würde deshalb gleich mehrgleisig angegangen: Neben dem natürlich unerlässlichen theoretischen Unterricht in Vergleichender Theologie (nichts wirkt so ernüchternd wie ein Nebeneinander der Angebote überirdischer Dienstleistungsbetriebe) gäbe es zum Beispiel Gesprächsgruppen, Erfahrungsaustausch mit ehemals Süchtigen, Exerzitien im Wiederentdecken alltäglicher Genüsse: Freude am eigenen Körper, Staunen über das Sichtbare (ohne gleich Spekulationen über den Namen des Fabrikanten anzustellen), Bewusstmachung des Augenblicks usw.

Der wichtigste Aspekt des Kurprogramms wäre jedoch Virtual Reality: Der Überlebenshungrige würde sich immer wieder in schalldichte, der heutigen Klosterzelle nicht unähnliche Räume zurückziehen, wo er dank modernster Simulationssysteme seine Zukunft als Engel quasi vorausleben könnte. ...

In der Regel würde der VR-Patient jedoch nach Ablauf einer gewissen Frist von seinen Therapeuten als geheilt entlassen. Er hätte seine virtuelle Erziehung zum Engel absolviert, hätte begriffen, was es mit dem Ewigen Leben (bestenfalls) auf sich hat, und fände es darum attraktiver, nach dem Sterben tot zu sein.

Diese Rückkehr zur Vernunft würde für ihn, den Genesenden, wohl wieder mehr Todesangst bedeuten, aber auch eine enorme Steigerung an Lebensintensität und einen Zuwachs an Selbstachtung.

Bemerkung: Ganz so einfach dürfte eine (wenn auch freiwillige und mit raffinierten Methoden durchgeführte) Umprogrammierung nicht sein. Sigmund *Freud* ist da weniger optimistisch: „Der Gläubige lässt sich seinen Glauben nicht entreißen, nicht durch Argumente und nicht durch Verbote. Gelänge es aber bei einigen, so wäre es eine Grausamkeit. Wer durch Dezennien Schlafmittel genommen hat, kann natürlich nicht schlafen, wenn man ihm das Mittel entzieht."

Die religiöse Verblödung: indoktrinierte Dummheit

Im Jahre 1992 glaubten „nur noch" 42 Prozent der Deutschen, dass Jesus Tote auferweckt, und 40 Prozent, dass Jesus 5000 Menschen mit fünf Broten und zwei Fischen gespeist habe. Dass Jesus leiblich auferstanden sei, hielten nur noch 33 Prozent für wahr, dass er Gottes Sohn sei, nur noch 29 Prozent, und dass er von der Jungfrau Maria geboren, sogar nur noch 22 Prozent.

Was *„der Spiegel"* damals wie eine Sensation feierte, ist in Wirklichkeit ein Skandal. Es ist beschämend zu sehen, dass man in Deutschland am Ausgang des 20. Jahrhunderts noch mit derartigen Ammenmärchen hausieren gehen kann.

Das geistige Armutszeugnis, das die Deutschen sich hier ausgestellt haben, wird nur noch von dem Rummel überboten, der um die so genannten Ketzer *Hans Küng*, *Uta Ranke-Heinemann* und *Eugen Drewermann* gemacht wurde. Es ist kaum zu glauben, dass selbst das intellektuelle Publikum Leuten Beifall zollt, deren geistige Großtat darin besteht, an der „Unfehlbarkeit des Papstes", der „jungfräulichen Empfängnis Mariä" und der „leibhaftigen Auferstehung Jesu" zu zweifeln. Schuld an diesem erbärmlichen Geisteszustand vieler Menschen sind in erster Linie die institutionellen Religionen. Die Verdummung des Menschen durch das Christentum ist eine bittere Tatsache.

Die Volksfrömmigkeit, die im Glauben an ein Sammelsurium von Aberglauben an die absurdesten Wunderdinge, Unsinn und Schwindel besteht, ist das Ergebnis einer großangelegten Volksverdummung. Dass auch die „frommen" Wunder nur allzu oft auf Betrug beruhten, lehrte uns die Kriminalgeschichte. Als versuchte Volksverdummung muss man es auch werten, wenn Schriften, die über derlei Bauernfängerei aufklären, unterdrückt werden.

Wie um alles in der Welt ist eine solche totale Abdankung oder zumindest zeitweise Suspendierung des logischen Denkens bei einem normal intelligenten Menschen überhaupt möglich?

Nun, eine derartige künstliche Verdummung und Korrumpierung des Denkens kann normalerweise nur in der frühen Kindheit stattfinden. Es handelt sich um eine frühkindlich indoktrinierte Denkhemmung und geistige Abschottung bei noch fehlender Kritikfähigkeit. Es bedeutet dies eine Vergewaltigung des Verstandes. Dinge des Glaubens dulden kein Denken. *Martin Luther* bezeichnete die Vernunft als „Hure des Teufels".

Je früher und nachhaltiger es gelingt, Glaubensüberzeugungen im menschlichen Geist anzusiedeln, desto fester verankert werden sie sich später erweisen. Kaum ein Mensch hätte einen Gott, hätte die Kirche ihnen einen solchen nicht aufgeschwätzt. *Arthur Schopenhauer* schreibt in seinen „*Parerga und Paralipomena*": „... wie denn überhaupt die Religion das rechte Meisterstück der Abrichtung ist, nämlich die Abrichtung der Denkfähigkeit; da man ja bekanntlich nicht früh genug damit anfangen kann. Es gibt keine Absurdität, die so handgreiflich wäre, dass man sie nicht allen Menschen fest in den Kopf setzen könnte, wenn man nur schon vor ihrem sechsten Jahre anfinge, sie ihnen einzuprägen, indem man unablässig und mit feierlichem Ernst sie ihnen vorsagte" (in *Buggle* 1997). Unwürdig erscheint die verdächtige Eile, mit der die Kirchen auf möglichst frühe Erfassung und Festlegung der Kinder für die christliche Sache ausgehen. Das Ausnützen der intellektuellen Wehrlosigkeit des Kindes zur konfessionellen Festlegung ist kein besonders überzeugender Beweis für das eigene Zutrauen in die Überzeugungskraft und die Absolutheit der christlichen „Wahrheiten".

„Da alles, was mit religiösem Glauben zu tun hat, gegen die Logik verstößt, muss die Dressur in einem Alter durchgeführt werden, in welchem der Mensch noch nicht logisch denken kann. Außerdem wird in der religiösen Erziehung ja auch stark das Gefühl angesprochen und diese Gemütsgründe bewirken, dass mitunter auch scharfsinnige Philosophen und Wissenschaftler dem Glauben, vor allem dem Glauben an den spezifischen Gott der Kirche zuneigen. Auch sie waren einmal Kinder, auch sie waren lan ge Zeit dem Einfluss religiöser Erziehung ausgesetzt. Dazu kommt noch eine genetische Disposition, die zum Glauben verleitet.

Hat aber der Mensch einmal die mentalen Scheuklappen irgendeiner religiösen Überzeugung angelegt und ist er von einer dieser Kirchen an die Kandare genommen, dann kann er sich meist bis ins hohe Alter, oft bis zum Tod nicht mehr davon befreien, und es fällt ihm die Unglaubwürdigkeit und Unsinnigkeit seines angezüchteten Glaubens gar nicht mehr auf. Deshalb aber, um die Geister auch in den aufgeklärtesten Zeiten und unter dem dauernden Fortschreiten naturwissenschaftlicher Erkenntnis weiter in saecula saeculorum beherrschen zu können, muss schon das Kleinkind vergewaltigt werden" (*Vilar* 1992). So entsteht auf dem Humus infantiler Hilflosigkeit eine kollektive Zwangsneurose im Sinne von *Freud*.

Nicht nur bei fundamentalistischen Sekten – dort natürlich besonders –, sondern durchaus auch in sehr strengen und moralisierenden Elternhäusern beider großen Konfessionen führt die religiös-christliche, vor allem leibesfeindliche Erziehung häufig zu „**ekklesiogenen Neurosen**", bei denen Patienten unter religiösen Schuldgefühlen leiden, die ihnen angezüchtet wurden. Der Theologe *Benz* lässt die Katze aus dem Sack:

„Die christliche Kirche legt Wert darauf, dass es nie zu einer vollständigen Überwindung der Angst kommt, denn sie bedient sich der Angst als eines wesentlichen Elements der Aufrechterhaltung ihrer Ethik." Das ist ebenso zynisch wie unmissverständlich! Druck durch Angsteinflößung, Bestrafung durch Liebesentzug sind zwar auch ohne Gott verwerfliche Erziehungsmethoden, doch dringt die Drohung mit Gott schneller, rigoroser ins kindliche Bewusstsein, weil ein Unsichtbarer auch immer ein Unheimlicher ist. Druck und Angstsituationen in den frühkindlichen

Entwicklungsphasen sind nach allen Erkenntnissen der Kinderpsychologie der Nährboden für spätere Neurosen und Psychosen.

Ein nicht geringer Teil seelischer Störungen dürfte also auf die christliche Pädagogik zurückgehen, auf die Art und Weise, wie Kinder schon früh „ins Gebet genommen" wurden und noch werden. Viele Eltern glauben immer noch, es sei gut für ihr Kind, wenn es den Religionsunterricht besuche. Sie meinen, dass ihr Kind dort lerne, ein anständiger Mensch zu werden (*Dahl* 1993). Die Wirklichkeit sieht jedoch anders aus. Denn die Erziehung zur Nächstenliebe wird von der offenkundigen Strategie begleitet, Angst und Verunsicherung zu schüren. Es ist so leicht, Kindern Angst und Schuldgefühle einzuflößen, anstatt sie zu Liebe und Achtung vor sich selbst zu erziehen!

Francis Bacon: „Wenn eine Überzeugung einmal feststeht, unternimmt der menschliche Verstand alles, zusätzliche Unterstützung und Bestätigung für sie zu gewinnen." *Günther Anders*: „Wo ich nicht darf, denk' ich nicht scharf."

Vilar (2000): „Für die Frommen ist es zu spät, die haben das Denken längst abgestellt – zumindest auf diesem Gebiet. Glauben heißt nicht wissen. Wenn man noch denkt, kann man nicht mehr glauben."

Der Erwachsene empfindet die erfahrene **Indoktrination**, die einer Prägung vergleichbar ist, gar nicht mehr als solche. Für ihn sind die anerzogenen Vorstellungen naturgegeben und selbstverständlich. Den absurdesten Aberglauben hält er für unumstößliche, absolute Wahrheiten. Und nicht selten führen kritische oder abwertende Bemerkungen zu heftigen fanatisch-aggressiven Reaktionen. Über seinen Glauben lässt der Manipulierte nichts kommen!

Die Schulung der Kinder in **Wundergläubigkeit** wird zur nie versiegenden Quelle auch des Aberglaubens – mögen die Theologen noch so oft versichern, dass Glaube und Aberglaube zweierlei sei. Zumeist sind es auch die frommen und nicht von Bildung und Kultur allzu sehr beeinflussten Gegenden, in denen der Wunderglaube blüht. Die Kirche unterstützt diese Verdunkelung der Vernunft, indem sie in ihrer Heiligen-Geschichtsschreibung allerlei unüberprüfte Wundertaten überliefert (nach *Rattner* 1976).

George Orwell führte in seinem Buch „*1984*" den Begriff „*Crimestop*" ein. Das bedeutet die Fähigkeit, gleichsam instinktiv auf der

Schwelle jedes gefährlichen Gedankens Halt zu machen. Es schließt die Gabe ein, Analogien nicht zu verstehen, außerstande zu sein, logische Irrtümer zu erkennen, die einfachsten Argumente misszuverstehen und von jedem Gedankengang gelangweilt oder abgestoßen zu werden, der in eine ketzerische Richtung führen könnte. Crimestop bedeutet, kurz gesagt, „schützende Dummheit".

Die Kirche möchte, es ist nicht zu fassen,
die Menschen in Dummheit sterben lassen.
Sie weiß ganz genau, von den gläubigen Schafen
kann kein's, wenn es tot ist, sie Lügen strafen.

E.L.

Lässt man Wunderglauben, Teufelsglauben, Glaube an den allmächtigen und allgütigen Gott, an Mariä leibliche Himmelfahrt, an Auferstehung und ähnliches unbefangen auf sich wirken oder versetzt sich einmal in die Lage eines fiktiven intelligenten Außerirdischen, so muss man von einem schwerverständlichen Phänomen sprechen. Erstaunlich viele Menschen erliegen offenbar weltweit einem blanken Aberglauben und nicht nur das. Nicht wenige treibt es darüber hinaus zu fanatischen Aktionen, oder es drängt sie zu andächtigem, weihevollen Gebaren, das auf den rational denkenden Menschen nicht weniger befremdend wirkt (nach *Löbsack* 1976).

So ist die Religion nicht nur auf der abgrundtiefen Dummheit und Unwissenheit der meisten Menschen gegründet, sondern vielmehr und in erster Linie auf einer Vergewaltigung des Verstandes in der frühen Kindheit – auf indoktrinierter Dummheit. Der so erreichte Geisteszustand ist kaum reversibel.

Esther Vilar (1990) sieht die Sache mit der Dummheit der Gläubigen etwas anders. Danach ist nicht der dumme Mensch religiös, vielmehr hat eher der Intelligente ein Religionsbedürfnis. Das heißt nicht, dass in unseren Gotteshäusern ausschließlich intelligente Leute verkehren. Auch der Dumme geht in seine Kirche. Doch sucht er dort weniger den Schutz des (unsichtbaren) Hirten als den der (sichtbaren) Schafe. Er weiß, dass es von Vorteil ist, zu einer möglichst großen Herde zu gehören. Und damit die andern begreifen, dass man einer der ihren ist, müssen sie einen möglichst häufig bei der gleichen Beschäftigung sehen.

Aber auch mit den Glaubensinhalten hat der Dumme kein Problem. Einem gescheiten Menschen würde es beinah noch leichter fallen, an die Existenz des Ungeheuers von Loch Ness zu glauben als an die eines überirdischen Wesens. Doch wenn er seine Angst vor dem Ausgelöschtwerden beschwichtigen will, muss er es trotzdem mit dem letzteren versuchen.

Der Beschränkte glaubt, weil er es nicht besser weiß, der Gescheite glaubt wider sein besseres Wissen. Nach dem traditionellen Intelligenzbegriff wäre Religion tatsächlich „etwas für die Dummen". Erst wenn man dem Vorschlag *Vilars* folgt, nach welchem Intelligenz primär mit der Fantasiefähigkeit zusammenhängt, kann es überhaupt *intelligente* religiöse Menschen geben: Je größer die Fantasie, desto schrecklicher die Angst vor dem Tod und desto stärker die Notwendigkeit, den Strohhalm zum rettenden Balken zu idealisieren.

Sekten – Engstirnigkeit zur Potenz

Als Sekten werden hierzulande gemeinhin von den Großkirchen abgespaltene religiöse Gruppen bezeichnet, die sich durch die Bank fundamentalistisch gebärden und Absolutheitsanspruch erheben. Die Organisation hat eine totale Verfügungsgewalt über das Individuum. Der Boom religiöser Sekten überall auf der Welt, – vorzüglich aber in den USA, in Brasilien, Afrika und Asien – zu Beginn des 21. Jahrhunderts kann nicht gerade als Zeichen zunehmender Intelligenz der Menschheit angesehen werden.

Die Gründe für den Einstieg in eine solche „verkappte Religion" (*Petz* 1993) ähneln sich: kaputte Familie, kaum Freunde, konfuse Fragen nach Werten, eine diffuse religiöse Bedürftigkeit. Ob die Heilsuchenden nun bei der weltabgewandten Sonnentempler-Sekte unterkommen, der Gemeinschaft „Universelles Leben" oder bei den „Zeugen Jehovas": Gemeinsam ist allen Gruppen, dass sie

- endzeitlich ausgerichtet und nach außen hin abgeschottet sind;
- Menschen mit unterschiedlichen Heilsversprechen rundherum ausbeuten;
- ihre Mitglieder mit verschiedenen Psycho-Praktiken unter Druck setzen und dadurch eine neue Sektenidentität schaffen;
- fundamentalistisch an der wörtlichen Auslegung der Bibel stur festhalten.

Alle Sekten decken, bewusst oder unbewusst, bestimmte religiöse Defizite der Ausgangsreligion ab. Sektenmitglieder fühlen sich auserwählt, hervorgehoben und gerettet. Diese Rettung bezieht

In der Sekte

sich auf eine Katastrophe, die alle Nicht-Sektenmitglieder trifft (Strafe Gottes, Weltuntergang usw.).

Der heute wieder blühende Aberglaube ist ein ideale Nährboden für Sekten. Denn dieser bezieht seine Anziehungskraft aus der Sehnsucht nach Magie und Wundern, die in einer verwissenschaftlichten und technisierten Welt keinen Platz mehr haben.

Bemerkenswert ist, dass zwei Drittel bis drei Viertel aller Sektenmitglieder weiblich sind, meist Frauen zwischen 35 und 50.

Sekten gibt es auch innerhalb der katholischen Kirche (Opus Dei, Engelwerk, Legio Mariae). Diese Kirchen in der Kirche haben eine eigene Struktur mit charismatischem Führer. In Werbemethoden und Umgang mit ihren Mitgliedern sind sie den nichtkirchlichen Sekten absolut ebenbürtig. Sie machen Angst, schaffen Abhängigkeit und stellen die eingefangenen Menschen in Sklavendienste. Innerkirchliche Sekten oder Psychogruppen sind meist besonders papst- und linientreu.

Durch Psychoterror und mittels diverser Verdummungsstrategien führen Sekten eine Gehirnwäsche durch. Das Bewusstsein des Opfers wird extrem eingeengt, es wird künstlich verdummt; es glaubt jetzt jeden Unsinn, der ihm vom Sektenguru zu glauben befohlen wird. Die neu geworbenen Sektenmitglieder merken zunächst nicht, was mit ihnen getrieben wird, sie merken es oft lange nicht, oft zu lange.

Und je radikaler, autoritärer und verabsolutierender die Inhalte einer religiösen Gruppierung sind, desto schwerer wird es im

Allgemeinen den Betroffenen fallen, sich wieder von der Sekte zu lösen.

Mit Sektierern zu diskutieren ist völlig sinnlos. Ihre Scheuklappen erlauben ihnen nicht, andere Meinungen auch nur zu sehen. Argumente gegen ihren Glauben ernsthaft zu erwägen oder gar zu akzeptieren ist ihnen unmöglich, Kritik prallt am Panzer ihrer angezüchteten Engstirnigkeit ab.

Die Science-Fiction-Religion

1968 kann als das Jahr der Begründung einer seltsamen Mischung aus Science Fiction und Religion angesehen werden. Lafayette *Ronald Hubbard*, amerikanischer Science Fiction-Schriftsteller und verhinderter Philosoph rief Scientology ins Leben. *Hubbard* rühmte sich zu Unrecht akademischer und anderer Würden und an seiner geistigen Gesundheit bestanden erhebliche Zweifel.

Er war der Überzeugung, dass die Welt in einem ziemlich miserablen Zustand sei und dass irgendein Mensch oder irgend ein neuer Gedanke in der Lage sein müsse, sie wieder in Ordnung zu bringen. Und nie von falscher Bescheidenheit geplagt, ließ er keinen Zweifel daran, dass er, zusammen mit dem Kind seines Geistes, der **Scientology**, die Sache wohl regeln könnte.

In seinem Hauptwerk *„Dianetik"* präsentierte er eine verworrene Pseudoreligion, die offenbar manche Menschen anspricht und die – selbst in ihrer derzeitigen Verworrenheit – eine echte und für einen bestimmten Menschentyp völlig plausible Alternative zur Psychoanalyse einerseits und zur orthodoxen Religion andererseits anzubieten scheint. Sie liefert eine auf den ersten Blick durchaus stichhaltig wirkende Glaubensstruktur mit klaren, kühn formulierten Antworten auf Fragen wie: „Warum sind wir hier?" und „Wohin geht unser Weg?"

Eine genauere Analyse freilich erweist ihre Theorien als phantastisch und unhaltbar, ihre Prinzipien als falsch und bar jeder Begründung, ihre Methoden als minderwertig und gefährlich. Im so genannten *Anderson*-Report heißt es: „Die Scientology ist schädlich; ihre Methoden sind schädlich; ihre praktischen Anwendung stellt eine ernsthafte Bedrohung für die Gesellschaft dar, und zwar in medizinischer, moralischer und sozialer Hinsicht. Ihre Anhänger sind irregführte Wesen, die nicht selten geisteskrank sind."

Innerhalb des Systems selbst mag es sogar ein gewisses Maß an Logik geben, aber nichts bleibt davon übrig, sobald man den

Versuch macht, an dieses System wissenschaftliche Maßstäbe anzulegen.

Ihre Antworten, die in der Regel mystischer Natur sind – das ewige Leben wird, wie immer, deutlich betont – formuliert Scientology in einer Sprache, die der zweiten Hälfte des zwanzigsten Jahrhunderts besser entspricht als die Sprache irgendeiner großen Weltreligion. Es ist eine Sprache mit technischen und psychologischen Untertönen, durchsetzt mit Wendungen aus den Bereichen der Science Fiction, der Psychoanalyse, der Computer-Technologie und angehaucht mit den würzigen Aromen asiatischer Mystik. Diese Sprache geht am unmittelbarsten jenem Teil unserer Gesellschaft ein, der sich am stärksten vom Zusammenbruch des religiösen Glaubens und der Unfähigkeit der modernen Psychologie betroffen fühlt, das Funktionieren des menschlichen Geistes begreifbarer zu machen (vgl. *Evans* 1979).

Scientology ist die erste Science-Fiction-Religion. Wie nur wenige andere Kulte oder Glaubenssysteme macht sie sich Themen und Terminologie unseres Jahrhundert nutzbar.

Ihre Klienten sind die mit einer mittleren Intelligenz ausgestatteten, einigermaßen belesenen und an ihrer Persönlichkeit interessierten Menschen, denen aus irgendeinem Grunde keine Möglichkeit geboten wurde, eine vertiefte Bildung zu erlangen oder die aufgrund ihres Naturells nicht dafür prädestiniert sind, auf die die Scientology die größte Faszination ausübt.

Die Umerziehung erfolgt über sogenannte Auditionssitzungen, in der Scientology auch „Beichte" genannt, und diese Bezeichnung ist keineswegs unpassend. Dabei ist der Auditor durchaus ein Ersatz für die zusehends veraltende Beichte der traditionellen Kirche. Der rituelle Verlauf der scientologischen „Verarbeitung" ist in der zweiten Hälfte des zwanzigsten Jahrhunderts eher geeignet, seine Wirkung zu tun, als der Akt des Betens zu einem Gott, der so wenig zu erkennen gibt, dass er das Gebet hört, und an den heutzutage so wenige Menschen wirklich glauben.

Die Ideologie der Scientologen ist weder Wissenschaft noch Religion, sie ist schlicht gefährlicher Unfug und ihre Anhänger sind bedauernswert Verführte und vielfach seelisch krank. *Petz* (1993) spricht von der „*Hubbard*'schen Idiotisierungsmaschinerie".

Der Hexenwahn

An die Möglichkeit, die Natur mittels geheimnisvoller magischer Rituale beeinflussen zu können, haben Menschen seit Jahrtau-

„Wo ist heute die Feuerparty, Frau Nachbarin?" „Vor der Residenz des Erzbischofs! Geh'n Sie nur dem Rauch nach!"

senden geglaubt. Zauberer und Hexen sollten über übernatürliche Kräfte verfügen und damit sowohl nützliche weiße als auch schwarze Magie (Schadenszauber) durchführen können. Die Magie ist sozusagen der vorwissenschaftliche Vorläufer der Technik. Mit unzureichenden Mitteln wurde (und wird noch heute!) versucht, Naturvorgänge oder Menschen zu beeinflussen. Es ist kaum zu fassen, aber dieser blödsinnige Aberglaube ist trotz aller Wissenschaft und Aufklärung noch immer nicht ausgestorben. Millionen Menschen glauben an Hexen und Dämonen – und dies nicht nur in Afrika oder Lateinamerika, sondern auch im wissenschaftlich-technisch hochentwickelten Abendland.

„Wir leben in einer Zeit, da esoterische Gedanken wieder in breiter Form Fuß fassen, und in der Millionen an die Wirksamkeit von Hexen glauben. Es ist absurd, denn es hat niemals Hexen, Teufel, Gespenster, Götter oder Werwölfe gegeben. Der Glaube daran ist so nichtig wie der an das Goldmachen" (*Wolf* 1998). Die Dummen sterben eben nicht aus.

Der Hexenwahn ist zweifelsohne ein Schandfleck in der Geschichte der Menschheit und trägt mit Sicherheit einen wahnhaften Charakter.

Während es bis zum 13. Jahrhundert als strafwürdig galt, an die Existenz von Hexen zu glauben, da dieser Glaube eindeutig heidnischen Ursprungs war, nahm die Kirche danach einen radikal entgegengesetzten Standpunkt ein, indem sie selbst die Existenz von Hexen als bewiesen annahm. Wurden zuerst Hexengläubige verurteilt, waren es später vermeintliche Hexen.

Im Jahr 1000 n. Chr. vertrat die Kirche offiziell den Standpunkt, dass der Hexenritt eine vom Teufel hervorgerufene Täuschung sei. 500 Jahre danach vertrat die Kirche ebenso offiziell die Meinung, dass diejenigen im Bund mit dem Teufel stünden, die behaupteten, der Hexenritt sei bloß eine Täuschung (*Harris* 1993).

Bereits im 13. Jahrhundert vertrat der Kirchenlehrer *Thomas von Aquin* die Auffassung, dass es ein Irrtum sei, wenn man das Zauber- und Hexenwesen als Illusion betrachte. Der im katholischen Raum bis weithin ins 18. Jahrhundert geschätzte jesuitische Theologe *Martin Delrio* verlautete um 1600: „Wer die Schandtaten der Hexen, besonders ihre nächtlichen Zusammenkünfte, leugnet, huldigt dem Atheismus und widersetzt sich der Kirche" (aus *Tschaikner* 1992). Zehn Seiten widmet *Delrio* der Frage, ob sich die Teufel mit Menschen fleischlich vermischen. Die Tatsache bezweifelt er natürlich nicht: „Es ist dies die gemeinsame Ansicht der heiligen Väter, der Theologen und Philosophen, durch die Erfahrung vieler Jahrhundert bestätigt. Von dieser Ansicht abzuweichen, ist ein Zeichen von Starrköpfigkeit und Verwegenheit" (nach *Kemmerich* 1912).

Der Theologe *Meric Casaubon* erklärte 1668, dass Hexen existieren müssen, da schließlich jeder an sie glaube. Alles, was eine große Zahl Menschen glaubt, muss wahr sein – auch wenn es noch so ein Schwachsinn ist.

Papst *Innozenz* VIII erließ eine Bulle gegen Hexen und Zauberer. Darin ersehnt der Papst mit „höchsten Gefühlen", dass der katholische Glaube wachse und blühe, dass aber die Irrtümer des Glaubens „mit Glaubenseifer ausgerottet" werden. Die Inquisitoren sollen ihre Opfer „einkerkern, strafen und übel zurichten".

1487 erschien eines der schrecklichsten Dokumente der Menschheitsgeschichte, der berüchtigte *„Hexenhammer"*, ersonnen von den zwei Dominikanermönchen *Institoris* und *Sprenger*, ein wahrhaft teuflisches Buch. Das kranke Hirn dieser Mönche hatte die Regeln ausgebrütet, nach welchen man Hexen erkennen, foltern und verurteilen konnte. Hier wurde der haarsträubendste Blödsinn von der Kirche in ein System gebracht. Denn die beiden päpstlichen Legaten haben den Nonsens nicht alleine erdacht; sie wussten hinter sich die ganze kirchliche Obrigkeit, die an Hexen glaubte und leider auch die Macht besaß, diesen Wahnwitz zur offiziellen christlichen Doktrin zu machen.

Im *Hexenhammer* steht zu lesen: *„Haeresis est maxima, opera maleficarum non credere."* [„Es ist höchste Ketzerei, an die Hexerei nicht zu glauben."] Damit wurde dem gesunden Menschenverstand der Mund versiegelt. Es begann eine ungeheuerliche Treibjagd, die nahezu drei Jahrhunderte hindurch anhielt und bald hier, bald dort mit stets neu entflammter Wut tobte (nach *Ráth-Végh* 1961). Hunderttausende Menschen wurden als Hexer oder Hexen aufs Grausamste gefoltert und dann verbrannt. Die Folterinstrumente wurden vor der Tortur von Priestern gesegnet (so wie die Kirche heute noch Waffen segnet). Im kanonischen Kirchenrecht heißt es gemäß dem Konzil von Tours (1163): „Die Kirche verabscheut Blutvergießen." Deshalb wurden die Delinquenten verbrannt.

Kritiker der Hexenverbrennung wurden bestraft und in manchen Fällen ihrerseits verbrannt. Die inquisitorischen Mörder und Folterknechte verrichteten schließlich das Werk Gottes. Sie retteten Seelen. Sie vereitelten die Pläne von Dämonen (*Sagan* 2000).

Dass vor allem Frauen Opfer des Wahnsinns in der frühen Neuzeit wurden, hängt natürlich mit der **Frauenfeindlichkeit der Kirche** zusammen. Die Abwertung der Frau finden wir bereits bei den Kirchenvätern und speziell bei *Thomas von Aquin*, der die unsäglich dumme Meinung vertrat, die Frau sei nur ein „verfehltes Männchen", und damit minderwertig.

Die Kirche schürte den Frauenhass in unvorstellbarem Ausmaß, dem die Frauen wehrlos ausgesetzt waren. Dieser Frauenhass hielt sich über Jahrhunderte und in kirchlich-konservativen Kreisen existiert er bis heute. Eine alte Vorschrift von Kirchenfürsten besagt, dass der Henker verurteilte Jungfrauen vor der Hinrichtung zu vergewaltigen hat. Auf der Folterbank berichten als Hexen denunzierte Frauen und Mädchen (oft noch halbe Kinder) – verzweifelt um ihr Leben ringend – vom übergroßen und mit Fischschuppen bewachsenen Penis des Teufels, der es mit ihnen „getrieben" und ihnen „unter Schmerzen Fleisch und Blut aus der Vagina gerissen hat".

Im *Hexenhammer* heißt es über die Frauen: „Was ist denn auch das Weib anders, als eine Vernichtung der Freundschaft, eine unentfliehbare Strafe, ein notwendiges Übel, eine natürliche Versuchung, ein begehrenswertes Unheil, eine häusliche Gefahr, ein reizvoller Schädling, ein Naturübel mit schöner Farbe bestrichen?" Und weiter: „Schlecht ist das Weib von Natur, da es schneller am Glauben zweifelt, auch schneller den Glauben ableugnet, was die Grundlage für die Hexerei ist." Sie ist von schwächerer Verstandeskraft, das heißt dümmer und mehr der Fleischeslust zugeneigt als der Mann (nach *Kemmerich* 1912, *Weinke* 1987, *Buggle* 1997).

„Die Schuld der katholischen Kirche am Zustandekommen eines Justizmordes von gigantischen Ausmaßen ist unbestreitbar. Die Geißel der Hexenverfolgung wurde von der Theologie der christlichen Kirche geflochten" (*Hansen* in *Tschaikner* 1992).

Und noch heute bestehen berechtigte Zweifel, „ob sich die römisch-katholische Kirche endgültig dogmatisch von der Hexendoktrin abgewandt hat" (*Behringer* in *Tschaikner* 1992).

Bemerkenswert ist auch die Absurdität, „dass man gar nicht erst danach fragte, ob die sogenannten Hexen für ihre angeblichen Taten überhaupt verantwortlich gemacht werden konnten. Denn wenn der Teufel in sie eingefahren war, wie behauptet wurde, dann wären sie doch schuldlos, nämlich vom Teufel zu jenen Handlungen getrieben worden, derentwegen man sie nun verbrennen zu müssen glaubte. So wurden die ‚Hexen' einer entsetzlichen Angst zwischen Urteil und Vollstreckung und einem qualvollen Tod gleich unter drei höchst haltlosen Beschuldigungen überantwortet: der des Teufelsbündnisses, der angeblichen Schadensstiftung und der des schuldhaften Verhaltens. Grotesker und verlogener lassen sich Anklagen und Rechtssprüche im Namen Gottes, des allgütigen Vaters, kaum vorstellen. Tatsächlich sind die wahrhaft Besessenen jener Zeit die Richter und Inquisitoren gewesen, nicht die verfolgten Frauen" (*Löbsack* 1976).

Es erfordert schon eine alles Menschliche übersteigende Portion von Verblendung, nicht einzusehen, dass die Antworten bei den Verhören durch Suggestion und Folter aus den Hexen herausgeholt wurden, nachdem die frommen Glaubensrichter den in ihrem eigenen Gehirn brodelnden Blödsinn in die armen Opfer hineingelegt hatten. Aber jahrhundertelang wollten die Inquisitoren und mit ihnen ihre Auftraggeberin, die Kirche, das nicht einsehen, sondern nahmen alles, was den armen Opfern erpresst wurde, für bare Münze. Widerriefen aber die „Hexen" in den kurzen Zwischenpausen der Folter das erpresste Geständnis, dann war ihnen das nur ein erneuter Beweis für ihre Halsstarrigkeit und ihre Verbindung mit dem Satan! (nach *Kemmerich* 1912)

Nachdem die Hexenforscher „bewiesen" hatten, dass „Hexen" vermittels „Bilokation" durchaus gleichzeitig auf dem Blocksberg mit dem Satan buhlten und zu Hause im Ehebett liegen konnten, wurden jenen bedauerswerten Angeklagten jeder Alibibeweis abgeschnitten, ließ sich doch gegen die Einwände der Ehemänner mit okkultistischer Aftergelehrsamkeit ohne Mühe dartun, dass „der Teufel mit Hilfe höllischen Blendwerks einen Scheinleib im

Hause des Gatten zurückzulassen pflegte, der die Gestalt einer Frau hatte" (*Hansen* in *Prokop – Wimmer* 1976).

Zu dem ganzen Hexenwahnsinn ist es noch wichtig zu betonen, dass die profane Wissenschaft der Zeit der Hexenverfolgung keineswegs mehr im finsteren Aberglauben des Mittelalters befangen war. Vielmehr waren es die Theologen, die diese Dummheit künstlich durch ihre „Wissenschaft" aufrecht erhielten.

Und noch eines: Hätten die Hexenverfolgungen reine Glaubensgründe gehabt, so hätte auch der religiöse Wahn, der ihnen zugrunde lag, wenn nicht als Entschuldigung, so doch als Erklärung dienen können. In Wahrheit haben höchst weltliche Motive die grauenhaften Taten mitbestimmt. Das Vermögen der Verurteilten fiel nämlich den Hexenrichtern zu, so dass sich das gottgefällige Handeln des Hexenbrennens zwanglos mit dem Nützlichen der persönlichen Bereicherung verbinden ließ. Aus der Sicht der Nutznießer waren Denunziation und Hinrichtung der Hexen und Hexer alles andere als dumm.

Um das Böse, das scheinbar Gottfeindliche, in Gestalt armer, aus irgendeinem Grunde schon vorher missliebiger Frauen gewissermaßen beim Wickel zu packen und endlich „lokalisieren" zu können, wird eine ideell oder religiös kostümierte Grausamkeit auf unschuldige Opfer losgelassen, die man als Vertreter des Bösen verteufelt. An diesem Manöver der Dummheit hat sich auch in unserem Jahrhundert nichts geändert. Man macht nicht mehr auf Hexen Jagd, sondern auf Andersrassige, Andersgläubige, Anderssprachige (vgl. *Gürster* 1967). Die Angst vor Fremdartigem und scheinbar Bedrohlichem ist nicht nur Dummheit, sondern ein tief verwurzeltes genetisches Erbe.

Dummheit aus Unwissenheit

(aus *Leo Igwe*: Hexerei in Afrika. In „Skeptiker" 2/2003)

Hexenglaube und Hexerei sind auf dem afrikanischen Kontinent weit verbreitet. Das gesamte Denken sowohl der einfachen Menschen als auch der höher Gebildeten ist durch den Hexenglauben geprägt. In Kamerun ist Hexenkraft sogar Voraussetzung für die Ämter traditioneller Würdenträger. Hexenkräfte, so glaubt man, gibt den Amtsträgern mystische Kräfte, tiefere Einsichten und außerordentliche Weisheit. Die magischen Kräfte erhält der Hexer durch spezielle Rituale und Menschenopfer.

Ritualmorde kommen in Nigeria häufig vor. Jedes Jahr verlieren Hunderte von Nigerianern ihr Leben dabei. Die Ritualmörder beschaffen Körperteile – Köpfe, Brüste, Zungen, Geschlechtsteile – im Auftrag von Hexenärzten, die diese Organe als Zutaten zur Herstellung von magischen Tränken benötigen.

In Teilen Ugandas soll sogar beim Bau jedes größeren Gebäudes ein Kind geopfert werden.

Hexer und Hexen sollen nachts als Vögel, Ratten, Katzen oder Insekten aktiv sein.

In Lagos, der Hauptstadt Nigerias, gab es vor Jahren folgenden Vorfall: Eine alte Frau wurde am Morgen gesehen, wie sie aus einem Busch kam, in den kurz zuvor einige Vögel hineingeflogen waren. Sie wurde verdächtigt, eine Hexe zu sein, die gerade von einem nächtlichen Treffen zurückgekehrt sei: Man verbrannte sie unverzüglich.

In Kinshasa, der Hauptstadt der Demokratischen Republik Kongo, werden Kinder, die verdächtigt werden, ihre Eltern oder Verwandte mit Krankheiten oder Tod verhext zu haben, verstoßen und müssen auf den Straßen überleben. Afrikaner schieben jedes Unglück und jedes Missgeschick auf Hexen und Zauberer.

Eine der wesentlichen Wurzeln des Hexenglaubens ist die Unkenntnis insbesondere von naturwissenschaftlichen und grundlegenden medizinischen Zusammenhängen.

Der „Gottseibeiuns"

Nach einer Umfrage des Freiburger Instituts für Grenzgebiete der Psychologie und Psychohygiene glauben nicht weniger als 63 Prozent der katholischen Theologen an eine „personale Existenz" des Teufels, von den „Laien" ganz zu schweigen (nach *Löbsack* 1980).

Dass der „Widersacher Gottes", der Teufel, existiert – und dies gleich in der Mehrzahl – „bewies" schon der Jesuit *Delrio* im 17. Jahrhundert aus der Übereinstimmung aller Theologen alter und neuer Zeit. Das katholische Lehramt hält nach wie vor an der realen Existenz des Teufels und der Dämonen fest. Die Hölle existiert! Sie ist nicht Symbol, sondern Wirklichkeit. Und niemand kann katholischer Christ sein, ohne an das ewig lodernde Feuer der Unterwelt zu glauben. Wer nicht an den Teufel glaubt, glaubt nicht an das Evangelium!

Besonders in katholischen Kreisen beherrscht der Teufel auch einen beachtlichen Teil der Angstszenarien. Nicht selten wird der Teufel herangezogen, um bereits kleinen Kindern Furcht vor einer unerklärlichen bösen Macht einzuflößen, z.B. durch Drohungen.

„Ich glaube ...“

Teufelsglauben gibt es nur im Monotheismus. Aber wozu braucht ein allmächtiger Gott einen Gegenspieler? Muss er sich seine Güte und seine Allmacht immer wieder beweisen, müssen die Menschen immer wieder geprüft werden?

Welche der großen monotheistischen Weltreligionen man auch betrachtet, der Teufel präsentiert sich nirgends als das souveräne Wesen, als das man sich einen Gegenspieler Gottes vorstellen möchte. Er wird zwar Furcht erregend dargestellt, aber nur allzu oft wirkt er lächerlich in seiner Primitivität (nach *Singer* 2001).

Die Einsicht, dass es sich dabei um baren Unsinn handelt, wird von den führenden Köpfen der katholischen Kirche hartnäckig verweigert. Die katholische Kirche befürwortet auch heute noch die Teufelsaustreibung. Anlässlich solcher Exorzismen sind schon zahlreiche Menschen ums Leben gekommen, weil der „Leibhaftige“ aus ihnen herausgeprügelt werden sollte. Ein Student brachte seine Mutter um, weil sie „des Teufels“ sei.

„Exorzismus" oder die Sache mit dem Teufel

Doch nicht einmal der Tod unschuldiger Opfer des **Exozismus** kann die Kirche daran hindern, das Teufelsmärchen weiter zu verbreiten und bei unkritischen Gemütern völlig unbegründete Ängste zu wecken.

Jesuiten für „heilsame Angst" vor der Hölle

Nach Ansicht der Jesuiten sollte die katholische Kirche den „Mut" finden, klar und deutlich zu sagen, dass die Hölle tatsächlich existiert. Die Gläubigen müssten wieder „heilsame Angst" vor dem Aufenthaltsort der Verdammten empfinden. Die Doktrin von der Hölle sei ein zentraler Bestandteil der katholischen Lehre. Das Magazin „Civilta cattolica" erinnert an die fünf unabänderlichen Grundsätze: Die Hölle existiert, sie ist ewig, sie ist das Schicksal derjenigen, die im Stand der Todsünde sterben, sie folgt unmittelbar auf den Tod, sie ist eine fürchterliche Strafe, insbesondere wegen der Abwesenheit Gottes. Im Höllenpfuhl gebe es keine Milderung der Strafen und das höllische Feuer sei nicht etwa symbolisch zu verstehen.

Löbsack (1976): „Auf den ersten Blick mutet der Teufelsglaube wie barer Unsinn an. Doch gibt es einen psychologischen Aspekt, der den Kritiker nachdenklich machen könnte. Ohne den Teufel hätte nämlich mancher kein Alibi für seine bösen Taten. Könnte der Gläubige nicht behaupten, dass er gelegentlich vom Teufel geritten würde, so wäre er ja allein verantwortlich für das, was er anrichtet … Der Teufel stellt sich damit als Hilfskonstruktion für das baufällige Gerüst eines Glaubens dar, der nur noch dem Fortbestand der ihn tragenden Institution dient, nicht aber vernunftbezogenen Überlegungen mehr standhält.

Schlimmer ist: Auf den Teufelsglauben gehen die wohl unmenschlichsten und grausamsten Ausschreitungen zurück, die sich die Kirche im Namen Jesu Christi im Lauf ihrer Geschichte geleistet hat."

Auch der teufelskritische Theologe *Haag* (1987) wies darauf hin, dass der Teufel bis heute auch ein bequemes Alibi für alle menschlichen Untaten ist. Er liefert sogar die willkommene Erklärung (und Entschuldigung?) für die Gaskammern von Auschwitz. In einer Predigt erklärte der damalige Bischof von Regensburg 1976: „Wenn es den Bösen nicht gibt, dann steckt das Böse ganz im Menschen. Dann ist der Mensch allein verantwortlich für die abgrundtiefe Bosheit, Gemeinheit und Grausamkeit. Dann ist er allein schuldig an den Morden im Archipel Gulag und an den Gaskammern von Auschwitz, an den unmenschlichen Folterungen und Qualen. Dann aber entsteht die Frage: Kann Gott den Menschen als ein solches Scheusal erschaffen haben? Nein, das kann Gott nicht, denn er ist Güte und Liebe. Wenn es keinen Teufel gibt, dann gibt es auch keinen Gott." Dabei scheint der Bischof vergessen zu haben, dass nach einmütiger Lehre der Theologen der Teufel nur das vermag, was Gott ihm ausdrücklich erlaubt. Also hat Gott dem Teufel erlaubt, Auschwitz einzurichten, und somit fällt schließlich doch alles auf Gott zurück, den man mit dem Teufel entlasten wollte. Der Teufelsglaube führt von einer Schwierigkeit in die andere. Vor allem ist er untauglich, das Böse in der Welt zu erklären."

Der Dämonen- und Teufelsglaube ist nicht nur philosophisch problematisch, er birgt in sich auch eine reale Gefahr, in der gesellschaftlichen Praxis in furchtbarer Weise wirksam zu werden. Wenn Dämonen und Teufel existieren, dann haben sie offenbar irgendwelche Funktionen in dieser Welt. Dann kann man mit ihnen irgendwie Kontakt aufnehmen, sie bitten, sich ihnen verschreiben usw. Dann ist es auch unter Umständen sinnvoll, Teufel auszutreiben oder ähnliche Praktiken zu vollziehen. Dann ist auch Schadenszauber möglich. Dann kann man auch wieder versucht sein, die durch solche Lehren plausibel werdenden Teufelspakte durch Ausrottung von Verdächtigen zu bekämpfen. Solange der Dämonen- und Teufelsglaube nicht ausdrücklich abgelehnt wird, bleiben die geistigen Wurzeln der Hexen- und Zaubererverfolgung bestehen (nach *Grabner-Haider* 1987).

„Wir machen hier wiederum die gleiche Erfahrung: weil eine Dummheit viele Verteidiger hat und sich Jahrhundert in Kraft hält, darum ist sie keine Dummheit. Sie wird aber zur höchsten Weisheit, wenn sich unter den für sie eintretenden Eideshelfern ‚Autoritäten' befinden, oder wenn sie gar durch Bibel und Dogma gestützt wird" (*Kemmerich* 1912).

Der heutige Satanismus, wo verirrte und verwirrte Jugendliche „Schwarze Messen" feiern, hat mit einer religiösen Motivierung nur wenig zu tun – mit unglaublicher Dummheit durch Ungebildetheit und damit Unwissenheit sehr viel.

Buddhismus – Sehnsucht nach dem Nichts

Im Rahmen des New Age und der Esoterik-Welle kommen auch fernöstliche Religionen und Praktiken in den Westen. Besonders der Buddhismus findet immer mehr Anhänger. Sein Begründer ist *Siddharta Gautama*, genannt *Buddha* (der Erleuchtete). Er wurde als Sohn eines Großgrundbesitzers (und nicht wie oft behauptet als Prinz) 563 v. Chr. in Nordindien geboren und starb 484 v. Chr. Mit 29 Jahren – so wird berichtet – zwang ihn die Erfahrung von Alter, Krankheit und Tod zum Nachdenken über den Sinn des Lebens. Er verließ seine Familie und lebte fortan als Wanderlehrer, davon zuerst 6 Jahre als sich extrem kasteiender und fastender Asket. Alle Vorgänge des Lebens – so erkannte er – haben eine leidvolle Seite: Geburt, Krankheit Tod, Schmerz, Enttäuschung, Hass. Selbst die Freude ist vergiftet, denn sie ist mit Sorgen verbunden oder sie bedeutet Leiden für die anderen – eine äußerst pessimistisches Welt- und Menschenbild, das später von *Schopenhauer* übernommen wurde. Die Begegnung mit einem armen, aber glücklichen Wanderasketen überzeugte ihn von der Möglichkeit, aus dem Leiden und dem Unheil des Lebens einen Ausweg zu finden. In einer mystischen Intuition wurde ihm klar, dass Erlösung in der totalen Loslösung von der Welt und in der Auflösung der empirischen Person möglich ist. Der Buddhismus ist eine (atheistische!) Erlösungsreligion oder besser **Selbsterlösungslehre**.

Solange der Mensch die Erlösung noch nicht erreicht hat, befindet er sich in einem endlosen Kreislauf von Wiedergeburten, und jede Existenz wird bestimmt durch die in der früheren Existenz vollbrachten Taten. Die Wiedergeburtstheorie begründet eine automatisch funktionierende *Vergeltungskausalität* guter und böser Taten. Es gilt, den Kreis der qualvollen Wiedergeburt und damit des Leides zu durchbrechen, indem man den Schein des individuellen Daseins erkennt. Dies geschieht durch Versenkung mittels eigener Techniken (Joga). Jede andere Erkenntnis (also auch Wissenschaft) wird als überflüssig, ja der Erlösung schädlich, abgelehnt. Auch eine Selbsttötung führt aus dem hoffnungslosen Teufelskreis nicht heraus, da ja auch diese Tat zu einer nächsten Existenz in einem weiteren Leben verdammt.

Es gibt eine Wiedergeburt, aber keine Seelenwanderung, denn eine Seele gibt es nicht. Was aber wird dann wiedergeboren? Darauf kann Buddha keine Antwort geben. Die Seele besteht aus Daseinsfaktoren (*Dharma*), die bei einer Wiedergeburt in einer neuen Zusammensetzung auftreten.

Im Bild stellt sich die Welt der Dinge dar als bewegte Meeresoberfläche. Vom Sturm aufgewühlt bilden sich immer neue Wellen, die wieder versinken, um neuen Platz zu machen. Dem Sturm entspricht der Lebenswille, die Begierde, sie treibt die Daseinsfaktoren zu immer neuen Kombinationen. Lebensziel ist die Erlösung – Meeresstille ohne Wellen, das **Nirwana**. Dieses ist nicht das Nichts, sondern das ewige Ruhesein ohne Bewusstsein oder im paradoxen Gleichnis „der Zustand der Flamme, wenn sie erloschen ist", „der nicht mehr wehende Wind". Das Nirwana ist der Zustand des Nicht-mehr-Leidens, des reinen inhaltsleeren Bewusstseins. Als reiner, unbefleckter Geist erreicht der Erlöste die absolute Wirklichkeit, die Buddhanatur.

Den Buddhismus und die buddhistische Lehre gibt es heute nicht mehr, sondern nur eine Vielfalt unterschiedlicher Sekten, Schulen und Auslegungen, die mit dem Ursprung oft kaum noch etwas gemeinsam haben – ein Schicksal, das diese Heilslehre mit allen Religionen teilt.

Über den Buddhismus

(aus *Ester Vilar*: Die Erziehung der Engel.
Wie lebenswert wäre das Ewige Leben? 1992)

Der Buddhismus verdankt den immer größer werdenden Zulauf im Westen der Schwächung der gängigen Religionen und unserer Angst vor dem Tod, selbst wenn es auf den ersten Blick so aussieht, als ginge es um etwas anderes. Das was die westlichen Intellektuellen bisher als das Bitterste empfanden, das Sterbenmüssen, wird hier plötzlich als das Erstrebenswerteste eingestuft. Denn ob man es nun Tod nennt oder Nirwana – beides läuft auf jenes endgültige Verlöschen hinaus, vor dem sie sich so fürchten. Um ein rechter Buddhist zu werden, muss man üben, und zwar täglich – allein das Erlernen der Kunst des „rechten Sichversenkens" kann den Schüler jahrelang in Atem halten. Wenn man ihm jedoch glauben soll, wird bei genauem Befolgen des Lehrplans das Klassenziel zu hundert Prozent erreicht: Eines schönen Tages ist die Angst vor dem Sterben tot.

Dem Anhänger dieser Lehre fällt der Abschied vom Leben nur darum so leicht, weil man es ihm systematisch vermiest. Ein Dasein, das einem nur Leiden beschert, will man nicht eine Minute länger ertragen, als es nötig ist: Das wäre ja Masochismus! Die Angstfreiheit des Buddhisten ist also letzten Endes mit einem abstrusen Selbstbetrug erkauft. Falls nämlich das Leben tatsächlich nur aus Leid und Qual bestünde, wie die erste seiner „edlen Wahrheiten" verkündet, wäre damit auch die ganze Lehre überflüssig. Denn in diesem Fall hätte keiner von uns Angst vor dem Sterben – die gesamte Menschheit wäre eine buddhistische Gemeinde, die sich nach ihrem Nirwana sehnt. Die chronisch Depressiven zeigen uns, wie man das macht.

Der Erfolg der buddhistischen Angsttherapie beruht also darauf, dass man dem Patienten nur die halbe Wahrheit sagt. Denn in der Regel besteht unser Leben ja nicht nur aus Leid, sondern auch aus Freude; neben den leidvollen Tagen gibt es auch die beglückenden, und von unseren zugegebenermaßen viel zu vielen Sehnsüchten und Begierden geht zuweilen auch die eine oder andere in Erfüllung, was uns dann zumindest vorübergehend glücklich macht. Laut Buddha ist Freude insofern Leid, als sie irgendwann aufhört – und dann tut's um so mehr weh. Mit anderen Worten: Buddhismus ist die Einführung in die Kunst, sein Leben als Toter zu verbringen.

Widersprüche und Dummheiten im Buddhismus

- Die Lehre Buddhas hat ein negatives, **nihilistisches Menschenbild** geschaffen, das dem Menschen nicht erlaubt, Mensch zu sein; das ihn zu einem freudlosen Dasein ohne menschliche Wärme zwingt, ihn ängstigt angesichts möglicher Qualen späterer Daseinsformen.
- Die **Frau** sah Buddha als minderwertiges Wesen an (dumm, lügnerisch, untreu, neidisch, eifersüchtig, intrigant, listig, verführerisch), die den Mann vom Heilsweg abbringt. Buddha warnt seine Mönche eindrücklich vor den gefährlichen Frauen.
- *Buddha* hat ein eisiges, **perverses Weltbild** konstruiert. Wer in seiner pessimistischen Welt- und Lebensschau gefangen lebt, für den muss tatsächlich das Verlöschen im Nirwana eine Erlösung bedeuten. Ohne Liebe kein Leben: Buddhas Lehre ist zutiefst lebensfeindlich.
- Buddhas Lehre ist weithin primitiv, in sich **unlogisch**. So ist schon der Wunsch, ins Nirwana zu gelangen, Gier – und bewirkt, dass das Nirwana eben nicht erreicht wird. Höchste

Gleichgültigkeit und Passivität ist also der beste Weg, absichtslos die Absicht zu verwirklichen: ein widersprüchliches und letztlich unmögliches Unterfangen.

- Die Lehre von der **Wiedergeburt** ohne erinnerungstransportierende Seele ist ein Widerspruch in sich. Durch die Wiedergeburt bestehen nicht individuelle Seelen fort (wie viele westliche Buddha-Anhänger glauben), sondern nur die Daseinsfaktoren, aus denen die Seele zusammengesetzt ist. In der Nacht seiner Erleuchtung gibt Buddha vor, sich an seine früheren Daseinsformen in -zigtausend Geburten und Wiedergeburten erinnert zu haben. Wie ist eine Erinnerung möglich, wenn es keine Identität der Person, keine Seele, kein Ich-Selbst gibt? Ohne Seele gibt es kein Transportmittel für Erinnerungen. Der Wiedergeburtslehre wird damit die entscheidende Stütze genommen. In einer konfusen akrobatischen Beweisführung sucht Buddha die Wiedergeburtslehre zu retten. Es wird der Faktor Bewusstsein als karma-tragendes Relikt genommen, das nach dem Tod eines Wesens auf den Embryo einer werdenden Mutter überspringt.
- Was Buddha schuf, ist eine **egozentrische**, nur auf das eigene Heil bedachte, selbstsüchtige Selbsterlösungsreligion. Buddha besaß weder Liebe noch ein soziales Gewissen. Beides wäre der Lehre und dem Ziel der Erlösung hinderlich. Wenn der Buddhist etwas gutes vollbringt, steht dahinter nicht das Motiv der Liebe oder der Selbstlosigkeit, sondern die Absicht, sich eine bessere Wiedergeburt zu verschaffen oder gar aus der Kette der Wiedergeburten auszubrechen. Er wird motiviert durch seinen Heils-Egoismus. Das Motiv der Liebe ist für den Heilsweg schädlich, weil Liebe und auch Nächstenliebe an diese Welt binden. Almosen werden nur gegeben zum Punkte-Sammeln für eine bessere Wiedergeburt. Der Buddhismus leitet die Menschen zu einem egoistischen Nebeneinander in Gleichgültigkeit, Passivität und Teilnahmslosigkeit.
- Er **hemmt** auch **gesellschaftliche Veränderungen**. Einem Armen, Kranken, Elenden braucht nicht geholfen zu werden, denn seine Misere ist nur die Folge vormaliger Taten. Ein Mensch im Überfluss lebend braucht nichts abzugeben, wird auch vom Armen nicht zum Teilen aufgefordert werden; denn es ist ja die angenehmere Folge guter Taten seines vorherigen Lebens. An seiner heutigen Lage ist der Mensch selbst schuld; die Taten seiner Vorexistenz haben sie bewirkt. Was er heute tut, wird seine Auswirkungen auf seine nächste Existenz ha-

ben. (So hätten auch die Juden den Holocaust sich selbst zuzuschreiben!) Das ist nicht nur urdumm, sondern auch zutiefst menschenverachtend.

- Buddha und seine Mönche waren unfähig zu kulturellen Leistungen. Auch **Kunst** betrifft das Gemütsleben und lenkt von der Selbstkontrolle ab, ist daher **schädlich**. Die Lehre Buddhas ist eine kulturfeindliche „Aussteiger"-Weltanschauung.
- Der Buddhismus ist **arbeitsfeindlich**, da ja alles Arbeiten ein Festhalten an den irdischen Dingen und somit einen Irrweg bedeutet. Die Mönche durften nicht körperlich arbeiten, sondern sollten sich nur der Versenkung und Meditation hingeben. Diese dösenden Mönche ließen andere für sich arbeiten, sie schmarotzten auf Kosten der arbeitenden Bevölkerung. Sie konnten ihren egoistischen Heilsweg nur aufgrund der Tatsache verfolgen, dass genügend Dumme gefunden wurden, die mit ihren Almosen und Stiftungen sowie ihrer Hände Arbeit die Existenz der faulen untätigen Mönche sicherten.

Wir haben im Buddhismus eine (fast paradox anmutend) atheistische „Religion" vor uns, die in letzter Konsequenz auch nicht viel intelligenter ist als andere religiöse Sinngebungssysteme. Immerhin ist er alles in allem doch weniger absurd als das dogmatische Christentum.

13 Aberglaube – Triumph menschlichen Unverstandes

Es ist leichter, abergläubisch
zu sein, als dies zuzugeben.
Stuart A. Vyse

Was ist Aberglaube?

Lange Zeit war die Religion die Vermittlerin der für den Menschen so notwendigen Geborgenheit. Die Antworten der Religionen werden aber heute weithin und zunehmend als unbefriedigend empfunden. Angst, Unsicherheit, Verzweiflung und das Empfinden der Sinnlosigkeit des Daseins lassen viele Menschen nach neuen Antworten suchen. Man darf sich deshalb nicht wundern, dass in halbgebildeten Kreisen pseudowissenschaftliche Ersatzreligionen ins Kraut schießen und der Aberglaube fröhliche Urständ feiert. Das Anschwellen des Interesses an Astrologie, Wahrsagerei, Spiritismus, Hexen- und Teufelskulten, Reinkarnationslehren, die UFO-Hysterie und der Glaube an mächtige außerirdische Intelligenzen mit Schutzengelfunktion sind ebenso Zeichen einer Suche nach einem neuen Sinn wie die Flut von Literatur über diese Themen, welche reißenden Absatz findet. In diesen Büchern wird der verrückteste Aberglaube angeboten. Allerdings sind nicht diese Werke die schlimmsten, sondern die, welche unter dem Deckmantel der Wissenschaftlichkeit ihren abergläubischen Unsinn so garniert feilhalten, dass es schwer fällt, nicht darauf hereinzufallen.

Es ist schwierig, „Aberglaube" zu definieren. Sicher ließe sich Aberglaube als Glaube der anderen relativieren. Ob eine Auffassung als Aberglaube betrachtet wird oder nicht, kommt auf den jeweiligen Standpunkt an, auf die Färbung unserer „Brille". Günstiger scheint es, ein objektives Moment mit einzubringen und Aberglaube dem Wissen gegenüberzustellen: „Der Aberglaube einer jeweiligen Zeit besteht in Anschauungen (Handlungen), die von der Wissenschaft dieser Zeit widerlegt oder widerlegbar sind, trotzdem aber weiterbestehen, getätigt werden und ihrem Wesen nach ein übernatürlich-fantastisches Moment beinhalten" (*Zwerenz* 1974). Nach *Vyse* (1999) „ist abergläubisches Verhalten irrational, weil es auf Vorstellungen beruht, die

Hirn über Bord

den vorliegenden wissenschaftlichen Erkenntnissen widersprechen."

Überzeugungssysteme, die aus heutiger Sicht falsche oder gar unsinnige Vorstellungen darstellen oder enthalten, können in früheren Zeiten durchaus als wahr und daher auch nicht als dumm oder abergläubisch gegolten haben. Dumm ist allerdings das Festhalten an abergläubischen Gedankengebäuden wider alle Argumente. Aberglaube ist nach *Lorenz* „Dummheit durch Denkverweigerung". Ebenso *Lorenz*: „Wirklichen Unsinn zu glauben, ist ein Privileg des Menschen". Zweifellos gibt es auch in der Wissenschaft abergläubische Hypothesen. Eine solche war z.B. die Phlogiston-Theorie. Höchstwahrscheinlich wird manche heutige wissenschaftliche Theorie in der Zukunft als unsinniger Aberglaube abgetan werden und man wird den Kopf schütteln, wie man so etwas für wahr halten konnte.

Vom Standpunkt religiösen Glaubens ist Aberglaube ein Irrglaube, ein Nebenglaube. Um so verwunderlicher ist es, dass die Kirchen kaum gegen den Aberglauben und seine „Wunder" auftreten, ja ihn stillschweigend dulden und teilweise sogar fördern. Kein Wunder, denn „das Wunder ist des Glaubens liebstes Kind", meinte schon *Goethe*. Ein Mensch, der eine bestimmte religiöse Glaubensüberzeugung hat, wird alle anderen Religionen als Aberglauben ansehen. Sowohl in Religionen als auch im Aberglauben gibt es zahlreiche Behauptungen, die nicht nur falsch, sondern sogar sinnlos (weil nicht falsifizierbar) sind. So sind die Aussagen wie „Gott existiert" oder „Trolle existieren" prinzipiell nicht falsifizierbar.

Im Grunde genommen ist kein Mensch wirklich immun gegen eine Infektion mit abergläubischen Vorstellungen. „Nicht einmal das Genie erweist sich ganz frei von diesem intellektuellen Unkraut" (*Löwenfeld* 1912). Viele Menschen tragen auch einen glückbringenden Talisman und führen einfache Rituale (wie das Klopfen auf Holz oder das Kreuzen der Finger) aus, von denen sie sich die Abwehr von Unheil und das Herbeiführen von Glück versprechen. In unserer wissenschaftlich hochentwickelten westlichen Zivilisation scheint ein solches Verhalten widersinnig zu sein. Durch unsere Kenntnisse der Natur sollte uns klar sein, dass Zeichen und Gesten die Ereignisse, auf die sie gerichtet werden, unmöglich beeinflussen können. Dennoch ist Aberglaube weltweit verbreitet.

Auch wenn – wie *Bertrand Russell* meint – der Aberglaube nicht selten zur Erheiterung unseres Lebens beiträgt, so ist es doch ein bedenkliches Zeichen unserer Zeit, dass diese „**Volksdümmlichkeit Aberglaube**" und das Geschäft mit der Leichtgläubigkeit der Menschen blüht wie nie zuvor. Es ist erstaunlich, dass in unserer aufgeklärten Epoche so viele Menschen an Märchen glauben, die jeder geschichtlichen und wissenschaftlichen Grundlage entbehren. Viele Menschen sind im Laufe der Geschichte durch dummen und abstrusen Aberglauben unter furchtbaren Qualen ums Leben gekommen.

Es gibt nichts so Unsinniges, als dass es nicht von – oft sogar sonst sehr intelligenten – Menschen geglaubt würde. Dabei erstaunt der Erfindungsreichtum, mit dem immer wieder neue „Phänomene" behauptet werden, die real gar nicht existieren. Nur ein im Menschen zutiefst verwurzeltes magisches Bedürfnis vermag diese unheimliche Glaubensbereitschaft im Bereich des Esoterischen zu erklären. Einmal auf ein abergläubisches Paradigma fixiert (z. B. Astrologie, Okkultismus, Pseudomedizin aber auch religiöser Glaube), lässt sich besonders ein erwachsener Mensch auch durch noch so gute Argumente nicht mehr von seinen liebgewordenen Vorstellungen abbringen. Er schottet sich ab und ist rationalen Argumenten nicht mehr zugänglich. Daher ist es meist völlig sinnlos, jemandem seine abergläubischen Ideen ausreden zu wollen. Oft schon von Kindheit an vertraute Vorstellungen geben die meisten Menschen nur sehr widerwillig auf.

Der amerikanische Psychologe *Stuart A. Vyse* (1999) zeigt in seinem bemerkenswerten Buch über den Aberglauben, dass die allermeisten Menschen Überzeugungen hegen, die irrational und abergläubisch sind. Aberglaube ist ein normaler Bestandteil des alltäglichen Lebens. Obwohl es weder für die Astrologie, noch für außersinnliche Wahrnehmung oder geistige Heilweisen Beweise gibt, glauben Millionen an sie.

Formen des Aberglaubens

Vyse (1999) unterscheidet 4 Kategorien des Aberglaubens:

- *Aberglaube als Teil einer Kosmologie oder Weltanschauung* (nach *James Frazer* gehört dazu auch die Religion)
- *Andere gesellschaftlich anerkannte Formen des Aberglaubens* (Regeln wie „Schwarze Katzen bringen Unglück")
- *Okkulte Erlebnisse von Einzelpersonen* (außersinnliche Wahrnehmung, Vorahnungen, Spuk)
- *Persönlicher Aberglaube* (Rituale, die Glück bringen sollen)

Nach *Planer* (1992) beruht abergläubisches Denken auf irrationalen Vorstellungen, die Furcht erzeugen; abergläubisches Handeln ist der Versuch der Beschwichtigung dieser Furcht. Furcht – oder vielleicht besser die (ungewisse) Angst – hat der Mensch vor allem vor der Zukunft und vor dem Tod.

Zur Beschwichtigung dieser Furcht dient ein reichhaltiges Angebot von irrationalen und widerspruchsvollen Formen der Zukunfts- bzw. Todesdeutung:

Furcht vor der Zukunft

- Vorhersage aus zufallsbedingten Mustern
  Wolkenbilder, Fluglinien der Vögel, Muster von Schildkrötenplatten, Gestalt der Leber geopferter Schafe und Ziegen, Gefüge fallengelassener Holzstäbchen oder Zweige, Kaffeesatz, Bleigießen, Spielkarten (z.B. Tarot);
- Zukunftsdeutung aus Mustern, die die Himmelskörper am Firmament bilden (Astrologie), Biorhythmuslehre (von der Astrologie abgeleitet);
- Höhere Eingebung statt Zufallsmuster ist die Grundlage der Zukunftsdeutung durch Propheten und Orakel;
- Glaube an prophetische Träume, Vorahnungen und Omen.

Furcht vor dem Tod

- Ewiges Leben:
  Ein Leben nach dem Tod setzt das Bestehen einer Seele voraus. Dieses verschwommene, körperlose Gebilde, über dessen Existenz bisher keinerlei Beweise zutage gekommen sind, muss seinerseits als ein irrationaler Entwurf angesehen werden.

- Reinkarnation:
  Angebliches Wandern der Seele und deren Weiterleben in anderer Gestalt.
- Voodoo:
  Auch in diesem Glauben spielen die Seelen der Verstorbenen eine vorherrschende Rolle.
- Lebensverlängerung durch magische oder paranormale Einflüsse:
  Geistheilung, Massenheilung, Zeremonien von Medizinmännern, Homöopathie, Magie.

Wer ist abergläubisch?

Seit Jahren gibt es eine deutliche Zunahme des Glaubens an das Irrationale. So finden esoterische Lehren um Pendel und Orakel zunehmend Anhänger. Ebenso wächst der Glaube an Engel als heilbringende Geistwesen. Laut einer Umfrage 2002

- bezeichnen sich zwei Drittel aller Menschen im deutschsprachigen Raum als abergläubisch, beinahe jeder fünfte Mensch glaubt, dass ein Freitag, der auf den 13. fällt, Auswirkungen auf sein Leben hat.
- Vier Prozent der Männer und zwölf Prozent der Frauen gaben sich von der Existenz böser Geister überzeugt. Von den jungen Frauen zwischen 16 und 29 Jahren glaubte gar jede Fünfte an böse Geister.
- Jeder zehnte Erwachsene in Westdeutschland glaubt an Gespenster. Besonders ausgeprägt ist der Glaube an die Existenz von Spukwesen bei Frauen: Während in einer bundesweiten Erhebung des Allensbacher Instituts für Demoskopie nur fünf Prozent der befragten Männer Gespenster für reale Wesen hielten, waren immerhin elf Prozent der Frauen dieser Überzeugung. In Ostdeutschland hielten lediglich drei Prozent die Spukgestalten für Realität.
- Jeder Dritte hat vermeintlich schon mit Verstorbenen Kontakt aufnehmen können.
- Auch in den USA wollen zehn Prozent der Amerikaner einen oder mehrere Geister gesehen haben. Dies sind mehr Menschen als diejenigen, die sich angeblich daran erinnern, von Außerirdischen entführt worden zu sein, und etwa genauso viele wie diejenigen, die berichten, ein oder mehrere UFOs gesehen zu haben.

- Bei einer Umfrage in Österreich (2003) wiesen 46 Prozent der Männer und 34 Prozent der Frauen jeglichen Aberglauben weit von sich. Dennoch freut sich jeder Dritte, wenn er ein vierblättriges Kleeblatt findet, jeder Vierte schüttelt bei einem Kuckucks-Ruf seine Geldbörse und jeder Fünfte erschauert, wenn ihm ein Spiegel zerbricht.
- Fast die Hälfte aller Österreicher glauben an den Einfluß von Gestirnen auf ihr Schicksal.
- Zwei Drittel der Deutschen glauben an schlafstörende und krankmachende Erdstrahlen.
- Jeder Siebte glaubt an Magie und Hexerei, an Kraftorte und geheime Pyramidenenergie.
- Ein Drittel glaubt, dass UFOs Raumschiffe von fernen Planeten seien.
- Mehr als jeder Dritte hält die Zukunft für voraussehbar.
- 38 Prozent der Deutschen versichern, „manchmal in die Zukunft zu sehen".
- Jeder Fünfte ist überzeugt, dass man mit dem Jenseits Verbindung aufnehmen kann.
- 13 Prozent wähnen „magische Kräfte" in sich schlummern.
- Jeder Zwanzigste will bereits zu Telepathie fähig gewesen sein.
- Über eine Million Menschen der ehemaligen BRD trauen sich selbst „heilende Hände" zu.

Es gibt geschlechtsspezifische Unterschiede: **Frauen** sind wesentlich abergläubischer und mehr von der Existenz übersinnlicher Phänomene überzeugt als **Männer**. Diese wiederum glauben häufiger an außergewöhnliche Lebensformen wie den Yeti oder das Ungeheuer von Loch Ness.

Schon **Kinder** neigen häufig zu abergläubischen Verhaltensweisen, indem sie Rituale von Erwachsenen nachahmen. Kinder, die akzeptiert werden wollen, sind bereit, magische Praktiken ihrer sozialen Gruppe zu übernehmen.

Ältere Leute sind skeptischer als jüngere. Der Glaube an übersinnliche Phänomene ist bei 30–49-jährigen am stärksten verbreitet.

Nur weil sehr viele Menschen etwas glauben, muss es noch lange nicht wahr sein. Vielmehr ist es dumm, sich auf andere zu berufen und noch dümmer, an abergläubischen Vorstellungen wider alle Vernunfts- und Erfahrungsargumente festzuhalten.

Die Wahrsagerin

Frau *Anneliese Yagri* hat schwere Schicksalsschläge erlebt und wäre dabei fast verzweifelt. Doch dann entdeckte sie „den eigentlichen Sinn des Lebens". Jeder wird sooft geboren, bis die Seele rein ist und jedem Menschen werden Prüfungen auferlegt, die er zu bewältigen hat.

Frau *Yagris* Wohnung ist ein Zentrum für geistiges Heilwesen. Heilkraft besitzen auch ihre Hände. Sie ist ausgebildete Reiki-Meisterin und befreit Menschen von Süchten, Ängsten, Krankheiten oder Depressionen – durch einen speziellen Energiefluss, mit dem Stauungen und Blockaden im Körper geöffnet werden. Eine besondere Energie, die auch durch Telepathie übertragen werden kann.

Frau *Yagri* ist auch Hellseherin und Wahrsagerin. Mit Hilfe ihrer 78 Seelenkarten mit den verschiedensten Symbolen stellte sie zur Jahrtausendwende fest, dass der Komet, „der Botschafter von oben" nicht kommt und die Erde noch länger weiterbestehen wird. Wir werden nämlich auf der Erde noch länger gebraucht, weil wir noch viele Prüfungen zu erledigen haben.

Mit dem Pendel können persönliche Glückszahlen eruiert werden, vor allem für die Lotto-Spieler eine interessante Sache. Einen Lotto-Sechser kann die Hellseherin dennoch nicht garantieren. Das bestimmt allein das Schicksal.

Auch **gebildete Menschen** sind nicht dagegen gefeit, an Magie und Übersinnliches zu glauben. Dennoch gibt es Hinweise darauf, dass eine gute Schul- und Hochschulausbildung die Kritikfähigkeit erhöht. Je länger jemand die Schule und die Universität besucht, desto unwahrscheinlicher wird es, dass er abergläubische Einstellungen hegt. Natur- und Sozialwissenschaftler sind wesentlich kritischer als ihre Kollegen aus den Geisteswissenschaften, aus der Kunst und Pädagogik.

Die New-Age-Bewegung hat dazu geführt, dass abergläubische Vorstellungen auch in Bevölkerungsgruppen beliebt geworden sind, von denen man bislang dachte, sie seien gegen Aberglauben immun: diejenigen, deren Intelligenz, Bildungsstand und sozioökonomischer Status über dem Durchschnitt liegen. Die landläufige Meinung, abergläubische Menschen seien weniger intelligent als andere, gilt nur für bestimmte Überzeugungen oder Gruppen.

Überdurchschnittliche Intelligenz und hohe psychosoziale Kompetenz können jedoch durchaus gepaart sein mit Aberglauben. Eine Frau, die treffsichere psychologische Analysen liefert und Charakter, Absichten und Handeln ihrer Mitmenschen erstaunlich gut durchschaut, geht am nächsten Tag zur Kartenlegerin.

Dennoch: „Der Prototyp eines abergläubischen Menschen ist weniger intelligent, konservativer, empfänglicher für Hypnose, fürchtet sich mehr vor dem Tod und leidet stärker unter Entfremdungsgefühlen als seine nicht abergläubischen Zeitgenossen. Einige dieser Eigenschaften entsprechen dem Klischee eines geistig schwerfälligen, ängstlichen und leichtgläubigen Anhängers glücksbringender Amulette und Talismane" (*Vyse* 1999).

Abergläubische Menschen sind **unkritisch**, im logischen Denken weniger geübt und besitzen häufig eine **externale Kontrollüberzeugung**: sie schreiben die Ereignisse des Lebens geheimnisvollen, nicht kontrollierbaren Kräften zu. Bei weiblichen Studierenden ist die Kontrollüberzeugung stärker nach außen verlagert als bei Männern.

Abergläubisches Verhalten ist **nicht anormal**, jedoch irrational, weil es auf Denkfehlern beruht. Unter gewissen Umständen kann Aberglaube sogar rational sein. Wenn jemand wirklich an Magie glaubt, dann ist es rational, diesem Glauben gemäß zu handeln. Der Glaube selbst jedoch ist irrational.

Festinger u.a. untersuchten die Anhänger einer Sekte, die fest an eine Prophetie glaubten. Sie zogen sich auf eine Farm zurück, um den Weltuntergang zu erleben, von dessen Eintreffen an einem bestimmten Datum sie überzeugt waren. Als der festgesetzte Tag ohne weitere Vorkommnisse verfloss und die Welt wider Erwarten nicht unterging, glaubten sie, sie hätten sich vielleicht um ein Jahr verrechnet. Außerdem interpretierten sie viele Anzeichen als Bestätigung ihrer These. Von der Idee des nahen Weltunterganges wurde jedenfalls nicht abgegangen. Sie waren bereit, die Wirklichkeit weitgehend nach ihrer Auffassung umzustrukturieren (*Koch* 1978).

Im Kommunismus der UdSSR wurden Religion und Aberglaube systematisch unterdrückt. Jetzt, da der Deckel abgehoben wurde, wird Russland von UFOs, Poltergeistern, Glaubensheilern, Quacksalbern, Zauberwässern und althergebrachten Formen des Aberglaubens überflutet (nach *Sagan* 2000).

Wie kommt es zu abergläubischen Vorstellungen?

Zum Aberglauben nehmen Menschen Zuflucht, wenn sie nicht wissen, wie sie kritische Lebensereignisse bewältigen sollen. Abergläubisches Denken entsteht, wenn die Menschen psychisch überfordert sind oder unter Bedingungen aufwachsen, die Gefühle der Hoffnungslosigkeit begünstigen. Umgekehrt steht rationaleres Denken im Zusammenhang mit psychischer Stabilität und größerer Selbständigkeit (nach *Vyse* 1999).

Was für den wissenschaftlich-kritisch Geschulten abergläubisch-dumm, ja lächerlich wirkt, ist für den Abergläubischen keineswegs dumm, sondern eine Art höhere Weisheit, zu welcher der arme „Ungläubige" keinen Zugang hat. Der Abergläubische (wie auch der religiös Gläubige) fühlt sich völlig im Recht und es ist ihm unverständlich, dass jemand das, was er für unumstößlich und sicher hält, bezweifeln kann. Mehr noch, er bedauert den armen Skeptiker, der zu einer höheren Einsicht nicht fähig ist. Von seinem Standpunkt aus ist nicht er, sondern der Kritiker der Dumme. Ihm wird unterstellt, dass er noch nicht den erforderlichen Erleuchtungsgrad erreicht habe, um sich ein Urteil erlauben zu können, dass er „Superrationalist" und „Wissenschaftsfanatiker" sei, der nicht aus seinem „Vernunftkorsett" ausbrechen könne (*Hund* in „Skeptiker" 11/1998).

Friedrich Hebbel dazu: „Oft heißt es, dieser oder jener sei wegen seines blinden Köhlerglaubens, des Trostes wegen, zu beneiden. Nach derselben Logik ist auch der Besitzer einer fixen Idee zu beneiden, z.B. der Narr, der sich für den Kaiser hält und nicht merkt, dass er eben darum im Irrenhaus sitzt." Der Dumme hat eben keine Einsicht in die Dummheit seines Glaubens oder Tuns.

Auch wenn abergläubisches Denken und Verhalten sozusagen normal ist, bleibt bedenkenswert, wie solche Vorstellungen entstehen und tradiert werden.

- Es liegt offenbar in der Natur des Menschen, mitunter abstrusen Aberglauben zu akzeptieren und **magische Zusammenhänge** für gegeben hinzunehmen.
- Viele Menschen sind besonders leichtgläubig und **suggestibel**, so dass sie ohne Hemmnisse absurde Vorstellungen akzeptieren, besonders wenn sie ihnen durch Autoritäten aufgeschwatzt werden.
- *Rattner* (1976) weist darauf hin, dass die **Zwangsneurose** weitgehende Ähnlichkeit mit den Praktiken des Aberglaubens hat. Hier wie dort werden zufällige Rituale aufgebaut, die die zermürbende Daseinsangst niederhalten sollen. Formelkram, „Abrakadabra", sinnlose Zeremonien usw. geben dem Zwangscharakter wie dem Abergläubischen das beruhigende Gefühl,

den Ablauf der Ereignisse zu kontrollieren. Hier wird einem blinden Drang nach Sicherheit alle Vernunft, alle Rationalität geopfert. Schon *Freud* hat die Zwangsneurose mit der Religion verglichen und dabei gefunden, dass wesentliche Übereinstimmungen bestehen. So kann man auch den Aberglauben eine „kollektive Zwangsneurose" nennen. Vor allem bei der paranoiden Erkrankung findet man alles, was auch das abergläubische Weltbild „bevölkert": Gespenster, Geister, Dämonen, außerweltliche Eingriffe, Strahlen, Verschwörungen etc. Viele „Durchschnittsbürger", die gegen außen hin „normal" erscheinen, pflegen im Schlupfwinkel ihres Aberglaubens eine Rest-Schizophrenie, die sie in ihrem Werdegang entwickelt haben. Für *Rattner* ist daher der Aberglaube immer Hinweis auf eine ausgeprägte neurotische, mitunter sogar schizoide bis schizophrene Persönlichkeitsstruktur, die sich nicht immer in einer manifesten Erkrankung äußern muss.

Vyse ist hier allerdings anderer Meinung: Auch wenn der Aberglaube sowohl der magischen Ideenbildung einer Schizophrenie als auch den Zwängen einer Zwangsstörung ähnelt, scheint er keine Form anormalen Verhaltens zu sein oder in irgendeinem erkennbaren Zusammenhang mit psychischen Störungen zu stehen. Aberglaube ist zu weit verbreitet und in der Regel auch zu harmlos, um Psychiater, Ärzte und Psychologen zu beschäftigen. Magisches Denken ist sowohl ein Symptom der schizotypischen Persönlichkeitsstörung als auch ein Hinweis auf ein erhöhtes Risiko einer späteren Schizophrenie, doch ist das magische Denken, von dem die Schizophrenieforschung spricht, nicht identisch mit Aberglauben.

- Unter der Voraussetzung einer empfänglichen Persönlichkeitsstruktur entstehen die allermeisten Formen des Aberglaubens wohl im Verlauf des Sozialisationsprozesses. Hat sich ein Aberglaube (oder auch religiöser Glaube oder ein Vorurteil) erst einmal im Bewusstsein verankert, ist eine solche **Indoktrination** oder Prägung nur sehr schwer rückgängig zu machen. Abergläubische Regeln wurden von anderen übernommen und beziehen sich meist auf wichtige Ereignisse im Leben eines Menschen: Geburt, Heirat, Krankheit und Tod.
- Aberglaube kann auch durch **operante Konditionierung** zustande kommen. Zufällig gleichzeitige Ereignisse werden als kausal zusammengehörig bewertet. Aberglaube ist Glaube an Zusammenhänge, die es eigentlich nicht gibt, und die erst durch den Aberglaubensakt zu einer inneren Wirklichkeit wer-

den. Aberglaube beruht auf Irrtümern im Denken und auf falschen Überzeugungen.

- Häufig ist die Entstehung abergläubischen Verhaltens ein kognitiver Prozess: Trifft ein Ereignis zufällig mit einer bestimmten Handlung zusammen, **verknüpfen** wir beides **unwillkürlich**. Das Ergebnis ist, dass wir das gleiche Verhaltensmuster in Zukunft gezielt einsetzen.
- Wir **konstruieren** ständig **Zusammenhänge** in der Umwelt. Kann man mal in einer Nacht nicht schlafen, so wird sofort nach einer Ursache gesucht. Steht gerade der Vollmond groß und rund am Himmel, so muss es wohl daran liegen.
- Grade beim Glauben an den Einfluss des Mondes spielt wohl auch noch eine Neigung zum **Denken in Analogien** eine Rolle: Nimmt der Mond ab, so wird es mir auch leichter fallen, an Gewicht abzunehmen. Die Autoren derartiger Ratschläge kommen sich vermutlich recht geistreich dabei vor, genauer betrachtet sind es jedoch ziemlich platte Analogien.
- Vor nichts fürchten wir uns mehr als vor einem unkalkulierbaren **Restrisiko**. Unsere Ängste sind dabei oft irrational und fehlgleitet. Wir fürchten uns vor dem Fliegen, nicht aber vor dem viel gefährlicheren Autofahren. Wir fürchten uns vor Aids, nicht aber vor einer mitunter tödlichen Grippe oder der tropischen Malaria.
- Wir leben in einer Welt der **Ungewissheit**, und jeder versucht auf seine Weise, damit umzugehen und das Ungewisse unter Kontrolle zu bringen. Denn die Unberechenbarkeit der Ereignisse ruft im Menschen Unsicherheit und Angst hervor. Je weniger man über zukünftige Ereignisse weiß, desto eher kommt es zu abergläubischem Verhalten, z.B. zu magischen Ritualen bei Studenten vor einer Prüfung, bei Schauspielern vor einem Bühnenauftritt oder bei Sportlern vor einem Wettbewerb. Die rote Krawatte beim Glücksspiel wird im Falle eines Gewinns als Glückbringer angesehen und daher immer wieder verwendet. An einem Freitag, den 13. kam es zu einem Unglück, daher hat man an jedem 13. Angst vor einem weiteren Missgeschick. Hierher gehören auch **sich selbst erfüllende Prophezeiungen**. Der Traum von einem Unglück oder dessen Voraussage führt zu unsicherem Verhalten und dieses dann tatsächlich zu einem Unglück. Wir werden abergläubisch, weil es zu funktionieren scheint.
- Aus jenen Tagen, wo der Menschengeist noch unwissend und unbelehrt war, haben sich Denk- und Glaubensformen erhal-

ten, die jeder vernünftigen Überlegung Hohn sprechen. Hinter jeglichem Aberglauben steht das **vorwissenschaftliche Weltbild** vergangener Epochen, in welchem versucht wurde, Vorgänge in Natur und Menschenwelt mit einem recht unbeholfenen Vorstellungsapparat zu bewältigen (vgl. *Rattner* 1976).
In der Kulturgeschichte hat der Aberglaube nicht selten allen möglichen Spielarten der Dummheit den Boden bereitet. Meist musste die geistige Elite gegen harten Widerstand ein rationales Weltbegreifen aufzubauen.

- Die Welt der reinen Fakten erscheint vielen Menschen als kalt und unzulänglich. Man sucht einen größeren Sinn und erfindet sich Rätsel und Mythen oder greift auf alten Aberglauben zurück. Je rationaler eine Epoche, desto leidenschaftlicher geschieht dies.
  Auch das „**metaphysische Bedürfnis**" führt also zu unendlich dummen Vorstellungen im Bereich des Aberglaubens (und auch des religiösen Glaubens). Ursache dafür ist primär die Angst vor dem Tod, dem Ausgelöschtsein. Und genau dies wird von den Religionen oft schamlos ausgenützt.
- Zu den kollektivpsychologischen Ursachen des Aberglaubens gehört daher auch die **Religion**; so wimmelt es zum Beispiel in den biblischen Schriften von Gespenstern, Geistern, Dämonen, auferstandenen Toten, Engeln und Teufeln (*Rattner* 1976).
- **Priesterkasten** und **Regierende** (meist selbst sehr abergläubisch) waren seit jeher daran interessiert, das Volk „gläubig" und dumm zu halten, um es leichter regieren und manipulieren zu können. „Tyrannen und Autokraten haben immer gewusst, dass Lesen und Schreiben, Lernen, Bücher und Zeitungen potenziell gefährlich sind. Sie können unabhängige und sogar rebellische Ideen in die Köpfe ihrer Untertanen einpflanzen" (*Sagan* 2000).

So konstruierte magische Zusammenhänge mögen dem naiven Denken als besonders tiefsinnig erscheinen; im Lichte der Wissenschaft jedoch haben wir es bestenfalls mit einem Wunschdenken zu tun, das uralte Ängste in Schach zu halten versucht. Eine Illusion über die Zukunft ist für den verängstigten Menschen leichter zu ertragen als völlige Ungewissheit; daher der emotionelle Halt, den viele aus abergläubischen Weissagungen beziehen, und der dem Unwesen der Horoskope und anderer Verfahren der Zukunftsdeutung ihren Publikumserfolg sichert.

Kampf dem Aberglauben?

Der Aberglaube – also der Glaube an Dinge und Vorgänge, die von der heutigen Wissenschaft eindeutig als inexistent oder falsch gedeutet erwiesen wurden – ist die größte Fundgrube bei der Suche nach menschlicher Dummheit. Hier zeigt sich ganz besonders, wie unendlich dumm der Mensch – meist unverschuldet (!) – sein kann.

Die Tatsache, dass ein Großteil unserer Mitmenschen noch in den Denkformen eines **magisch-mystischen Weltbildes** befangen ist, lässt wenig hoffen, dass es gelingen könnte, eine vernünftige Menschenwelt aufzubauen. Wer dem Aberglauben anhängt, hat es innerlich aufgegeben, die Welt zu begreifen. Er lebt in einer geheimnisumwobenen Wirklichkeit, die der Mensch bestenfalls durch eigentümliche Manipulationen erraten, aber kaum je durch Einsicht und Planung bewältigen kann. Es ist die **Ohnmacht der menschlichen Vernunft**, die uns den Phantomen der Einbildungskraft überantwortet, und das vernünftige Denken kann nur wachsen, wenn es über die magischen Irrlehren hinausgelangt. So gesehen ist jeder Aberglaube (wie jede andere Form von Dummheit auch) ein Feind des menschlichen Fortschritts (nach *Rattner* 1976) Besteht aber bei der angeborenen „**Credomanie**" des Menschen eine reale Chance, einen liebgewordenen Aberglauben zu überwinden? Haben Aufklärungsversuche überhaupt einen Sinn? Zeigt doch die Praxis, dass sich nur eine Minderheit der Esoterik-Gläubigen durch nüchterne Gegenbeweise von ihren magischen Vorstellungen abbringen lässt. „Die Hoffnung, man könne Andersdenkende gezielt umstimmen, ist eher naiv und sollte aufgegeben werden" (*Vollmer* 1991).

„Wenn Mystizismus und Aberglaube so viel Trost und Hoffnung gewähren und die Gefahren des Glaubens vergleichsweise gering sind, sollten wir dann nicht unsere Bedenken für uns behalten? … Wenn wir also auch im Hinblick auf Mystizismus und Aberglaube zu sehr bereit sind, scheinbar schweigend zuzustimmen – auch wenn es den Anschein hat, als ob wir da etwas Gutes tun –, begünstigen wir damit ein allgemeines Klima, in dem Skepsis als unhöflich gilt, Wissenschaft als fade und rigoroses Denken als irgendwie spießig und unangebracht. Die richtige Balance zu finden erfordert schon eine gewisse Klugheit" (*Sagan* 2000).

Sollen wir den „Gläubigen" ihren Glauben nicht einfach lassen? Soll in einer Demokratie, in der „Narrenfreiheit" herrscht, nicht jeder nach seiner Fasson selig werden dürfen? Sollen wir als denkende Wesen esoterische und parapsychologische Theorien, die noch nie bewiesen, aber in vielen Fällen widerlegt worden sind, als „Lebenslügen" tolerieren, um den Gläubigen ihr Glück zu lassen? Zweifellos kann dies dann nicht befürwortet werden, wenn Menschen zu Schaden kommen. So gab es schon Selbstmorde nach Zukunftsdeutungen, anlässlich von schwarzen Satansmessen sogar Morde und nicht wenige Menschen wurden durch abergläubische Vorstellungen in den Wahnsinn getrieben, vom finanziellen Schaden für zahlreiche Klienten von Wahrsagern, Astrologen und Kurpfuschern einmal ganz abgesehen.

Außerdem ist magisches Denken ganz generell allgemeingefährlich. Es bewirkt, dass man mit der Zeit an immer dümmere Dinge glaubt. Man denke etwa an die wieder zunehmende Zahl von „Teufelsaustreibungen". Trotzdem: Wenn wir eine etwas weniger dumme Menschheit, eine etwas rationalere Welt mit größerer Zukunftschance haben wollen, muss der abergläubische Nonsens an allen möglichen Fronten bekämpft werden.

Der US-amerikanische Zauberkünstler und PSI-Entlarver *James Randi* drückt die Notwendigkeit der Auseinandersetzung mit dem Aberglauben so aus: Es ist Wasser den Berg hinauf zu schaufeln, aber es muss getan werden. (*It's like shoveling water uphill but is has to be done.*)

Niemand gibt gerne zu, dass er sich geirrt hat und er in einem Aberglauben befangen war. Daher ist es oft schwierig, Glaubensüberzeugungen über Bord zu werfen. Es kann sogar sein, dass ein Mensch es vorzieht, sich weiterhin (sogar wider besseres Wissen) etwas vorzumachen, statt den alten Glauben aufzugeben. So ist denn der Aberglaube unausrottbar und wird fortwährend durch neue Beispiele ergänzt.

Die Hoffnung, dass der Glaube an die Magie mit der fortschreitenden Erkenntnis der Naturgesetze schwinden werde, hat sich jedenfalls als eitel erwiesen. Durch die mit Hilfe der prookkultistischen Massenmedien gegenwärtig betriebene permanente Falschinformation des Publikums ist es im Gegenteil bereits wieder so weit gekommen, dass Millionen fest an Astrologie, Prophetie, Hellsehen, Telepathie, Hexenzauber, Gespenster und ähnliche Wahnvorstellungen glauben. Selbst Gebildete werden durch die einseitigen Berichte irregeführt, in denen die vernichtende Kritik der Naturwissenschaftler – so weit sie existiert – in aller Welt unterschlagen wird. Eine zunehmende Kritiklosigkeit, unklares und verschmiertes Denken lässt auch intelligente Menschen mystisch-irrationale Vorstellungen nachhängen (vgl. *Wimmer* 1976).

Leben ohne Aberglaube
(nach *Stuart A. Vyse*: Die Psychologie des Aberglaubens 1999)

Unsere Kultur schätzt Glauben und Gottvertrauen hoch ein, so dass manche einen nicht(aber)gläubischen Menschen für etwas kalt und fantasielos halten mögen. Aus seiner Anrufung übernatürlicher Kräfte bezieht der Gläubige ein Gefühl von Unschuld und Faszination, während der Skeptiker unfähig scheint, der weltlichen Logik Ausnahmen zuzugestehen.

Was mich betrifft, so ist dieses Bild von der Wahrheit weit entfernt. Die Ablehnung des Übernatürlichen mag eine mögliche Quelle für Trost und psychologische Unterstützung verschließen, doch fühle ich mich dadurch nicht benachteiligt. Ich bin mit den gleichen Unberechenbarkeiten konfrontiert wie andere Menschen, doch finde ich Trost darin, dass ich sie verstehe. Das Wissen darum, wie Zufallsprozesse funktionieren und wie sich Wahrscheinlichkeiten einschätzen lassen, verbessert zwar meine Aussichten auf einen unwahrscheinlichen Gewinn nicht, doch hilft es mir, mit dem, was in meinem Leben geschieht, zurechtzukommen. Ist das Ergebnis positiv, dann sehe ich darin einen glücklichen Zufall – nicht das Wirken übernatürlicher Kräfte. Geht das Ereignis negativ aus, bin ich nicht überrascht.

Aber wie können wir einer Gesellschaft, die unglaublich leichtgläubig ist, umfassend und nachhaltig kritisches Denken beibringen?

Nun, es gibt viel was wir tun können, um den Trend zu immer mehr und noch unsinnigerem Aberglauben – wenn schon nicht aufzuhalten – so doch wenigstens zu bremsen.

- Die nicht gerade überragende intellektuelle Grundausstattung des Menschen bewirkt eine Neigung zum Aberglauben. Von dieser können wir uns nicht völlig befreien, wohl aber kann es gelingen, zu erkennen, wie unsere Wahrnehmung und unser Denken gesteuert wird. Wir können lernen, ihn als solchen zu durchschauen.
- Aberglaube hat also seinen Ursprung in den Schwächen des menschlichen Denkens, ist aber dennoch kein Symptom intellektueller Defizite (nach *Vyse* 1999). Denkfehler zu begehen ist normal. Manchmal jedoch beeinträchtigt Aberglaube unsere

Fähigkeit, effektiv zu denken und zu handeln, indem er uns von einer Suche nach wirksameren Kontrollmethoden und einer wohlüberlegten Bewertung unserer Möglichkeiten abhält und so den Vorgang des Problemlösens stört. Wir müssen die Menschen dazu ermuntern, der Vernunft gegenüber dem Irrationalen den Vorzug zu geben. Wir müssen Alternativen zur Bewältigung der Unberechenbarkeit des Lebens anbieten und andere, rationalere Weltdeutungssysteme fördern.

- Offensichtlich mangelt es an entsprechender Aufklärung und Bildung. Und da hätten Schule, Universität, Volkshochschule, Fernsehen und Printmedien eine wichtige Aufgabe zu erfüllen. Leider wirken sie häufig in entgegengesetzter Richtung.
- Insbesondere gilt es, skrupellosen Volksverblödern das Handwerk zu legen, was allerdings in demokratischen Gesellschaften praktisch unmöglich ist (vgl. *Petz* 1993). Die Öffentlichkeit muss immer wieder vor den Scharlatanen der Okkult- und Esoterikszene gewarnt und über deren Praktiken aufgeklärt werden.
- *Rattner* (1976) ist der Auffassung, den Aberglauben könne man nur konsequent bekämpfen, wenn man die sozialen und ökonomischen Verhältnisse beseitigt, die ihn für viele Menschen notwendig machen.
- Die Wissenschaft muss sich ernsthaft mit dem Aberglauben auseinandersetzen und vor allem in der Öffentlichkeit gegen ihn auftreten. Leider wollen sich viele Wissenschaftler nicht exponieren und deklarieren oder es ist ihnen zu schade um die Zeit, sich mit Unsinn zu beschäftigen. Auf der anderen Seite lassen die logischen und empirischen Überprüfungen den Proponenten des Aberglaubens völlig kalt. Solche Methoden kennt der Aberglaube nicht. Und häufig wird derart himmelschreienden Blödsinn propagiert, dass eine ernsthafte Überprüfung zwangsläufig dem Versuch ähnelt, bei sämtlichen Affen eines Zoos einzeln nachzuweisen, dass sie nicht fliegen können.
- Das öffentliche Ansehen der Wissenschaft und die Wissenschaftserziehung müssen gefördert werden. Dringend notwendig wäre eine Unterweisung im kritischen Denken. Diese hätte an allen Bildungsanstalten zu erfolgen, vom Kindergarten über Schule und Universität bis zur Volkshochschule und zum Fernsehen. Lehrpläne mit entsprechenden Fächern können den Schülern helfen, rationalere Entscheidungen zu treffen und die Fallen nachlässigen Denkens zu vermeiden. Wenn wir die Wert-

schätzung wissenschaftlichen Denkens fördern wollen, müssen wir schon kleinen Kindern Wissenschaftsunterricht geben.

Die Wissenschaft ist kein einfaches Feld. Sie hat ihre eigene Sprache, die Uneingeweihte nicht verstehen, und beruht in weiten Teilen auf einer anderen rätselhaften Form der Kommunikation: der Mathematik. Dies hat zur Folge, dass die einen dem Thema ganz aus dem Weg gehen, während die anderen sich überfordert fühlen oder den Eindruck haben, eine weitere Beschäftigung damit lohne sich nicht. Es ist nur konsequent, wenn diese Menschen sich dann anderen „Erkenntnis"methoden zuwenden. Wer wissenschaftliches Arbeiten und seine Ergebnisse nicht zu würdigen weiß, findet unwissenschaftliches Denken attraktiver.

Das gegenwärtige gesellschaftliche Klima übernimmt paranormale und pseudowissenschaftliche Gedanken so bereitwillig, dass wir uns der Gefahr aussetzen, uns im Irrationalen zu verlieren, wenn wir nicht für eine weitere Verbreitung des wissenschaftlichen Denkens sorgen.

Gewiss, wir sind vorsichtig geworden mit der Etikettierung „unmöglich", denn vieles was man sich früher nicht vorstellen konnte, ist heute real. Man denke nur an die Technik des Fernsehens, des Mobilfunks oder des Computers. Aber auch in der Wissenschaft gibt es theoretische Modelle, die „unvorstellbare" Sachverhalte in mathematischer Form rational beschreiben, z.B. das Universum oder Vorgänge in der Quantenwelt.

Bescheidenheit bewahrt den Glauben an die wahre Wirklichkeit vor dem Abgleiten in die Perversion des Aberglaubens.

Der Aberglaube: eine tausendköpfige Hydra

(aus *Douglas R. Hofstadter* In „Spektrum der Wissenschaft" April 1982)

Sicher wir niemand je den Ozean an Aberglauben trockenlegen, der uns alle umgibt.

Sein einziges Ziel ist, so viele Menschen wie möglich mit dem heilsamen Virus der Skepsis zu infizieren. Wir müssen uns in der „subtilen Kunst des Entdummens" üben.

Skepsis ist ein Teil des gesunden Menschenverstandes, ohne den wahre Wissenschaft nicht gedeihen kann. Wer nach Wissen strebt und um Erkenntnis ringt, so unvollkommen sie auch sein mag, muss kritische Fragen stellen – ohne Rücksicht auf Gegenstand oder Folgen.

Es ist traurig, dass wir die Wahrheit ständig vor den Angriffen von Menschen schützen müssen, die nicht sauber denken können oder wollen. Liederliches Denken aber ist nun einmal Teil der menschlichen Natur und folglich unausrottbar.

Aber mit dem Aberglauben werden wir wohl für immer leben müssen, nicht nur weil die Dummen nicht aussterben, sondern auch weil der Mensch – wie die Vertreter des „Neuen Zeitalters des Wassermanns" (an sich zu Recht) betonen – nicht nur ein rationales, sondern ein emotionales und oft sogar irrationales Wesen ist.

14 New Age und Esoterik – der ganz normale Wahnsinn

Leichtgläubigkeit und Dummheit sind der
Nährboden, auf dem der Weizen der
Betrüger blüht.
Willy Gay

Nach alten astrologischen „Berechnungen" soll die Erde etwa alle 2000 Jahre in den Einflussbereich eines neuen Sternzeichens gelangen. Das von Krieg und Zwietracht übersäte Zeitalter der Fische soll durch das friedlich-harmonische Zeitalter des Wassermanns abgelöst werden. Die Vertreter dieser Lehre von einem neuen Zeitalter (*New Age*) glauben, dass die Menschheit vor einem Evolutionssprung zu einem neuen Denken und planetaren Bewusstsein steht. Die Weltanschauung des New Age, wurde vor allem in den Siebzigerjahren des 20. Jahrhunderts propagiert und findet in der Esoterikwelle unserer Tage ihre Fortsetzung. Sie ist auch als Versuch einer Sinnsuche vieler Menschen und als Gegenreaktion auf die Wissenschaftsgläubigkeit unserer Zeit zu sehen. *Cap* (2003): „Die Esoterik macht in manchen ihrer Ausprägungsformen ein Geschäft mit der Suche nach dem Sinn des Lebens. Sie bietet dem verwirrten Geist einen Notausgang zu einem Pseudosinn, zu einer Pseudobeantwortung der quälenden Fragen."

Das Weltbild des New Age ist ein Mischmasch aus esoterischen Geheimlehren, Mystik, Mythen, Astrologie sowie Aberglauben aller Art. Etwaigen Zweiflern an den esoterischen Lehren wird Ignoranz und Geistesarmut bescheinigt. Das neue Paradigma eines holistischen (ganzheitlichen, organischen) Weltbildes sei, so wird betont, dem rationalistischen Denken der klassischen Wissenschaft in wesentlichen Bereichen überlegen und könne von den „Wissenschaftsgläubigen" gar nicht begriffen werden. Der Uneingeweihte habe eine eingeschränkte Weltsicht, kurz: er sei ganz einfach zu blöd, die neue „holistische" Sichtweise zu begreifen.

Auf dem Boden von New Age ist ein gewaltiger **Psychoboom** entstanden. In einem Großangriff auf die Vernunft wird in volksverdummenden Fernsehshows, in Zeitschriften und in einer Unmenge von esoterischen Büchern – häufig wissenschaftlich verbrämt – der albernste Unsinn und Aberglaube ausgebreitet – viele

Der Esoterikmarkt

Tonnen Papier mehr auf dem gewaltigen Berg der überflüssigen Dummheitsliteratur. Dass sich Unsinn in oft riesigen Auflage unter die Leute bringen lässt, zeigt den bedenklichen Geisteszustand einer Großzahl der Bürger. Auch verdummende esoterische Kurse werden überall (leider auch von „Volkshochschulen") massenhaft angeboten und von Halbgebildeten eifrig besucht: Bioenergetik, Kinesiologie, Zen-Meditation, Rebirthing, Sensory Awarness, Mentales Training, Channeling, Geistheilen, Schamanismus, Bachblüten, Kristallmagie, Kabbala, I Ging, Runenmagie, Pyramidologie, Rutengehen, Pendeln, Kartenlegen usw. Man pflegt Kontakte zu Verstorbenen oder zu Schutzgeistern aus jenseitigen Sphären; bevorzugt auch zu extraterrestrischen Wesen, die in UFOs die Erde umkreisen oder von irgendwelchen Planeten aus ihre Botschaften senden. Germanische und keltische Vorstellungen tauchen da auf, daneben buddhistische, taoistische oder indianische: ein schier undurchdringlicher Wirrwarr ideologischer, religiöser und kultureller Versatzstücke – ein wahrer **Kraut-und-Rüben-Eklektizismus**.

Ihren augenfälligsten Niederschlag findet die Hochkonjunktur des esoterischen Nonsens wohl in großangelegten und gut besuchten esoterischen Messen. Das Geschäft mit der Dummheit blüht. Der Esoterikmarkt ist eine hervorragende Brutstätte der Stupidität. Esoterik mit ihren geistig dürftigen Gedankengebäuden ist ein Spielfeld für Scharlatane aller Art. Jede verkrachte Existenz kann sich hier ungestraft betätigen.

Zu geradezu monströsen Dummheitssystemen werden manche esoterische Weltbilder, wenn sie zusätzlich noch magisches Allmachtsphantasien anbieten – etwa dergestalt, dass das richtige Wünschen tatsächlich Wirklichkeit erzeugen könne, dass damit sogar die eigene physische Unsterblichkeit in Aussicht stehe oder dass wahrhaft „Erleuchtete" zum Beispiel bei einem Atomkraftwerksunfall die Gefahren radioaktiver Strahlungen für sich selbst „wegmeditieren" könnten (nach *Doehlemann* in *Wertheimer* und *Zima* 2002[4]).

Ausgewähltes Glossar von Begriffen des „New Age"

analytisch = borniert
empirisch = oberflächlich
esoterisch = wahr
geisteskrank = aufgeklärt
Halluzination = Weisheit
Hedonismus = Selbstverwirklichung
irrational = sensibel
logisch = streitsüchtig
Medizin = Humbug
Normen = Eingriffe
mystisch = verifizierbar
objektiv = nebensächlich
okkult = allwissend
fantastisch = übernatürlich
rational = arrogant
romantisch = bewusst
unhygienisch = natürlich
ungewöhnlich = schön
unpräzise = tief
utopisch = unmittelbar bevorstehend
Wissenschaft = böse
wissenschaftlich = unwissend
Wunschdenken = realistisch

Rolf Degen (2000): „Aberglaube war früher einmal die Domäne der geistig Minderbemittelten. Aber im Zuge der New-Age-Bewegung und der Esoterik-Welle nimmt der Irrationalismus auch unter Gebildeten wieder zu. Das Beunruhigendste an dieser Entwicklung ist ihre ‚schizophrene' Denkart: Prinzipien aus Logik und Wissenschaft sind in den Köpfen widerspruchslos mit Geisterglaube und Magie gepaart."

Im Zeichen des New Age findet faktisch eine Rehabilitierung all dessen statt, was Wissenschaft und Christentum im 19. Jahrhundert in schöner Einmütigkeit als Aberglauben abqualifiziert hatten. Rehabilitiert wird zwar nicht jedes Detail, wohl aber das zugrunde liegende mythisch-magische Weltbild (nach *Hummel* in *Hemminger* 1990).

So hat die Suche nach PSI-Phänomenen ein fast religiöses Ausmaß angenommen, in dem Bestreben, die „materialistische Wissenschaft" zu entthronen und dafür die Vorherrschaft des Spirituellen zu setzen. So sind wir möglicherweise Zeitzeugen der Entstehung einer neuen Religion, hat doch die Esoterik eine große Gemeinde von Gläubigen. Leider sind die meisten von ihnen fast ohne jede wissenschaftliche Bildung. Sie akzeptieren PSI-Phänomene nicht, weil sie praktisch nachgewiesen sind, sondern weil sie in das Bild passen, wie sie sich die Welt vorstellen: Eine Welt, in der das Spirituelle über Wissenschaft und Vernunft steht, eine Welt, in der das, was man zutiefst als wahr fühlt, automatisch wahr ist, ob man es nun wissenschaftlich nachweisen kann oder nicht; eine Welt, in der fast alles, was passiert, anthropozentrisch gedeutet wird als ein bedeutungsschweres Omen für zukünftige Ereignisse. Dieses magische Denken ist eine unerschöpfliche Quelle des Aberglaubens. Zudem ist es viel einfacher als Wissenschaft: Man braucht keinerlei Ausbildung, man muss ganz einfach nur glauben. „Die Wissenschaft wird schon noch dahinterkommen, dass etwas dran ist!", so denken viele.

Besonders hinderlich für eine objektive Einsicht ist der unerschütterliche Glaube. Er ist die gefährlichste aller Irrtumsquellen, denn es liegt ja im Wesen jeder Täuschung, dass sie in aller Regel nicht als Täuschung erkannt wird. Zudem hängt für die Esoterik-Gläubigen persönlich viel zu viel von der Richtigkeit ihrer spirituellen Lehre ab, als dass sie sich eine Täuschung eingestehen könnten. Sie können sich einen Zusammenbruch ihres bisherigen Weltbildes psychisch einfach nicht leisten (vgl. *Wolf* in *Kern, G. – Traynor, L.* 1995).

Aus New Age-Sicht gibt es zwischen Wissenschaft und Religion keinen grundsätzlichen Unterschied. Die „alte" Religion und die „alte" Wissenschaft werden durch eine einheitliche neue Weltanschauung ersetzt, die Wissenschaft und Religion in einem sein will. Die Synthese von Naturwissenschaft und Religiosität ist ein zentrales Anliegen der New Age-Proponenten. Esoterik ist also eine Variante von Religion. Sie gleicht einem Supermarkt, in dem sich jeder bedienen kann an der Ware Sinn. Die Angebote sind wie jede käufliche Ware beliebig austauschbar. Ein gigantischer Psycho-Supermarkt hat sich hier entwickelt.

Und weil die alteingesessenen Religionen keinen Neuigkeitswert mehr haben, importiert man Exotisches: Fernöstliches, Indianisches und Afrikanisches.

In einer Zeit, in der die traditionelle Religion als überholt gilt, kommt „der höhere Unsinn Esoterik" (*Petz* 1993) mit leicht verständlichen und simplen Antworten sehr gelegen. Mit Reinkarnationslehre, persönlicher Auserwähltheit durch Außerirdische, mit indischer Meditation und Kristallen, die uns vor bösen Erdstrahlen schützen, gibt die Esoterik die so bitter ersehnten Antworten. Wenn sie auch nicht stimmen – ihren Zweck erfüllen sie, wenn die Menschen dadurch wieder fähig werden, ein „sinnerfülltes" Leben zu gestalten.

Dumme Sinnsysteme erleichtern das Leben, entlasten vom Komplexitäts- und Rationalitätsdruck der modernen Welt, bieten ausgedehnte Denkferien (vgl. *Doehlemann* 2002[4]). So setzt sich der „Amoklauf geistiger Lemminge" (*Petz* 1993) unentwegt fort. Eine Argumentation gegen diesen intellektuellen Selbstmord ist aussichtslos. *Petz*: „Es gibt ... in solchen Dingen einen Grad von Absurdität, vor dem jede Vernunft – sinnvollerweise, da absolut chancenlos – schweigt, gegen den jede Argumentation sinnlos wird – vor dem man nur noch verblüfft einen Augenblick innehalten kann ... um dann sofort achselzuckend weiterzugehen, tunlichst mit einem Lachen."

Viele Menschen fallen cleveren Rattenfängern mit ihrem Verdummungsinstrumentarium zum Opfer, welche deren Not, Ungebildetheit und Dummheit schamlos ausnützen. Gerade deshalb darf der ultradumme Schwachsinn der Esoterik nicht verharmlost werden. Denn so wird die Chance vertan, zu verhindern, dass naive Gemüter diesen selbsternannten Gurus und Hexen auf den Leim gehen.

Das esoterische Hirn (aus *Petz:* Verblödung aus den Hinterwelten 1993)

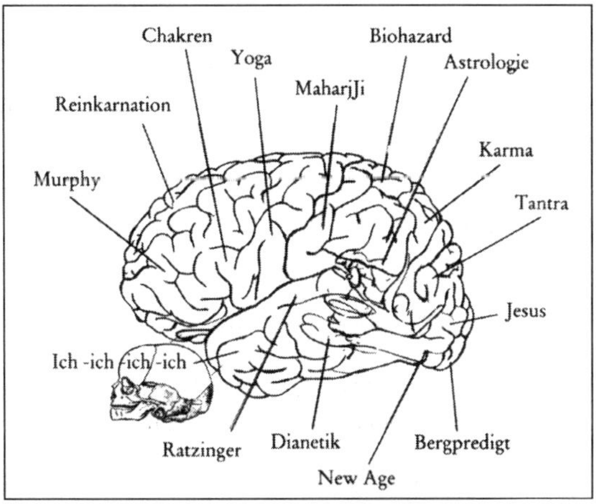

Natürlich gibt es auch Esoterikgurus, die nicht bewusst betrügen, die also keine echten Scharlatane sind. Sie wissen es bloß nicht besser. Sie täuschen nicht nur ihre zahlungswilligen Kunden, sondern auch sich selbst. Aber sie könnten es besser wissen, wenn sie sich informieren würden. Jedenfalls sind die meisten Anbieter esoterischen Humbugs entweder ein Fall für den Staatsanwalt oder für den Psychiater.

Hans Pestalozzi (1985) hat die Verbindung von Geschäft und Suche nach Sinngebung einmal bezeichnet als „unheilige Allianz", die zur „sanften Verblödung" führe. Möglicherweise handelt es sich aber auch um eine galoppierende Vertrottelung.

Den Kritikern werfen die Vertreter des New Age Ignoranz vor, dabei ist es die Blindheit dem Selbsttäuschungspotenzial gegenüber, das sie zu Opfern ihres eigenen unkritischen Aberglaubens werden lässt. Der Öffentlichkeit muss bewusst werden, dass das eigentliche Problem nicht in der – oft geforderten – wissenschaftlichen Aufklärung der esoterischen Phänomene liegt, sondern in der Leichtgläubigkeit der Menschen.

Das esoterische Welt- und Menschenbild geht davon aus, dass der Mensch aus einem System von Energiefeldern besteht, das mit anderen Systemen im Universum durch einen Energiefluss verbunden ist. Krankheit wird als Störung dieses Energieflusses gedeutet, weil die Kraftzentren (Chakras) blockiert sind. Folge: Die aufgenommene Energie wird nicht entladen. Um diese Sperre zu lösen, bieten Geistheiler und anderweitig „sensitiv" Begabte eine Unzahl von Techniken an. Betont wird stets die Möglichkeit, sich durch die *Harmonisierung* des Energiesystems selbst heilen zu können. Diese nichtphysikalische (!) „kosmische Energie" sei von der Wissenschaft nur noch nicht nachgewiesen oder werde von den Wissenschaftlern ignoriert. Sowohl in östlichen Religionen als auch im westlichen Okkultismus begegnet uns diese uralte Vorstellung, dass alles eins ist und alles mit allem verbunden ist (vgl. *Hemminger* 1990).

Aus der Esoterik-Szene

Waltraud-Maria Hulke: Handbuch der heilenden Energien (Windpferd-Verlagsgesellschaft mbH., Aitrang 1990)

Das wesentlichste, was sich über Energie sagen läßt, ist, dass sie sich aus Gegensätzen zusammensetzt. Die beste Art, diese Gegensätze zu verstehen ist, sie sich als Kraftrichtung vorzustellen. Diese sich innerhalb der Energie befindlichen Gegensätze können nicht getrennt werden, denn das eine gibt es ohne das andere nicht. Um Bewegung entstehen zu lassen, bedarf es sowohl der negativen, als auch der positiven Komponente der Energie.

Unausgeglichene Energien in den Chakren können mit der Farbtherapie behandelt und harmonisiert werden. Es gibt aber auch bestimmte Edelsteine, die mittels ihrer farbigen Schwingungsfrequenz auf das schwingungsgleiche Chakara, das die gleiche Farbschwingung hat, einwirken können, um dadurch eine Aufladung mit neuer Energie zu bewirken.

Die heilende Wirkung der Farben kann noch verstärkt werden, indem man die Nahrung vor dem Essen ca. 20 Min. lang mit ihrer Eigenfarbe bestrahlt.

Heilsames Farblicht kann man auch tanken, indem man ein Glas Mineralwasser ca. 20 Min. lang mit der benötigten Farbe bestrahlt und dann gleich trinkt.

Heilsteine fürs Wohlbehagen

Steine und Kristalle sind Energieträger mit magischer Kraft. Sie tragen geistige Kräfte in sich. Sind wir bereits, uns mit unserem Bewusstsein den inneren Kräften der Edelsteine zu öffnen, können sie uns über ihre Schwingungen sehr intensiv berühren. Wir sind sehr empfänglich für ihre farbige Ausstrahlung, denn wir selbst bestehen auch aus feinstofflichen Körpern, die in bestimmten Farben schwingen, und die von den reinen Farben der Edelsteine aufgeladen, gestärkt und gereinigt werden können. Bernstein hat eine besonders starke Ausstrahlung von Heilenergie. (Anmerkung: Bernstein ist allerdings fossiliertes Harz und weder Stein noch Kristall oder Edelstein.)

Aus einem Prospekt des DAN Instituts, Mur, Schweiz

Die DAN Energie ist seit 1991 verfügbar. Sie ist eine universelle, kosmische Energie, welche die Lebensenergie aktiviert, sowie Körper, Geist und Seele harmonisiert. Die Schwingung ist fein genug, um alle vorkommenden Energieebenen zu durchdringen und dabei zu harmonisieren. Die **DAN Energie** setzt an den Ursachen von Blockaden bzw. Disharmonien direkt an.

Mit dem neu zur Verfügung stehenden Schwingungspotenzial der **DAN Energie**, die in alle Existenzbereiche vordringt und in die feinsten Daseinsbereiche hineinwirkt, wird ein „Wieder-Ganz-Werden" aller Lebewesen gefördert.

Schlafprobleme
(aus *Paungger/Poppe*: Renovieren …)

Wenn Sie näher als 50 Meter an einem Fluss oder Bach schlafen, dann legen Sie sich quer zur Laufrichtung des Wassers. In Flussrichtung schlafende Menschen sind morgens erschöpft und ausgelaugt, gegen Flussrichtung schlafend, wachen Sie morgens mit schwerem Kopf oder Kopfschmerzen auf, weil der Energieandrang zu stark ist.

Was sind Tachyonen?

Tachyonen sind kleinste physikalische Einheiten, die technisch noch nicht messbar sind. Sie bewegen sich schneller als das Licht und diese Geschwindigkeit macht sie zu etwas Besonderem. Tachyonen verfügen über ein Bewusstsein, so wie alle Bauteile der Materie über ein Bewusstsein verfügen. Dieses Bewusstsein ist weder messbar noch einsichtig, denn noch wird Bewusstsein allgemein mit Gehirn und Nervenfasern gleichgesetzt.

Tachyonen sind kleinste Elementarteilchen, die eine Dreifachstruktur besitzen: sie sind aus T^0, T^- und T° zusammengesetzt. Tachyonen sind überall vorhanden und können durch ihre Geschwindigkeit sehr schnell den Ort wechseln. Sie reagieren stark auf ihre Umgebung und auf die Bedürfnisse desjenigen, welcher mit Tachyonen arbeitet. Schon der Wunsch nach einem Tachyon kann eine Ansammlung von Tachyonen bewirken.

Tachyonen bewegen sich mit ungefähr 1,28-facher Lichtgeschwindigkeit. Die Arbeit mit Tachyonen ermöglicht Menschen, teilweise in „zeitlose" Räume zu treten. Probleme lassen sich schneller lösen, weil Ursache und Lösung nebeneinander existieren und nicht nach dem zeitlichen Verständnis vorgegangen werden muss.

Die Anthroposophie von Rudolf Steiner (1861–1925)

Ein Paradebeispiel eines geradezu unglaublich konfusen eklektizistisches Sammelsuriums von esoterischem Nonsens stellt die Anthroposophie von *Steiner* dar.

Steiner trat 1902 der Theosophischen Gesellschaft von *Helena Blavatsky* bei. Die Theosophie (= Gottesweisheit) lehrt eine Weltentwicklung, in der Welt und Mensch mehrere Inkarnationen (Wiedergeburten) durchlaufen. Jede Weltperiode sei eine Wiederverkörperung der vorhergehenden. Ebenso durchlaufe der Mensch solche Reinkarnationen bis zur vollen Einswerdung mit der Weltsubstanz, wobei sich das jeweilige Lebensgeschick nach den Taten des früheren Lebens richtet. Auf Grund von Unstimmigkeiten trat *Steiner* 1913 aus der Gesellschaft aus, um eine eigene Gruppe zu bilden: die *Anthroposophische Gesellschaft*. In Anlehnung an theosophisches Gedankengut vertritt der schizoide *Steiner* mit seinem Hang zum Mystischen und Fantastischen eine äußerst verwickelte, bizarre und konfuse Weltanschauung, eine okkulte Metaphysik.

Weder *Steiner* noch seine Nachfolger wollten die Anthroposophie (=„Menschenweisheit", eine „Geheimlehre vom Menschen") als Religion verstanden wissen. Sie nannten sie „Geisteswissenschaft". Ihr Ziel: den Menschen zu lehren, dass hinter allen Phänomenen des physikalischen Universums noch eine andere – geistige – Realität steckt. *Steiners* Standardwerk ist *„Die Philosophie der Freiheit"*. Er behauptet, dass er seine Erkenntnis der „geistlichen Wissenschaft" aus „übersinnlichen Wahrnehmungen" gewonnen habe. Er verwendete Meditationsverfahren, wodurch ihm, wie er versicherte, frühere Welten und das Wissen um Herkunft und wahre Bestimmung des Menschen erschlossen wurden. Die Quelle, aus der *Steiner* seine „Erkenntnisse" über die Weltentwicklung – und über vieles andere – schöpft, ist die nicht sinnlich wahrnehmbare, nur dem Eingeweihten sich erschließende „Akasha-Chronik".

Für *Rudolf Steiner* besitzt der Mensch nicht nur einen Körper, sondern vier „Wesensglieder": den physischen Körper, den ätherischen Körper, den Astral-Leib und das Ich. Die ersten drei dieser Wesensglieder besitzen auch alle Tiere, Pflanzen bestehen nur aus zwei Stufen, Mineralien nur aus einer, der untersten. Die vierte und höchste Stufe, die den Menschen erst zu dem macht, was er ist, nannte *Steiner* „das Ich".

Zweimal werden wir im Abstand von etwa 2000 Jahren wiedergeboren – einmal als Mann, einmal als Frau. Und weil die Erde schon viele tausend Jahre alt ist, war jeder von uns schon mehrmals auf der Welt – und wird auch in Zukunft wiedergeboren werden.

Die menschliche Geschichte nach *Steiner* gründet teilweise auf einer okkulten Version der Atlantismythologie. Aus dem sagenhaften Atlantis kämen auch die „Eingeweihten" – die letzten Vertreter der menschlichen Rasse, die ein Bewusstsein der übersinnlichen Welten als ein geschlossenes Lehrgefüge behalten hätten.

Auch die Erde durchläuft einen Prozess der Evolution und Reinkarnation. Im Laufe dieser Entwicklung ist unser Planet in vier Verkörperungen erschienen: als Saturn (Wärme), Sonne (Luft), Mond (Wasser) und Erde (Mineralien). Gegenwärtig befindet sich die Erde in der vierten Reinkarnation.

In der Person Christi hat die Evolution des Menschen während der gegenwärtigen Inkarnation der Erde ihren Höhepunkt erreicht. *Steiner* nannte seine Bewegung denn auch „wahres Christentum" und „christlicher Okkultismus".

Ein Verdienst *Steiners* in praktischer Hinsicht ist die Entwicklung der *„biologisch-dynamischen" Landwirtschaft*, die ohne Kunstdünger und Pestizide arbeitet, bei der hingegen Pflanzenextrakte in hochverdünnten (homöopathischen) Dosen und nach astrologischen Gesichtspunkten (!) in den Boden eingebracht werden.

Steiner entwickelte auch eine *anthroposophische Medizin*, in der u.a. die Homöopathie eine wesentliche Rolle spielt. Bekannt sind auch die von ihm begründeten *Waldorfschulen*, in denen Zensuren, aber auch jede Art von Bildmittel (Fotos, Filme) verpönt sind und wo v.a. die Kreativität gefördert wird. Aufgabe der Erziehung ist es, Inkarnationshilfen zu geben. *Steiner* hat genaue Anweisungen gegeben, wie die Inkarnation am besten zu fördern sei – seither ist genau festgelegt, was gut ist für die Entwicklung des Kindes und was schädlich, welche Bücher, welches Spielzeug, welche Lehrstoffe die Inkarnation im jeweiligen Stadium fördern und welche hinderlich sind bzw. Fehlentwicklungen einleiten (nach *Badewien* 1988[3]).

Die Anthroposophie huldigt einem Führerkult (*Steiner* als Menschheitsführer) und duldet keinen neben ihm. Was sie vom Faschismus unterscheidet, ist, dass sie grobe kriegerische Gewalt verachtet. Diese hat sie ins Psychologische transformiert; man kämpft als Feingeist eben nur fein geistig (vgl. *Kern* 1965).

Alles in allem ist die Anthroposophie als „Warenhaus aller, aber auch aller verkappten Religionen" (*Petz* 1993) zweifellos ein ausgesprochen esoterisches Dummheitssystem.

15 Pseudowissenschaften

So viel kluge Wissenschaftler und
deren Zeit gibt es nicht, um all den Unsinnn zu
widerlegen, den Dummköpfe publizieren.
Georg Christoph Lichtenberg

Aberglaube, Esoterik, New Age und Pseudowissenschaften verschiedenster Art bilden einen undurchdringlichen Dschungel im gigantischen Markt der Dummheit. Heute erleben wir eine Flut von Disziplinen, die sich als Wissenschaft ausgeben, wie Anthroposophie, Präastronautik, Bermudologie, Atlantologie, Ufologie, Alchimie, Numerologie, Pyramidologie, Kryptozoologie (Yeti- und Nessie-Forschung). Aber auch der Kreationismus, die Astrologie und zumindest teilweise die Parapsychologie müssen in den Bereich der Pseudowissenschaften gerechnet werden.

Die Welle von Para- und Pseudowissenschaften unserer Zeit muss auch in Zusammenhang mit der **New-Age-Welle** gesehen werden, die durch eine gewisse **Wissenschaftsfeindlichkeit** eine Gegenbewegung zur Wissenschaftsgläubigkeit des vorigen Jahrhunderts darstellt. Von der New-Age-Bewegung werden wissenschaftliche Befunde mit mystischem Gedankengut in einer unerquicklichen Art und Weise vermischt.

Pseudowissenschaft ist gefährlich
weil sie

- wilde Spekulationen oder unkontrollierbare Daten für Ergebnisse wissenschaftlicher Forschung ausgibt;
- ein falsches Bild gibt von wissenschaftlicher Haltung (dem „Geist" der Wissenschaft) vermittelt;
- einige Gebiete der Wissenschaft „verunreinigt", besonders die „weichen" (wenig mathematisierbaren) Disziplinen, wie die Psychologie;
- Millionen von Menschen zugänglich ist (während echte Wissenschaft „hart", d.h. oft schwer und daher nur für eine ausgebildete Elite verständlich ist);
- zu einem Milliardengeschäft wurde, welches die Leichtgläubigkeit und Dummheit der Leute ausnützt (siehe Astrologie, Esoterik-Markt!);
- die Unterstützung durch mächtige Pressure groups hat (manchmal ganze Kirchen und politische Parteien – und besonders die Sympathie der Massenmedien).

Häufig ist es vor allem dem Halbgebildeten praktisch unmöglich, die Spreu vom Weizen zu trennen. In bestimmten Fällen ist es im Bereich der Pseudowissenschaften tatsächlich außerordentlich schwierig, zu entscheiden, ob wir es mit einer Wissenschaft zu tun haben oder mit einem Imitat. Die Frage der Unterscheidung von echter Erkenntnis und Scheinerkenntnis (*episteme* und *doxa*) ist sogar ein uraltes Problem der Philosophie.

Im Gegensatz zum bildhaft erklärenden Mythos hat die Philosophie von Anfang an versucht, die Welt rational zu erklären. Aus dieser Philosophie, wie sie die alten Griechen schufen, ging eine Wissenschaft nach der anderen hervor, wie wir sie heute kennen. Immer wieder entstanden aber auch Disziplinen, die wir heute keineswegs als Wissenschaft ansehen würden, die aber in jener Zeit durchaus den Status einer Wissenschaft hatten, z.B. war die Astrologie im Altertum durchaus eine Wissenschaft. Was die Philosophie, die Mutter aller Wissenschaften, betrifft, so gab es ja immer wieder Versuche, sie auf eine unbezweifelbare Basis zu stellen, man denke nur an *Descartes* oder *Kant*. Und auch die neuere Philosophie bemüht sich um die Abgrenzung von Wissenschaft und Pseudowissenschaft.

Im *Wiener Kreis* hat man versucht, Wissenschaft von Nichtwissenschaft – und als Paradigma dafür stand die Metaphysik – abzugrenzen. Man hat ein **Sinnkriterium** gesucht, das erlauben sollte, auch weniger offensichtlichen Unsinn von sinnvollen Aussagen scharf abzugrenzen und damit wissenschaftliche von metaphysisch-spekulativen Sätzen zu scheiden. Eine **Pseudoaussage** ist daran zu erkennen, dass sie nicht verifizierbar ist. Nach *Carnap* sind metaphysische Sätze nicht erst sinnlos wegen der fehlenden Nachprüfbarkeit, sondern bereits weil die darin enthaltenen Ausdrücke ohne Bedeutung sind. Wegen der Nichtverifizierbarkeit von unbeschränkten Allaussagen und weil insbesondere alle Naturgesetze sinnlos wären, hat *Popper* die Verifizierbarkeit durch die Forderung der Falsifizierbarkeit ersetzt. Sätze, die an der Erfahrung scheitern können, sind *empirisch gehaltvoll* und daher sinnvoll. In der Folge haben zahlreiche Philosophen verschiedenste Verbesserungen des ursprünglichen Sinnkriteriums vorgeschlagen. Heute müssen aber wohl alle Versuche, ein eindeutiges und immer anwendbares Sinnkriterium aufzustellen, als gescheitert angesehen werden.

Entwicklung des Sinnkriteriums

Verifizierbarkeitskriterium
Ein Satz ist sinnvoll, wenn er prinzipiell verifiziert werden kann (er kann auch falsch sein).
Unbeschränkte Allaussagen sind nicht verifizierbar.

Falsifizierbarkeitskriterium (Abgrenzungskriterium) *Popper*
Auf die Wirklichkeit sich beziehende Sätze müssen falsifizierbar sein.
Dann sind aber unbeschränkte Existenzaussagen sinnlos.

Übersetzbarkeitskriterium
Aussagen mit theoretischen Termen müssen in die Beobachtungssprache übersetzbar sein. Das geht aber bei vielen Begriffen nicht („Elektron").

Kriterium der prognostischen Relevanz
Aussagen müssen prüfbare Voraussagen erlauben.

Redundanzkriterium
Occam: Überflüssige Begriffe sind auszumerzen. Terme, die man weglassen kann, ohne dass sich die Menge der prüfbaren Prognosen ändert, haben keinen Erklärungswert.

Bestätigungskriterium
Sinnvolle Aussagen müssen bestätigungsfähig sein. Eine Aussage ist bestätigungsfähig, wenn sie auf Beobachtungsaussagen – direkt oder indirekt – zurückgeführt werden kann. Sie muss an der Sinneserfahrung prüfbar oder aus als wahr anerkannten Aussagen ableitbar sein.

Abgrenzungskriterium als Beschluss
Frage nach empirischer Sinnhaftigkeit kann nicht für einzelne Aussagen, sondern nur für eine ganze Theorie gestellt werden.

Heute
Es gibt kein eindeutiges und immer anwendbares Sinnkriterium.
Nur ganz allgemein:
Eine Aussage oder Theorie ist „sinnlos" oder besser „empirisch gehaltlos", wenn sich aus ihr keine beobachtungsmäßigen Folgerungen ableiten lassen und sie dadurch immun ist gegenüber empirischer Prüfbarkeit.

Das bedeutet, dass es kein einheitliches Kriterium für die Unterscheidung von Wissenschaft und Nichtwissenschaft geben kann. Wir müssen uns bei jeder zur Diskussion stehenden Theorie fragen, ob bestimmte Kriterien erfüllt sind, die wir gemeinhin an Wissenschaft anlegen. Was aber ist eine **Wissenschaft**? Wenn wir diese Frage hinreichend beantworten können, müsste es *prima facie* ein Leichtes sein, davon eine Pseudowissenschaft zu unterscheiden. Aber so einfach ist die Sache eben nicht.

Bereiche, die Erkenntnis anstreben

Wissenschaft: System von intersubjektiv prüfbaren Erkenntnissen.

Protowissenschaft: junge, im Entstehen begriffene Wissenschaft, die zu einer solchen fortschreitet; wenig systematisiert oder gar mathematisiert.

Unorthodoxe Wissenschaft: unkonventionelle und unpopuläre Wissenschaft (früher z.B. die Quantenmechanik), die aber durchaus den Kriterien von Wissenschaftlichkeit entspricht.

Parawissenschaft: (Grenzwissenschaft, deviante Wissenschaft): Randgebiet des Wissenschaftsbetriebs, das von den Schulwissenschaften meist nicht als Wissenschaft anerkannt wird; untersucht also Bereiche, die von der „Normalwissenschaft" nicht behandelt werden. Manche Parawissenschaft ist – zumindest wie sie betrieben wird, also von der unsauberen Methodik her – Pseudowissenschaft.

Pseudowissenschaft: Disziplin mit Anspruch auf Wissenschaftlichkeit, den sie aber nicht einlösen kann; gibt sich als Wissenschaft aus, ohne es zu sein. Häufig mit Aberglauben verknüpft. Kann im Gegensatz zur Protowissenschaft nicht zu einer Wissenschaft werden, sondern stagniert.

Antiwissenschaft: Glaubenssystem, das der Wissenschaft feindlich gegenübersteht und die Wissenschaft ersetzen will. Auch innerhalb von Ideologien anzutreffen. Beispiel: Kreationismus.

Ideologie: unwissenschaftliches System von Überzeugungen mit Herrschaftsanspruch.

Mythos: erklärt Welt und Existenz des Menschen nicht-rational in dichterischen Bildern.

Metaphysik: Lehre von Gegenständen jenseits unserer Sinneserfahrung oder dieser zugrundeliegend. Widerspruchsfrei nur als Sprachspiel ohne Kontakt zur sinnesempirischen Wirklichkeit denkbar.

Glaube: Etwas für wahr halten aufgrund der Aussage einer Autorität oder eigener Erfahrung (Meinungsbildung).

Aberglaube: Von der gegenwärtigen Wissenschaft eindeutig widerlegter Glaube.

Für die Vertreter des *logischen Empirismus* war klar, dass eine Wissenschaft, die von Dingen unserer Welt handelt, nur mit Hilfe der Sinneserfahrung aufzubauen und überprüfbar sei. Demgegenüber kennt der Metaphysiker nicht nur eine **erweiterte Ontologie** („andere" Wirklichkeiten), sondern akzeptiert auch **andere Erfahrungsarten** wie Wesensschau, Intuition, Inspiration, mystische Versenkung und religiöse Erfahrung, also innere Erfahrungen, aber auch Offenbarung Gottes mittels derer er diese andere Realität glaubt erfassen zu können und auf denen er seine „Wissenschaft" aufbaut. Es gäbe dann nicht nur *einen* Wissenschaftsbegriff, sondern entsprechend anderen zugelassenen Erfahrungsarten auch neue Formen von „Wissenschaft", die man z.B. indizieren könnte: W_1, W_2, W_3 ... W_n. Man müsste jeweils sagen, von welcher Art Wissenschaft man gerade spricht. Da so jede beliebige Disziplin sich „Wissenschaft" nennen könnte, scheint dieser Weg nicht sehr zweckmäßig. Auch scheint es nicht sinnvoll zu sein, etwas als „Wissenschaft" zu bezeichnen, was nur einem esoterischen Zirkel vorbehalten bleibt, wo nur wenige Eingeweihte entsprechende Erfahrungen machen können, wo „Erkenntnisse" also nicht intersubjektiv und wo Experimente von vornherein unmöglich sind. Sinnvoller scheint doch, einen **Konsens über einen (weitgefassten) Wissenschaftsbegriff** zu suchen, der Kriterien enthält, die von der Gemeinschaft der Vertreter der etablierten Wissenschaften allgemein akzeptiert wird, weil sie für ihre Tätigkeit für wesentlich erachtet werden. Wissenschaft ist doch *das* rationale Unternehmen der Menschheit – ja das menschlichste und in diesem Sinne erhabenste.

Und noch etwas: Das „**Unternehmen Wissenschaft**" sollte doch wohl besser nicht durch die Tätigkeit seiner Vertreter definiert werden („Wissenschaft als Handlung"), sondern vom Resultat wissenschaftlicher Bemühungen aus.

Eine zweckmäßige Definition von „Wissenschaft" könnte lauten: **Wissenschaft ist ein in sich widerspruchsfreies und kritisierbares System von intersubjektiv nachprüfbaren Erkenntnissen. Naturwissenschaftliche Theorien sollten zudem prognostische Relevanz besitzen, also Voraussagen erlauben.**

Nach *Edgar Wunder* (1997) könnte man die Parawissenschaften unterteilen in Proto- und Pseudowissenschaften. Während eine Protwissenschaft zu einer veritablen Wissenschaft werden kann, stagniert die Pseudowissenschaft und ist nicht entwicklungsfähig. Manchmal nehmen Pseudowissenschaften auch antiwissenschaftliche Attitüden an, so der Kreationismus.

Kriterien einer guten (erfahrungswissenschaftlichen) Theorie

Minimalkriterien, die für jede Art von empirischer Wissenschaft gelten sollten, müssten etwa die folgenden sein:

Innere logische Widerspruchsfreiheit
Nicht immer gegeben (und vielleicht auch nicht immer möglich); keine fehlerhaften logischen Ableitungen.

Äußere Widerspruchsfreiheit
Die Theorie darf mit gut bestätigten anderen naturwissenschaftlichen Theorien nicht in Widerspruch stehen. So widerspricht z.B. der Kreationismus in krasser Weise der bewährten Evolutionstheorie. Es ist stets die Frage zu stellen: Sind gewisse Behauptungen der Hypothese nachweislich falsch? Beispiele: Flacherdtheorie oder Astrologie.

Forderung nach Kritisierbarkeit und Prüfbarkeit

Forderung nach Erklärungswert und prognostischer Relevanz
Sind beobachtungsmäßige Folgerungen abzuleiten?

Forderung nach ontologischer Sparsamkeit
Keine unnötigen, zur Erklärung eines Phänomens nichts beitragende Begriffe, wie z.B. „Entelechie".

Forderung, dass keine Immunisierungsstrategien verwendet werden
(zum Wegerklären von Fehlprognosen oder zur Abblockung von Kritik)

Forderung nach „sauberen" Methoden
Häufig finden sich Paradisziplinen nur deshalb im Sumpf von Pseudodisziplinen, weil manche ihrer Vertreter (nicht alle!) mit unzulässigen Methoden arbeiten (wie dies v.a. in der frühen Parapsychologie manchmal geschehen ist).

Ein schwieriger Fall sind die **Kryptowissenschaften**, die sich mit Dingen und Ereignissen befassen, deren Existenz von der Wissenschaft nach genauen Recherchen nicht anerkannt wird, für die es jedoch Zeugenaussagen gibt, z.B. für UFOs oder das Ungeheuer von Loch Ness, um nur das bekannteste Beispiel aus der Kryptozoologie zu nennen.

Klar ist, dass natürlich alle diese Kriterien für Wissenschaftlichkeit auch wieder diskutiert werden können.

Was ist eine Pseudowissenschaft?

Pseudowissenschaft ist nicht einfach das Gegenteil von „guter" Wissenschaft. Wir sollten nicht die Grenze zwischen „guter" und „schlechter" Wissenschaft ziehen, sondern Pseudowissenschaft positiv beschreiben.

Pseudowissenschaft kann als ein System von scheinbarem Wissen bezeichnet werden, das – oberflächlich ähnlich einer Wissenschaft – auf einem festgefügten Bündel von Vorurteilen oder falsifizierten Tatsachenbehauptungen beruht. Diese Vorurteile werden von den Anhängern der Pseudowissenschaft nie hinterfragt. Andererseits werden alle, selbst offensichtliche Fakten bestritten, wenn sie in Widerspruch zu diesen Vorurteilen stehen. Die Pseudowissenschaft ist eine ausdrückliche oder verschleierte Rechtfertigung jener Vorurteile. Eine Konfrontation mit der Wirklichkeit wird tunlichst vermieden.

Pseudowissenschaften erheben den Anspruch, wissenschaftlich zu sein, können diesen Anspruch aber nicht einlösen, weil sie in sich widersprüchlich und bereits durch entsprechende Experimente widerlegt sind oder weil sie andere methodologische Voraussetzungen der Wissenschaftlichkeit (z.B. Verbot von Zirkelschlüssen) nicht erfüllen. Häufig findet man auch eine Immunisierung gegen Kritik. Immunisierungsstrategien sind aber ein eindeutiges Indiz für Unwissenschaftlichkeit.

So werden Hypothesen oft so präzise formuliert, dass sie durch kein Experiment zu erschüttern sind, das auf einen Widerspruch hindeuten könnte, ja sie lassen sich prinzipiell nicht entkräften. Vertreter der Pseudowissenschaften sind defensiv und argwöhnisch gegen jede skeptische Überprüfung.

Eine scharfe Abgrenzung zwischen Wissenschaft und Pseudo- oder Parawissenschaft ist nicht möglich. Denn auch unsere heutigen „wissenschaftlichen" Theorien könnten eines Tages als vor-, un- oder pseudowissenschaftlich angesehen werden. Auch sind die pseudowissenschaftlichen Theorien zu verschieden. Wir müssen daher jede Behauptung oder Hypothese auf Mängel untersuchen. Es muss in jedem einzelnen Fall genau überprüft werden, ob – und wenn ja welche – Kriterien von Wissenschaftlichkeit von einer mutmaßlichen Pseudowissenschaft jeweils verletzt werden. Die Scheidelinie zwischen Wissenschaft und Pseudowissenschaft kann weniger durch die Inhalte definiert werden, sondern vor allem durch die Methode, durch die Art, wie gewisse Behauptungen und Hypothesen belegt werden.

Es sollte daher beobachtet werden, ob eine Disziplin „saubere" Methoden verwendet, ob sie Immunisierungsstrategien verfolgt und ob sie die üblicherweise an Erfahrungswissenschaften gestellten Anforderungen erfüllt.

Ein Forschungsprojekt wird in der Regel als Pseudowissenschaft bewertet, wenn es eines der drei folgenden Kriterien erfüllt:

- Es stützt sich auf Theorien, die widerlegt sind – etwa die Behauptung der Homöopathie, ein im Verhältnis 1:1000000000 verdünnter Stoff könne, richtig geschüttelt, physiologische Heilwirkungen im menschlichen Organismus entfalten.
- Es stützt sich auf Theorien, die mit dermaßen geringer Wahrscheinlichkeit zutreffend sind, dass es nicht lohnt, sie ernsthaft zu überprüfen – etwa die Grundannahme der Paläovisitologie, wonach prähistorische Ufonauten das Menschengeschlecht zivilisierten.
- Es stützt sich auf Methoden, die heutigen Anforderungen an Strenge, Kritisierbarkeit und Überprüfbarkeit nicht gerecht werden – dazu gehören z.B. Versuche, Hierarchien in der Welt der Dämonen oder Engel zu systematisieren.

Eine Hypothese kann aus verschiedensten Gründen pseudowissenschaftlich sein:

- Die Behauptung, dass die **Erde eine Scheibe** sei, ist weder wissenschaftlich noch pseudowissenschaftlich, sondern schlichtweg falsch.
- Für die **Homöopathie** ist wesentlich, dass es keinen Weg gibt, zu entscheiden, ob sie eine wirkungsvolle Therapie ist oder nicht.
- Der **Marxismus** war ursprünglich wissenschaftlich, degenerierte aber zu einer Pseudowissenschaft, als er durch Immunisierungsstrategien ergänzt wurde.
- Der **Psychoanalyse** scheint gegenwärtig zu widerfahren, zu einer Pseudowissenschaft zu werden, weil auch sie Immunisierungsstrategien verwendet.

Die klassische pseudowissenschaftliche Vorgehensweise:

- Nebulöse Informationsquellen
- Aversion gegen natürliche Erklärungen
  Beispiel: Die Ureinwohner Amerikas *können* die Pyramiden nicht unabhängig von den Ägyptern erfunden haben – sie hatten dazu einfach nicht genug Grips. In noch extre-meren Fällen (z.B. bei *von Däniken*) ist *der Mensch als solcher* zu blöd, so dass ihm Außerirdische auf die Sprünge geholfen haben müssen.

- Aufbauschen des Wunders
  Wird ein Mythos weitergegeben, bläht ihn jeder der Beteiligten ein bisschen mehr auf.
- Validierung paranormaler Phänomene durch paranormale Phänomene
  Die Validierung von Berichten über übernatürliche Phänomene ergibt sich aus ihrer Übereinstimmung mit anderen Berichten ähnlicher Art.

Die Dummheit der Pseudowissenschaften besteht in eben diesen Vorgehensweisen.

Grenzen der Wissenschaft

Wissenschaft ist sicher ein ganz wesentlicher Bereich menschlichen Tuns, aber es gibt neben dem **kognitiv-rationalen Unternehmen Wissenschaft** auch noch den emotionalen und den Wertbereich, die von der Wissenschaft nicht durchgehend erfasst werden können – ganz abgesehen davon, dass die Arbeit des Wissenschaftlers auch emotional motiviert und von Gefühlen begleitet ist.

Wissenschaft muss auch aus der Perspektive der Zeitlichkeit und all unser Wissen in seiner Vorläufigkeit gesehen werden – was ja dem Popperschen Paradigma der Wissensevolution entspricht.

Wir müssen akzeptieren, dass es Grenzen menschlicher Erkenntnisfähigkeit gibt, die auch Parawissenschaften nicht überschreiten oder eliminieren können. Wir müssen zur Kenntnis nehmen, dass es für uns unlösbare Probleme gibt. Wir müssen anerkennen, dass gewisse Fragen im Rahmen der Wissenschaft unzulässig sind, weil sie mit wissenschaftlichen Methoden nicht behandelt werden können. Das kann und darf jedoch nicht bedeutend, dass solche Bereiche Scharlatanen einer Pseudowissenschaft überlassen werden sollen, die mit ihren Aktivitäten nicht selten die Dummheit vieler Menschen schamlos ausnutzen.

Wir müssen tolerant sein gegenüber jenen, die von **Voodoo-Wissenschaft** beschwindelt werden, aber weniger tolerant gegenüber den Schwindlern (*Robert L. Park*, Interview, „Presse" 12. 8. 2000).

Fragen an eine wissenschaftliche Theorie

- Werden **logische Regeln** verletzt? (Ist die Theorie widerspruchsfrei? Enthält sie fehlerhafte logische Ableitungen?)

- Ist die Theorie **intersubjektiv** verständlich und semantisch stabil oder wechseln inerhalb der Theorie Begriffe ihre Bedeutung)?
- Sind gewisse **Behauptungen** nachweislich **falsch**?
- Ist das System einer **intersubjektiven Nachprüfung** zugänglich und in welchem Grade wurde es bei solcher Nachprüfung empirisch bestätigt? Gibt es wiederholbare Experimente? (Gilt natürlich nicht für historische Theorien wie z.B. Kosmologie, Evolutionstheorie oder Geschichte, wo wir es mit einmaligen Ereignissen zu tun haben.)
- In welchem Maße eignet sich das System für exakte **Erklärungen** und (zutreffende) **Prognosen**?
- Ist die Theorie klar und **präzise** formuliert?
- Ist sie **einfach** in bezug auf das Begriffssystem und die aus ihr ableitbaren Naturgesetze? (Ontologische Sparsamkeit, *Occams* Rasiermesser)
- Enthält die Theorie unzulässige **Apriori-Aussagen** über die Wirklichkeit?
- Lassen sich beobachtungsmäßige Folgerungen ableiten? (Ist die Theorie **empirisch gehaltvoll**?) Behauptet sie empirisch unfassbare geheimnisvolle Kräfte und Wesenheiten?
- Ist die Theorie kontrollierbar und **kritisierbar** oder werden **Immunisierungsstrategien** (zum Wegerklären von Fehlprognosen oder zur Abblockung von Kritik) verwendet?

Beschäftigung mit Paradisziplinen

Fragt sich noch, warum Wissenschaftler sich nicht mehr mit Pseudowissenschaften und Paradisziplinen beschäftigen. Dies kann mehrere Gründe haben:

1. Die Wissenschaftler haben angeblich keine Zeit dazu, weil sie sie wichtigere Vorhaben bearbeiten (eine Ausrede?).
2. Manchmal sind sie selbst unsicher, ob nicht doch an manchen Dingen (etwa der Parapsychologie) etwas dran sein könnte.
3. Das Thema ist ihnen zu heiß, sie wollen sich nicht exponieren oder gar lächerlich machen, weil sie sich „mit solchen Dingen" beschäftigen.
4. Die Behauptungen der Pseudowissenschaft sind zu lächerlich und abstrus, als dass man sie ernst nehmen könnte.
5. Die Behauptungen sind zu diffus, als dass sie sich nachprüfen ließen.
6. Manche Behauptungen sind längst als falsch erwiesen, wie die Lehre von einer flachen Erde oder der Existenz des Ungeheurs von Loch Ness.

7. Es handelt sich um nicht einwandfrei dokumentierte und daher nicht mehr überprüfbare Einzelfälle.
8. Es besteht eine physikalische oder gar logische Unmöglichkeit, den behaupteten Fall oder die Hypothese zu überprüfen (vgl. das Kapitel „Dummheit und Wissenschaft").
9. Schließlich ist es eine Regel der Logik, dass der, der eine Behauptung aufstellt, diese zu beweisen hat und nicht derjenige, der sie bestreitet, sie widerlegen muss.
   So meint auch der Innsbrucker Physiker *Ferdinand Cap* (2003): „Die Wissenschaft muss verlangen können, dass die Beweispflicht nicht umgekehrt wird. Wenn jemand auftritt und Behauptungen aufstellt, die dem Stand der Wissenschaft widersprechen, so ist es dessen Pflicht, seine Behauptungen zu beweisen. Es kann ganz allgemein nicht die Aufgabe der Wissenschaft sein, bloße Behauptungen zu widerlegen."

Warum gibt es Pseudowissenschaften?

Viele Leute, auch manche Wissenschaftler sind imstande, mühelos zwischen der skeptischen Welt der Wissenschaft und der leichtgläubigen Welt der Religion und des Aberglaubens hin- und herzuwandern, ohne mit einer Wimper zu zucken. Ein *sacrificium intellectus* ist für sie kein Problem. Aber wir können uns nicht nur stückweise der Wissenschaft bedienen, sie dort anwenden, wo wir uns sicher fühlen, und sie ignorieren, wo wir uns bedroht fühlen. Außer wenn wir unser Gehirn in einzelne luftdichte Kästchen abteilen, können wir doch nicht in Flugzeugen fliegen, Radio hören oder Antibiotika nehmen und gleichzeitig glauben, dass die Erde rund zehntausend Jahre alt ist oder dass alle im Zeichen des Schützen Geborenen gesellig und umgänglich sind (nach *Sagan* 2000).

Wissenschaftsanalphabeten

(nach *Rainer Wolf*: Erkenne dich selbst. In *Kern* 1995)

Wir erleben einen Esoterik-Boom und sind Zeitzeuge der Entstehung neuer Mythen und Pop-Religionen. Gurus haben große Gemeinden von Gläubigen um sich versammelt, leider in der Regel Wissenschafts-Analphabeten, denn sie lassen sich von einer experimentellen Widerlegung ihrer Theorien nicht beirren. An paranormale Phänomene glauben sie nicht deswegen, weil ihre Existenz nachgewiesen ist, sondern weil sie in ihr Weltbild passen. Eine

Welt, in der das Spirituelle über Wissenschaft und Vernunft steht, eine Welt, in der das, was man zutiefst als wahr fühlt, automatisch wahr ist; eine Welt, in der fast alles, was passiert, anthropozentrisch gedeutet wird als ein bedeutungsschweres Omen für zukünftige Ereignisse, kurz: eine Welt, die sich schmeichlerisch-einfach fast von selbst zu erklären scheint. Dieses magische Denken ist eine unerschöpfliche Quelle des Aberglaubens, die wir wohl von unseren tierischen Vorfahren geerbt haben.

Es geht nicht darum, unsere Welt durch Besserwisserei zu entzaubern. Ganz im Gegenteil glaube ich, dass die Welt in ihrer Abstraktheit, die die Wissenschaft in ersten Ansätzen erkannt hat, sich auf überwältigende Weise als wunderbarer und schöner erwiesen hat, als alle Esoteriker und Sciencefiction-Autoren sich bisher ausmalten. Es geht auch nicht darum, Phänomene zu ignorieren, die von der heutigen Wissenschaft nicht erklärt werden können. Jeder intellektuell redliche Wissenschaftler ist offen für neue, unverstandene Phänomene, sofern deren Existenz glaubwürdig nachgewiesen ist. Denn die Bereitschaft, aus den Ergebnissen von Schlüsselexperimenten zu lernen, ist ein Merkmal echter Wissenschaft. Das Fehlen dieser Bereitschaft, die Selbst-Immunisierung gegen Widerlegung, zeichnet Pseudowissenschaften aus.

Leider ist die Zahl der Wissenschafts-Analphabeten in der Bevölkerung erschreckend hoch.

Antirationales Denken hat noch nie in der Geschichte der Menschheit bleibende Fortschritte gebracht.

Pseudowissenschaften sind ein hilfloser Versuch, verschiedene scheinbar unerklärliche Phänomene doch zu erklären und haben ihre Wurzeln häufig in vorwissenschaftlicher Zeit. Unwissenheit und Angst nähren den Glauben an Pseudowissenschaften. Auch Religionen sind (nach *Sagan* 2000) oft die staatlich geschützten Brutstätten der Pseudowissenschaft, obwohl es keinen Grund gibt, warum die Religionen diese Rolle spielen müssten. Und *Sagan* macht sich Sorgen, „dass Pseudowissenschaft und Aberglaube Jahr für Jahr verführerischer erscheinen werden, der Sirenengesang der Unvernunft noch wohltönender und attraktiver erklingen wird".

Die Pseudowissenschaft spricht mächtige **emotionale Bedürfnisse** an, die die Wissenschaft oft nicht erfüllt. Sie versorgt Fantasien über persönliche Kräfte, die uns fehlen und die wir gern hätten (wie sie heutzutage den Superhelden der Comics und früher den Göttern zugeschrieben wurden). In einigen ihrer Manifestationen erbietet sie sich, geistigen Hunger zu stillen, Krankheiten zu heilen, und verspricht, dass der Tod nicht das Ende sei.

Sie gibt uns unsere zentrale Stellung und Bedeutung im Kosmos zurück (*Sagan* 2000).

Die beste Therapie gegen ungezügelte Fantasie und das einzige Korrektiv gegen verquertes Denken ist die wissenschaftliche Forschung, das skeptische Denken und der kritische Verstand.

Leider ist eine Kritik an unwissenschaftlichem oder nicht-wissenschaftlichem Denken im Allgemeinen fruchtlos und führt lediglich dazu, dass der Esoteriker sich auf seine Position versteift. In einem Experiment stellte sich heraus, dass Studenten nach skeptischen Kommentaren ihrer Dozenten praktisch unverändert an ihren okkulten Glaubensvorstellungen festhalten.

Schonungslose **Desillusionierung** ist wohl kaum ein effektives Mittel für das Vorhaben, Menschen dazu zu bringen, dass sie durchschauen, was in den Augen des Skeptikers nichts weiter als falsches oder magisches Denken ist.

Die übliche Kritik an der Wissenschaft lautet, ihr Gesichtsfeld sei zu eng, alles, was nicht in ihr „kleinkariertes" Weltbild passe, werde abgelehnt. Wenn dem so wäre, wäre dies auch ein Fall von Dummheit im Sinne von Engstirnigkeit und Dogmatismus.

Die *Feyerabend'sche* Standpunktlosigkeit, die alles für möglich und gleich gerechtfertigt, für richtig und wichtig hält, ist hoch anfällig für die Dummheit der Beliebigkeiten. Unterscheidendes Denken wird ersetzt durch beschwörendes Reden und Tun. Wissenschaften und Religionen gelten gleichermaßen als Glaubenssysteme, eine Behauptung ist ebenso richtig wie ihr Gegenteil, eine magische Handlung ebenso zielgerecht wie eine rational geleitete. Eine solche Geisteshaltung legitimiert auch unsinnigste Pseudowissenschaften.

Wo die Naturwissenschaften an Einfluss verlieren, findet ein schleichender Rückzug der Vernunft aus unserer Gesellschaft statt. Ein schlauer Trick der Verdummer ist, wissenschaftlich klingende Begriffe in ihr pseudowissenschaftliches System einzuschleusen und damit Wissenschaftlichkeit vorzutäuschen, wo der bare Unsinn herrscht. Parapsychologen werfen gerne mit naturwissenschaftlichen Begriffen um sich, wobei diese aber in einem völlig anderen Sinn verwendet werden. Terme des physikalischen Begriffsapparats werden zu magischen Pseudoerklärungen missbraucht. Dies gilt besonders für Ausdrücke wie „Schwingungen", „kosmische Energie" oder „Information".

Für *Sagan* (2000) liegt die Hauptschwäche der Skeptikerbewegung in ihrer Polarisierung: „WIR gegen SIE – in der Vorstellung, dass wir ein Monopol auf die Wahrheit besitzen; dass die anderen

Menschen, die an all diese törichten Lehren glauben, Schwachköpfe sind; dass sie auf uns hören, wenn sie vernünftig sind – wenn nicht, dann sind sie eben nicht mehr zu retten. Das ist nicht konstruktiv. Damit erreicht man wenig. Die Skeptiker werden dadurch zum permanenten Status einer Minderheit verurteilt; demgegenüber könnte ein einfühlsamer Umgang miteinander, der von Anfang an das Menschliche an der Pseudowissenschaft und am Aberglauben akzeptiert, auf viel größere Akzeptanz stoßen."

Gerhard Vollmer (1992) hat nachgewiesen, dass Pseudowissenschaften auch für etwas gut sind. Unter anderem werden Wissenschaftler in der Auseinandersetzung mit Pseudowissenschaften gezwungen, ihre Theorien und dic zugrunde liegenden Annahmen präziser zu formulieren und zu begründen, so dass Pseudowissenschaften bei der Entwicklung „guter" Wissenschaft helfen können.

In der Folge sollen nun einige Pseudo- bzw Parawissenschaften unter die kritische Lupe genommen und auf ihren Dummheitsgehalt untersuch werden.

Der Kreationismus

Der Kreationismus, wie ihn fundamentalistische Christen lehren, behauptet, die Genesis müsse wörtlich verstanden werden, die Bibel sei quasi ein naturwissenschaftliches Buch und **die Schöpfungslehre einer wissenschaftlichen Theorie ebenbürtig, ja dieser überlegen**. Sie wird der Evolutionstheorie der Biologie gegenübergestellt, in der Absicht, diese zu widerlegen. Dabei wird betont, dass der eigentliche Schöpfungsvorgang – auch nach Auffassung der Schöpfungs„theoretiker" – nicht wissenschaftlich und überhaupt nicht empirisch erfasst werden kann. Selbstredend ist das Eingreifen eines überirdischen Wesens nicht wissenschaftlich beschreibbar und daher auch nicht kritisierbar. Und damit wird eines der wesentlichen Wissenschaftskriterien (die Kritisierbarkeit) nicht erfüllt. Der Kreationismus versteht sich zwar dezidiert als Wissenschaft, stelllt sich aber gegen diese und ist daher wohl eher als religiös motivierte **Antiwissenschaft** einzustufen. Wenn die Schöpfungstheorie richtig wäre, würde nicht nur die Evolutionstheorie fallen – für die es heute keine echte Alternative gibt, um das, was wir auf der Welt vorfinden zu erklären –, sondern es würden gleichzeitig alle möglichen anderen bewährten Theorien der Naturwissenschaften aufgegeben werden müssen.

Keine Evolution mehr
(aus „Vorarberger Nachrichten", 7./8. 2. 2004)

Im US-Bundesstaat Georgia ist in geplanten neuen Lehrplänen das Wort „Evolution" im Biologieunterricht nicht mehr enthalten, stattdessen soll von „Veränderungen im Laufe der Zeit" die Rede sein. Mit solchen Änderungen soll der Biologieunterricht in Einklang mit der christlichen Schöpfungsgeschichte gebracht werden.

Die historische Theorie der Evolution wird bestätigt durch die Tatsache, dass viele voneinander unabhängige Beweisstränge auf einen einzigen Schluss konvergieren. Unabhängige Datensätze aus Astrophysik, Geologie, Paläontologie, Botanik, Zoologie, Insektenkunde, Biogeografie, vergleichende Anatomie, Physiologie und vielen anderen Wissenschaften weisen alle auf den Schluss hin, dass das Leben sich in einer Evolution entwickelt hat. Das ist eine Konvergenz der Beweise. Kreationisten verlangen nach „nur einer fossilen Zwischenstufe", die die Evolution beweisen soll. Aber die Evolution wird nicht durch einzelne Fossilien bewiesen. Sie wird durch eine Konvergenz der Fossilien und vieler anderer Beweisstränge bewiesen, z.B. der Vergleich der DNA verschiedener Spezies. Wenn Kreationisten die Evolution widerlegen wollten, dann müssten sie alle diese voneinander unabhängigen Beweisstränge auseinandernehmen und zugleich eine konkurrierende Theorie finden, die die Beweise besser erklären kann als die Evolutionstheorie. Das können sie nicht, ohne Wunder anzuführen, und Wunder gehören nicht zur Wissenschaft (*Shermer* 1998; vgl. auch *Mahner* 1986 und *Jeßberger* 1990).

Wie viele Pseudowissenschaften verwendet auch der Kreationismus häufig Immunisierungsstrategien. Der Kreationist degradiert Gott zu einem Demiurgen und scheut sich nicht einmal, Gott als Täuscher hinzustellen, der uns durch Fossilien, die er von vornherein so in die Erde gelegt habe, über das wahre Alter der Erde zu täuschen versucht. Ebenso täuscht er uns über das Alter des Kosmos. Es sehe für uns nur so aus, als wäre die Welt so alt, in Wirklichkeit sei sie viel jünger – entsprechend den Angaben der Bibel. Wenn also der Kreationismus imstande wäre, die Evolutionstheorie zu stürzen, dann würde damit das gesamte naturwissenschaftiche Weltbild zusammenbrechen. Das bedeutet, dass der Kreationismus eine isolierte Theorie darstellt – und das ist typisch für Pseudowissenschaften, isoliert dazustehen und globale, alles erklärende Erklärungsschemata anzubieten, die mit gut bestätigten Theorien der Wissenschaften nicht vereinbar sind.

Der Kreationismus, dessen Vertreter sich gern das Mäntelchen der Wissenschaftlichkeit umhängen, ist eben keine Wissenschaft, sondern eine auf Märchen basierende Ideologie, die mit der Evolutionstheorie nicht nur völlig unvereinbar ist, sondern auch keine sinnvolle Alternative zu ihr darstellt. Aber auch jede „moderate" Schöpfungslehre ist mit der Evolutionstheorie inkompatibel.

Gotteslästerlich

„Der erste Mensch war eine Frau. Diese erste Frau hat vor etwa 200000 Jahren in der südlichen Sahara gelebt", behauptet der amerikanische Anthropologe *Mark Stoneking*. Hat dieser Kerl noch nie etwas von unserer Schöpfungsgeschichte gehört und gelesen? Ist ihm die Bibel total unbekannt? Ein „Schäm-di" der BB-Redaktion für die Veröffentlichung dieses gotteslästerlichen Spruches! *Erwin Buchli*, Locarno im *„Brückenbauer"* 45, 6. Nov. 1991

Die Evolutionstheorie als Ursache aller Übel
(aus *Markus Pössel*: Phantastische Wissenschaft 2002[2])

Henry Morris (amerikanischer Kreationist in *„The Remarkable Birth of Planet Earth"*):

Evolution ist die Wurzel von Atheismus, Kommunismus, Nazitum, Behaviorismus, Rassismus, wirtschaftlichem Imperialismus, Militarismus, Libertinismus (=Zügellosigkeit), Anarchismus und aller Systeme antichristlichen Glaubens und Handelns.

Für *Arthur Ernest Wilder-Smith* (Pharmakologe Prof. Dr. mult.) sind Evolutionslehre und ganz allgemein „naturwissenschaftlicher Materialismus" an der Zunahme von Gewalt und Verbrechen schuld, denn dort würden alle immateriellen Aspekte des Menschen geleugnet, der dadurch zum Tier, zum „Untermenschen" werde: „Wenn materialistisch gesinnte Menschen an die Macht kommen, findet man aus diesem Grund eine fast monotone Entwicklung zur Brutalisierung. Wie kann man sonst die Terroristen heutiger und vergangener Zeitalter erklären? Wie soll man einen *Bertolt Brecht* erklären?"

„Ist die Evolutionstheorie wahr, dann kann der Schöpfungsbericht nicht gleichzeitig auch wahr sein. Ist aber der Schöpfungsbericht wahr, dann ist die Evolutionslehre einer der grundlegenden und damit verheerendsten Irrtümer der Weltgeschichte" (*Gitt*

1990[6]). Dass die verschiedensten „Berichte" über die Entstehung der Welt und des Menschen naive Versuche der frühen Menschheit sind, unsere Existenz zu erklären und dass sie keinen Anspruch auf Wissenschaftlichkeit erheben können, will den Kreationisten nicht in den Kopf, weil sie ihren Glauben dadurch gefährdet sehen, den sie um alles in der Welt nicht verlieren möchten.

Man kann mit *Sagan* (2000) entsetzt sein, dass nur neun Prozent aller Amerikaner die zentrale Erkenntnis der modernen Biologie akzeptieren, dass sich die Menschen (und alle anderen Arten) langsam durch natürliche Prozesse aus einer Abfolge älterer Lebewesen entwickelt haben, ohne dass im Verlauf dieser Entwicklung ein göttliches Einwirken erforderlich gewesen wäre und man möchte sich schämen, dass noch im dritten Jahrtausend n. Chr. „Menschen mit der Bibel in der Hand gegen die Evolutionslehre zu Felde ziehen" (*Petz* 1993).

Wenn SIE das Alte Testament heute noch wörtlich nehmen, dann ...
(aus „P. M." 9/2004)

- Können Sie sich Sklaven halten – allerdings nur Menschen aus den Nachbarländern (Leviticus 25, 44)
- dürfen Sie Ihre Tochter als Sklavin verkaufen (Exodus 21, 7)
- müssen Sie Ihren Sohn steinigen lassen, wenn er flucht (Leviticus 24, 16)
- werden Sie getötet, wenn Sie fremdgegangen sind (Leviticus 20, 10)
- sind Sie als Frau während der Menstruation unrein – und alles, was Sie berühren, ebenfalls (Leviticus 15, 19–24)
- dürfen Sie als Mann keinen Kontakt zu Ihrer Frau haben, währen sie ihre Perioden hat (Leviticus 15, 19–24)
- müssen Sie dafür sorgen, dass Ihre schwulen Bekannten getötet werden (Leviticus 20, 13 und 18, 22)
- müssen Sie Ihre Tochter steinigen lassen, wenn sie vorehelichen Sex hat (Deuteronomium 22, 20–21)
- dürfen Sie jeden töten, den Sie am Samstag bei der Arbeit ertappen (Exodus 35, 2)
- dürfen Sie nie mehr Scampi oder Muscheln essen (Leviticus 11, 10–12)
- müssen Sie damit rechnen, getötet zu werden, wenn Sie zu einem Wahrsager oder einer Kartenlegerin gegangen sind (Leviticus 20, 6)
- dürfen Sie sich als Mann ab sofort weder das Kopfhaar abschneiden, noch den Bart stutzen (Leviticus 19, 27)

- müssen Sie sich beim Kauf eines neuen Outfits genau vergewissern, dass der Stoff nicht aus zwei verschiedenen Fäden gewebt ist. (Leviticus 19, 19)
- und nicht vergessen: Schuhe, Handschuhe, Gürtel und Bälle aus Schweinsleder sind für Sie ab sofort tabu (Leviticus 11, 6–8)

Parapsychologie

Para, PSI und Pseudo

Die so genannte „Parapsychologie" untersucht Phänomene, die außerhalb der „normalen" Psychologie angesiedelt sind. Da zu den paranormalen Phänomenen nicht nur psychologische gezählt werden, sondern auch biologisch-medizinische und physikalische, unterscheidet *Andreas Resch* innerhalb einer von ihm so genannten **Paranormologie** die 4 Unterdisziplinen **Paraphysik**, **Parabiologie**, **Parapsychologie** und **Parapneumatik** (*pneuma* = Geist).

Müller (1980) ordnet den Parawissenschaften folgende Bereiche zu:

1. ASW (engl. *ESP*) (Außersinnliche Wahrnehmung, *extrasensory perception*): Telepathie, Hellsehen, Präkognition, Wünschelrute, Pendel)
2. Psychokinese, Materialisation, Spuk, Gedankenfotografie, Tonbandstimmen Verstorbener
3. Überdauern des körperlichen Todes, leibfreie Existenzformen, Reinkarnation
4. Paranormale Heilungen (Geistheilung, Wunderheilungen)
5. Mantische Deutungspraktiken (Astrologie, Chirologie, Tarot, I Ging)
6. Erweiterte Bewusstseinszustände

Wenn man dieses Sammelsurium von Phänomenen ansieht, mit denen sich Parapsychologen beschäftigen, wird der Eindruck gefestigt, dass es sich hier um **Aberglauben mit wissenschaftlichem Anstrich** handelt.

„Indem der Okkultismus, jetzt unter der Bezeichnung Parapsychologie, prälogischen Denkstrukturen ein wissenschaftliches Mäntelchen umhängt, verkennt er die Trennung von Wissen und Glauben und kehrt zu dem unklaren und verschmierten Denken zauberfürchtiger Epochen zurück" (*Wimmer* in *Prokop-Wimmer* 1976).

Alle Versuche, Paraphänomene einheitlich zu erklären, laufen im Wesentlichen bisher meist auf die Annahme von „**psychischer Energie**" hinaus, also auf die Hypothese von PSI.

Das Schlagwort „**PSI**" ist nicht nur „ein Symbol für einen pseudowissenschaftlichen Kult und eine abnorme Weltanschauung" (*Knaut* 1979), sondern auch ein alles und damit nichts erklärender Term der Parapsychologie; aber nicht nur ein Term, sondern nach Meinung der Parapsychologen die Bezeichnung für eine allmächtige, allgegenwärtige, allwissende, raum- und zeitüberwindende intelligente quasigöttliche Wesenheit oder Kraft. Und es fällt einem einmal mehr *Goethes* Wort ein: „Denn eben wo Begriffe fehlen, da stellt ein Wort zur rechten Zeit sich ein" (Mephisto).

Die hilflosen Versuche einer Theoretisierung der Parapsychologie zeugen von geradezu unglaublich dumm-naiven und nicht zu Ende gedachten Fantasievorstellungen. Drei Zitate mögen dies belegen.

„Der Geist muss aus Energie bestehen. Die Energie muss so beschaffen sein, dass sie direkt oder indirekt mit den Molekülen der Gehirnzellen in Wechselwirkung treten kann ... die Art der Wirkung muss elektromagnetisch sein" (*Uccusic* 1978).

„Was wir von PSI jedoch wissen, ist dies: es ist unabhängig von Zeit, Raum, Masse, also eindeutig nicht-physikalisch. Es ist ein Attribut des menschlichen Geistes, gehört aber nicht zu den bewussten Verstandesfunktionen ... PSI scheint die Gabe der Allmacht und Allgegenwart zu haben ... Wir müssen annehmen, dass parapsychische Vorgänge ähnlichen oder gleichen Gesetzen unterliegen, wie die der subatomaren Welt der Quantenphysik. Wenn sich dies bestätigt – und vieles deutet darauf hin – wird die materialistische Weltanschauung den Todesstoß erhalten" (*Andreas, P. – Adams, G.* 1977).

„Die unbewusste Furcht, PSI-Forschung könnte ungeheurliche (und unbequeme) Zusammenhänge aufdecken, ist einer der Gründe für deren stiefmütterliche Behandlung und Ablehnung" (*Uccusic* 1978).

Demgegenüber muss festgehalten werden, dass gerade der Naturwissenschaftler gegenüber Neuerungen und Erweiterungen seines Weltbildes im Allgemeinen sehr offen ist und keineswegs Angst hat vor neuartigen Hypothesen.

Allerdings hat im Kontext des heute akzeptierten Paradigmas der Physik dieses quasigöttliche PSI keinen Platz. Manche Parapsychologen halten PSI-Phänomene im Prinzip physikalisch erklärbar, wenn auch nicht im Rahmen der gegenwärtigen Physik.

Andere vermuten einen eher psychogenen Faktor, der die Paraphänomene ermöglicht, etwa durch eine Art geheimnisvoller Wechselwirkung.

Eines lässt sich mit Sicherheit behaupten: nämlich, dass viele Aussagen der Parapsychologen einander widersprechen und zahlreiche Indizien gegen die Existenz eines außerraumzeitlichen Faktors PSI mit quasigöttlichen Eigenschaften (Allmacht, Allgegenwart, Allwissenheit) sprechen; dass also die Parapsychologen und ihre Adepten vermutlich einem Phantom nachjagen, das die Menschheit seit Jahrtausenden narrt. Sie suchen mit verbundenen Augen im dunklen Keller eine nicht vorhandene schwarze Katze, von deren Existenz sie aber restlos überzeugt sind, und rufen dann auch noch „Ich hab' sie!"

Auch für Paraphänomene gilt: Die Beweislast liegt bei dem der eine Behauptung aufstellt. Wer paranormale Erscheinungen behauptet, muss sie auch nachweisen. Solange ein Phänomen nicht nachgewiesen ist, müssen wir uns auch nicht mit seiner Erklärung herumschlagen. Allerdings: Wenn es parapsychologische Phänomene gäbe, könnten sie mit streng wissenschaftlichen Methoden sehr wohl nachgewiesen werden. Aktiven Hobby- und Berufs-Pendlern, Rutengängern, Astrologen, Wahrsagern, Hexen, Paramedizinern und ihren gläubigen Anhängern will aber nicht in den Sinn, dass ihre Vorstellungen, nach heutigem Stand des Wissens, auf Selbsttäuschung und Selbstbetrug gründen.

Für die Aufklärung der Schein- und Trugwelt des „Wunderbaren" sind nur erfahrene Trickexperten und eventuell sachkundige Psychiater, Neurologen und Gerichtsmediziner zuständig und nicht scheuklappenbewehrte Fachidioten oder gar weltfremde Geistliche. Denn nur kriminalistisches Denken vermag das Geflecht von Täuschung und Selbsttäuschung zu entwirren, das den Okkultismus ausmacht.

„Ein großer Teil des Volkes glaubt nach wie vor felsenfest an das Walten okkulter Kräfte, und in der parapsychologischen Lehre von der ‚Psychokinese' feiert der ganz nackte Hexenwahn auch in gelehrten Köpfen wieder fröhliche Urständ" (*Wimmer* 1976).

Alle Aufklärung scheint vergebens, denn keinerlei Entlarvung beeindruckt die gläubigen Okkultisten. Warum ist dies so?

Zwei Fragenkomplexe sollen hier etwas unter die Lupe genommen werden:

Worin liegen die Ursachen für den Hang zum Übersinnlichen?

Ist Parapsychologie wissenschaftlich verbrämter Aberglaube („wissenschaftlicher" Okkultismus)?

Wer neigt zum Glauben an Okkultes?

Wie stets in diesem Buch soll auch hier nicht nur über die unendliche Dummheit des Menschen gejammert werden, sondern wir wollen ja gerade untersuchen, warum er sich so dumm verhält. Hier einige Teilantworten in Sache PSI-Phänomene:

- Die Neigung zum Okkulten, Übernatürlichen und zum Aberglauben ist ein genetisches Relikt. Das starke **metaphysische Bedürfnis** gehört offenbar zum Wesen des Menschen. Diese Deutung wird zusätzlich durch die Tatsache erhärtet, dass paranormale Phänomene mit religiösem Hintergrund (Stigmata, Marienerscheinungen) nur bei tiefgläubigen (bis hin zu fanatisch religiösen) Personen auftreten.
- Es gibt zwar die Meinung, dass die modernen Okkultisten sich durch eine „abgrundtiefe Tümmlichkeit" auszeichnen (*Evans* 1979). *Mauthner* hält Okkultismus und Spiritismus für die *cloaca maxima* von Dummheit, sieht in ihnen einen Wust von Albernheit und die Metaphysik und Mystik des dummen Kerls. Doch zeigen zahlreiche Untersuchungen, dass der Para-Glaube **nicht mit geringer Intelligenz oder dem Bildungsstand korreliert** (*Mathiesen* 2003). Para-Gläubige oder Anhänger von Parawissenschaften sind nicht generell und von Haus aus dumm oder ungebildet. Gemessen mit einer *„critical thinking scale"* haben PSI-Gläubige allerdings eine geringere kritische Denkfähigkeit.
- **Dumm sind** allenfalls **Kunden** von Hellsehern und anderen Okkultschwindlern. Schlau hingegen sind die Hellseher selbst, insofern nämlich, als sie es verstehen, ihre Klienten für dumm zu verkaufen. Die Hellseher beuten die Dummheit ihrer Zeitgenossen weidlich aus. Menschen gehen zu einem Wahrsager, weil sie Probleme haben und keinen Rat mehr wissen. Das bedeutet gleichzeitig, dass diese Menschen sich in einer emotionalen Ausnahmesituation befinden und begierig nach jedem Strohhalm schnappen, den ihnen eine Autoritätsperson hinhält. Menschen, die auf einen Wahrsager hereinfallen, sind so gesehen nicht „dumm" oder leichtgläubig. Sie lassen sich nur von ihren Hoffnungen leiten und nicht selten eben auch betrügen. Das Gefährliche daran ist, dass negative Aussagen unbewusst in dem Klienten weiterarbeiten, was zu so genannten sich selbst erfüllenden Prophezeiungen führen kann (vgl. *Harder* 1999).

- Je **jünger** die Person, desto ausgeprägter ist der Glaube an paranormale Phänomene. In der Regel sind **Frauen** PSI-gläubiger als Männer.
- PSI-Gläubige besuchen **häufiger parapsychologische Seminare**, sind selbst häufiger Medium und nehmen **häufiger Drogen**, ihre Bereitschaft, „anomale" Erfahrungen als paranormal zu interpretieren ist größer.
- Im Persönlichkeitsbereich scheint **Neurotizismus** ein Korrelat der Gläubigkeit an paranormale Phänomene zu sein. PSI-Gläubige sind weniger an anderen Menschen interessiert als an ihrer eigenen Person.
- Für viele Kritiker (z.B. *W. Wimmer* und *R. Lutz* Kriminalistik 34, 1980) „besteht kein Zweifel, dass es in den gesamten Paarwissenschaften von **geistig Gestörten** geradezu wimmelt." „Unter paranormal Begabten sind neurotisch und psychotisch Veranlagte deutlich häufiger anzutreffen als in der Durchschnittsbevölkerung", gibt selbst *Uccusic* (1978) zu. Telepathie, Hellsehen usw. sind nicht selten das Betätigungsfeld schizothymer Persönlichkeiten (*Prokop* 1976). Dagegen *Mathiesen* (2003): „Patienten mit bestimmten Erkrankungen wie Epilepsie oder Schizophrenie berichten zwar öfter über paranormale Erfahrungen, aber der Umkehrschluss gilt nicht: Para-Gläubige weisen im Allgemeinen keine psychischen Erkrankungen auf."
- Psychologen und Ärzte haben herausgefunden, dass die meisten Spiritisten (und viele Parapsychologen glauben ja auch allen Ernstes an Jenseitskontakte z.B. mittels Tonbandstimmen) aus **Furcht vor dem nicht bewältigten Diesseits** den Kontakt mit einem besseren Jenseits suchen.
- PSI-Gläubige haben eine **höhere Kreativität**. Die Kehrseite ist, dass dort Zusammenhänge von Bedeutung vermutet werden, wo keine vorhanden sind. Es besteht ein Kontinuum zwischen Kreativität, Glauben an Paranormales und Psychotizismus.
- Es gibt einen positiven Zusammenhang zwischen der **Fantasieneigung** und dem PSI-Glauben. (PSI-Gläubige erreichen daher auch ein tieferes Hypnosestadium als PSI-Ungläubige.) 4–6 Prozent der Menschen sind *„fantasy-prone"*: Sie neigen dazu, unkontrolliert zu fantasieren und zu halluzinieren, was immer sie sich wünschen. Sie sind die geborenen Medien, Wahrsager, Heiler, Tagträumer und religiösen Visionäre, diejenigen, die am häufigsten *Out of Body Experiences* erleben oder von UFOs entführt werden.

- PS-Gläubige haben eine höhere Neigung zum „*sensation seeking*" (**Erlebnishunger**).
- Der Glaube an paranormale Phänomene hängt aller Wahrscheinlichkeit nach mit der Gehirnchemie zusammen. Ein **Dopamin-Überschuss** im Gehirn fördert den Glauben an eine Welt voller Wunder und Zeichen. *Peter Brugger* (Neurologische Klinik des Universitätsspitals Zürich) konnte zeigen, dass Menschen, die an paranormale Phänomene glauben, gewillter sind, Muster und Zusammenhänge zwischen Ereignissen zu sehen, die Skeptiker anzweifeln. Paragläubige sahen in diffusen Mustern häufiger ein Gesicht und in einem Buchstabensalat häufiger Wörter als Skeptiker. Unter dem Einfluss von L-Dopa sahen beide Gruppen in den diffusen Mustern und dem Buchstabensalat häufiger Gesichter und sinnhafte Wörter. Das Extra-Dopamin erhöht die Bereitschaft des Gehirns, in Zweifelsfällen bekannte Muster wiederzuerkennen oder in eine sinnlose Darbietung etwas Bedeutendes hineinzuinterpretieren (Internet, August 2002). Probanden, die an außersinnliche Wahrnehmung glauben, scheinen von Haus aus ein Talent zum Aufspüren zufälliger, aber bedeutungsschwangerer Regelmäßigkeiten zu besitzen.
- **Hirnstörungen** können zur Wahrnehmung von Geistern und Doppelgängern führen.
  Auch eine Verletzung oder Überaktivität in bestimmten Hirnregionen können dem Bewussstsein Geister oder außerkörperliche Erfahrungen vorgaukeln. Diese sind Folgen einer gestörten Raum-Körper-Wahrnehmung, vergleichbar den Phantomschmerzen von Amputierten.
- Okkultgläubige Menschen **färben** wider besseres Wissen die **Wirklichkeit** nach ihrem Glauben, indem sie diesem Glauben Widersprechendes übersehen und das ihn scheinbar Bestätigende überbewerten.
- Es ist ein besonderer Menschentypus, der von derartigen „außersinnlichen Wahrnehmungen" zu berichten weiß. Ein krankhaft aufgestacheltes **Geltungsstreben** treibt solche Leute dazu, mehr wissen zu wollen als „gewöhnliche Menschen" und die Wissenschaft. Sie überwinden mühelos Raum und Zeit und haben Einsicht in Dinge, „von denen sich die Schulweisheit nichts träumen lässt" (nach *Rattner* 1976).
- Auch scheinbar „narrensichere" PSI-Ereignisse (Paraphänomene) entpuppen sich bei genauerer Untersuchung meist als eine Form **kognitiver Täuschungen**.

Die Bereitwilligkeit, sensationsorientierten Medienberichten Glauben zu schenken, und die **Anfälligkeit für Tricktäuschungen** stellen die Grundlage für paranormale Erfahrungen dar. Auf Basis des vorhandenen Glaubens werden weitere Erfahrungen noch wahrscheinlicher (Rückkoppelung).

- Ein erheblicher Teil vermeintlicher Para-Erlebnisse beruht auf **Selbsttäuschung** (Wahrnehmungs- und Erinnerungstäuschung, Fehlidentifizierung oder Illusion).
- Fremdtäuschung besteht in bewusstem oder unbewusstem **Betrug**, entweder durch Betrügerei seitens des getesteten „Sensitiven" oder Unredlichkeit seitens des Untersuchers.
- **Psychische Manipulation** spielt in der Zauberkunst (z.B. Ablenkung bei Zaubertricks, siehe *Uri Geller*!), aber auch beim Hellsehen eine wichtige Rolle.
  Rhine argumentierte: Wenn das alles systematisch Betrug wäre, dann setze das nachgerade eine weltweite Verschwörung von Forschern voraus, die als Geheimbund zur Vortäuschung parapsychischer Phänomene miteinander konspirierten. Dem ist entgegenzuhalten:

  - dass in allen Labors die Möglichkeit besteht, dass gemogelt wird;
  - dass Wissenschaftler von Trickbetrügern ebenso leicht getäuscht werden wie Laien;
  - dass PSI-Gläubige einander die Bälle zuwerfen, auch wenn längst feststeht, dass es eigentlich bloß Seifenblasen sind;
  - dass Selektion von Material zwar streng verboten ist, aber immer wieder unkontrolliert praktiziert wird;
  - dass die *Rhine'schen* Ergebnisse stets umstritten waren und noch heute umstritten sind.

- Auch **Wunschdenken** ist mit ein Grund für vermeintliche PSI-Phänomene. Man möchte gerne die Zukunft wissen oder Gegenstände mit Gedankenkraft bewegen.
- **Gläubige Ignoranz** besteht bei Unaufgeklärtheit und mangelnder naturwissenschaftlicher Bildung. Wo vorgefasster Glaube herrscht, werden die unglaublichsten Dinge für wahr gehalten. Unaufgeklärtes wird kurzerhand als Übersinnliches deklariert.
- PSI-Gläubige sehen mehr Bedeutung in **Zufallsprozessen** (falsche Einschätzung des Zufalls). In numerischen Experimenten wie auch im täglichen Leben gibt es immer wieder Fälle von Koinzidenz. Wer nicht begreift, dass solche zufälligen Übereinstimmungen nicht „selten" sind, verwendet sie entsprechend

unangemessen und inkorrekt, um die Existenz paranormaler Vorgänge zu beweisen. Die meisten Menschen unterschätzen die gewaltige Menge möglicher Kombinationen von Zahlen. Und das hat es vielen pseudowissenschaftlichen Auffassungen leicht gemacht, sich auszubreiten und allgemeine Anerkennung zu finden (*Cornelis de Jager* in *Randow* 1993). Wir sind dafür geschaffen, Muster zu sehen. Deshalb sieht der Zufall für uns nach Ordnung aus. Wir können nicht zugeben, dass gewisse Dinge grundsätzlich nicht durchschaubar sind. Das Gehirn hat also verschiedene Strategien, den Zufall wegzudiskutieren: Dank selektiver Wahrnehmung dringen nur diejenigen Informationen ins Bewusstsein, die zu den eigenen Erwartungen passen; die Unterschätzung des Zufalls lässt das Gehirn Gesetzmäßigkeiten erkennen, wo es keine gibt. Besonders Menschen, die an übersinnliche Wahrnehmung glauben, scheinen ein Talent zum Aufspüren zufälliger, aber bedeutungsschwangerer Regelmäßigkeiten zu besitzen. Unsere selektive Wahrnehmung lässt uns auch an Gedankenübertragung glauben, wenn ein Freund just im passenden Moment anruft. Die Erklärung – ganz ohne Magie – besteht darin, dass Menschen an Nahestehende sehr häufig denken. Ebenso oft kommt ihnen irgendein Wunsch in den Sinn: „Ach, wie schön wäre es jetzt, wenn ..." Meist ist der Einfall sofort vergessen. Klingelt allerdings kurz darauf das Telefon oder geht der Wunsch gar in Erfüllung, bleibt dies als bemerkenswerter Zufall in Erinnerung. Wer ohnehin zum Glauben an übernatürliche Kräfte neigt, fühlt sich in seiner Auffassung bestätigt.

- Manchmal liegt die Ursache für einen ausgeprägten Glauben an paranormale Phänomene in **traumatischen Kindheitserfahrungen**. Es besteht eine positive Korrelation zwischen dem Glauben an paranormale Phänomene und dem Ausmaß an körperlicher Misshandlung im Kindeshalter. Der Glaube an Paranormales hilft, eine „Illusion der Kontrolle" zu erlangen (mit extremen Ereignissen fertig zu werden).

Wissenschaftler können mit gutem Recht darauf hinweisen, dass es nach derzeitigem Kenntnisstand keine Telepathie oder Psychokinese im Sinne eines unerklärlichen Informations- bzw. Energietransfers gibt. Es wäre aber sinnlos, Menschen ihren oft geradezu unglaublich dummen Aberglauben ausreden zu wollen. Menschen haben nun einmal das Bedürfnis zu glauben und mit dem Glauben würden wir ihnen die Bedürfniserfüllung und damit ein

Stück Sinn nehmen. Metaphysische Bedürfnisse können nur metaphysisch oder (quasi)religiös gestillt werden. Insofern ist der Glaube an paranormale Phänomene auch religiös motiviert.

Fragen über Fragen

Eine wichtige Frage ist: Wertet man nicht Spinner und Scharlatane auf, wenn man ihre Behauptungen ernsthaft untersucht?

Diese Befürchtung ist natürlich berechtigt und wird immer wieder von einigen Wissenschaftlern vorgebracht, um nicht öffentlich zu paranormalen Behauptungen Stellung nehmen zu müssen. Andererseits hat aber die Erfahrung gezeigt, dass man pseudowissenschaftliche Behauptungen nicht dadurch aus der Welt schafft, indem man sie ignoriert, sondern ihnen oft gerade dadurch ungewollt Vorschub leistet. Oftmals sind Anhänger von Parawissenschaften ernsthaft an sachlichen Informationen interessiert, und wenn Wissenschaftler ihre Fragen nicht beantworten wollen, bleibt ihnen gar nichts anderes übrig, als unseriösen Quellen zu glauben.

Eine andere Frage ist die: Wenn so viele Menschen Erfahrungen mit Übersinnlichem gemacht haben, muss denn dann nicht doch etwas dran sein?

Erfahrungen muss man tatsächlich sehr ernst nehmen. Wenn Menschen erlebt haben, dass beispielsweise ein Wahrsager erstaunlich genau ihre Lebenssituation kennt, heißt das aber noch lange nicht, dass übernatürliche Kräfte im Spiel sind. Es gibt viele natürliche Erklärungen für diese Erfahrungen. Um Übernatürlichem auf die Spur zu kommen, genügen daher solche anekdotischen Fallbeispiele nicht, sondern es sind Tests unter kontrollierten Bedingungen nötig. Solche Tests wurden bereits vielfach durchgeführt, haben bisher allerdings keinerlei Hinweise auf die Existenz übernatürlicher Phänomene erbracht.

Das Paradoxe liegt daran, dass trotzdem so viele Menschen an die Existenz paranormaler Phänomene glauben. In Wahrheit sind die paranormalen Glaubenssysteme Hirngespinste, Fantasieprodukte, die wir in die reale Welt hineingeheimnissen, denen aber nichts Reales entspricht. Der Glaube an Paraphänomene ist antirational, entspringt nicht Vernunftüberlegungen und harten empirischen Daten, sondern einem Wunschdenken oder falsch interpretierten Erfahrungen. Vage Anekdoten von seltsamen persönlichen Erlebnissen sind kein Beweis für das Übersinnliche (*Harder* 1999).

Es ist symptomatisch für Okkultgläubige und Parawissenschaftler, dass sie entgegenstehende erhärtete Tatsachen und Falsifizierungen ignorieren, an irrigen Vorstellungen festhalten und ebenso unzulässig wie unablässig um deren Verifizierung bemüht sind.

„Den Rückgriff auf Transzendenz, Außerweltliches, Unnatürliches, Esoterisches hält der Naturalist für eine intellektuelle Bankrotterklärung" (*Vollmer* 1995).

Wir wollen den Okkultisten ja gern ihren Aberglauben lassen. Auch der Glaube an Hirngespinste und Blödsinn sei jedem frei gestellt. Wer jedoch in rückwärts gewandter „Revision der Aufklärung" solchen Glauben wieder als „Wissenschaft" unter die Leute bringt, macht sich der Volksverdummung schuldig und muss in die Schranken gewiesen werden. Der Spaß hört vor allem dort auf, wo schwere Schäden entstehen – nicht nur finanzieller, sondern auch körperlicher und seelischer Art, die der Okkultismus in unserer Bevölkerung tagtäglich anrichtet (vgl. *Wimmer-Prokop* 1976).

PSI-Phänomene sind „elusiv"

Da es den Parapsychologen bisher nicht gelungen ist, PSI-Phänomene überzeugend nachzuweisen, verwenden sie eine eigenartige Form von Immunisierungsstrategie: Das Paranormale funktioniere nur, wenn es nicht kontrolliert werde, es funktioniere nicht, wenn es kontrolliert werde. PSI und wissenschaftliche Kontrolle schließen einander aus. A priori Gläubige negieren Null-Resultate mit dem Argument, dass PSI-Phänomene im Labor prinzipiell nicht nachweisbar seien, da sie erstens flüchtig (elusiv) seien und zweitens nur unter natürlichen Bedingungen (z.B. ohne Anwesenheit von Skeptikern) auftreten. Jeder Versuch, sie experimentell zu wiederholen oder praktisch anzuwenden, bringt sie zum Verschwinden. PSI wird also nach Meinung vieler Parapsychologen durch die Anwesenheit ungläubiger Kritiker (zweifelnder Beobachter) gestört. Allein schon der Glaube der Versuchsperson, dass man ihr misstraut, könne zu Misserfolgen führen (die dann wieder durch PSI-Missing weggewischt werden).

PSI wird nach Auffassung der Parapsychologen auch durch komplizierte Apparate gestört, d.h. mit steigender Komplexität der Versuchsbedingungen verschwinden PSI-Effekte. Medien verlieren also auf unerklärliche Weise in Gegenwart von elektronischen Schaltungen ihre „übernormalen" Fähigkeiten. Aufgrund dieser bemerkenswerter Logik ist es daher *per definitionem* unmöglich, PSI-Phänomene auf wissenschaftlich überzeugende Weise zu demonstrieren.

Mit einer solchen Strategie kann man aber beliebige Behauptungen aufstellen: Die Alpen sind im Inneren mit Schokoladepudding gefüllt, der sich aber sofort in Stein verwandelt, wenn man danach bohrt, um ihn zu essen oder zu verkaufen.

Ein anderes schönes Beispiel (nach *Hergovich* 2001) für Immunisierung gegenüber Falsifizierung ist die Meinung einiger „progressiver" Parapsychologen, dass all die zukünftigen skeptischen Leser ihrer Veröffentlichungen dafür verantwortlich seien, dass bei ihren Experimenten nichts herauskam! Raffinierte Immunisierung, Dummheit oder beides?

Theoretisch könnte es sein, dass PSI-Phänomene nicht „auf Kommando" produziert werden können, obwohl sie existieren. Extremer ist die Ansicht, dass es geradezu ein ontologisches Kennzeichen paranormaler Phänomene sei, dass sie nur dann auftreten, wenn man sie nicht dokumentieren („festhalten") will, und dass man sie daher auch nicht replizieren kann.

Nähme man dies ernst, unterschieden sich paranormale Phänomene jedoch kaum von einmaligen Wundern und wären der wissenschaftlichen Forschung von vornherein unzugänglich (*Hergovich* 2001).

PSI-Phänomene widersprechen gut bestätigten Naturgesetzen

Paranormale Erscheinungen (PSI-Phänomene) widersprechen definitionsgemäß den heute bekannten Naturgesetzen. Sie verletzen die Gesetze der Physik (im Fall der Nahtod-Erfahrungen auch die der Biologie). Und die Parapsychologie war bisher nicht in der Lage, die Inkommensurabilität zu fundamentalen physikalischen Gesetzen aufzulösen (*Hergovich* 2001).

Bei PSI-Phänomenen wird u.a. das **Prinzip der Kausalität** verletzt. Es ist unmöglich, dass ein noch nicht eingetretenes Ereignis eine Wirkung hat. Es ist weiters unmöglich, dass ein Ereignis an einem bestimmten Ort zu einer bestimmten Zeit eine unmittelbare Wirkung auf ein anderes Ereignis hat, ohne dass eine begrenzte Zeitspanne verstreicht und dass eine kausale Verbindung zwischen den Ereignissen besteht (ebd.).

Angesichts der hohen Sicherheit der Naturgesetze können wir behaupten: Was den Aussagen der Physik widerspricht, existiert nicht. Es ist ein ganz entscheidender Unterschied, ob wir etwas (noch) nicht verstehen, oder ob die Behauptung im Widerspruch steht zu dem, was wir sehr gut verstehen.

Parapsychologische Phänomene wie Levitation, Teleportation, Telekinese, Telepathie, mentale Beeinflussung des radioaktiven Zerfalls, Gedankenlesen und -beeinflussung, Hellsehen, Materialisation von Gegenständen sowie verstorbener Personen usw. stehen im Gegensatz zur heute bekannten Physik (vgl. *Lambeck* 1997).

Kein Mensch kann allein durch Denken (mental) Wirkungen außerhalb des eigenen Körpers hervorbringen oder ohne Sinnesorgane Informationen aus der Außenwelt aufnehmen. Wer seine Umgebung beeinflussen will, muss sprechen, singen, Bücher verfassen, Noten schreiben oder Bilder malen – wer seine Gedanken nur im eigenen Kopf behält, kann die Welt nicht verändern. Wer etwas über die Welt erfahren will, muss sehen, hören, schmecken usw.

Und es gibt auch keine Informationsübertragung ohne Energieübertragung. Der Mensch sendet beim Denken praktisch keine elektrischen Signale aus, die z.B. für Gedankenübertragung verantwortlich gemacht worden sind.

Auch die von manchen Parapsychologen bemühte Quantenmechanik – so seltsam ihre Effekte auch manchmal anmuten – lässt keinen Raum für außersinnliche Erscheinungen.

Die Parapsychologie widerspricht den Naturgesetzen und ist folglich eine Pseudowissenschaft.

„Die Wissenschaft ist weit davon entfernt, ein vollkommenes Instrument des Wissens zu sein, aber sie ist das Beste, was wir haben. Wissenschaft ist ein Bollwerk gegen Mystizismus, gegen Aberglauben, gegen die Religion, wenn sie sich dort einmischt, wo sie nichts verloren hat" (*Sagan* 2000).

„Die Wissenschaft kann nicht jeder einfältigen Behauptung, nicht jedem raffinierten Betrug nachgehen. Für die grundsätzliche Erkenntnis, dass Hellsehen physiologisch unmöglich ist, bedarf es nicht mehr der detaillierten Aufklärung eines Einzelfalles. Allein die Möglichkeit natürlicher Verursachung zerschlägt jeglichen Beweis der Paranormalität einer Erscheinung" (*Gertler* 1992).

Wie Hellseher hellsehen

Beim „Hellsehen" werden räumliches (gleichzeitiges) und zeitliches (Zukunftssehen, Präkognition) unterschieden.

- Die Behauptung mancher Parapsychologen, sogar **Pflanzen** könnten hellsehen und menschliche Gedanken empfangen, ist geradezu absurd, da diese kein Nervensystem und damit wohl auch kein „Substrat" für PSI besitzen.
- Der sogenannte *sechste Sinn* bei **Tieren** hat nichts mit Para zu tun. Im Fall von Erdbeben etwa spüren Tiere mit ihren zum Teil wesentlich schärferen Sinnen leichte Vorbeben, die der Mensch noch nicht wahrnehmen kann.
- Gäbe es PSI-Fähigkeiten, so wären diese im Verlauf der **Evolution** als enormer Selektionsvorteil ständig verbessert, verstärkt und weiterentwickelt worden, wie dies bei allen nützlichen Eigenschaften der Fall ist. Genau das Gegenteil sehen sich die Parapsychologen genötigt zu behaupten. Diese Fähigkeiten wären bei „primitiven" Menschen noch weit entwickelt gewesen, im Verlauf der Kulturevolution jedoch „verkümmert" – auch eine Art von Immunisierung.
- Keinem Parapsychologen scheint aufzufallen, dass es einem vollkommen unerklärlichen Wunder gleich käme, wenn bei der **Telepathie** gerade ein bestimmter Empfänger unter den über sechs Milliarden Menschen erreicht wird. *Uccusic* (1978) fällt dazu nur ein: „ASW findet nach einem geheimnisvollen Orientierungssystem ihren spezifischen Empfänger unter Milliarden Menschen."
- Etwas genauer muss speziell die **Präkognition**, das Vorauswissen oder zeitliche Hellsehen unter die Lupe genommen werden. Der Erfolg von hellseherischen Vorhersagen (nicht wissenschaftlich-empirisch fundierter Prognosen!) kann auf verschiedenen Faktoren beruhen:
- Wahrsager sind meist gute Menschenkenner und scharfe Beobachter. Sie wissen genau, warum welche Menschen zu ihnen kommen und was sie hören wollen. Meist geht es um Liebe, Geld und Gesundheit. Einige vage Voraussagen in Richtung der Hoffnungen des Klienten stellen diesen meist rasch zufrieden.
- Einige Ereignisse können einfach erraten werden. Die Prophezeiungen sind fast stets so allgemein und unverbindlich, dass die Trefferwahrscheinlichkeit relativ hoch liegt. Je vager die Vorhersage, desto eher erfüllt sie sich.
- Die Voraussagen sind häufig zweideutig, so dass nötigenfalls auch das Eintreffen des Gegenteils als Treffer interpretiert werden kann (Immunisierungsstrategie!).
- Einige Vorhersagen erfüllen sich zumindest teilweise, gleichgültig wie die Sache ausgeht.
- Die wenigen Treffer werden besonders hervorgehoben und als Beweis für echte PSI-Fähigkeit verkauft, während die weitaus zahlreicheren negativen Fälle unter den Teppich gekehrt – und auch vergessen werden. Der Fehlschlag ist entschieden weniger interessant und angenehm als der Erfolg. Die Menschen hören

„Schrecklich, dieser Weltuntergang nächsten Freitag um Mitternacht, Frau Hellseherin!" „Natürlich! Aber mit dem neuen Computerprogramm berechnet!"

somit durch natürliche Auslese nur die positiven Fälle und erfahren nie von den vielen negativen Resultaten. Ernüchterung bringt auch eine Überprüfung von Jahreshoroskopen und -prognosen von weltberühmten Astrologen und Medien am Jahresende.

- Viele Ereignisse (wie politische oder wirtschaftliche) lassen sich auf der Basis guten Wissens über die augenblickliche Situation und durch Einschätzung der wahrscheinlichsten künftigen Tendenzen problemlos vorhersagen.
- Einige scheinbar erfolgreiche Voraussagen werden durch Missdeutung nachträglich konstruiert. Wird etwa der Eingang von Geld prophezeit, so lässt sich mühelos eine Erfüllung in irgendeiner Form finden.
- Manche Prophezeiungen erfüllen sich durch Selbstverwirklichung *(selffulfilling prophecy)*. Zum Beispiel wird ein geglaubter Erfolg aufgrund erhöhter Anstrengung tatsächlich erzielt.
- Bemerkenswert scheint, dass beim Lotto und im Kasino PSI ausbleibt (wenn's um den „schnöden Mammon" geht!), obwohl andererseits viele Parapsychologen der Ansicht sind, dass eine materielle Motivation die Produktion von paranormalen Ereignissen erheblich fördere.
- Was das simultane (räumliche) oder auch zeitliche Hellsehen und Wahrträume betrifft, so ist nicht verwunderlich, dass Menschen, die Angst um einen lieben anderen Menschen haben (besonders im Krieg), ein Unglück, das diesen betrifft, plötzlich (bei geeigneter Stimmung und Situation, besonders aber im Traum) vor Augen haben, weil sich ihre Fantasie ohnedies ständig mit der Möglichkeit eines solchen Ereignisses beschäftigt.

- Wenn es tatsächlich möglich wäre, Wissen über zukünftige Ereignisse zu haben, dann müssten diese doch schon zum Zeitpunkt dieses Wissens feststehen. Die Zukunft wäre determiniert.

Diese Möglichkeiten und Fakten nicht zu sehen und dennoch an echtes Hellsehen zu glauben, darin besteht die Dummheit des Paragläubigen.

In der Minderheiten-Religion des **Spiritismus** wird das Leben nach dem Tode nicht bloß gepredigt, sondern gilt als bewiesen. „Die grundlegende Prämisse des ‚*Channeling*', des Spiritismus und anderer Formen der Nekromantie lautet: Wenn wir sterben, sterben wir nicht. Jedenfalls nicht richtig. Ein gewisses Denken, Fühlen und Erinnern von uns besteht weiter. Dieses gewisse Etwas – eine Seele oder ein Geist, weder Materie noch Energie, sondern etwas anderes – kann, sagt man uns, in den Körper von Menschen und anderen Wesen in der Zukunft wiedereintreten, und damit verliert der Tod viel von seinem Schmerz. Mehr noch: Wir haben eine Chance, falls die Behauptungen der Spiritisten wahr sind, Kontakt mit den lieben Verstorbenen aufzunehmen" (*Sagan* 2000).

Spiritisten behaupten allen Ernstes, mit Hilfe von Tonbandstimmen mit Verstorbenen kommunizieren oder deren „Geist" auf einem Monitor sichtbar machen zu können.

Okkultismus

Für jeden 4. Schüler in Deutschland sind okkulte Praktiken wie Tischrücken oder Pendeln etwas ganz Alltägliches. Rund 700000 Schülerinnen und Schüler haben sogar schon einschlägige Erfahrungen mit Teufelssekten.

Okkultismus wird immer mit Realitätsferne und dem Verlust von sozialer Verwurzelung bezahlt. Die Ursachen für die Faszination des Übersinnlichen gerade für junge Menschen sieht *Ralf-Dieter Mucha* von der „Aktion Psychokultgefahren" in Düsseldorf in der Gesellschaft, in der es hart und brutal zugeht, sowie in Familien, in denen viel zu wenig miteinander geredet wird. Es ist der Ausdruck hilflosen Hasses und das Gefühl der Sinnlosigkeit, wenn sich der Jugendliche einer Okkultismus-Gruppe oder gar einem Teufelskult anschließt. Dann nämlich hat er plötzlich eine Kraftquelle, die Satans-Power, und fühlt sich bedeutungsvoll.

Was hier eklatant fehlt, ist eine massive Aufklärung und Entdummung an den Schulen.

Ihren Kritikern werfen die PSI-Experten meist Ignoranz vor. Der Parapsychologe *Hans Bender* wirft den „Negativisten" vor, sie werden sich niemals davon überzeugen lassen, dass sie selbst einem Wahn der totalen Negation zum Opfer fielen (nach *Bogen* 1982).

Dabei ist es ihre Blindheit dem immensen Selbsttäuschungspotenzial gegenüber, die sie Opfer ihres eigenen unkritischen Aberglaubens werden lässt. Der Öffentlichkeit muss bewusst werden, dass das eigentliche Problem nicht in der oft geforderten Aufklärung der esoterischen Phänomene liegt, sondern in der Leichtgläubigkeit der Menschen.

Probleme einer kritischen Parapsychologie

Wollte Parapsychologie keine Pseudowissenschaft sein, müsste sie gewisse Kriterien erfüllen, die allgemein an Wissenschaft angelegt werden.

Man könnte sich vorstellen, dass innerhalb der Parawissenschaften durchaus wissenschaftliche Elemente anzutreffen sind, so z.B. wenn gewissen Experimente kritisch durchgeführt werden. Das heißt, hier kommt es darauf an, wie gearbeitet wird. Die Methodik spielt ja eine wesentliche Rolle für die Entscheidung, ob eine Wissenschaft vorliegt oder nicht. Man könnte vielleicht eine **kritische Parapsychologie** unterscheiden von einer unkritischen oder „gläubigen Parapsychologie". Meistens jedoch wird von Parapsychologen vorausgesetzt, dass die Phänomene, die sie untersuchen, auch tatsächlich existieren. Und immer wieder wird versucht, die Existenz dieser Phänomene zu beweisen, auch wenn sie durch wirklich kritisch durchgeführte Experimente – etwa der NASA – nicht erwiesen werden konnten. Und vor allem fehlt jeder Ansatz einer plausiblen Theorie derartiger Erscheinungen – so es sie als solche gäbe und sie nicht nur Chimären fehlgeleiteter Hirnprozesse darstellen.

Was jedoch unbedingt notwendig wäre, ist ein intensives Forschungsprogramm und eine äußerst kritische Untersuchung paranormaler Phänomene.

Sehr aufschlussreich in Bezug auf Paraphänomene wäre vermutlich nicht so sehr die Untersuchung der Phänomene selbst, sondern vor allem auch derjenigen, die sich mit ihnen beschäftigen und an sie glauben, sowie der sozialen Bedingungen, unter denen diese Menschen aufgewachsen sind und leben. Dies würde vermutlich ergeben, dass unter Parapsychologen, PSI-Gläubigen und „Sensitiven" eine ganz bestimmte **Persönlichkeitsstrukturen** und bestimmte Verhaltensmuster vorherrscht, wie sie früher charakterisiert wurden.

Eine Analyse parapsychologischer Forschungarbeit ergab insbesondere, dass in dieser Fachrichtung hauptsächlich mystische, **okkultbefangene** Menschentypen arbeiten und kaum harte, rigorose Experimentalisten. Die sogenannte wissenschaftliche Literatur im parapsychologischen Bereich ist deshalb auch heute noch, was sie schon vor 50 Jahren war: Aberglauben mit wissenschaftlichem Anstrich.

Parapsychologen greifen auch zu Psychologismen und Metaphern, die gegenüber traditionellen Erklärungen keinerlei Erkenntnisgewinn bringen, nur irgendwie wissenschaftlicher wirken. Da werden dann beispielsweise Geister zum „psychomotorischen Automatismus".

Ein Problem der Parapsychologie besteht darin, dass sie unzureichend theoretisch fundiert ist und z.B. keinen plausiblen Wirkmechanismus für die von ihr behaupteten Phänomene aufzeigen kann. Eben dies wäre aber notwendig, weil außergewöhnliche Erfahrungen nicht zwingend auf „paranormalen" Erscheinungen bzw. mysteriösen Informations- oder Energietransfer beruhen müssen. Solche Phänomene können ebenso gut „normal"-psychologischer Natur sein – das heißt dem Zufall oder einer Wahrnehmungs- und Gedächtnistäuschung entspringen.

Wissenschaftler, die davon überzeugt sind, dass der Mensch außersinnliche Kräfte besitzt, treffen auch selten die richtigen Vorsichtsmaßnahmen, um die Möglichkeit des Betruges auszuschalten (nach *Christopher* 1977).

Und noch eine grundsätzliche Überlegung: Die Behauptungen der Parapsychologie über Hellsehen oder Psychokinese sind schon deshalb unsinnig, weil sie etwas Unmögliches voraussetzen, nämlich körperunabhängige **Geister**. Geister sehen, hören, sprechen wie ein Mensch mit Gehirn, Sinnesorganen und Sprechwerkzeugen. Hier handelt es sich um nicht zu Ende gedachte Analogien. Würde man sie nämlich zu Ende denken, müsste man die Unsinnigkeit einer solchen Annahme selbständiger geistiger „Substanzen" einsehen, wie dies schon *David Hume* getan hat. So aber wird ernsthaft diskutiert und untersucht, ob „der" menschliche Geist mit anderen Gehirnen direkt in Kontakt zu treten vermöge, ob wir „hellsehen" oder gar mit „Geisteskraft" Gegenstände bewegen könnten. Das bedeutet: Die von der Parapsychologie behaupteten Phänomene setzen einen Dualismus von Körper und Geist voraus und damit eine Lösung des Bewusstseins-Gehirn-Problems („Leib-Seele-Problems" – siehe dort!), das dem biologisch-psychologischen Paradigma moderner Wissenschaft völlig widerspricht.

Wenn, wie früher dargelegt, das Erleben den Informationsaspekt gehirnelektrischer Vorgänge darstellt und daher das Erleben als letzte Auswirkung solcher Prozesse selbst nicht auf das physische Substrat zurückwirken kann, ist auch Psychokinese (Telekinese) nicht möglich. Wo Erleben scheinbar direkt Körpervorgänge steuert oder beeinflusst, sind es in Wirklichkeit die zugrunde liegenden physiologischen Prozesse, die mit dem übrigen Körper (mit anderen physiologischen Vorgängen) in Wechselwirkung treten. Ist nun eine Beeinflussung der Materie durch psychische Vorgänge schon im Bereich des Gehirns unmöglich (eine gegenteilige Hypothesen führte zu den Widersprüchen der „Wechselwirkungstheorie", v.a. zur Frage „Wie können zwei so verschiedene Dinge wie Psyche und Physis aufeinander wirken?"), so ist erst recht ein Einfluss psychischer Abläufe auf außerhalb des Körpers befindliche Materie – wie dies bei der „Psychokinese" ja behauptet wird – absurd. Dass viele Menschen dennoch an solche Phänomene – inklusive Reinkarnation und ewiges Überleben – glauben, hängt mit einem psychologisch verständlichen Wunschdenken zusammen.

Parapsychologie ist eine Disziplin, die sich hartnäckig behauptet, weil die behaupteten Phänomene offenbar einem unausrottbaren, zutiefst verwurzelten magischen Bedürfnis des Menschen entspringen: dem Bedürfnis etwa, die Zukunft zu wissen (vermutlich sollten wir froh sein, dass wir dies nicht können!) oder die Materie mittels des Geistes, also durch psychische Prozesse, direkt beeinflussen zu können.

„Paranormologie" erscheint so als die Systematisierung magischer Vorstellungen, Bedürfnisse und Praktiken, mit dem Bestreben, als wahr zu beweisen, wovon man überzeugt ist und was man erhofft.

Obwohl die Paranormologen die Existenz der von ihnen behaupteten Phänomene für völlig erwiesen und ihre Thesen genügend abgesichert halten, ist dies objektiv keineswegs der Fall und der Glaube an PSI-Phänomene ist kein Existenznachweis.

So drängt sich die Vermutung auf, dass die Menschheit, was die Existenz von „PSI-Phänomenen" anlangt, einer gigantischen Selbsttäuschung unterliegt, die sich durch vermeintliche Beobachtungen solcher Phänomene ständig selbst verstärkt, während in Wirklichkeit alles natürlich zugeht und derartige Erscheinungen daher nur scheinbar unerklärlich sind.

Astrologie: Die Sterne lügen nicht

Natürlich nicht, denn sie sagen gar nichts. Dennoch glaubt die überwiegende Zahl der Menschen an den Einfluss der Gestirne auf unseren Charakter und unser Schicksal. In Österreich sind es satte 29 Prozent. Mehr Leute kennen ihr Sternzeichen als ihre Blutgruppe.

„Die Astrologie ist ein ehrwürdiger Zeuge für die jahrtausendelange Lebenskraft groben Unsinns, wenn er, der Dummheit des Menschengeschlechts in Urzeiten entsprungen, der Dummheit aller Zeiten so haargenau angepasst ist wie dieser" (*Geyer* 1959). Wobei der Terminus „Dummheit" hier mit „Unwissenheit" zu interpretieren ist.

Die 20000 Astrologen, Wahrsager und Hellseher in Deutschland machen einen geschätzten Umsatz von 500 Millionen Euro jährlich. Doch Untersuchungen haben ergeben, dass nur etwas 4 Prozent ihrer konkreten Prognosen stimmen. Und selbst diese äußerst geringe Zahl kommt nach der so genannten „Methode des texanischen Scharfschützen" zustande – der mit einer Schrotflinte auf ein Scheunentor schießt und erst anschließend um jedes der zahllosen Einschusslöcher eine Zielscheibe malt, um so eine überragende Trefferquoten vorzutäuschen.

Der Glaube, dass jeder einzelne mit dem Kosmos schicksalhaft verbunden sei, gehört zu den ältesten Illusionen der Menschheit (vgl. *Wuketits* 1998).

Im Altertum glaubte man, dass die Sterne belebte Wesen seien. Als diese Auffassung fallengelassen werden musste, ging man dazu über, von „Schicksalsstrahlen" zu sprechen, welche die Gestirne aussenden und die unser Schicksal bestimmen sollen und zwar ausgerechnet ab dem Augenblick der Geburt, als ob das Leben erst damit beginnen würde. Es gab ein ziemliches Geschrei unter den Astrologen, als 1994 ein 13. Tierkreiszeichen „gefunden" wurde, das nun dazu führt, dass alle Tierkreiszeichen verschoben werden müssen, so dass die Sternzeichen der Leute gar nicht mehr stimmen. Außerdem haben sich diese Zeichen seit 2000 Jahren ohnedies verschoben, so dass sie auch aus diesem Grund schon lange nicht mehr zutreffen. Durch Arbeiten mit mathematischem Gerät und sogar Computern wird dem naiven

Die Sterne lügen nie!

Laien Exaktheit suggeriert, was den Unsinn aber auch nicht sinnvoller macht. Um der Kritik, dass es sich um eine Pseudowissenschaft handle, zu entgehen, haben die Astrologen alle möglichen Tricks versucht. Z.B. nennen sie sich jetzt „kosmobiologische Berater" und sprechen statt von „Astrologie" von „**Kosmobiologie**" – das menschliche Leben sei in kosmische Rhythmen eingebettet, wobei sie auf Zyklen des Mondes und der Sonne verweisen und auf deren unbezweifelbaren Einfluss auf das irdisch Leben. Hier werden Halbwahrheiten als „Beweis" für die Fundiertheit eines uralten Aberglaubens herangezogen. Im Falle von Fehlschlägen bei Prognosen von Schicksalen oder irgendwelchen Ereignissen der Weltgeschichte werden Immunisierungsstrategien verwendet von der Form, dass man sagt, wenn ein Ereignis nicht eintritt, dann hat ein Planet oder eine Planetenkonstellation einen störenden Einfluss ausgeübt. Oder es heißt: Die Sterne zwingen nicht, sie machen nur geneigt. „Seriöse" Astrologen machten, so wird uns gar versichert, überhaupt keine Voraussagen mehr. Noch weiter gehen andere Astrologen, die das ganze Unternehmen nur noch symbolisch verstehen wollen. Das hat dann aber mit der ursprünglichen Astrologie nichts mehr zu tun – auch eine Möglichkeit der Immunisierung. Gegen die Angriffe der Unwissenschaftlichkeit wappnen sich eingefleischte Astrologen auch mit dem Argument, dass ihr Metier als durch eine uralte Tradition bestätigte „Erfahrungslehre" zu verstehen sei.

Die Behauptung, Astrologie „funktioniere", bedeutet im Grunde, dass es zahlreiche zufriedene Kunden gibt. Sie bedeutet allerdings nicht, dass Astrologie menschliches Verhalten oder Ereignisse mit einer Wahrscheinlichkeit voraussagen kann, die signifikant größer ist als die Zufallsverteilung.

Wie auch immer – für jedes Gebiet der Wissenschaft gibt es eine entsprechende Pseudowissenschaft. Und die prominente Pseudowissenschaft der Astronomie ist die Astrologie. Unter dem Deckmantel der Wissenschaft wird der blühendste Unsinn verzapft und manche Astrologen wollen allen Ernstes ihre Disziplin an die Universität bringen.

Kritik an der Astrologie

- Die Wurzeln der Astrologie liegen im irrationalen Wunsch, die Zukunft und menschliches Handeln vorhersagen zu können.
- Gemäß dem Gesetz der Nähe der Gestaltspsychologie werden in den Sternenhimmel Figuren hineingedeutet und in einem Zirkelschluss auf den Menschen zurückprojiziert. Die einzelnen Sterne der Sternbilder bilden natürlich nicht wirklich eine Einheit. Sie sind vielmehr unvorstellbar weit voneinander entfernt und nur in der Fantasie der Menschen zu einer tier- oder menschenähnlichen Figur zusammengefügt worden. Im Nichtdurchschauen dieses psychologischen Mechanismus liegt die Dummheit des Sternenaberglaubens.
- Astrologie beruht auch auf völlig falschen astronomischen Voraussetzungen (**geozentrisches Weltbild**, Sterne ursprünglich sogar als belebte Wesen – in Wirklichkeit weit auseinander liegende glühende Gasbälle). Wieso sind für die Astrologie nur die 150 Sterne auf dem Tierkreis von Bedeutung? Auf diese Frage bleiben die Astrologen eine überzeugende Antwort schuldig.
- Dasselbe gilt für die geheimnisvolle „**Schicksalskraft**", die von den Sternen angeblich auf uns Menschen ausgehen soll. Kein Wissenschaftler behauptet, dass wir Menschen isoliert, ohne Beziehung zum Weltall leben. Aber: Gerade die nachgewiesenen Zusammenhänge wie zum Beispiel Gezeiten, Sonnenaktivität

und ähnliches sind weder von Astrologen entdeckt worden noch spielen sie im astrologischen Lehrsystem auch nur die geringste Rolle.

- „Wenn man die freie Wählbarkeit des Namens ablehnt, statt dessen eine ‚wesenhafte' innere Bezüglichkeit von sprachlichen Zeichen und dem Designat postuliert, muss man einen unverständlichen **linguistischen Essenzialismus** befürworten. Im astrologischen Kontext würde dies die unglaubhafte Annahme suggerieren, dass der Planet es selbst ist, der dafür sorgt, dass die Menschen ihm sein wesengemäßes sprachliches Zeichen zuordnen. Solche magischen Prozesse sind logisch nicht unmöglich, aber faktisch werden sie für kein einziges bestehendes rätselhaftes Phänomen gebraucht" (*Kanitscheider* 1991).
- Astrologen verwenden **Immunisierungsstrategien** („Störeinflüsse" von Planeten, Geburtsdaten „zu wenig genau bekannt"), um prognostische Misserfolge wegzuerklären.
- Wie auch die Prophezeiungen von Wahrsagern enthalten die Horoskope oft **schwammige Formulierungen**, die auf jeden mehr oder weniger zutreffen und/oder – weil schmeichelnd – gerne akzeptiert werden.
- Wissenschaftlich unhaltbar ist die Auffassung, dass das Leben eines Menschen als Person erst und ausgerechnet mit dem Augenblick der **Geburt** beginne (Hirnströme setzen mit dem dritten Embryonalmonat ein!).
- Primär werden die Eigenschaften – und damit teilweise auch das Schicksal – eines Menschen durch die **Gene** bestimmt. Die Komposition der Erbmasse wird bei der Befruchtung der Eizelle durch eine Samenzelle festgelegt und nicht erst bei der Geburt durch irgendwelche äußeren (kosmischen) Einflüsse.
- Millionen von Menschen werden unter der gleichen Sternkonstellation geboren, ohne auch nur annähernd den **gleichen Charakter** zu haben.
- Menschen mit ähnlichem Charakter gibt es natürlich und sie lassen sich zum Teil sicher auch den Charakteren der Tierkreiszeichen zuordnen, doch werden diese zu allen Zeiten des Jahres geboren. Astrologie ist die **„Großmutter" der Typenpsychologie**.

Das sind nur einige wenige Argumente, die gegen den naiven Sternenglauben ins Treffen geführt werden können.

Astrologie als Lebenshilfe?

In unserer Zeit ist die Astrologie zum Volkssport, zu einem Massen-Placebo und zu einer kollektiven Lebenshilfe avanciert. Für Millionen von Menschen bedeutet die Astrologie eine Lebenshilfe und ist eine Art Ersatzpsychologie. Es wäre naiv, die Sterndeuterei ausrotten zu wollen. Das funktioniert nicht, weil sie das menschliche Bedürfnisse befriedigt, etwas über sich, über andere und über die Zukunft zu erfahren. Bedenklich wird die Sache, wenn dabei eine Art Horoskop-Abhängigkeit entsteht oder totalitäre Ansprüche erhoben werden, nach der Devise: „Das ist deine kosmische Bestimmung." Und vor allem ist „Schluss mit lustig", wenn den Menschen von den selbsternannten Sterndeutern für baren Unsinn das Geld aus der Tasche gezogen wird.

Verzweiflung ohne Horoskop

(aus „profil" 52/53 vom 21. Dezember 1998)

Letzten Donnerstag stimmte für Tausende Menschen die Welt nicht mehr. Denn das Unfassbare war geschehen: Erstmals seit 23 Jahren hatte sich die „Kronen Zeitung" in ihrer Wien-Ausgabe erdreistet, ohne das Horoskop zu erscheinen. Hunderte aufgeregte Anhänger von „Frau Helga" stürmten die Telefonzentrale ab sechs Uhr morgens mit Anrufen, die auf der Gefühlsskala zwischen Empörung und lichterloher Verzweiflung rangierten. Gegen neun war die nervliche Zerrüttung der Damen zum Greifen nah und sie forderten Verstärkung an. Auch *Helga Kuhn*, die Frau, deren Absenz im Blatt all den Tumult nach sich gezogen hatte, hörte schon bald die Sterne singen. „Mein Leben macht heute keinen Sinn", herrschte sie der erste Anrufer, ein Pensionist, an, „lesen Sie's mir wenigstens vor." In Folge verarztete sie Dutzende nach Deutung Darbende, indem sie ihnen die Aussichten des Tages für das jeweilige Tierkreiszeichen höchstpersönlich zum Vortrag brachte. Trost und Rat inklusive. Dienst am Leser nennt man so was.

„Ein technisches Gebrechen", flüsterte sie am Ende dieses schwarzen Tages als Erklärung für das himmelschreiende Manko, „dessen verheerende Folgen mich im Nachhinein fast rühren. Anscheinend mögen die Menschen, was ich mache." Eine glatte Untertreibung, denn die Rubrik der rührigen Gestirne-Interpretin kann bei den Beliebtheitsumfragen unter der Leserschaft immer einen Platz unter den ersten drei verbuchen.

Aufschlussreich ist ein Experiment, das jeder selbst machen kann: Man lese einer Person, die man um ihr Sternzeichen gefragt hat, ein falsches vor. In den meisten Fällen wird diese der Charakterisierung weitgehend zustimmen. Dies ist deshalb möglich, weil das Horoskop so allgemein, vage und oft schmeichelhaft formuliert ist, dass sich jeder betroffen fühlen kann. Den Tageshoroskopen der Zeitungen und Illustrierten kann man ohnedies bestenfalls Unterhaltungswert zubilligen.

In Deutschland wurde das Horoskop des Massenmörders *Friedrich Haarmann*, der in den dreißiger Jahren 24 Menschen brutal umgebracht hatte, an über 200 Personen verschickt. Diesen wurde gesagt, dass es sich um ein individuelles Horoskop über ihre Person handle. Alle erhielten jedoch dasselbe Horoskop des Massenmörders. 91 Prozent meinten, dass im Horoskoptext ihr Charakter korrekt beschrieben werde. 15 Prozent waren sogar der Meinung, der Deutungstext sei „absolut perfekt". Hier fand „selektive Wahrnehmung" statt: Fast alle Menschen erachten das für richtet, was sie von vornherein für richtig halten wollen.

Durch den in der menschlichen Psyche verankerten Willen zur Selbsttäuschung und das Prinzip der selektiven Wahrnehmung pickt sich der durchschnittliche Horoskop-Konsument nur jene der ohnehin meist sehr dehnbar formulierten Eigenschaften heraus, die ihn in der Wunschvorstellung vom eigenen Charakter bestätigen.

Sternzeichen oder Jahreszeiten?
(nach *Klaus Schönbach und Wolfram Peiser* in „Bild der Wissenschaft" 6/1994)

Untersuchungen über einen Zusammenhang zwischen Geburt und Jahreszeit zeigen überraschende Ergebnisse. Doch haben diese Zusammenhänge nichts mit Sternkonstellationen zu tun.

Je mehr von der wärmeren Jahreszeit der Säugling in den ersten sechs Lebensmonaten erlebt und je früher diese Jahreszeit beginnt, desto froher wird sein Gemüt werden und lebenslang bleiben.

Ins erste Lebenshalbjahr fällt vor allem die starke Vermehrung und Vernetzung der Gehirnzellen sowie die erste Ausdifferenzierung des emotionalen Systems.

Das Klima in den ersten sechs Lebensmonaten und die Lebensfreude hängen tatsächlich zusammen. Ihre Korrelation ist zwar nur schwach, aber wie erwartet positiv – und statistisch gesichert.

Allerdings könnte dieser Zusammenhang zwischen klimatischer Ersterfahrung und Lebensfreude auch nur eine „Schein-Korrelation" sein. Möglicherweise verbirgt sich dahinter eine andere Regelhaftigkeit, zum Beispiel diese: Elternpaare mit ganz bestimmten Wertvorstellungen und Persönlichkeitsmerkmalen (und damit entsprechenden Einflüssen auf ihr Kind) zeugen tendenziell zu einer ganz bestimmten Jahreszeit.

Außerdem wissen Eltern, dass bestimmten Sternzeichen bestimmte Eigenschaften zugeordnet werden; sie schreiben ihrem Kind deshalb vielleicht die betreffenden Eigenschaften zu, das heißt, sie beeinflussen es mehr oder minder bewusst. So nimmt es schließlich die zugeschriebenen Eigenschaften an – eine *„selffulfilling prophecy"*. Beide Alternativerklärungen sind aber nicht allzu wahrscheinlich.

Also kein fauler Zauber: Ein frohes oder gedrücktes Naturell hängt durchaus mit dem Zeitpunkt der Geburt zusammen. Nur: Es sind nicht die Sterne, die das Schicksal lenken, sondern die Jahreszeiten, unter deren Einfluß ein Mensch in den ersten Monaten aufwächst. Mit Widdern meint es das Schicksal am besten, Waagen haben das Nachsehen. Ein Trost: Es gibt so viele prägende Überraschungen, dass dieser Faktor im Laufe der Jahre an Einfluß verliert.

Bemerkung: Kritisch muss allerdings gefragt werden, ob denn in Erdgegenden ohne Jahreszeiten alle Menschen gleiche Charakteren haben.

Doch was soll's! Die Astrologie behält ihre Popularität ungeachtet des Umstandes, dass es nicht den Hauch eines wissenschaftlichen Beweises für ihre Behauptungen gibt. Die Leute wollen es so und wissen es nicht besser. Und das ist es eben: Deutlicher als alle anderen Pseudowissenschaften zeigt das Beispiel Astrologie, wie dringend eine bessere naturwissenschaftliche Ausbildung vor allem an den Schulen zum Zwecke einer subtilen **Entdummung** wäre, damit Menschen nicht auf einen letztlich so primitiven Aberglauben aus der Frühzeit der Menschheit hereinfallen.

Radioästhesie: Rutengänger – Bauernfänger?

Das „Rutengehen" mit einer „**Wünschelrute**" ist eine jahrhunderte wenn nicht jahrtausende alte Methode, Wasser, Erze oder andere in der Erde verborgene Dinge aufzuspüren.

Mit dem wissenschaftlich klingenden Titel „**Radioästhesie**" wird das glaubensbereite Publikum für dumm verkauft. Beim Rutengehen wird ein gegabelter Holzstab mit beiden Händen waagrecht zur Erdoberfläche gehalten. Die Gabelenden werden auseinander gedrückt, während der Hauptstamm vom Körper des Rutengängers wegzeigt. Subtile Einflüsse von Wasser, Metall oder Erdöl sollen dann bewirken, dass der Hauptast der Rute sich hebt oder zur Erde neigt. Da auf die Wünschelrute Kraft ausgeübt wird, tendiert sie dazu, nach oben oder unten auszuschlagen, wenn nicht darauf geachtet wird, dass man sie genau im Gleichgewicht hält. In dem System ist potenzielle Energie gespeichert, und jede kleinste Neigung, Verkrampfung oder Entspannung einer oder beider Hände muss dazu führen, dass die Rute heftig ausschlägt. Manchmal werden auch Metallstäbe von 30–60 cm Länge verwendet, die am Ende rechtwinklig abgeknickt sind, damit Handgriffe entstehen, die senkrecht in der Faust gehalten werden, so dass der längere Teil der Drähte parallel zum Erdboden vom Körper wegzeigt. Bei einer „Mutung" streben die Drähte auseinander oder kreuzen einander – je nach Rutengänger. Auch hier muss die geringste Neigung einer Hand oder eines Arms große Schwankungen des ganzen Systems hervorrufen. Diese Bewegung wird von Rutengängern als Beweis dafür gedeutet, dass eine äußere geheimnisvolle Kraft auf das Gerät einwirkt. Da der „ziehende" Ausschlag der Wünschelrute aber ein psychophysisches Phänomen und eine Täuschung darstellt, sind natürlich alle Bemühungen umsonst, den Ausschlag mit Wellen oder Magnetfeldern in Zusammenhang zu bringen.

Wie das meiste in der „Radioästhesie" ist auch die Mär von allgegenwärtigen, sich kreuzenden „**Wasseradern**" nichts als mittelalterlicher Aberglaube, dem weder die moderne Naturwissenschaft noch die Logik etwas anhaben konnte. Geologen bestätigen, dass es unterirdisch fließende Bäche nur ganz selten gibt. Das Grundwasser ist meist flächig verteilt.

Die Radioästhesie ist Magie und finsterer Aberglaube, und wenn Wissenschaftler sich manchmal positiv dazu äußern, so wurden sie entweder grob getäuscht, kennen die Literatur nicht, sind Mystiker oder wegen des Verkaufs von sogenannten Erdstrahlenabschirmgeräten wirtschaftlich an dem „Problem" interessiert.

Nach „privaten Forschungen" in den USA soll durch Wasseradern-Erdstrahlen die sogenannte „Pyramidenenergie" gestört sein.

Über die Natur der sogenannten **Erdstrahlen** sind sich auch die Radioästheten nicht einig. Sie kommen aus Wasseradern (Wasserstrahlen) oder sind kosmischer Herkunft, stimmen aber völlig in der Haupteigenschaft überein, sich physikalisch nicht nachweisen zu lassen. Auch die Radioaktivität ist wiederholt als Ursache des Rutenausschlages angeschuldigt worden. Diese These ist jedoch widerlegt. Wenn das Wasser selbst eine „spezifische Wasserstrahlung" haben soll, ist nicht einzusehen, warum nur unterirdisches Wasser „strahlt", oberflächliches aber nicht, ferner warum die Strahlung nicht streut, sondern engbegrenzte Bündel bewirkt.

Der Leipziger *Geologe Pietsch* 25. 2. 1950 auf eine „Erdstrahlen"-Anfrage: „Darauf können wir Ihnen nur mitteilen, dass gegen Dummheit selbst Götter vergebens kämpfen. Wenn früher bei einem Bauern eine Kuh aus unerklärlichen Gründen keine Milch mehr gab oder wenn ein Stück Vieh aus nicht geklärten Ursachen einging, so war es behext und man fand in einer Nachbarin, bei der solches Unglücksfälle nicht eintraten, eine Person, die diese Hexerei vollführt hatte ... Neuerdings ... spricht (man) nicht mehr von Behexen, man spricht jetzt von Wasseradern und Strahlungen. Im Grunde genommen ist es aber absolut das gleiche."

Die meisten Rutengänger sind keine Betrüger. Sie sind zumeist aufrichtig von ihren Fähigkeiten überzeugt. Doch Glaube schützt nicht vor Irrtum. Als „Beweis" für ihre Überzeugung führen Radioästheten zumeist nur einen geradezu erschreckend primitiven Zirkelschluss an: Erdstrahlen gibt es, weil die Wünschelrute ausschlägt. Und die Wünschelrute schlägt aus, weil es Erdstrahlen gibt. Kommentar überflüssig (vgl. *Harder* 1999).

Herbert Schäfer: „Der Glaube an die Wünschelrute verleiht eine pseudoreligiöse Sicherheit. Die Handhabung dieses seltsamen und überflüssigen Instruments, die gleichzeitig mit einer Art Geheimlehre verquickt ist, weckt die heiß ersehnte Gewissheit, ‚auserwählt' zu sein, eine besondere Rolle zu spielen. Die Erdstrahlen-Literatur gleicht der einer religiösen Sekte."

„Geobiologen" empfehlen, unser Bett oder unseren Schreibtisch nach den Kraftlinien eines mysteriösen „Magnetismus" auszurichten. Diese magischen Vorstellungen haben ganz gewiss nichts mit Wissenschaft zu tun, deren guten Ruf sie für sich in Anspruch nehmen. Doch das ist nicht der einzige Fall eines mehr oder weniger bewussten **parasitären Mißbrauchs der Wissenschaft durch die Magie**.

Anstelle der Wünschelrute wird vielfach auch das **Pendel** verwendet, das noch vielfältiger eingesetzt wird als die Rute. Mit ihm kann man (laut *Hund* 1989[2]) feststellen:

- ob ein Mensch lebt oder tot ist (mit Hilfe von Fotos),
- ob die „Aura" eines Menschen gestört ist,
- wo sich im Körper Krankheitsherde befinden,
- welche Speisen oder Getränke einem gut tun,
- welches Geschlecht ein ungeborenes Kind hat,

„Wie können Sie an meinen Fähigkeiten zweifeln? Ich bestätige doch jede meiner Irisdiagnosen mit der Wünschelrute!" (Karikatur von *Ulrich Magin* in „Skeptiker" 1/1998)

- ob Schmuck echt ist,
- wo sich vermisste Personen befinden (Stadtplan o.ä.);
- welches Medikament zu einem Menschen passt,
- ob ein anderer Mensch ein geeigneter Partner ist,
- wo sich verlorene Gegenstände befinden,
- wann man selbst sterben wird,
- wer ein Verbrechen begangen hat,
- wo vermisste Schiffe untergegangen sind,
- wo sich Bodenschätze befinden,
- welcher Beruf zu einem passt,
- welche zukünftigen Ereignisse bevorstehen,
- welches Urlaubsziel richtig ist.

Wie die Wünschelrute funktioniert das Pendel ideomotorisch nach dem *Carpenter*-Effekt. Dieser besteht darin, dass jede Bewegungsvorstellung einen Antrieb zum Vollzug dieser Bewegung einschließt. Es konnte nachgewiesen werden, dass beim Vorstellen einer Bewegung in der betreffenden Muskulatur bereits Aktionsströme auftreten. **Erwartunsghaltung, psychische Spannungen und letztlich Autosuggestion drängen zur effektorischen Manifestation.**

Was bleibt, ist Rutengänger- und Pendler-Magie, die mit der Wirklichkeit nichts zu tun hat, die aber aufgrund der naturwissenschaftlichen Ungebildetheit und Blödheit der Abergläubigen nicht auszurotten ist, weil sie auf einfache Weise vermeintlich ja so viel erklärt.

Feng shui – eine Pseudowissenschaft

Feng shui (gesprochen: „Fung schwö") ist eine chinesische Lehre, nach der man Wohlstand, Glück und Gesundheit erreicht, wenn man bestimmte Regeln beim Anlegen von Gräbern und beim Bauen und Einrichten von Häusern befolgt. Und sie ist die Lehre des Vertreibens „böser Energien" aus Wohnräumen.

Das klassische chinesische Weltbild geht von einem Kosmos aus, der in ständigem Wandel begriffen ist. Ursache der Veränderung ist das Wechselspiel kosmischer Kräfte, die als Polaritäten (Yin–Yang) gedacht werden. Hinter diesen Kräften gibt es eine Art Urkraft oder Lebenskraft, die alles Seiende durchfließt: das Qi (gesprochen „Tschie"). Ziel des Feng shui ist es, gutes Qi (Sheng qi) zu sammeln. Wird ein Haus gebaut, muss man es so platzieren und Türen und Fenster ausrichten, dass Qi „hineinfließen" kann und auch wieder abfließt, damit kein schlechtes, „abgestandenes" Qi entsteht.

Die Feng shui-Lehre ist kein homogenes Theoriengebäude, sondern eher ein Sammelsurium aus unterschiedlichen Vorstellungen verschiedener Epochen und Wissensgebiete.

In der chinesischen Ethik werden die Interessen der Familie, der Gemeinschaft, über die Interessen des Einzelnen gestellt. Im Feng Shui hingegen werden die Interessen des Einzelnen höher gewichtet. So gesehen ist Feng shui amoralisch.

Die Geomanten erheben mit ihrer Arbeit den Anspruch, dass es Feng shui-Regeln (Gesetze) gibt, dass kausale Beziehungen existieren, dass sie diese kennen und dass sie durch Anwendung dieses Wissens Veränderungen bewirken können.

Die schriftliche Überlieferung ist uneinheitlich. Je nach Herkunft und Tradition des Autors liegen den Handbüchern unterschiedliche Auffassungen zugrunde.

Damit ist ein wesentliches Kriterium einer wissenschaftlichen Theorie, die interne Konsistenz, nicht erfüllt.

Die Feng shui-Überlieferung ist so umfangreich und unübersichtlich, dass niemand wirklich alles wissen und befolgen kann. Misserfolge können immer auf die Unfähigkeit des Geomanten zurückgeführt werden, die Theorie bliebe damit unangetastet. Selbst wenn der Geomant alles richtig gemacht hätte – und alles an einem bestimmten Ort für perfektes Feng shui sprechen würde – muss sich nicht zwingend Wohlstand und Glück einstellen. Wie man auch herangeht, Feng shui hat immer Recht, es ist nicht falsifizierbar. Damit ist ein weiteres Kriterium einer wissenschaftlichen Theorie nicht erfüllt.

Hat das Haus wenig Energie, sind auch die Bewohner bald energielos und schnell ermüdet. In einem energielosen, kranken Haus sind bald auch energielose, kranke Menschen. Ein von Störzonen gestresstes Haus verursacht gestresste Menschen. Bleibt z.B. ein an Krebs erkrankter Mensch mit seinem Bett weiterhin auf einer Wasserader liegen, so hilft keine Therapie, weder Schulmedizin noch Alternativmedizin. Doch es gibt Abhilfe. Wird das Haus „geheilt", gesundet auch der Mensch.

Der „Hausarzt", der Arzt für das Haus, wie der Feng Shui-Berater auch genannt wird, hat die Aufgabe, die Energie im Haus wieder ins Fließen zu bringen.

Feng shui ist keine einheitliche, widerspruchsfrei Theorie. Die Feng shui-Lehre ist nicht falsifizierbar und immun gegen Kritik. Es gibt keine Möglichkeit der empirischen Überprüfung und bisher keinen Nachweis einer positiven oder negativen Wirkung bei der Anwendung. Die grundlegende Annahme, das Konzept des Qi, hat keinerlei empirische Basis.

Die komplizierte Theorie und die Vielfalt der verwendeten Begriffe sind also lediglich eine Vortäuschung von Wissenschaft. Feng shui kann deshalb, sofern ein wissenschaftlicher Anspruch erhoben wird, aus neuzeitlicher Perspektive mit Recht als Pseudowissenschaft bezeichnet werden.

Angemerkt werden soll hier doch noch, dass ein ansprechendes und gesundes Wohnklima aufgrund psychologischer Überlegungen und mit Einfühlungsvermögen auch ohne die Annahme merkwürdiger kosmischer Energien oder gar Drachen geschaffen werden kann.

Grander-Wasserbelebungstechnologie

Hier werden Begriffe aus Naturwissenschaft und Technik wie Energie, Schwingungen, Informationsübertragung usw. in Zusammenhängen verwendet, die mit der wissenschaftlichen Definition dieser Begriffe nichts zu tun haben oder die so schlichtweg nicht existieren. Wasser speichert im technisch-naturwissenschaftlichen Sinne keine Information, wie behauptet wird. Es wird auch nirgendwo angegeben, wie diese Informationen vorliegen sollen, digital, analog, wie codiert oder wie dauerhaft. Dies gilt ebenso für entsprechende Umschreibungen bei der Homöopathie. Im naturwissenschaftlichen Sinne hat Information mit Entropie zu tun. Um Information in einem Medium zu erzeugen (=Entropieabnahme), braucht man Energie. Die *Grander*-Methode behauptet nun aber, ohne Energiezufuhr Information zu übertragen. Dies wäre physikalisch ein gegen den zweiten Hauptsatz der Wärmelehre verstoßendes Perpetuum Mobile. Im *Grander*-„Gerät" wird vorgeblich von einem besonderen (behandelten? – Betriebsgeheimnis!) Wasser „Information" durch das Metall des Behälters hindurch auf das vorbeifließende Leitungswasser übertragen. Wenn das kein Nonsens ist?! In einer eigenen Zeitschrift werden freilich Einzelfälle zitiert, welche die Wirksamkeit des Granderwassers belegen sollen. Unabhängige Untersuchungen haben jedoch ergeben, dass physikalisch und chemisch keinerlei Unterschied zwischen Granderwasser und dem „unbehandelten" Leitungswasser besteht.

Medizinischer Humbug

Abergläubische Weltdeutung und abergläubische Praxis können als Zeichen der Hilflosigkeit des Menschen früherer Jahrhunderte und Jahrtausende angesehen werden. Nirgendwo sonst jedoch wird diese Unbeholfenheit so deutlich sichtbar wie beim Versuch des Menschen, Krankheiten zu bekämpfen. Im Bereich der Medizin tummeln sich die abenteuerlichsten Methoden der Krankheitsbehandlung.

Nicht nur dass man auf jahrtausende alte medizinische Praxis der Chinesen und anderer ferner Völker zurückgreift; auch das Mittelalter mit seinen teilweise magischen Vorstellungen muss herhalten. In der „**Hildegard-Medizin**" finden wir eine geradezu mythische Verleugnung der Errungenschaften der modernen Medizin.

Die Verquickung mit magischem Aberglauben finden wir auch bei der **Akupunktur**: In vorchristlichen chinesischen Schriften findet sich die genaue Beschreibung von „Dämonenangriffen" auf den menschlichen Körper, und als Gegenmittel wird empfohlen, die krankmachenden „Dämonen" mit den gleichen Phänomenen des Stechens zu vertreiben. Zuerst wurden dazu Steinsplitter benutzt, nach Einführung der Metalle Nadeln aus diesen, getreu dem magischen Prinzip „Gleiches bewirkt Gleiches"!

Da Paramediziner immer mit dem Fortschritt der Technik mithalten, gibt es inzwischen auch eine Elektro- und eine Laser-Akupunktur, was aber nichts am magischen Inhalt zu ändern vermag. Und so wird auch das andere magische Prinzip „der Teil für das Ganze" erkennbar, wenn man erfährt, dass es neben der Ganzkörperakupunktur noch verschiedene Teilakupunkturen gibt

(Ohr-, Nasen- Zungen-, Hand-, Fuß-, ja sogar eine Vaginal-Akupunktur). In der Ohr-Akupunktur wird zudem die alte „**Signaturenlehre**" lebendig, denn für den Aurikulotherapeuten stellt die Ohrmuschel das Bild eines auf dem Kopf stehenden Feten dar, wo die „Punkte" über den jeweiligen Organen liegen.

Ähnlich wird bei der **Fußreflexzonenmassage** in die Fußsohle ein Homunkulus hineingedeutet.

Die von den alten Chinesen behaupteten **Meridiane**, entlang derer die Lebensenergie „fließt" gibt es ebensowenig wie die indischen **Chakras**. Es konnten keinerlei histologische-anatomische Entsprechungen gefunden werden. Zwar kommt es durch die Nadelung zur Ausschüttung von Neurotransmittern, doch erfolgt diese unabhängig vom Ort an dem am Körper gestochen wird.

Amerikanische „Wissenschaftler" sind der Ansicht, dass der Mond an den Akupunkturlinien angreift. Bei Vollmond verstärkt sich diese Kraft. Es entstehen verdichtete Energiefelder, die angeblich zu Unruhe führen.

Auch Kristalle (**Edelsteine**), die auf die Chakras (Lebensenergiezentren des Körpers) gelegt werden, sollen durch ihre „Schwingungen" gegen die verschiedensten Krankheiten wirken. Da Kristalle keine elektromagnetischen Schwingungen empfangen, speichern oder abgeben können, ist einer Kristalltherapie jede ernst zu nehmende Grundlage entzogen.

Auch in der Diagnostik finden wir objektiv völlig unbrauchbare Methoden. Erwähnt sei nur die ans Okkulte grenzende Absurdität, die Wirksamkeit von Medikamenten oder die Verträglichkeit von Nahrungsmitteln „radioästhetisch auszupendeln".

Eine weit verbreitete und erwiesenermaßen unsinnige Methode bei Kurpfuschern (die sich selbst „Heilpraktiker" nennen) ist die **Irisdiagnose**: Die „Entdeckung", dass man aus der Regenbogenhaut des Menschen Krankheiten ablesen könne – der Erfinder *Pezely* glaubte, an einer Eule, die sich ein Bein gebrochen hatte, ein entsprechendes Augenzeichen gesehen zu haben –, hat keiner kritischen Prüfung standgehalten und wäre in dieser primitiven Form schon Jahrtausende früher zu machen gewesen.

Auch die **Biorythmenlehre** – verwandt mit der Astrologie – ist nichts anderes als imposanter numerologischer Humbug.

Die **Geistheilungen**, wie sie speziell auf den Philippinen und in Südamerika praktiziert wird, beruhen, wenn sie (meist nur scheinbar) erfolgreich sind, lediglich auf Suggestion.

***Gina Winkler:* Heilung durch kosmische Kräfte**
(aus „Das kleine Blatt", Vorarlberbger Wochenzeitung)

„Die göttliche Allmacht sorgt dafür, dass sich der vorgesehene Weg erfüllt und verschiedene Prozesse zu einem erfüllten Leben eingeleitet werden können", so die Überzeugung der medial begabten Frau, die eine „Parapsychologische Praxis" in Männedorf bei Zürich betreibt. Dort behandelt sie Menschen mit den unterschiedlichsten Leiden, versucht Schmerzen zu lindern und Menschen von ihren Süchten zu entwöhnen. Ihre heilenden Hände, kosmische Energie, ihre geistigen Heilungsführer, chinesische Elektro-Akupunktur und Pyramidenenergie zur geistigen Fernbehandlung sind ihr dabei behilflich.

„85 Prozent meiner Behandlungen sind erfolgreich. Zu den restlichen 15 Prozent gehören Menschen, die Heilströme nicht aufnehmen können, weil sie sich dagegen wehren und deshalb blockiert sind. Dazu gehören vor allem große Skeptiker gegenüber dieser Methode und Menschen mit unheilbaren Leiden."

Bei ihrer Arbeit steht ihr Gott als Schöpfer des Universums bei und gibt ihr die Kraft und Energie, die sie dazu braucht. *Gina Winkler* sieht sich sozusagen als Kanal der unendlich-göttlichen Kraftquelle, die durch die Kraft ihres Geistes als Strom einer kosmischen, regenerierenden und heilenden Energie unaufhörlich zu ihren Patienten fließt. Bei diesen heilenden Ritualen stehen ihr geistige Führer als Helfer bei. Es sind Helfer aus dem Jenseits.

Die stärksten Heilungsströme fließen ab Mitternacht. Internationale Heilerzeit ist exakt um 22 Uhr. Durch die vielen Medien und Heiler, die sich dann auf der ganzen Welt vereinen, gibt es starke Schwingungen, wodurch die oft unglaublichen Heilungsprozesse eingeleitet werden können. An Feiertagen wie Ostern, Pfingsten oder Weihnachten potenziert sich diese allumfassende Energie der spirituellen Welt.

„Meine Fernbehandlung ist eine Art von Biokommunikation, eine kosmische Kommunikationsweise und eine geistige konzentrierte Kraftsuggestion, die über jede Distanz wirkt. Die kosmischen Energiekräfte strömen wie elektromagnetische Wellen überall hin. Kraft der Konzentration können sie auf eine bestimmte Person gerichtet werden und die Psyche positiv beeinflussen, wodurch sich die Probleme von selbst lösen." Die mentale, suggestive Willenskraft ihrer Fernbehandlungen zeigt gute Wirkung vor allem bei psychosomatischen Beschwerden.

Alle Heilpraktiker sind freilich Weisenknaben gegen die **Fernheiler**, die (anhand eines Fotos des Patienten) nicht nur Ferndiagnosen stellen, sondern auch Fernbehandlungen durchführen.

Keine Frage, dass es sich hier um nichts anderes als eine Suggestionstherapie handelt.

Die Behandlung und Persönlichkeit des Heilers werden zum Placebo. Der Psychiater *Bleuler* (1962[5]) schreibt: „Die eigene Überzeugung ist ja, natürlich die beste Kraft für die Suggestion, und ich möchte hinzufügen, dass in dieser Beziehung eine gewisse Kritiklosigkeit und Kurzsichtigkeit des Arztes für ihn selbst und noch mehr für seine Patienten ein Glück ist. Das ist auch der Weg, auf dem viele Quacksalber ihre pekuniären und eventuell therapeutischen Erfolge gewinnen."

Häufig führen Kurpfuscher alle möglichen Krankheiten auf eine einzige Ursache zurück, z.B. auf negative Gedanken oder Wasseradern.

Bleuler: „So braucht der Pfuscher auch oft nur ein einziges Mittel zur Heilung der verschiedensten Krankheiten, oder er arbeitet blind im menschlichen Körper herum; dass er unter diesen Umständen, wo die Chance, nichts zu verderben, eine sehr geringe ist, nicht regelmäßig noch Unglück anstellt, lässt sich nur durch die Unwirksamkeit der meisten Mittel erklären. Der größte Schaden besteht wohl darin, dass die Kranken verhindert werden, das anzuwenden, was wirkt und heilt." Das heißt, es kann eine korrekte Diagnose und wirklich zielführende Behandlung unterbleiben oder verzögert werden, was etwa bei Krebs ein Todesurteil bedeuten kann.

Schon 1909 stellte *Löwenfeld* fest: „Diese Leute verstehen es ja nicht nur, ihre Heilkünste anzupreisen, sondern auch die Entstehung aller Krankheiten und ihre Behandlungsweise so überaus einfach darzustellen; sie besitzen überdies eine besondere Gabe, alle Krankheiten ohne weitschweifige Untersuchung zu erkennen. Der eine bedarf dazu nur der Haare, der andere des Urins, ein Dritter nur der Betrachtung der Augen. Dass auf derartige Lockungen diejenigen, die nicht alle werden, hereinfallen, ist nicht zu verwundern. Viel auffälliger ist der Umstand, dass dieselben auch häufig auf Personen eine Wirkung äußern, die in anderen Angelegenheiten sehr kritisch urteilen."

Bleuler (1962[5]) hat auf die Bedeutung des „autistisch-undisziplinierten Denkens" hingewiesen, von dem auch Ärzte nicht verschont bleiben, die sich dann zu pseudowissenschaftlichen Überlegungen und hierauf basierenden Therapie-Maßnahmen hinreißen lassen.

Im Bereich der Medizin wie auch des Hellsehens und der Astrologie ist nicht nur der Anbieter obskurer Methoden (so er von ihnen überzeugt ist) halb- oder ungebildet und in diesem Sinne dumm, sondern ebenso der uninformierte Laie, der all diesen Humbug für heilwirksam hält.

Allerdings: Da ein nicht zu verachtender Teil der Heilungen Spontanheilungen sind oder auf dem Placebo-Effekt beruhen, können auch die abstrusesten Methoden zum Erfolg führen, den sich dann die Heiler an ihre Fahnen heften und der den Zulauf von Patienten befördert. Nicht überraschend ist, dass unter den Placeboreaktoren vor allem Personen mit betonter Glaubensbereitschaft zu finden sind.

Gründe für „Heilerfolge" von Placebo-Maßnahmen

Mangelhafte Dokumentation
gleichzeitige Anwendung objektiv wirksamer Maßnahmen
subjektive Besserung
eingebildete Krankheit
Auswahl geeigneter Fälle
Zulauf der Gläubigen
Vertrauen in die Fähigkeiten des Heilers
Spontanheilung
Fehldiagnose
Vergessen der Misserfolge

Dass medizinische Ignoranten Dummheiten von sich geben, ist nichts Unerwartetes, schlimmer ist es, wenn ausgebildete Ärzte dies tun und auf dubiose Methoden vertrauen, wenn sie mit ihrem schulmedizinischen Latein am Ende sind. Hier fehlt es ganz offensichtlich an einer entsprechenden Aufklärung während des Medizinstudiums.

Paramedizin
(aus *Johannes Köbberling:* Der Wissenschaft verpflichtet. In „Skeptiker" 1/1998)

Das Operieren mit irreführenden Begriffen beginnt bereits damit, dass die eigentliche Medizin als „Schulmedizin" bezeichnet wird. So entstand die Assoziation zwischen Schulmedizin und verstaubter, verkrusteter akademischer Medizin, die weit weg von der Wirklichkeit des kranken Menschen sei. Verbreitet ist auch der Ausdruck „Alternativmedizin", der suggeriert, dass neben der bestehenden und wissenschaftlich erprobten Medizin tatsächlich eine

Alternative bestehe. Diese Alternative besteht aber nur in dem erklärten Verzicht auf wissenschaftliche Methodik und alle für die eigentliche Medizin gültigen Qualitätsstandards. Irreführend ist auch der Begriff „Ganzheitsmedizin", der suggeriert, dass die wissenschaftliche Medizin nicht ganzheitlich sei. Auch der Begriff „Erfahrungsmedizin" stellt eine tendenziöse Neudefinition dar. Damit soll ausgedrückt werden, warum diese Methoden sich nicht mit den üblichen wissenschaftlichen Verfahren oder sogar überhaupt nicht prüfen lassen.

Wenn bestimmte Methoden der Medizin sich prinzipiell einer Prüfung widersetzen, gelangen sie in den Bereich der Paramedizin. Merkmal der Paramedizin ist die Nennung sehr unspezifischer Wirkungen mit Listen möglichst breiter Indikationen. Nicht selten beruft man sich auf uralte Kulturen oder auf einen charismatischen Begründer der Lehre.

Nicht nachgewiesene Wirksamkeit wird einfach mit „sanft", nachgewiesene Wirksamkeit mit „chemisch hart" gleichgesetzt.

In mancher Hinsicht stellt die Paramedizin eine Art von Ersatzreligion in unserer Gesellschaft dar, und statt „Paramedizin" wäre „Glaubensmedizin" ein durchaus passender Begriff.

Die Abschaffung der Gesundheit

Volksverdummung durch die Pharma-Industrie

Die Naivität und Dummheit der Leute wird nicht zuletzt von den Pharma-Firmen ausgenutzt. Systematisch erfinden sie neue Krankheiten. Darmrumoren, sexuelle Unlust oder Wechseljahre – mit subtilen Marketingtricks werden Phänomene des normalen Lebens als krankhaft dargestellt. Weitere Beispiele für künstlich produzierte Krankheiten wären etwa Vitaminmangel, Erschöpfungssyndrom, erhöhter Cholesterinspiegel, larvierte Depression, soziale Phobie, Menopause, prämenstruelles Syndrom, Reizdarmsyndrom, Übergewicht, erektile Dysfunktion, Prä-Hypertonie, Weichteilrheumatismus, Internetsucht, Refluxsymptome, *Leisure Sickness* (pathologische Unfähigkeit zum Müßiggang), Aufmerksamkeits-Defizit-Hyperaktivitäts-Syndrom oder Haarausfall.

Die Behandlung von Gesunden sichert das Wachstum der Medizinindustrie.

Natürliche Wechselfälle des Lebens, geringfügig vom Normalen abweichende Eigenschaften oder Verhaltensweisen werden systematisch als krankhaft umgedeutet. Pharmazeutische Unter-

„Herr Doktor –
ich leide fürchterlich
an Tablettensucht!"
„Kein Problem,
ich verschreibe
Ihnen PILLEX,
5 x täglich!"

nehmen sponsern die Erfindung ganzer Krankheitsbilder und schaffen ihren Produkten auf diese Weise neue Märkte. Erst mit der Verfügbarkeit einer Arznei erwacht das Interesse der Industrie an der angeblichen Krankheit.

„Es ist schlau und auch ein bisschen gemein, Leute davon zu überzeugen, dass sie etwas haben, von dem sie bisher gar nicht wussten, dass es existiert" (*Jacques Leibowitch*, Paris).

Leichte Symptome werden zu Vorboten schwerer Leiden aufgebauscht. Krankheitserfinder verdienen ihr Geld an gesunden Menschen, denen sie einreden, sie wären krank.

In der Nervenheilkunde gelingt die Umwandlung der Gesunden in Kranke besonders gut, zumal es keinen Mangel an Theorien gibt, nach denen fast alle Menschen nicht gesund sind.

Aber auch zu häufiger Arztbesuch und ständige Selbstbeobachtung, das *Fitness-Controlling* macht krank. Und so entsteht die größte Mangelkrankheit, an der diese Zeit leidet: das Gelassenheitsdefizit. Untersuchungen in den USA ergaben, dass die Leute um so kränker sind, je näher sie zu einer Klinik wohnen.Wenn Gesundheit zum Wahn wird, wenn sie nicht mehr ein unmerklicher kommoder Zustand ist, sondern Objekt ständiger Beobachtung und angstvoller Überwachung, wird die Sache ungesund. Mit anderen Worten: Allmählich wird die sogenannte Fitnesswelle zu einer Bedrohung der allgemeinen Lebensqualität. Gesundheit ist nicht länger der Zustand, in dem wir nicht leiden. Gesundheit wird zum Zustand, in dem wir uns ständig danach fragen, ob wir nicht noch gesünder werden können (*Rust* 1999). So wird der Mangel an gesundem Menschenverstand zum Gesundheitwahn.

Homöopathie: Heilen mit Nichts?

Diese angebliche Heilmethode ist ein exzellentes Beispiel für den Versuch, sympathetische Magie im Alltag zu nutzen. Ihr Begründer, *Christian Friedrich Hahnemann* (1755–1843) war der Ansicht, sämtliche Krankheiten ließen sich auf nur drei Ursachen zurückführen: Krätze, Feigwarzen und Syphilis. Das Motto der Homöopathie lautet: „*Similia similibus curantur*" („Ähnliches wird durch Ähnliches geheilt"). Sie behauptet, dass Substanzen, die in hoher Dosis den Krankheitserscheinungen ähnliche Symptome verursachen, diese Symptome (in geringer Dosis) beseitigen können. Diese Dosen bestehen jedoch aus extrem verdünnten Lösungen – so verdünnt, dass sie kein einziges Molekül der Originalsubstanz („Urtinktur") mehr enthalten. Tatsächlich können homöopathische Mittel also aus reinem Wasser, Alkohol oder Milchzucker (in Globuli-Form) bestehen. Dahinter steht die Theorie, die Wirkung oder Schwingungen bzw. „Informationen") der verdünnten Substanz seien weiterhin vorhanden und bewirkten die Heilung des Patienten. Die Wirkung sei bei extremen Verdünnungen („**Hochpotenzen**") sogar stärker als bei „Niederpotenzen". Nach *Hahnemanns* homöopathischer Auffassung ist es der amaterielle „Geist" einer Substanz, der in den ungeheuren Verdünnungen immer wirksamer („potenziert") werde und auf die „Lebenskraft" einwirken könne (*Binder* 1992). „Moderne" Homöopathen haben eine entsprechend „moderne" Hypothese entwickelt: Speziell Wasser sei der Träger feinstofflicher und nicht-materieller Information, die es von der Heilsubstanz (auf magische Weise) übernommen habe. Unberücksichtigt bleiben die vielen Substanzen, die in jedem noch so reinen Wasser oder Alkohol oder Milchzucker enthalten sind. Und wie können die Apotheker überhaupt noch ihre Gefäße reinigen, wenn der materiell angeblich nicht fassbare „Geist" der mehr oder weniger weggespülten Substanzteilchen durch die Stoffverminderung beim Ablösen doch immer wirksamer wird?

Eine andere Gefahr besteht beim Transport wässriger Flüssigkeiten. Wird nämlich eine Lösung beim Transport mit Lastwagen,

Eisenbahn oder am Körper geschüttelt, könnte sich die Wirksamkeit weiter steigern.

Die Behauptung von einem „*Gedächtnis*" des Lösungs- und Verdünnungsmittels Wasser sind unbegründete Spekulationen und können leicht widerlegt werden:

Die auch in flüssigem Wasser vorhandenen Wassercluster (geordnete Verbände von Wassermolekülen) denen eine Gedächtnisfunktion für die einmal anwesend gewesenen Wirkstoffmoleküle und -ionen zugeschrieben werden, haben eine Zerfallszeit im Bereich von Nanosekunden. Wie bei anderen Flüssigkeiten, sind auch im Fall des Wassers die Moleküle ständig in Bewegung. Dadurch verändert sich die innere Struktur der Flüssigkeit trotz Clusterbildung fortwährend. Wassermoleküle unterliegen aber auch noch ständig der Autoprotolyse, wobei sie zu Protonen und Hydroxidionen dissoziieren; in einer Gleichgewichtsreaktion assoziieren diese wiederum zu Wassermolekülen (*Binder* 1992).

Für ein und dieselbe Krankheit (dasselbe Symptom) werden von den Homöopathen verschiedene Arzneimittel gegeben – und das auch noch in verschiedener Dosierung. Während die reine Homöopathie Hahnemannscher Prägung nur Einzelmittel verwendet, finden sich in der „anthroposophischen Medizin" Kombinationen von Stoffen, die homöopathisch wirken sollen. Zur Irrationalität der homöopathischen Vorstellungen kommt hier noch die Esoterik der steinerschen Lehre.

Die Arzneimittel werden durch Prüfung am Gesunden gefunden! Das jeweilige Arzneimittel ist am geeignetsten, das bei der Prüfung am gesunden Menschen die ähnlichsten bzw. die gleichen Symptome erzeugt, die bei einem Krankheitszustand vorhanden sind. Allerdings vermögen die allermeisten Präparate gar nicht die Symptome zu produzieren, die ihnen die einzelnen Homöopathen zuschreiben.

Die merkwürdigen Arzneimittel der Homöopathie rufen Erinnerungen an die „**Dreckapotheke**" des Mittelalters hervor (vgl. *Binder* 1992). Da werden Extrakte der Pupurschnecke, der Spanischen Tarantel oder der Saft des Stinktiers, aber auch hochgiftige Metalle wie Quecksilber oder Arsen verwendet. Und weil Ähnliches durch Ähnliches geheilt werden kann, wird die Rote Koralle gegen „rote Geschwüre" eingesetzt, das zahnartig geformte Bilsenkraut gegen Zahnbeschwerden oder der Steinbrech gegen Nierensteine. Hier wird neben dem magischen Prinzip „Gleiches bewirkt Gleiches" noch die mittelalterliche „**Signaturenlehre**" und insgesamt der magische Charakter der Homöopathie deutlich – ein Anachronismus.

Für die gläubigen Anhänger der Homöopathie existiert eine Art Bibel der reinen Lehre, nämlich *Hahnemanns Organon*. Das vor 200 Jahren geschaffene geschlossene Lehrsystem, so unsinnig es ist, übt eine gewisse Faszination auf manche Menschen aus. So haben es die Vertreter dieser Lehre geschafft, dass in der Öffentlichkeit der Eindruck entstanden ist, hier sei eine ernsthafte Alternative zur Medizin zu finden, eine Auffassung, die nicht selten auch von sonst kritischen und in anderen Bereichen vernünftigen Menschen geteilt wird.

Sowohl das Simile-Prinzip als auch das Potenzierungsprinzip sind heute samt den übernatürlichen pseudowissenschaftlichen Erklärungsversuchen falsifiziert. Es gibt keinen einzigen gelungenen Wirksamkeitsnachweis für die Homöopathie. Und wir kennen keinen direkten physiologischen positiven Einfluss einer homöopathischen Behandlung (*Hopff, W. – Binder, H.* 1992). Erfolgsberichte über homöopathische Heilungen betreffen kaum größere Patientengruppen mit bestimmten Krankheiten, sondern bestehen aus einzelnen Fallbeschreibungen. Solche entziehen sich aber der Falsifikationsmöglichkeit, sie sind prinzipiell wahr (*Köbberling* 1998).

Der Freimaurer *Hahnemann* hatte aber auch eine – in seiner zweiten Lebenshälfte wohl zunehmende – Neigung zu mystisch-okkulten Vorstellungen und Praktiken.

Homöopathie beruht auf Voraussetzungen (Prinzipien), die ausschließlich „naturphilosophischen", okkulten Vorstellungen aus einer vorwissenschaftlichen Ära entspringen.

Noch wichtiger als der Placeboeffekt sind die natürlichen Heilungsmechanismen des Körpers, die, genügend Zeit vorausgesetzt, die meisten Dinge besiegen, die uns plagen. Wenn jemand homöopathische Mittel nimmt, wenn diese Heilung gerade passiert, wird er gern glauben, dass die Homöopathie das bewirkt hat.

Der Homöopathie fehlt es nicht nur an Widerspruchsfreiheit, sondern immer mehr auch an Einheitlichkeit. Jeder Homöopath legt sich seine eigene Homöopathie zurecht. So lassen sich neben den *„klassischen Homöopathen"*, die *„Hochpotenzler"*, *„Niederpotenzler"*, Monotherapeuten und Polypragmatiker, die homöopathischen Phytotherapeuten, die anthroposophischen Homöopathen und vielerlei Varianten und Kombinationen – auch in Verbindung mit anderen Außenseiterverfahren wie z.B. der Irisdiagnostik – unterscheiden.

Die Homöopathen versuchen den Eindruck zu erwecken, als könne es eine Alternative zu der in wissenschaftlichen Forschungslaboratorien und Universitätskliniken sich entwickelnden und entsprechend an den Universitäten gelehrten Medizin geben. Und sie wollen ihre Disziplin an der Universität lehren.

Die Tatsache, dass es auch unter den Ärzten und Apothekern Homöopathen gibt, sagt nichts aus über den Wert der Homöopathie oder deren Heilkraft, wohl aber über die wissenschaftliche Unzulänglichkeit der betreffenden Experten. Sie leiden an einem Defizit allgemein naturwissenschaftlich-kritischer Ausbildung. Entdummung an den Hochschulen wäre dringend angesagt.

Die Sympathie bestimmter Bevölkerungskreise für die Homöopathie oder auch die mit ihr „verwandte" Bachblütentherapie wurde auch dadurch gewonnen, dass sie mit neubelebten Kampfparolen ins Feld zog, so z.B. der Unterstellung, dass die Lehrmedizin (die „allopathische" Medizin) mit starken Giften aus chemischen Fabriken den feinen Organismus der Menschen systematisch vernichte und dabei nur auf Organe wirke, wogegen die Homöopathie regulierend „den ganzen Menschen" behandle („Ganzheitsmedizin"). Wer möchte nicht ganz behandelt werden, das heißt „mit Leib und Seele"? Rational gesehen hat die Homöopathie eigentlich längst keine Daseinsberechtigung mehr (*Löbsack* 1980), aber wir müssen Verständnis haben für Menschen, die mit Ärzten unzufrieden sind, die ihre Patienten ungeduldig abfertigen, als ob sie beschränkte, hilflose Kinder wären und die sich so spezialisiert haben, dass sie sich nicht mit der ganzen Person oder Persönlichkeit befassen. Die Homöopathen haben diese Lücke gefüllt, indem sie dem Patienten zuhören und Anteilnahme zeigen. Aber während man versucht ist, Homöopathie als Quacksalberei abzutun, können wir es uns doch nicht leisten, uns selbstgefällig zurückzulehnen, weil wir meinen, die „Wahrheit" zu kennen und die Anhänger nur unser Mitgefühl, Spott und Verachtung verdienen. Es reicht nicht, laut die Stimme des „Entlarvers" zu erheben und zu hoffen, dass die Anhänger irgendwie auf wundersame Weise zu ihrem Verstand zurückfinden werden und das zurückweisen, was wir als Irrationalismus ansehen.

Wir müssen vielmehr die Gründe für die Unzufriedenheit mit der Schulmedizin zu verstehen versuchen, um ihr entsprechend entgegenzuwirken.

Homöopathie-Gläubige von diesem ihrem Glaubenssystem, von dem sie absolut überzeugt sind, abbringen zu wollen, ist ohnedies sinnlos. Aber das gilt für jeden Aberglauben.

Blinder Glaube hilft

UFOs, Alf, ETIs und Aliens

UFO = Unidentified Flying Object
Alf = Außerirdische Lebensform
ETI = Extraterrestrische Intelligenz
Aliens = die Anderen

Wir schütteln heute den Kopf über die Hexenhysterie der frühen Neuzeit (besonders des 16. und 17. Jahrhunderts) und übersehen dabei einerseits, dass der Hexenglaube auch heute in vielen Ländern noch blüht und dass wir andererseits ab den Fünfzigerjahren des 20. Jahrhunderts mit einer Hysterie konfrontiert sind, die bis heute andauert: der UFO-Hysterie. Nichtidentifizierte Flugobjekte können alles Mögliche sein: Wetterballons, Meteoriten, Stücke abgestürzten Weltraumsatelliten usw., Objekte, die nicht identifizierbar sind; all das sind definitionsgemäß UFOs. Für UFO-Gläubige sind UFOs immer Weltraumschiffe der „Außerirdischen" in der Form von „fliegenden Untertassen".

Ufologie als exotische Pseudowissenschaft

Fast die Hälfte aller Deutschen glaubt an die Existenz von Außerirdischen. Besonders höher gebildete Männer unter 50 Jahren könnten sich außerirdische Zivilisationen vorstellen.

In den Achtziger Jahren des 20. Jahrhundert glaubten über 15 Millionen US-Amerikaner schon ein UFO (=außerirdisches Raumschiff) gesehen zu haben und rund vier Millionen glaubten gar, einmal von Außerirdischen entführt worden zu sein!

Aber selbst Wissenschaftler sind nicht immer kritisch und naturwissenschaftlich ausreichend geschult, um nicht dem Glauben

E.T.

an extraterrestrische Raumschiffe zu erliegen. Der NASA-Ingenieur *J. F. Blumrich* interpretiert Geschichten aus dem Alten Testament der Bibel als Begegnungen mit Außerirdischen und macht sogar detailgenaue Konstruktionsangaben über den Himmelswagen, in dem der Prophet *Ezechiel* in den Himmel entrückt wurde und den er als Raumschiff von Außerirdischen deutet. Das Ganze ist wohl mehr ein Beleg für die Fantasie des Autors als für die Realität von Bibel-UFOs.

Analoges gilt etwa für *Lutz Gentes*, der glaubt, in seinem Buch *„Die Wirklichkeit der Götter – Raumfahrt im frühen Indien"* (1996) „Beweise" dafür vorlegen zu können, dass die altindischen Epen (etwa das Mahabharata) über vernichtende Kriege zwischen sogenannten Göttern und Dämonen außerirdischer Herkunft mit (aus heutiger Sicht!) modernsten Waffen und utopischen Flugmaschinen berichten. Die überlieferten Beschreibungen beziehen sich laut *Gentes* auf realhistorische Vorgänge, die sich gegen Endes des 4. Jahrtausends vor Christus auf unserem Planeten und in dessen Umkreis abgespielt haben müssten.

An außerirdische intelligente Wesen zu glauben ist bei der Größe des Kosmos nicht von vornherein unsinnig oder gar dumm und es gibt gute Argumente, die für eine solche Auffassung sprechen. Dumm wird die Überzeugung erst, wenn trotz schwerwiegender Gegenargumente der Glaube an außerirdische Besucher auf unserem Planeten um alles in der Welt aufrecht erhalten und wenn ungeheurer Blödsinn über Außerirdische und angebliche Begegnungen mit solchen verzapft wird – und dies gegen all unser naturwissenschaftlich gut gesichertes Wissen.

Menschen, die ein dummes Gedankengebäude produzieren, müssen nicht global dumm sein. Es gibt ja zum Beispiel auch durchaus intelligente Theologen, die sich lediglich in ihrem theologischen System verrannt haben und hier mit einem beträchtlichen Aufwand an intellektuellen Spitzfindigkeiten unsäglichen Unsinn produzieren.

Was und warum UFOlogen glauben

Die UFO-Theorie besagt, dass außerirdische Lebewesen ein brennendes Interesse daran haben zu kontrollieren, was sich auf der Erde abspielt. Deshalb besuchen sie in Raumschiffen (= UFOs) die Erde und insbesondere das Bermuda-Dreieck. Ab und zu entführen sie ganze Flugzeuge, Schiffe oder deren Besatzungen, aus welchen Gründen auch immer.

Keine Frage: Zunächst unerklärliche Phänomene müssen untersucht werden, wobei im wissenschaftlichen Kontext der Begründung als Methode nur Logik und Erfahrung akzeptabel sind.

UFO-„Forscher" allerdings errichten auf der Basis einiger Fakten (UFO-Sichtungen, erstaunliche archaische Bauten, Verschwinden von Schiffen) ein gigantisches Nonsens-Gebäude mit teilweise absurden Behauptungen:

- Außerirdischer Raumschiffe werden gesichtet.
- Die Kornkreise sind Zeichen von Außerirdischen.
- Etliche Leute wollen Kontakt mit Außerirdischen gehabt haben.
- Die Entführung von Personen, ganzer Flugzeuge und Schiffe wird behauptet.
- Die ägyptischen Pyramiden, die Statuen auf den Osterinseln und andere archaische Bauwerke sowie der „Landebahnen" von Nazka wurden von Außerirdischen errichtet. (Die Pseudowissenschaft davon nennt sich „Präastronautik".)
- Biblische Ereignisse oder die altindischen Epen werden im Sinne der UFO-Hypothese gedeutet.
- Der Mensch ist durch eine Genmanipulation an Affen von ETIs „erschaffen" worden.
- Manche Ufologen wollen in telepathischem Kontakt mit Außerirdischen stehen usw.

Der gigantische ideologische Überbau mit seinen längst widerlegten Behauptungen, der aufgrund fehlgedeuteter UFO-Sichtungen, einiger Fakten und mit einiger Fantasie errichtet wird, zeugt nicht nur von dümmlicher Ignoranz, sondern muss geradezu als Realitätsverweigerung angesehen werden.

Das Erschütternde an der ganzen Sache ist, dass die UFO-Anhänger wirklich an all das glauben, (nicht nur zu glauben vortäuschen!) – so weit haben sie sich von der Realität entfernt.

Für manche Fälle bietet sich eine psychopathologische Erklärung an: Patienten mit einer Läsion im vorderen Limbischen System zeigen stets eine bemerkenswerte Form der **Realitätsverkennung**. Sie erdichten Geschichten, die zwar frei erfunden sind, von ihnen selbst aber für absolut wahr gehalten werden. Man spricht von „spontaner Konfabulation". Es ist wahrscheinlich, dass etliche Berichte von „Begegnungen mit Außerirdischen" (oder gar von „Entführungen" durch solche) von derartigen Patienten stammen, die zwischen Erinnerung an eine Fantasie und an ein wirkliches Geschehen nicht unterscheiden können und daher von ihrer falschen Realität absolut überzeugt sind.

In den Fünfziger- und Sechzigerjahren hatte die US-Luftwaffe über 10000 UFO-Berichte überprüft. 98 Prozent aller Beobachtungen und (meist unscharfen) Fotos ließen sich als Missverständnisse, Fehldeutungen und Fälschungen aufklären. (Nicht selten handelt es sich um primitive Fotomontagen.) Angebliche Sachbeweise, wie z.B. Trümmer von Bruchlandungen, Brandstellen von Landungen oder Implantate in den Nasen oder Gehirnen der angeblich von Außerirdischen Entführten entpuppten sich allesamt als ziemlich irdisch.

Merkwürdig ist auch, dass die Beschreibung der Entführungen durch Außerirdische sich immer stärker technischer Standards bedienen, wie sie aus der TV-Serie „Raumschiff Enterprise" bekannt sind – dass nämlich Menschen aus ihren Schlafzimmern ins UFO „gebeamt" werden.

Es dürfte auch kein Zufall sein, dass Berichte über medizinische Eingriffe durch die „Fremden" seit Beginn der minimalinvasiven Chirurgie auffällt zugenommen haben.

Die restlichen zwei Prozent waren in ihren Angaben so ungenau, mangelhaft oder widersprüchlich, dass sie außer Betracht bleiben mussten.

Das alles ist seit langem bekannt, aber noch immer werden fliegende Untertassen gemeldet, fotografiert (ganz selten: gefilmt!) und von Buch zu Buch weitergegeben; UFO-Gesellschaften tagen, UFO-Kongresse werden abgehalten, UFO-Gläubige erwarten nächtens vor der Cheopspyramide die Landung eines UFOs. Andere berichten allen Ernstes, sie hätten ständig telepathischen

Kontakt mit Extraterrestriern von irgendeinem Planeten in einem fernen Milchstraßensystem.

„Kontaktler", die Außerirdischen persönlich begegnet oder gar von ihnen entführt und medizinisch untersucht, ja sogar vergewaltigt worden sein wollen, schildern diese stets menschenähnlich, jedoch mit großen Köpfen, was ihre geistige Überlegenheit zeigen soll. Wenn es sie überhaupt gibt: Gerade dass sie uns gleichen, ist höchst unwahrscheinlich. Sollten aber Außerirdische wirklich die Erde besuchen, so ergeben sich zwei Möglichkeiten: entweder bemühen sie sich, unbemerkt zu bleiben, oder nicht. Im ersteren Fall müssen wir erklären, warum dann so viele UFOs beobachtet werden. Eine Rasse, die interstellaren Raumflug beherrscht, müsste eigentlich besser verstehen, sich zu verstecken. Es bleibt also nur die Vermutung, dass die fremden Wesen nichts unternehmen, um sich zu verbergen. Dann aber stehen wir vor dem Problem, dass für eine echte UFO-Beobachtung kein einziger echter Beweis vorliegt. *Robert T. Rood* und *James S. Trefil* schließen daher in Ihrem Buch *„Sind wir allein im Universum?"* (1982), dass für keine der Alternativen irgend etwas spricht. Was immer UFOs über irgendwelche Erscheinungen oder die menschliche Psyche aussagen mögen, über Außerirdische verraten sie gar nichts. Selbst viele Ufologen sind daher von einer realistischen Deutung abgekommen und sprechen davon, dass die „Besucher" aus „anderen Dimensionen" oder aus „Parallelwelten" kämen.

Die Hauptgründe, die Menschen dazu bewegen, an UFOs als Raumschiffe zu glauben, liegen nicht so sehr in ihrer Dummheit (als einem Intelligenzdefekt), sondern vielmehr

- in der Unfähigkeit, Science Fiction und Wissenschaft auseinander zu halten,
- in der Bereitwilligkeit, inkompetenten Menschen ihre fantastischen Geschichten zu glauben,
- gleichzeitig in der Fähigkeit, allen Quellen, die dagegen sprechen, zu misstrauen – weil sie Teil einer üblen Verschwörung zur Vertuschung der Wahrheit seien – und schließlich
- im Wunsch nach Kontaktaufnahme mit einer überirdischen Welt. (Der Glaube an UFOs ist damit eng verwandt mit religiösem Glauben.)

Pseudoargumente und Beweispflicht

Für Verfechter der Behauptung, UFOs seien außerirdische Raumschiffe, ist es wie für all die anderen Fantasien charakteristisch, lieber die Argumente ihres Gegners zu attackieren, als definitive Beweise der eigenen Ansicht zu liefern. Natürlich ist es völlig in Ordnung, das Argument des Gegners anzugreifen, um Schwächen und Fehlschlüsse aufzudecken. Aber das ist kein Ersatz für Beweise. Es ist ganz einfach schlechte Logik, wenn man annimmt, die eigenen Gründe gelten allein nur deshalb, weil die des Gegners mangelhaft sind. Die eigenen Gründe sind vielleicht genauso mangelhaft wie die des Gegners, oder gar noch mangelhafter.

Eine beliebte Taktik der Ufologen ist die Behauptung, dass der Skeptiker nicht beweisen kann, dass das, was gesichtet wurde, kein außerirdisches Objekt war. Aus dieser Tatsache soll man wohl folgern, dass es sich also aller Wahrscheinlichkeit nach um ein außerirdisches Objekt handelt. Eine Behauptung wird aber keineswegs schon allein dadurch wahr oder tragbar, dass die Wahrheit einer gegenteiligen Behauptung *nicht* nachgewiesen werden kann.

Nur, weil wir nicht beweisen können, dass die verschiedenen „Entführungsopfer" *nicht* von Außerirdischen entführt wurden, bedeutet das noch lange nicht, dass sie *tatsächlich* von Außerirdischen entführt wurden.

Es ist eine alte Regel der Logik, dass derjenige den Beweis für eine Behauptung zu erbringen hat, der sie aufstellt, und nicht der, welcher sie bestreitet.

Ufologen meinen, wenn Augenzeugen oder angeblich von Außerirdischen entführte Leute nicht geisteskrank oder boshaft sind, seien sie auch nicht anfällig für Täuschungen. Deshalb könne man sich darauf verlassen, dass sie eine vertrauenswürdige Berichterstattung über Entführungen durch Außerirdische lieferten. Es ist jedoch offenkundig, dass die meisten gescheiten, guten und normalen Leute sich in vielen Sachen täuschen lassen und man sich keineswegs in jeder Hinsicht auf sie verlassen kann.

UFO-Gläubige meinen, dass man, wenn man etwas gesehen hat, das intelligente Leute nicht vernunftgemäß erklären können, ein außerirdisches Raumschiff gesehen hat. Zeugen solcher Beobachtungen behaupten oft, dass das, was sie gesehen hätten, nicht mit den bekannten Gesetzen der Physik erklärt werden könne. Sie behaupten, Zeugen der Verletzung eines Naturgesetzes, also eines Wunders, gewesen zu sein.

Ufologie als Religion

Viele Menschen brauchen das Geheimnisvolle, Unerklärliche, das sich, wie es heißt, „nur wenigen Auserwählten offenbart": Sie suchen es – und sie finden es. Und auf dieser Suche verlieren manche von ihnen jeden Maßstab, jedes kritische Urteil und gelangen zu blindem, oftmals fanatischem Glauben. Sie können sich von ihnen um keinen Preis losmachen und reagieren auf jeden Zweifel oder gar auf Kritik oft äußerst aggressiv. „Die Gläubigen attackieren alle, die ihren Glauben zu erschüttern wagen; die Schriftsteller schreiben weiter Bestseller, der *New Nonsense* nimmt noch zu" (*Bogen* 1982).

Die Vertreter der UFO-Religion sind unbelehrbar und lassen sich ihren Glauben durch Entlarvungen nicht erschüttern. Das bedeutet jedoch nicht, dass sie besonders dumm sind. Vielmehr müssen sie als fanatisierte Opfer ihres Glaubens angesehen werden. Dennoch stellt sich manchmal die Frage, ob sie nicht irgendwie psychisch gestört sind. Denn ihr Verhalten erinnert doch stark an eine Zwangsneurose. Eine Untersuchung des österreichischen Psychologen *Alexander G. Keul* ergab jedenfalls, dass der Anteil psychisch gestörter Individuen unter den UFO-Zeugen (und vieler unkritischer „UFO-Forscher") außergewöhnlich hoch ist.

„*Irrational beliefs*" schlagen immer mehr Menschen in ihren Bann. UFO-Glaube, Spiritualismus und Okkultismus gehen ineinander über. Und die New-Age-Bewegung liefert als esoterische Basis Glaubenselemente, die ein verschüttetes Grundbedürfnis des westlichen, überrationalisierten, orientierungslosen Menschen ansprechen. Der UFO-Kult schafft Trost, weil er die Menschen glauben macht, im Kosmos nicht allein zu sein. Der Mensch lebt nicht nur von Vernunft allein, er sucht Grenzerfahrungen, Transzendenz, neue Formen religiösen Empfindens. **Ufologie ist die Mythologie des Weltraumzeitalters**. Der Mensch des New Age will die Fesseln seines irdischen Daseins abstreifen und mit höheren Mächten „auf du und du stehen". Statt Engel haben wir jetzt Aliens.

Mythenforscher weisen auf zahlreiche Übereinstimmungen zwischen UFO-Berichten und dem alten Volksglauben an Elfen hin (*Harder* 1996). Erschienen diese stets nachts oder in der Abenddämmerung, begegnen heute die Menschen zu diesem Zeitpunkt UFOs und Außerirdischen. In einer säkularisierten („aufgeklärten"?) Gesellschaft muss die visionäre Erfahrung im Gewand der technischen Sage auftreten. In den Märchen unserer

Vorfahren wurden die Menschen auf Feenhügel entführt, heute bringen sie „Außerirdische“ an Bord von hochentwickelten außerirdischen Raumschiffen.

Insgesamt mußt die UFO-Hysterie unserer Zeit als Rückfall in den Irrationalismus angesehen werden und für so manchen ist der Glaube an die Anwesenheit außerirdischer, uns weit überlegener Wesen zu einer Art Ersatzreligion geworden. Die UFO-Gläubigen haben sich organisiert und „Glaubensgemeinschaften“ gebildet. Vor allem die sogenannten „Grenzwissenschaften“ haben sich auf das Thema UFO gestürzt. Da verschmelzen die Geheimnisse der problematischen Untertassen mit der Bedeutung von Stonhenge oder dem Verbleib des sagenhaften Kontinents Atlantis. Die mit primitiven Mitteln von Witzbolden hergestellten Kornkreise werden als Spuren gelandeter UFOs und als geheimnisvolle Botschaften aus dem All gedeutet. Die Vorstellung, dass fremde Astronauten in vorgeschichtlicher Zeit unseren Planeten mitgestaltet haben und noch heute den Menschen als „Schutzengel“ vor Katastrophen bewahren wollen, birgt die Gefahr, die Hände in den Schoß zu legen und die Verantwortung für diese Erde außerirdischen Mächten zu überlassen, die schon alles richten werden und die uns sagen, wo es lang geht. Analoges gilt für den Aberglauben an den Einfluss der Sterne in der Astrologie. Die Eigenverantwortung des Menschen wird auch hier auf kosmische Einflüsse abgeschoben.

In einer Epoche, in der Magie durch Technik ersetzt wird, in welcher „der Himmel von Gott befreit“ ist (*C.G. Jung*), sucht der Mensch nach neuen Göttern. Ihnen trauen UFO-Gläubige zu, uns von den Sünden der Menschheit (z.B. der Umweltzerstörung) zu befreien oder gar vor dem Untergang (z.B. dem atomaren Selbstmord oder dem ökologischen Holocaust) zu bewahren – oder wenigstens die UFO-Gläubigen (den „heiligen Rest“) in einer interplanetarischen Arche auf einen fernen Planeten zu retten. So erscheint die Ufologie religionsgeschichtlich als eine neue Form der Erlösungsreligion: Sie soll uns helfen, besser mit den Umwälzungen und den Bedrohungen fertig zu werden, die uns moderne Menschen verunsichern. Die Ufologie ist damit Zeichen und Ausdruck eines tiefen Unbehagens der Menschen an ihrer Lebensweise und so wohl auch nicht irrationaler (oder dümmer) als andere (religiöse) Glaubenssysteme.

Evans (1979): „Der Gott der orthodoxen Religion wird – ganz einfach aus Gründen der Glaubhaftigkeit – als unvollkommen empfunden, als ein Gott, dem der Mensch nicht mehr vertrauen kann, wenn er in Not ist. An seine Stelle sind neue Götter getreten, überintelligente Wesen, die der Menschheit technologisch und vielleicht auch moralisch überlegen sind. Sie kommen nicht aus einem altmodischen *Danteschen* Himmel, sondern von einem oder vielen der Myriaden Planeten, die es unzweifelhaft in den Weiten des Universums gibt ... Wenn es keine UFOs gäbe, dann müsste man sie erfinden."

Der UFO-Glaube ist nicht lediglich ein Zeichen von Dummheit, sondern vor allem der Sehnsucht des Menschen nach Geborgenheit und Erklärbarkeit von scheinbar unerklärlichen Dingen, wenn es auch eines erkleckliches Quantums an Ignoranz und Dummheit bedarf, all das zu glauben, was Ufologen als angebliche Fakten auftischen.

Kontakt mit „Brüdern" im All?

Angesichts der kosmischen Distanzen und im Wissen um die Naturgesetze und die technischen Möglichkeiten ist es zumindest naiv zu glauben, Außerirdische könnten die Erde „besuchen".

Bis zu einer Entfernung von 100 Lichtjahren von der Erde gibt es an die 10000 Sterne. Die Wahrscheinlichkeit, darunter einen erdähnlichen Planeten zu finden, ist äußerst gering. Und selbst wenn es in diesem Umkreis ETs gäbe, die Raumschiffe mit einem Tempo von einem Prozent der Lichtgeschwindigkeit bauen können, würde es 10 000 Jahre dauern, bis sie auf der Erde landen. Ein direkter Kontakt mir intelligenten Außerirdischen ist daher extrem unwahrscheinlich. Bleibt die Möglichkeit eines Funkkontakts.

In Bezug auf die Möglichkeit eines Kontaktes mit außerirdischen Intelligenzen stellt sich jedoch zunächst eine grundsätzliche Frage, auf welche UFO-Gläubige in ihrer Fantasie-Beschränktheit gar nie kommen: Wer sagt, dass alle intelligenten Wesen auch so etwas wie Wissenschaft und Technik hervorbringen müssen, die ihnen dann weite Weltraumreisen ermöglichen? Und warum sollte eine intelligente Kultur an solchen Reisen überhaupt Interesse haben? Es lassen sich Kulturen denken, die ganz andere Interessen – z.B. künstlerische – haben. Der österreichische Wissenschaftsphilosoph *Wolfgang Stegmüller* (1979) vermutet darüber hinaus, das „Unternehmen Wissenschaft" sei etwas so spezifisch Menschliches, dass keinesfalls zu erwarten sei, es gäbe noch irgendwo im Weltall Wissenschaft und Technik.

Der amerikanische Wissenschaftsphilosoph, *Nicholas Rescher* (1994) meint dagegen, dass eine extraterrestrische Zivilisation sehr wohl Wissenschaft entwickeln könnte, allerdings eine, die mit der unseren nicht vergleichbar wäre, weil sie mit einem ganz anderen Begriffssystem und anderen Erklärungsmechanismen arbeiten würde, so dass es auch schwierig oder unmöglich wäre, mit ihren Vertretern intellektuell Kontakt aufzunehmen. *Hans D. Baumann* schreibt in seinem Buch *„Unsere fernen Nachbarn"* (1990): „Man könnte sich vorstellen, dass sich Kraken dereinst auf den Weg zur Intelligenz begeben; aber wie anders sähe ihr Weltbild aus als das unsere, obwohl wir auf demselben Planeten leben!"

Rood und *Trefil* argumentieren anders: Jede Zivilisation, welche die überall gültigen Naturgesetze anwendet, um ihre Umwelt zu verändern, muss notwendigerweise eine Wissenschaft entwickeln, die der unseren, wenn schon nicht in der Form, so doch im Inhalt ähnlich ist. Daraus ergibt sich: Wenn wir die Fähigkeit besitzen, in den Weltraum zu expandieren, wird jede andere fortgeschrittene Zivilisation dazu ebenfalls in der Lage sein.

Und wenn interstellare (oder gar intergalaktische) Raumreisen in vertretbaren Zeiträumen technisch nicht verwirklicht werden können, so müsste immerhin jede Rasse mit fortgeschrittener Technologie imstande sein, interstellare Kommunikationssysteme zu bauen.

Sollte eines Tages tatsächlich ein technisch erzeugtes Signal von ETIs aufgefangen (und entschlüsselt) werden, so wäre dies natürlich eine Sensation ersten Ranges, hätte ganz sicher tiefgreifende Veränderungen unseres Denkens zur Folge und würde wohl auch ein grelles Licht auf die kosmischen Ausmaße unserer Dummheit werfen. Wahrscheinlicher jedoch ist, dass wir nie wissen werden, ob wir „Brüder im All" haben, so tröstlich (oder erschreckend?) dies auch ist. Wir werden nie erfahren, ob wir einsam in Raum und Zeit auf einem winzigen Planeten eines Gelben Zwergs (unserer Sonne) das Zentrum einer mittelmäßigen Galaxis umkreisen. Doch braucht uns dieser Gedanke nicht zu erschrecken. Das Weltall ist nicht jener lebensfeindliche Raum, für den es lange gehalten wurde. *Ditfurth* (1973): „Er ist unser Weltraum. Er hat uns hervorgebracht und erhält uns am Leben. Wir sind seine Geschöpfe." Wir bestehen aus Sternenstaub, aus Elementen die bei der Kernfusion in Sternen entstanden sind und die am „Lebensende" des Sterns bei einer Supernova-Explosion ins All geschleudert wurden. Aus diesem Stoff haben sich neue Sterne und damit auch unsere Sonne mit ihren Planeten gebildet. Wir sind „Kinder des Weltalls". Aber gerade die unermeßliche Größe des Kosmos, dessen Gestalt, Anfang und Ende unser Vorstellungsvermögen weit überschreitet, sollte Anlaß zu Bescheidenheit sein. Und es sind die Wissenschaftler, die dieses All und die Möglichkeit von Leben in ihm erforschen, die mit fortschreitender Erkenntnis immer bescheidener werden, im Gegensatz zu den alles besser wissenden Vertretern von Pseudowissenschaften wie der Ufologie. Wir sind nach *Trefil* nicht der Mittelpunkt des Universums oder spielen sonstwie eine herausragende Rolle im Ablauf des kosmischen Geschehens, vielleicht aber sind wir doch etwas Besonderes – und das wollen viele spießbürgerliche Zeitgenossen nicht gerne wahrhaben –: ein äußerst unwahrscheinliches Produkt des Zufalls!

Der ganze irrationale UFO-Zinnober ist angesichts unserer heutigen Kenntnisse über den Kosmos und die überall gültigen Naturgesetze nur ein weiteres Beispiel für die Beschränktheit und grenzenlose Dummheit der Spezies Mensch. „Dumm" in einem geradezu kosmischen Sinn könnte man Aktivitäten und Gedankengebäude nennen, über die außerirdische, höher entwickelte intelligente Wesen lächeln, lachen oder den Kopf schütteln würden, falls es solche Extraterrestrier überhaupt gibt und sie zu derartigen Reaktionen fähig sein sollten.

16 Dummheit und Wissenschaft

Am gefährlichsten ist die Dummheit, die nicht der
Ausdruck von Unbildung, sondern von Ausbildung ist.
Helmut Arntzen

Die Anfänge der Wissenschaft

Primär ermöglicht der menschliche Verstand dem Menschen das Überleben. Mit seiner Hilfe kann er Um- und Mitwelt manipulieren. Seine rationalen Fähigkeiten sind aber nicht geeignet, das ganze Universum zu erklären. Immerhin haben wir es – die angewandte Wissenschaft beweist es – doch einigermaßen „herrlich weit gebracht".

Die Geschichte des menschlichen Denkens verlief indes nicht geradlinig vom Mythos zum Logos, von der bildhaften zur rational-wissenschaftlichen Erklärung der Welt. Aber die Grenzen des Wissens wurden im Verlauf der Bewusstseinsentwicklung immer weiter hinausgeschoben und der mit dem Glauben an Wunder verknüpfte Mythos und Aberglaube ständig zurückgedrängt.

In der Frühzeit des Menschen wurden mangels anderer Möglichkeiten geheimnisvolle Wesen, Mächte und Kräfte angenommen, um die Welt zu erklären: Dämonen, Götter, Teufel, Engel, Hexen, Kobolde usw. mussten als Verursacher verschiedenster Vorgänge herhalten. Die Annahme übernatürlicher Ursachen weltlicher Ereignisse war seinerzeit nicht dumm, sondern erfolgte aus Unwissenheit und ist deshalb aus heutiger Sicht entschuldbar.

Heute haben wir eine doch relativ weit fortgeschrittene Wissenschaft. Und die meisten Menschen sind im naiven Glauben befangen, dass diese unanfechtbar objektive Aussagen mache, die nicht anzuzweifeln sind. Die Geschichte der Wissenschaft lehrt uns allerdings etwas ganz anderes. Besonders *Karl Raimund Popper* und *Thomas S. Kuhn* konnten zeigen, dass Wissenschaft eine viel menschlichere Angelegenheit ist, als wir früher vermutet hatten. Sie ist viel subjektiver, viel beschränkter und sehr viel mehr von Geschichte und Gesellschaft abhängig, als es das alte Klischee von der Unfehlbarkeit und dem unablässigen und geradlinigen Fortschritt der Wissenschaft ahnen ließ. Eine gewisse Bescheidenheit verdrängt zunehmend den Hochmut vieler Wissenschaftler.

Die Geschichte der Erforschung der Natur stellt sich dar als eine Geschichte von Irrtümern. „Wir irren uns empor" (*Grossgebauer* 2001). Eine Theorie ist nichts als ein definierter und beschworener Irrtum, behauptet *Alain* und nach *Vaihinger* ist Wahrheit nur der zweckmäßigste Irrtum. Der Fortschritt besteht dann darin, dass man den jeweils letzten Irrtum als solchen erkennt und durch einen neuen ersetzt. Die Wahrheit in der Wissenschaft von heute ist der Irrtum von morgen (*Wolf* 1993).

Der Irrglaube vergangener Tage erscheint uns heute dumm. Aber aller Aberglaube war einst Wissenschaft und alle Wissenschaft neuer Aberglaube, meint *Franz Strunz*. Doch geht eine solche Auffassung entschieden zu weit, genauso wie die *Feyerabend'sche* Relativierung der Wissenschaft zu Mythos. Die Anwendung der Wissenschaft in der Technik beweist, dass sie nicht nur aus Irrtum bestehen kann, sondern dass es auch echte Fortschritte im Sinne einer Annäherung an wahre Aussagen über die Natur gibt. Die Ansicht *Feyerabends* (*anything goes*! = mach, was du willst! als Methode) hat zum Anstieg von Pseudowissenschaft und des religiösen Fundamentalismus geführt und auch dazu, dass die Anzahl wissenschaftlicher Arbeitsplätze und die Summe der vom Staat für Forschung bereitgestellten Mittel zurückgegangen sind.

Heute erhebt häufig auch das Irrationale Anspruch auf Wissenschaftlichkeit. Unsinn, und Albernheit sind aber nicht widerlegbar, weil sie sich den Spielregeln der Vernunft und damit der Wissenschaft widersetzen. Wie wir schon in der Auseinandersetzung mit dem Thema Pseudowissenschaft gesehen haben, wird unter dem Titel „Wissenschaft" oft das einfältigste und unwahrste Zeug verzapft. Auch die Wissenschaft ist nicht frei von Mythen, Märchen und Aberglauben (man denke z.B. an die Phlogiston-Theorie!).

Zweifellos gibt es in der Wissenschaft viele Irrtümer, ja sogar Aberglaube. Und manche vorgeblich „wissenschaftliche" Theorie ist eigentlich Pseudowissenschaft. Aber es gibt auch einen großen Unterschied: Pseudowissenschaft unterscheidet sich vom wissenschaftlichen Irrtum. Wissenschaft gedeiht ja gerade auf Irrtümern, indem sie diese nacheinander beseitigt. Wissenschaftliche Theorien gelten immer nur vorläufig, haben hypothetischen Charakter. Wissenschaft kennt keine absolute Erkenntnis oder Wahrheit, wie sie von Ideologen beansprucht wird. Wir leben heute nicht mehr in der Illusion der Unfehlbarkeit der Wissenschaft. Aber wissenschaftlich begründete Aussagen sind die sichersten, die wir überhaupt kennen.

Dass es unter den Wissenschaftlern auch jede Menge gelehrter Dummköpfe gibt, steht auf einem anderen Blatt. **Akademische Titel schützen vor Dummheit nicht**: Auch Ärzte betätigen sich mitunter als Astrologen, Pendler, Homöopathen und Scharlatane anderer Art. *Palanay* (1972) spricht von einer „pseudorationalen Dummheit wissenschaftlicher und akademischer Autoritäten".

Vielfach wird insbesondere das Scheuklappendenken des Spezialistentums (*Geyer* 1988[11]) angeprangert. Nach *Glucksmann* (1990) ist „**Fachidiotie** die Krankheit des Spezialisten, der unfähig ist, die Froschperspektive seines Faches zu überwinden".

Gerade an den Universitäten gälte es, Fachidiotie zu verhindern, z.B. durch ein verpflichtendes begleitendes Studium der Wissenschaftstheorie. Dadurch könnte viele unsinnig-dumme Vorstellungen und Aktivitäten der Uni-Absolventen (v.a. im Bereich der Medizin!) verhindert werden. Aber leider sind Naturwissenschaftler „ein philosophisch naiver Haufen" (*Schick* 1998). Vielfach sind sie, da wissenschaftstheoretisch ungebildet, außerordentlich naiv und inkompetent, sobald es um Randbereiche ihres Faches geht. Inkompetente Menschen aber sind häufig nicht nur den Anforderungen ihres Fachgebietes weniger gewachsen, sondern wissen überdies auch nicht, wie inkompetent sie eigentlich sind.

Bei inkompetenten Uni-Abgängern findet man häufig akademische Dummheit auch als Selbstüberschätzung. Sie leiden an einer Art Allwissenheitswahn.

Eine andere Form von „gelehrter Dummheit", die auch in der Wissenschaft nicht selten anzutreffen ist, besteht im sturen Festhalten an „fixen Ideen". Man glaubt an die absolute Wahrheit und an die Unfehlbarkeit seiner Hypothesen. Manche Wissenschaftler hätscheln ihre vorgefassten Überzeugungen, suchen ständig nach ihre Hypothesen bestätigenden Informationen und spielen entkräftende Fakten herunter. Die gravierendste Form von Dummheit besteht nach *Glucksmann* in der Weigerung, „einen möglichen Widerspruch in Betracht zu ziehen" (in *Wirth* 2002[4]). Und auch für Wissenschaftler gilt das psychologische Gesetz, dass wir für etwas, von dem wir überzeugt sind, immer wieder neue Bestätigungen und rechtfertigende Gründe suchen, so illusorisch die verfochtene Hypothese auch sein mag (vgl. *Piatelli* 1997).

Dass rund die Hälfte der Naturwissenschaftler auf der Erde zumindest teilweise im Dienste des Militärs stehen, ist wohl weniger auf Dummheit als auf die gute Verdienstmöglichkeit zurück-

Die Realität ist abstrakt, und die Welten des (fast) unendlich Kleinen und Großen entziehen sich beide unserer Anschauung. (Karikatur aus „Skeptiker“ 4/1993)

zuführen. Traurig ist es dennoch, dass die geistige Elite der Welt sich für die Vernichtung menschlichen Lebens engagiert.

Es zeugt dies dennoch von einer gewissen Abgebrühtheit und dümmlichen Unüberlegtheit bezüglich der Folgen dieser Forschung zwecks Lebensvernichtung.

An den Grenzen menschlichen Wissens

Je weiter wir zu den mutmaßlich definitiven Grenzen des Wissbaren vorstoßen, desto mehr sehen wir ein, wie wenig wir letztlich wissen können. Die meisten Wissenschaftler von heute zeichnen sich vor den Ideologen jedweder Provenienz dadurch aus, dass sie sich der Grenzen der Wissenschaft bewusst sind und nicht mehr glauben, absolute Wahrheiten finden zu können.

Die Erklärbarkeit der Welt scheint sich zwischen zwei Polen zu erstrecken, zwischen zwei Problemen, die für uns vermutlich für immer unlösbar bleiben werden: Warum gibt es überhaupt etwas? Und: Wie ist Bewusstsein möglich? Alles, was dazwischen liegt, scheint grundsätzlich erklärbar – auch wenn das meiste noch unerklärt ist und zum Teil wohl noch auf lange Sicht bleiben wird.

Wie begrenzt unser Erkenntnisvermögen ist, lässt sich auf vielfache Weise zeigen.

Selbst dem naiven Menschen leuchtet ohne weiteres ein, dass einem Tier viele Dinge, die wir erkennen können, verschlossen bleiben, weil die Leistungsfähigkeit seines Gehirns für eine solche Erkenntnis einfach nicht ausreicht. Kein Tier – und sei sein

Gehirn so hoch entwickelt wie das des Delphins – ist etwa imstande, zu erkennen, dass die Erde eine Kugel sein muss. Es macht uns auch keine Schwierigkeit einzusehen, dass große Teile der Welt für das Erleben eines Urmenschen noch gar nicht existieren konnten, weil sein Gehirn nicht in der Lage war, sie aufzunehmen. Von uns selbst aber erwarten wir naiverweise, dass die ganze Welt, die wir um uns vorfinden, ausgerechnet in unser Gehirn passen müsse, dass wir imstande seien, sie so zu erfassen wie sie ist. Halten wir uns doch vor Augen,

- dass es im Tierreich Sinnesorgane gibt, die wir nicht besitzen und mit denen Tiere Wahrnehmungen haben, die uns versagt sind; man denke nur an das Ultraschallgehör der Fledermäuse oder den feinen Geruchssinn der Aale oder mancher Nachtfalter, an den Infrarotsinn der Grubenottern, mit dem diese ihre Beute auch in Dunkelheit zielsicher orten. Weite Bereiche der Welt sind nur durch technische Zusatzgeräte zugänglich, durch Teleskope, Mikroskope, Geigerzähler, Spezialmikrophone oder komplizierte elektronische Apparate.
  Einfache Beobachtungen zeigen uns,
- dass unsere Sinnesorgane in Verbindung mit raffinierten Verschaltungen von Neuronen im Gehirn uns ständig täuschen. Wir haben Illusionen oder gar Halluzinationen von Dingen, die es gar nicht gibt und die Ursache des unsinnigsten Aberglaubens sein mögen.
  Die moderne Wissenschaft hat gezeigt,
- dass viele erforschbare Dinge der Wirklichkeit uns unvorstellbar – allerdings deshalb nicht völlig unerkennbar sind: Atome und Elementarteilchen, das Weltall, eine vierte Dimension sind für uns unanschaulich. Es ist der Ausdruck eines unreflektierten „Mittelpunktwahns", dass wir glauben, die Natur müsse bis in ihre letzten Geheimnisse nicht nur verständlich, sondern außerdem noch so beschaffen sein, dass sie sich dem Vorstellungsvermögen unseres Gehirns fügt.
  Die Unhaltbarkeit dieser Auffassung geht auch daraus hervor,
- dass gezeigt werden konnte, dass unser Denken und Sprechen der Herkunft nach räumlich ist. Die Sprache übersetzt alle anschaulichen Verhältnisse ins Räumliche. Wir sagen „unter der Schwelle des Bewusstseins" oder „im Zeitraum von zwei Jahren" und wir „begreifen" etwas, wenn wir es verstanden haben. Der Raum dient also als Modell für unanschauliche Verhältnisse.

Schließlich gibt es

- unüberschreitbare Grenzen unseres Vorstellungsvermögens. So ist uns ein zeitlich oder räumlich unendliches Universum ebenso unvorstellbar wie ein Anfang oder Ende von Raum und Zeit. Und für unser in diesem Augenblick unleugbares Vorhandensein ist es letztlich unbegreiflich, dass wir vor kurzem nicht existent waren und in absehbarer Zeit nicht mehr da sein werden – was ja zu den wahnwitzigsten Vorstellungen eines Überlebens nach dem Sterben geführt hat.

Die Wirklichkeit geht also in allen Bereichen vom Begreiflichen ins Unbegreifliche über. Es gibt ein „Jenseits unserer Erfahrung", was aber nicht heißen muss, ein „Jenseits der Wirklichkeit". So können wir über Paralleluniversen wohl nur spekulieren, sie aber nicht wirklich erforschen.

Einen anderen Aspekt der Begrenzung unseres Wissens hat *Reichenbach* (1968) mit seinen Überlegungen zur Überprüfbarkeit von Aussagen aufgezeigt. Er unterscheidet folgende Möglichkeiten der Nachprüfung:

1. Eine **technische Möglichkeit** besteht, wenn wir eine Aussage verifizieren können. Z.B. fehlt uns die Möglichkeit, die Aussage „Alpha Centauri hat einen von intelligenten Wesen bewohnten Planeten" direkt zu verifizieren.
2. Eine **physische Möglichkeit** besteht dann, wenn die Verifizierung der Aussage den Gesetzen der Natur nicht widerspricht. Die Aussage „Die Temperatur des Sonnenkerns beträgt 18 Millionen Kelvin" ist nicht direkt (technisch) verifizierbar, es steht aber kein physikalisches Gesetz dagegen, die Aussage als wahr oder falsch zu erweisen. Hingegen kann die Aussage „Bewegt sich ein Körper mit der Geschwindigkeit von 350 000 km/s, dann wird er verschwindend leicht" physikalisch nicht verifiziert werden, weil eine solche Geschwindigkeit für Körper naturgesetzlich ausgeschlossen ist.
3. Eine **logische Möglichkeit** besteht in der Widerspruchsfreiheit der zu verifizierenden Aussage. „Auf der Venus gibt es für den Menschen (prinzipiell) unerkennbare Lebewesen" ist aus logischen Gründen nicht überprüfbar. Eine andere derartige Aussage wäre die Behauptung „Es gibt Tachyonen (überlichtschnelle Teilchen), doch sind sie physikalisch (prinzipiell) nicht nachweisbar".
4. Katze ist ein göttliches Wesen" wäre nur durch eine **„übernatürliche" Erfahrungsart** „verifizierbar".

Über die Grenzen der Wissenschaft hat sich auch *Nicholas Rescher* (1985) Gedanken gemacht. Er gelangt zu folgenden vier Schlüssen:

1. Die Naturwissenschaft hat keine Grenzen. Prinzipiell können wir nicht voraussagen, auf welche Fragen sie eine Antwort wird geben können und auf welche nicht.
2. Dennoch wird die Naturwissenschaft nie alle Probleme lösen können. Sie kommt nie an ein Ende.
3. Für die Wissenschaft gibt es auch praktische Schranken. Es sind Projekte denkbar, die aus Kostengründen nicht verwirklichbar sind.
4. Wir müssen einsehen, dass gewisse Fragen (der Ethik oder Metaphysik) gänzlich außerhalb der wissenschaftlichen Erforschbarkeit liegen. „Poesie, Drama, Religion, Spruchweisheit usw. übermitteln allesamt Botschaften, die im Medium des wissenschaftlichen Diskurses nicht artikuliert werden können."

Wissenschaft kann nicht alles erklären. Sie kann nur alles Erklärbare erklären. Sie kann alle zulässigen Fragen beantworten – wobei die Wissenschaft selbst als bestimmende Kontrollinstanz der Zulässigkeit fungiert. Wissenschaft grenzt nicht nur die Reichweite unserer Behauptungen ein, sondern ebenso den Umfang der Fragen, die wir angemessenerweise stellen können. So gibt es beispielsweise für den Ursprung aller Existenz keine Erklärung im Sinne einer Kausalerklärung in Form einer Antwort auf eine Warum-Frage. Wir kleiden unsere Fragen in Fragewörter wie „warum", „wo", „wie", „wann" und ähnliche. Es ist aber unschwer zu erkennen, dass das Repertoir dieser Fragewörter und damit unsere Fragemöglichkeiten begrenzt sind. Vielleicht gibt es noch andere Fragewörter, die zu formulieren unser Verstand nur (noch) nicht ausreicht? Wenn dem so wäre, sähen wir uns in der Lage, wenn auch nicht die Antworten, so doch ein erweitertes Verständnis für manches zu gewinnen, das uns heute noch rätselhaft erscheint (nach *Löbsack* 1976).

Es ist jedenfalls unser beschränkter Verstand, der uns daran hindert, die Natur vollständig zu ergründen. So wenig eine Ameise den Mond als Himmelskörper zu erkennen vermag, so wenig wird der Mensch je imstande sein, die Natur ganz und gar zu begreifen.

Wir müssen einsehen, wie töricht es ist, darauf zu bestehen, dass die gesamte Realität der Wissenschaft zugänglich sein muss.

Wo aber die Grenzen unseres Erkenntnisvermögens liegen, welche Fragen für uns auch in Zukunft unlösbar sind, wie

„dumm" wir genau sind, das können wir nicht wissen, denn dazu müssten wir sozusagen über unseren Schatten springen. Wir können nicht wissen, was tatsächlich für alle Zeit jenseits unseres Begreifens liegt. Es könnte ja sein, dass die Cerebralisation noch nicht abgeschlossen ist und unser Gehirn sich noch weiter entwickelt und es könnte sein, dass in Zukunft Theorien ersonnen werden, die noch ungeahnte Möglichkeiten der Erkenntnis eröffnen – wie dies im 20. Jahrhundert durch Relativitätstheorie und Quantentheorie der Fall war. Denn auch in Zukunft wird gelten, dass die Resultate wissenschaftlicher Arbeit keine letzten und gültigen Weisheiten darstellen. „Sie sind deshalb aber auch keine Dummheiten; sie erweisen sich zumindest eine Zeit lang als brauchbar. Und das ist ihr Kriterium; ohne fiktive Annahmen, über deren Charakter sich der kluge Mensch keiner Täuschung hingeben sollte, ist eine Wissenschaft überhaupt nicht möglich" (*Geyer* 1988[11]).

Von „unzulässigen Fragen" streng zu unterscheiden sind nach *Rescher* (1985) „unlösbare Probleme". Solche sind nämlich zulässige Fragen, auf die jedoch – jetzt und für immer – unmöglich eine Antwort gegeben werden kann. „Um ein unlösbares Problem nachzuweisen, müssten wir zeigen, dass eine bestimmte wissenschaftlich angemessene Frage solcherart ist, dass ihre Lösung jenseits jedes (möglichen oder vorstellbaren) Leistungsstandes zukünftiger Wissenschaft liegt ... Es wäre höchst unvernünftig, zu erwarten, die Natur würde das Auftreten kognitiv bedeutsamer Phänomene auf jene Gebiete beschränken, die innerhalb unserer Reichweite liegen" (*Rescher* 1985). Oder wie *Gürster* (1967) meint: „Wir können die Wirklichkeit mit unserem Denken nur ‚anritzen', aber wir können ihr weder mit unserem begrenzten Denken noch mit unserer begrenzten Fantasie jemals völlig gerecht werden."

Und wir werden die Wissenschaft auch nicht mehr los, ein Rückfall in eine Zeit vorwissenschaftliche magischen Denkens scheint unmöglich – wenngleich manche Ewig-Gestrigen geistig in einer solchen Epoche steckengeblieben sind. Wir sollten aus der Wissenschaft das Beste machen. „Wenn wir uns schließlich mit ihr abfinden und ihre ganze Schönheit und Kraft erkennen, werden wir feststellen, dass wir von ihr in geistiger wie in praktischer Hinsicht nur profitieren" (*Sagan* 2000).

„Es ist dringend erforderlich, dass die Öffentlichkeit mehr über die Wissenschaft weiß. Das Fernsehen ist hier das beste Medium. Ein breites populäres Verständnis der Wissenschaft ist das Gegengift zu Aberglaube und Bigotterie. Ein Wissenschaftler behauptete sogar, die weitverbreitete öffentliche Wertschätzung der Methoden der Wissenschaft könnte einen endgültigen Sieg über die Dummheit' herbeiführen – ein wertvolles, aber vermutlich unerreichbares Ziel" (ebd.).

Dem Dummen freilich bleibt der Zugang zu den meisten wissenschaftlichen (und auch künstlerischen) Genüssen verwehrt. Andererseits weiß der geistig Unterbelichtete auf alle Fragen (z.B. auch metaphysischer Art) eine für ihn unbezweifelbare Antwort; und er wundert sich, dass man an dieser für ihn so klaren Sache überhaupt zweifeln kann. Darin besteht ja die wohlige Sicherheit des hinterweltlerischen Spießbürgers. Er lebt nach dem Motto: Bleibe blöd und werde glücklich!

Ein Dummer erfreut sich der Risiko-Armut des einfachen Lebens. Er weist geringe Angriffsflächen auf und ist weniger Anfeindungen durch Neid und Missgunst ausgesetzt. Dabei kann er durchaus die Daseinsfreuden genießen, wenn man einmal von den höchsten Lebensgenüssen absieht, die das Erleben von Kunst und Wissenschaft vermitteln können. Dumme versuchen ihr Leben nur zu erhalten, nicht zu erkunden. Die Möglichkeit, das Leben zu steigern, sehen sie nicht.

Natürlich gibt es für den Menschen noch andere wichtige Bereiche und es gibt unterschiedliche Erfahrungssysteme, die sehr verschiedene (zum Teil auch irrationale) Bilder der Realität vermitteln. Gerade unsere existenziellen Grunderfahrungen wie das Verhältnis zu Geburt oder Tod oder die Liebe sind immer noch mythisch geprägt.

Dummheit liegt allerdings vor, wenn Wissenschaft abgelehnt wird, wo und weil sie gegen das magische Weltbild antritt oder eine Ideologie zu gefährden droht.

Grossgebauer (2001) meint, „dass Dumme ungefährlicher und leichter leben. Geistige Herausforderungen stellen sie sich nicht. Das spart Kraft und hält gesund."

Das kritisch-rationale Denken des Wissenschaftlers schränkt das Reich unserer subjektiven Fantasie, das wir z.B. in der Kunst erleben können, in keiner Weise ein. Ein naturwissenschaftlich denkender Mensch muss nicht ein kühler Verstandes-Fanatiker sein, der alle Emotionen aus seinem Leben zu streichen sucht. Wie jeder andere ist auch er primär ein erlebendes Individuum, und er kann von einem zwischenmenschlichen Erlebnis oder einem Kunstwerk tief bewegt werden, ohne dass seine Gefühle dabei mit seinem Weltbild kollidieren. Wenn er aber versucht, objektive Aussagen über die reale Welt und über sich selbst zu machen, dann muss er sich der kritischen Ratio stellen. Und ein Skeptiker ist kein notorischer Zweifler, sondern jemand, der genau hinschaut, bevor er versucht, möglichst unvoreingenommen zu urteilen.

Dummheit über Dummheit

So treffen wir im Kontext selbst der höchsten geistigen Leistungen des Menschen immer wieder und in verschiedenster Weise auf die Dummheit:

- Dem Dummen bleibt der Genuss wissenschaftlicher Erkenntnis erspart und vielfach will er solche auch gar nicht wahr haben.
- Es ist inbesondere dumm, wissenschaftsfeindlich eingestellt zu sein, zumal wir alle der (angewandten) Wissenschaft unseren Wohlstand verdanken und wohl niemand ohne die Segnungen der modernen Technik (z.B. elektrischen Strom) und Medizin leben möchte.
- In diesem Zusammenhang formuliert *Cap* (2003): „Die Gesellschaft genießt zwar alle Vorteile und Reichtümer, die ihr Naturwissenschaft und Technik bieten, hängt aber noch Wertsystemen an, die schon in ihrer Wurzel durch eben diese Wissenschaft längst zerstört wurden."
- Die Ursache für Wissenschaftsfeindlichkeit liegt vor allem in der vermeintlichen Bedrohung des eigenen naiven, primitiven und abergläubischen Weltbildes und Wertsystems. Wissenschaft wird aus ideologischen Gründen abgelehnt. Das ist der Hauptgrund dafür, dass es in der Wissenschaft auch viel Pseudowissenschaft, ja sogar dümmsten Aberglauben gibt. Selbst Antiwissenschaft (wie der Kreationismus) blüht auf dem ideologischen Misthaufen und maßt sich den Titel „Wissenschaft" an.
- Dumm ist andererseits auch eine zu große Wissenschaftsgläubigkeit. Die Möglichkeiten wissenschaftlicher Erkenntnis sind begrenzt. Manche Wissenschaftler glauben in dummer Überheblichkeit, für die Wissenschaft gebe es überhaupt keine Grenzen.

17 Dummheit und Philosophie

Es gibt nichts so Unsinniges, als dass man es nicht in den Büchern der Philosophen fände.
Marcus Tullius Cicero

Vom Mythos zum Logos?

Manche Philosophen halten das Ergebnis der Geschichte der Philosophie für nicht mehr als ein „Kuriositätenkabinett menschlicher Meinungen", und die Philosophiegeschichte ist für sie eine Geschichte des Irrtums. *Reichenbach* (1968): „Die Geschichte der Philosophie darf nicht als eine Sammlung von Wahrheiten hingestellt werden, denn es gibt mehr Irrtümer als Weisheit in der traditionellen Philosophie. Die Geschichte der spekulativen Philosophie ist die Geschichte der Irrtümer der Philosophen, die nicht in der Lage waren, die Fragen, die sie stellten, zu beantworten." Auch *Russell* sieht in der Philosophie einen „ungewöhnlich geistreichen Versuch, irrig zu denken". Schärfer geht *Wittgenstein* mit der bisherigen Philosophie ins Gericht: „Die meisten Sätze und Fragen, welche über philosophische Dinge geschrieben worden sind, sind nicht falsch, sondern unsinnig. Wir können daher Fragen dieser Art überhaupt nicht beantworten, sondern nur ihre Unsinnigkeit feststellen." All diese Bemerkungen dürfen jedoch nicht darüber hinwegtäuschen, dass auch wertvolle Erfahrungen und Erkenntnisse errungen und echte Fortschritte erzielt wurden. Diese könnten vermutlich wesentlich größer sein, wären manche Denker mehr bereit gewesen, aus der Geschichte zu lernen. Vielleicht hat der Philosophiehistoriker *Hirschberger* (1962[6]) Recht, wenn er sagt: „Wohl die Hälfte der philosophischen Literatur wäre nicht geschrieben worden, wenn ihre Autoren die Vorgeschichte der Worte und Probleme, in denen und über die sie sprechen, wirklich gekannt hätten." Aber im Großen und Ganzen ist man vorsichtiger, kritischer geworden, man meidet Irrwege des Denkens, die man erst erkunden musste, meint *Hirschberger*.

Schlick: „Die ‚Anti-Metaphysiker' sind oft ungerecht gegen die traditionelle Philosophie, indem sie erklären, dass sie bloß eine Sammlung von Pseudoproblemen ist. Ich denke im Gegenteil, dass wir alles Recht haben, stolz zu sein, dass unsere Gedanken das Ergebnis einer langen historischen Entwicklung des menschlichen Geistes sind. Den Systemen der Vergangenheit gegenüber werden wir ein historisches Verständnis zeigen, ihre Dogmen regen uns nicht mehr auf; wir können mit gutem Gewissen die großartigen Epochen einer Menschheit bewundern, die im Suchen und im Irren einen tiefen Willen zur Wahrheit beweist."

Betrachtet man die Geschichte der Philosophie global, so zeigt sich, dass das menschliche Denkvermögen sich keineswegs geradlinig vom Mythos zum Logos entwickelt hat, sondern eher in einer Pendelbewegung, indem dogmatisch-unkritische mit skeptisch-kritischen Perioden abwechselten. Man könnte die Geschichte der Philosophie daher auch auffassen als ständigen Kampf zwischen spekulativem und wissenschaftlichem Philosophieren. Nichts hindert uns jedoch, die eher spekulativen Epochen als Rückfälle innerhalb einer im Großen und Ganzen doch fortschreitenden Entwicklung zu deuten und die Philosophiegeschichte insgesamt als Emanzipation vom Mythos, als langsames, beschwerliches Mündigwerden des Denkens zu verstehen. Dieser Fortschritt der Philosophie und der anderen Wissenschaften bewirkt notwendigerweise eine Desillusionierung im Sinne einer Entmythologisierung der Welt. Er befreit uns von den mythischen Bildern.

Der österreichische Weltanschauungskritiker *Ernst Topitsch* (1958) hat allerdings gezeigt, wie tief die Metaphysik – und ein Großteil der traditionellen Philosophie ist Metaphysik – im Mythos wurzelt und von dessen Bildern eigentlich kaum losgekommen ist.

Psychologische und soziologische Bedingtheit des Denkens

Wie viel naiv-kindliches und primitives Denken und damit eigentlich auch menschliche Dummheit und Denkunfähigkeit gerade in der traditionellen Metaphysik steckt, und wie stark Philosopheme und Weltanschauungen durch unsere psychische Struktur und auch soziopsychologisch bedingt sind, lässt sich an vielen Beispielen zeigen.

Sehr klar hat dies schon *Francis Bacon* gesehen, als er die **4 Idole** (Trugbilder) anprangerte, von denen unser Denken ohne dass wir uns dessen bewusst sind, beeinflusst wird.

- Die **Idole des Theaters** sind überlieferte Anschauungen, an denen man unkritisch festhält, weil sie eben altehrwürdige

Schultraditionen sind. Sie stammen aus überkommenen Lehrsätzen der Schulphilosophie. Die Anwendung unzutreffender Beweisverfahren etwa gehört hierher.

- Unter **Idolen des Stammes** versteht *Bacon* die allgemeinen Vorurteile, Anthropomorphismen, allen Menschen gemeinsame Täuschungen der Sinne und des Verstandes.
- **Idole der Höhle** sind Vorurteile, durch die wir die Dinge wie mit einer gefärbten Brille sehen. Sie liegen im Individuum selbst und entstehen aufgrund von Anlage, Gewohnheit, Neigung und Erziehung.
- Die **Idole des Marktes** schließlich bestehen im Einfluss der Sprache auf das Denken. Wir plappern wie Marktweiber Worte nach, statt zu überlegen, was gemeint ist. Es sind sprachbedingte Trugbilder, die zu Irrtümern und falscher Zuordnung von Bedeutungen führen.

Es muss als eine recht hohe Intelligenzleistung angesehen werden, wenn es jemandem gelingt, die Macht dieser Idole auf unser Denken zu durchschauen und dem Gefängnis der in seiner Kultur selbstverständlichen Überzeugungen zu entrinnen (vgl. Kapitel „Aberglaube").

Es ist auch erstaunlich, wie viele **kindhafte Vorstellungsmuster** auch bei sonst recht intelligenten Leuten anzutreffen sind und wie heftig sie diese Auffassungen mit pseudorationalen Argumenten verteidigen.

Wie wir schon in den Kapiteln „Aberglaube" und „Pseudowissenschaft" betont haben, leben nicht wenige Wissenschaftler (und *a fortiori* Philosophen!) in einer seltsamen intellektuellen Schizophrenie: Wo ihre Glaubensüberzeugungen beginnen, steht ihr Verstand still. Es ist auch fast unmöglich, solche eingealterte Überzeugungen zu ändern.

Idealismus als Egozentrismus

Die Entwicklung des Selbstbewusstseins beim Kind stellt eine Kette von kognitiven Leistungen dar, die für das Individuum in der Erkenntnis gipfeln, dass es ein Lebewesen unter vielen in einer Welt ist, die unabhängig von ihm existiert. Zu dieser Erkenntnis scheinen manche extrem egozentrisch denkende, idealistische Philosophen nie gekommen zu sein. So ist der Egozentrismus des Kindes manchmal mit eine Wurzel idealistischer Spekulationen.

Ein achtjähriges Kind ist (weil es das so vorgesagt bekommt?) überzeugt, dass die Bienen eigens dafür da sind, dem Menschen Honig zu liefern, dass die Blumen für die Kinder blühen oder dass es dunkel wird, damit die Menschen schlafen können. Das Christentum lehrt, dass Menschen und Engel von Gott geschaffen wurden, um ihn zu verherrlichen.

Eine **finalistische Deutung** finden wir häufig in Geschichtsphilosophien. Von *Zarathustra*, *Augustinus* über *Hegel* und *Marx* finden wir Reste dieses naiven Denkens. Auch jeder Evolutionsprozess erscheint zielstrebig, wenn man den Weg, der zum vorliegenden Ziel geführt hat, nach rückwärts verfolgt.

Das **magische Denken**, das wir bei Kindern und Primitiven finden, das aber auch heute im Aberglauben eine große Rolle spielt, kann als Vorform des kausalen Denkens angesehen werden, als eine erste Ahnung davon, dass alle Dinge zusammenhängen und dass man auf sie Einfluss gewinnen kann, wenn man die Art dieses Zusammenhanges und die richtige Methode des Eingriffes kennt. „Kleine Kinder sind noch ernsthaft der festen Überzeugung, ihre Gedanken und Wünsche könnten Wirklichkeit werden" (*Gerspach* 1988).

Magische Beschwörung und das Beten zu Göttern, z.B. um eine gute Ernte, um Regen, und einen günstigen Ausgang des Krieges oder das Segnen von todbringenden Waffen beruhen auf dieser magischen Kausalverknüpfung.

Man kann dieses magische Denken aber auch in der Philosophie, so in der Sprachbeschwörung eines *Heidegger* unschwer entdecken.

Martin Heidegger: Das Spiegel-Spiel

„Die Vierung west als das ereignende Spiegel-Spiel der einfältig einander Zugetrauten. Die Vierung west als das Welten von Welt. Das Spiegel-Spiel von Welt ist der Reigen des Ereignens. Deshalb umgreift der Reigen auch die Vier nicht erst wie ein Reif. Der Reigen ist der Ring, der ringt, indem er als das Spiegeln spielt. Ereignend lichtet er die Vier in den Glanz ihrer Einfalt. Erglänzend vereignet der Ring die Vier überallhin offen in das Rätsel ihres Wesens. Das gesammelte Wesen des also ringenden Spiegel-Spiels der Welt ist das Gering. Im Gering des spiegelnd-spielenden Rings schmiegen sich die Vier in ihr einiges und dennoch je eigenes Wesen. Also schmiegsam fügen sie fügsam weltend die Welt.
... Welt ist das worin des sichverweisenden Verstehens als Woraufhin des Begegnenlassens von Seiendem in der Seinsart der Bewandtnis."
Alles klar?

Artifizialismus

Als weiteres Beispiel kindlichen Denkens mag der „Artifizialismus" des Kindes angeführt werden. Bis zu sechs Jahren glauben die Kinder, alle Dinge seien vom lieben Gott oder den Menschen in ähnlicher Weise „gemacht", wie sie es bei der Herstellung von Gebrauchsgegenständen beobachtet haben, vor allem aber weil die Erwachsenen ihnen diesen Blödsinn so beibringen. Viele Erwachsene kommen über dieses Stadium des Denkens offenbar nie hinaus. Kinder wie Metaphysiker und Theologen kommen von der Vorstellung nicht los, dass alles, was existiert, von jemandem gemacht sein muss, dass also das Weltall eines **Schöpfers** bedürfe, wie die Uhr eines Uhrmachers. Der Naive bemerkt dabei nicht, dass er das Problem nur zurückverschiebt, da sich sofort die Frage erhebt, wer diesen Macher geschaffen habe.

„Realismus": Der Name sitzt im Ding

Ein anderes wichtiges Merkmal kindlichen Denkens ist der Realismus. Auch er zeigt sich in der Sprache. Bis zu 5, 6 Jahren glauben Kinder, der Name sitze im Ding, eine Auffassung, die auch von Philosophen vertreten wurde. *Heidegger* meint: „Erst wo das Wort gefunden ist für das Ding, ist das Ding ein Ding." Das Kind begreift später die Funktion des Namens als ein Zeichen für einen Gegenstand. Diese Entwicklung haben manche Tiefdenker nicht durchgemacht. Sie stehen effektiv auf dem Niveau des Bäuerleins, das sich nach dem Besuch eines Observatoriums wundert, wie die Astronomen imstande waren, nicht nur die Sterne, sondern auch deren Namen zu „entdecken". Dieser naive Standpunkt führt dann dazu, Namen zu verdinglichen, zu hypostasieren, wie dies umfassend systematisch erstmals *Platon* getan hat, wie dies aber auch alle polytheistischen Religionen tun.

Nach *Mauthner* ist dieser **Wortaberglaube** eine Art angeborener geistiger Schwäche und ein Zeichen der Verdummung, aber auch ein Mittel zur Unterdrückung: Die jeweils herrschenden Mächte stützen sich auf Kräfte, die nur in Worten existieren („Gnade Gottes", „Wille der Nation" usw.) Es besteht eine systematische Verbindung zwischen Wortaberglauben und Wortmacht.

Sind geistige Wesenheiten real?

In seinem Buch *„Rätsel des Humanen"* beschreibt der französische Anthropologe *Edgar Morin* (1982) gewisse „Wahnideen", nämlich „die lebende Existenz der noologischen Wesenheiten, der Ideen Symbole, Geister und Götter, die nicht nur eine subjektive Realität, sondern auch eine gewisse objektive Autonomie besitzen ... Von den Gehirnen hervorgebracht, werden sie zu neuartigen Lebewesen, denen gegenüber die Gehirne – als Systeme, die nur im geringen Maße kontrolliert sind – sich gewissermaßen wie Zauberlehrlinge verhalten." *Schlapp* (1987): „Wenn solche Wahnideen das Bewusstsein okkupieren, hören die Menschen auf, von ihren Sinnen und ihrem Denkapparat Gebrauch zu machen; sie erliegen ihren Hirngespinsten." Von den animistischen Vorstellungen der Primitiven und von Kindern bis zur platonischen Ideenlehre, in allen Religionen und Ideologien finden wir animistische Geister, finden wir dieses irrationale und oft widervernünftige Denken. Zu diesem animistischen Denken gehört auch die aristotelische „Überzeugung, dass an allem, was der Mensch beobachtet, irgend jemand oder irgend etwas Schuld trage, dass hinter allen Ereignissen irgendein Zweck oder irgendeine Absicht stecke" (ebd.).

Traum und Seele

Ähnlich wie kleine Kinder glauben auch primitive Völker, dass die Toten, von denen sie träumen, ihnen wirklich erscheinen. Sie halten die Traumvorstellung von einem Wesen für dieses selbst. Und sie meinen auch, dass die Körper der Menschen durch ein Phantom in ihnen bewegt werde. Der Schlaf wird dann in „primitiven" Kulturen zu einem Zustand der zeitweiligen Abwesenheit der Seele, der Tod ist der Zustand ihrer dauernden Abwesenheit. Im Traum verlässt die Seele den Körper, besucht andere Orte und Personen und führt die Handlungen aus, von denen der Schläfer träumt. Von diesem „Beweis" ausgehend dürfte sich als nächster Schritt die Vorstellung vom Leben der Seele nach dem Tod entwickelt haben. So haben vielleicht alle spitzfindigen Theorien von einer unsterblichen „Geistseele" in naiv-primitiven Vorstellungen über das Träumen ihren Ursprung (vgl. Kapitel „Trouble mit der Seele").

Hypostasierung

Wie früher Abstrakta zu Göttern personifiziert wurden, so erheben manche Philosophen auch heute noch (wie einst *Platon*) abstrakte Begriffe zu **Wesenheiten**. „Sein", „Wesen", „Wahrheit" oder „Information" sind derartige Essenzen.

Ein Paradebeispiel für kindliches und metaphorisch-bildhaft-anthropomorphes Denken hat *Platon* mit seiner **Ideenlehre** geliefert, in der die Hypostasierung (Vergegenständlichung) von Begriffen eine Hauptrolle spielt. *Schlapp* (1979): „Mit dem Athener *Plato* ... nimmt die Philosophie von der physikalischen Wirklichkeit Abschied und versteigt sich in jene zweifelhaften Höhen, die als Metaphysik gepriesen werden." Leider zieht sich dieses kindhafte allzumenschliche Denken wie ein roter Faden durch die Geschichte des abendländischen philosophischen Spekulierens. Die platonische Vorstellung einer Schau ewiger Wahrheiten hat nach *Topitsch* (1958) ihren Ursprung in der Überzeugung primitiver Stämme, dass der Schamane im Trancezustand höheres Wissen zu erwerben imstande sei, das dem gewöhnlich Sterblichen unzugänglich bleibt. (Man vergleiche damit die aristokratisch-überhebliche Haltung der Metaphysiker!)

Die Erinnerung an vergangene Erdenleben, die von der Orphik und den Pythagoreern behauptet wird, wandelt sich zur Erinnerung an die unkörperliche Ideenwelt. Der Akt der Ideenschau, der geistigen Anschauung, kann Erkenntnis liefern, weil die idealen Dinge real existieren, ja wirklicher sind als die irdische Realität. Physische Dinge kann man in der Regel sehen. Analog wird nun von einer Ideen-„schau" gesprochen; so wie wir Materielles mittels unserer Augen wahrnehmen, können wir die idealen Gegenstände mit dem „geistigen Auge" sehen. Und in der Präexistenz hat unsere Seele die idealen Objekte gesehen, erinnert sich jetzt daran und bildet so die Begriffe. Diese **Pseudoerklärung der Begriffsbildung** lebt von unstatthaften Analogien und der Mehrdeutigkeit der verwendeten Ausdrücke (obwohl gerade eine Ideenlehre absolut exakte Begriffe voraussetzte, die es aber effektiv nicht geben kann). „Schauen", „mit dem geistigen Auge sehen", „Ideenwelt", „Existenz", „Gegenstand", „Ding" werden metaphorisch auf eine imaginäre Welt angewendet. Damit verbunden ist eine **Kategorienvermengung**, da unkörperlichen Dingen (*contradictio in adiecto*!) Örter zugeschrieben werden, es gibt „wahre" Begriffe, die objektiv (dinganalog) „existieren". Auch psychische Phänomene werden als Seelending substantiviert und damit substanzialisiert.

In der **Seelenmetaphysik** „weiß“ und „erinnert sich“ eine geistige „Substanz“, wie sich nur eine informationstragende komplexe materielle Struktur zu erinnern vermag – eine naive Vorstellung. Der christliche Gott ist ein Musterbeispiel dieser naiv-anthropomorphisierenden Denkweise. „Wie ein Gott Wunder wirkt, so ist er selbst seinem Wesen nach ein Wunder. Ein Gott sieht ohne Augen, hört ohne Ohren, denkt ohne Kopf, wirkt ohne Werkzeuge“ (*Feuerbach* 1913). Gott wird zwar zunächst als Wesen jenseits aller menschlichen Eigenschaft gesetzt, um dann sofort wieder mit solchen versehen zu werden (*analogia entis*). Er werden ihm menschliche Züge zugeschrieben, er ist männlich und kann sogar Kinder haben (vgl. Kapitel „Das Gottesproblem“). Und symbolisch sind wir alle „Kinder Gottes“.

Im platonischen Begriffsrealismus wurzelt auch der ontologische Gottesbeweis, der von *Anselm von Canterbury* zuerst verwendet wurde. Dabei wird vom Begriff eines vollkommensten Wesens auf dessen reale Existenz geschlossen. Aus der Existenz des Wortes wird die Existenz der Sache hergeleitet. Dieser gravierende logische Schnitzer wurde insbesondere von *Kant* vernichtend kritisiert.

So zeigt sich, dass viele Philosopheme kindhaft-naive und primitive Denkzüge enthalten, was sie zwar nicht logisch widerlegt, aber doch höchst fragwürdig erscheinen lassen sollte auch denen, die ihnen noch anhangen.

Die Auferstehung des Vitalismus

Seit einiger Zeit muss der theoretische Term „Information“ herhalten, um eine These zu rechtfertigen, die einem Vitalismus und Finalismus gleichkommt. Als metaphysischer Glaubenssatz ist sie natürlich unwiderlegbar, doch lassen sich zahlreiche Gründe anführen, die sie höchst unplausibel, überflüssig und inakzeptabel erscheinen lassen.

Was den klassischen Vitalisten die Entelechie war, ist den Anhängern dieser neuesten Form des Animismus die Information.

Der Vater der Kybernetik *Norbert Wiener* hatte die Information als „dritte Entität“ neben Materie und Energie gestellt: *„Information is nothing but information, no matter and no energy.“* Obwohl aus dieser lapidaren Feststellung keineswegs der Schluss gezogen werden kann, dass Information eine der Materie und der Energie kategorial gleichwertige „Entität“ sei, griffen einige philosophische Laien und Metaphysiker den Term auf und deuteten ihn zu einer platonischen Wesenheit um. Schon *Wiener* stellte klar, dass eine Informationsübertragung nicht ohne einen gewissen minimalen Energietransport stattfinden kann, Information also unabdingbar mit Materie und Energie gekoppelt ist. Daher kann sie auch nicht als „dritte Entität" neben diese gestellt werden. Der Ausdruck „Information ohne materiellen bzw. energetischen Träger" ist in sich widersprüchlich, der Ausdruck „materielle Verschlüsselung einer Information" ein Pleonasmus.

Schröder (1971) jedoch meint: „Information ist Realität des Geistigen, ist geistige Entität ... Information beinhaltet ... einen geistigen Plan, Information ist Geistigkeit." Dabei wird hier vor allem auf die genetische Information angespielt. Diese komme aus einem überraumzeitlichen Reich, aus einer Nichtraumzeitwelt. Bereits in den ersten Zellen sei die von Gott codierte Information für alle denkbaren Lebewesen, wenn auch latent, vorhanden gewesen. Ähnlich wie ein Computer ohne Programmierung nicht funktionieren könnte, wäre auch Leben nicht existent ohne den geistigen „Schöpfungsplan für alle Lebensformen". „So ist Leben erfahrene Jenseitigkeit, Erleben göttliches Wirken in dieser Welt" (*Schröder* 1971).

Der Mensch ist sozusagen eine Information Gottes. Ob man dieses „Geistige aus außerkosmischem Bereich" nun „Information" oder „Entelechie" nennt, kommt auf dasselbe hinaus.

Nach dieser Auffassung wirkt Gott durch die von ihm erdachte und in die Materie gelegte Information in der Welt, lenkt damit das organische Geschehen, einschließlich der auf den Menschen gerichteten (!) Evolution, denn auch der genetische Code des homo sapiens ist danach bereits in der Primärinformation der ersten Organismen präformiert. Das ist Schöpfungsmythos, Wunderglaube, Wunschdenken, Animismus und Finalismus in einem.

Diese Informations-Metaphysik ist eine Gespenster-Hypothese: Eine aus dem „Jenseits" auf unerfindliche Weise in die Materie eingebrachte Information bewirkt eine Ordnungsstruktur und steuert als inkarnierte „Geistigkeit" alle Lebensvorgänge. „Information" wird hier zu einer platonischen Wesenheit oder zu einem Gedanken Gottes verdinglicht. Wie *Platons* Demiurg hat Gott nach dieser Hypothese durch Einbringen einer Lebenskraft oder einer Information in die Materie aus der relativ ungeordneten Materie hochorganisierte lebende System erzeugt, die von Anfang an auf den Menschen hin angelegt waren.

So entpuppt sich der neue metaphysische Glaube als primitiver Finalismus und verkappter Vitalismus.

Genetische Information ist möglich, weil die Materie selbst diese erlaubt, bzw. eine nicht weiter erklärbare Selbstorganisationstendenz besitzt. Eine Erklärung des Soseins der Materie ist nicht möglich. Würden wir nach dem Warum der Eigenschaften Materie fragen, so wäre diese Frage äquivalent mit der nach dem Warum der

Existenz der Materie überhaupt – und diese Frage ist unbeantwortbar. Denn eine wissenschaftliche Erklärung setzt empirische Prämissen voraus, die bei dieser Letztfrage aber nicht mehr zur Verfügung stehen. Die Potenz der Materie zur Komplexifikation müssen wir als gegeben voraussetzen. Die Behauptung einer Selbstorganisationstendenz der Materie involviert weder die Annahme von geistigen Entitäten, noch die einer gerichteten vorprogrammierten Evolution. Der Metaphysiker allerdings glaubt, auch diese Frage mit dem Hinweis auf einen wollenden Schöpfer befriedigend beantworten (erklären) zu können.

Unsere Beschränktheit führt zu Wortnebeln

Wie schon *Bacon* erkannt und *Wittgenstein* betont hat, stellt uns die Sprache Fallen und richtet uns auf eine bestimmte Deutung der Wirklichkeit ein. *Wittgenstein* sprach von der „Verhexung des Verstandes durch die Mittel der Sprache".

Nietzsche führte die ähnliche philosophische Denkweise im indogermanischen Sprachbereich auf die Familienähnlichkeit der verwendeten Sprachen zurück. Besonders die Subjekt-Prädikat-Struktur unserer Sprache legt uns die Annahme von Substanzen ständig nahe. *Nietzsche*: „Der Substanzbegriff ist eine Folge des Subjektbegriffes." Das Denken in Substantiven verführt dazu, dass wir Abstrakta bilden, die als solche gar nicht existieren.

Mit dem Alter von 3 Jahren spricht das Kind mit Vorliebe zu sich selbst, es „monologisiert". Die dicke Bücher füllende **esoterische Wortmusik** mancher Metaphysiker erinnert fatal an die monologische Sprache des Kindes. Man könnte von einer Selbstberauschung durch sprachlich geweckte Emotionen sprechen.

Drastisch und abfällig spricht *Lenk* (1990) von der Philosophie mancher „Wortmusiker" als einer „Palaverdisziplin" und von „Konfusionsspezialisten". Das philosophische Seminar stellt sich manchmal dar als ein „Wortmaskenverleihinstitut", in dem Wortwolken oder Wortnebel produziert werden. Nach *Rattner* (1976) ähnelt der Unterricht in den philosophischen Seminaren einer „Didaktik der Geschwätzigkeit", wo man mit vielen Worten wenig auszusagen lernt. „Der Psychopathologe wird bei philosophischen Vorlesungen an das formalistische, inhaltslose Reden der Zwangscharaktere und der Pseudologen (*pseudologia phantastica*) erinnert; klapperdürre Gedankenakrobatik wird als Philosophieren dargeboten" (*Rattner* 1976). *Gerspach* (1988) ortet in vielen Geisteswissenschaften „Dummschwätzer". Schon *Lukrez* formulierte: „Gehobene Dummköpfe bewundern, was sie unter verschrobenen Worten zu entdecken meinen, weil ihnen dunkle Sprache ein Zeichen von Tiefe ist." Und *Nietzsche* prangerte manche „Denker" an, deren vorgebliche tiefe Sprache noch nicht einmal oberflächlich sei.

Geyer (1988[11]): „Die Fähigkeit, viele und wohltönende Worte zu finden, hinter denen kein echtes Wissen steckt, charakterisiert vor allen Dingen den oberflächlichen, viel redenden, auf Gesellschaften brillierenden Schwachkopf."

Geyer ist auch der Meinung, dass Worte meist dazu dienen, das Fehlen von Gedanken zu verbergen. Auch für *Kiergegaard* hatte es den Anschein, der Mensch habe die Sprache, um zu verbergen, dass er keine Gedanken habe. Man wird wieder an *Goethes* *„Faust"* erinnert: „Denn eben wo Begriffe fehlen, stellt ein Wort zur rechten Zeit sich ein."

Man sollte (nach *Lenk* 1979) auch vom Philosophen sagen können: Weil der Autor klar denkt, hat er es nicht nötig, unklar zu reden oder gar zu schreiben.

Colin Mc Ginn (1996) führt die Tatsache, dass die Philosophie nicht vom Fleck kommt, weniger auf sprachliche Probleme zurück als auf unsere grundsätzliche nicht eliminierbare Dummheit, auf unser begrenztes Erkenntnisvermögen.

„Nicht weil philosophische Fragen zutiefst problematische, sonderbare oder fragwürdige Wesenheiten oder Fakten betreffen, stellt sich philosophische Verwirrung ein, sondern weil unserem Erkenntnisvermögen bestimmte Grenzen innewohnen. Die Philosophie ist ein Versuch, über die strukturellen Gegebenheiten unseres Geistes hinauszugehen. Der Aufbau unseres Erkenntnisvermögens behindert die Erkenntnis der eigentlichen Natur der objektiven Welt (Transzendentaler Naturalismus) …

Laut TN liegt der Grund, weshalb wir es so schwierig finden, zur philosophischen Erkenntnis zu gelangen, weder darin, dass wir nichtssagende Scheinfragen stellen, noch darin, dass wir durch Sprachverhexung daran gehindert werden, einen klaren Überblick über unsere normalen Begriffe zu gewinnen, noch darin, dass die Wahrheit allzu tief im Inneren unseres Begriffsschemas verborgen liegt, noch darin, dass wir es mit einer eigentümlich vergeistigten Ontologie zu tun haben. Der Grund liegt vielmehr darin, dass wir unser Erkenntnisvermögen zu zwingen versuchen, Auskunft über Phänomene zu geben, die zu begreifen dieses Vermögen von Natur aus nicht geschaffen ist … Die Erklärung für die Schwierigkeit der Philosophie gehört demnach derselben allgemeinen Kategorie an wie die Erklärung, weshalb der Blinde keine Farbbegriffe zu bilden vermag ... Dass wir in der Philosophie so geringe Fortschritte machen, ist auf dieselbe Art von Gründen zurückzuführen, aus denen es uns nicht gelingt, ohne Hilfsmittel besser fliegen zu lernen, denn es fehlt uns an der nötigen Ausstattung ... Von der Vernunft haben die Gene in allererster Linie praktische Flexibilität verlangt, keine philosophischen Einsicht in geheimnisvolle Angelegenheiten. Es sollte uns nicht wundernehmen, dass wir nicht über Dinge Bescheid wissen, über die wir gern mehr wüssten, sondern was uns wirklich überraschen sollte, ist, dass wir überhaupt soviel wissen, wie wir wissen."

Nach *Mc Ginn* könnte es sein, „dass die Wahrheiten der Philosophie ... gar nicht im Zielbereich der Vernunft liegen oder womöglich nur an den äußersten Rändern ihres Leistungsvermögens, die bislang noch nicht einmal in den Blick gekommen sind. Ferner könnte es sein, dass diese Wahrheiten nur mit Hilfe geistiger Prothesen erfasst werden können beziehungsweise nach einer beträchtlichen Leistungssteigerung des Gehirns. Mit der Vernunft in ihrem derzeitigen Zustand dürfte es jedenfalls nicht gelingen."

Auch *Schopenhauers* (1916[2]) Vermutung geht in diese Richtung: „Das bisherige Misslingen der Philosophie ist notwendig und durchaus erklärlich, dass dieselbe, statt sich auf das tiefere Verständnis der gegebenen Welt zu beschränken, sogleich darüber hinaus will und die letzten Gründe alles Daseins, die ewigen Verhältnisse aufzufinden sucht, welche zu denken unser Intellekt ganz unfähig ist, dessen Fassungskraft durchaus nur für das taugt, was die Philosophen bald endliche Dinge, bald Erscheinungen genannt haben, kurzum die flüchtigen Gestalten dieser Welt und das, was für unsere Person, unsere Zwecke und unsere Erhaltung taugt: er ist immanent. Daher soll seine Philosophie auch immanent sein und nicht sich versteigen zu überweltlichen Dingen, sondern sich darauf beschränken, die gegebene Welt von Grund aus zu verstehen: die gibt Stoff genug."

Auch das Genie *Leonardo da Vinci* hat dies so gesehen. „Wenn schon die Dinge angezweifelt werden, die wir durch die Sinne erfahren, wieviel trügerischer müssen die Dinge sein, die gegen die Sinneserfahrung sind, wie das Wesen Gottes und der Seele, über die doch ohne Ende disputiert und gestritten wird und bei denen es wirklich zutrifft, dass jederzeit, wo Vernunftgründe fehlen, Geschrei an ihre Stelle tritt, was bei sicheren Dingen doch nicht vorkommen kann."

Aufgaben der Philosophie

Platons Lehre kann wohl mit Recht als Unglück für den Verlauf der abendländischen Philosophie angesehen werden. Auf ihr bauen alle die metaphysischen Meisterdenker mit all ihren Systemen gelehrten Unsinns auf, deren Dummheit wohl kaum zu überbieten ist. Besonders im der christlichen Scholastik – die den Namen Philosophie eigentlich ja gar nicht verdient – zeitigte die „beschränkte Gelehrsamkeit" oder die „gelehrte Dummheit" (*Löwenfeld* 1909) die bizarrsten Früchte. „Der Satz *Anselms von Canterbury ‚Credo ut intelligam'* (‚ich glaube, um zu wissen') der zum Leitmotiv der ganzen Scholastik wurde, ist so recht bezeichnend für das Widersinnige, mit dem sich diese sogenannte Philosophie abmühte" (ebd.).

Schlapp (1979) stellt fest: „Die dünkelhafte Gelehrsamkeit der Hochscholastik brachte die Philosophie auf einen Tiefpunkt, der erst nach Jahrhunderten überwunden wurde."

Teilweise überboten wurden die Geistspekulationen höchstens noch durch den Deutschen Idealismus, dem jede Bodenhaftung in der Realität mangelt. Er ist es auch, der die Philosophie bei den Naturwissenschaftlern in Verruf gebracht hat. Das Wahnsinnige ist, dass es heute noch z.B. Hegelianer gibt, die ihre eigenen Kongresse halten, eigene Zeitschriften herausgeben und Abhandlungen schreiben, die kein Normalsterblicher versteht. Er fragt sich nicht nur, was der ganze unverständliche Schmarren bedeuten soll, sondern auch wozu das gut sein soll und wie wir als Steuerzahler dazu kommen, diesen potenzierten Blödsinn mitzufinanzieren, denn es sind ja meist vom Staat bezahlte Universitätslehrer, die das alles zusammenfantasieren.

Angesichts unserer kosmischen Situation wirkt die Geistesakroatik unzähliger Philosophen geradezu lächerlich. Außer der Theologie und anderen Pseudowissenschaften gibt es wohl keinen Bereich, in dem so viel Nonsens produziert wird, wie ausgerechnet in der selbsternannten „Königin der Wissenschaft."

Glücklicherweise „vollzieht sich heute ein unaufhaltsamer Abbau aller aus Unkenntnis der wirklichen Zusammenhänge entstandenen Spekulationen und Mythen, und es ergibt sich die Notwendigkeit, eine Metaphysik zu entwerfen, die über die angesammelten Erfahrungstatsachen hinaus, aber von ihnen ausgeht" (*Szczesny* 1959). Das Problem ist jedoch, dass unser Intellekt fähig ist, mit Aussagen auch dann logisch verfahren zu können, wenn sie auf Sand gebaut sind. Dadurch kann es zu den wüstesten Spekulationen kommen, die keinerlei Beziehung zur Wirklichkeit mehr haben. Demgegenüber ist die folgende von *Hans Albert* (in *Rust* 1999) formulierte Forderung zu erheben: „Geben wir unseren Überzeugungen und damit auch den theoretischen Konstruktionen, in denen sie sich verkörpern, die Gelegenheit, am Widerstand der realen Welt zu scheitern, dann haben wir gleichzeitig die Möglichkeit, ihren Wahrheitsgehalt zu prüfen und durch Korrektur unserer Irrtümer der Wahrheit näher zu kommen. Um das zu können, müssen wir allerdings das der klassischen Lehre zugrunde liegende Streben nach Gewissheit opfern und die permanente Ungewissheit in Kauf nehmen, ob sich unsere Auffassungen auch in Zukunft weiter bewähren und damit aufrechterhalten lassen."

Wichtigste Aufgabe und gleichzeitig Methode der Philosophie ist also das kritisch-skeptische Denken. Fragendes und kritisches Denken aber destabilisiert gesellschaftliche Zustände. Vom Denken geht etwas Irritierendes, Verstörendes und Störendes, mitunter Zerstörendes aus. Es zerstört z.B. liebgewordene und Geborgenheit vermittelnde Illusionen oder illusionistische Systeme (Ideologien). Philosophie ist daher „nichts für schwache Nerven".

Philosophie ist wie ein Gruselfilm. Wer keine geistigen Schocks verträgt, die seine Weltanschauung erschüttern, möge die geistigen Augen schließen, so wie bei Krimis oder Gruselfilmen bei gewissen grausamen Szenen empfindliche Gemüter die leiblichen Augen zumachen. Wer aber bereit ist, der Wahrheit, die oft bitter(süß) ist, ins Auge zu schauen, der wird letztlich nicht enttäuscht sein, weil er in Wahrheit durch die moderne Philosophie ent-täuscht wird, sich loslöst von alten liebgewordenen, aber nun als vor der kritischen Vernunft sich als unhaltbar erweisenden Gemeinvorstellungen. Wer meint, eine bittere Medizin sei zuträglicher als eine nur betäubende, aber nicht heilende Süßigkeit, der ist auf dem besseren Weg.

Der Philosoph ist den Mitmenschen überlegen, insofern er nicht mehr so naiv dahinlebt wie diese. Er ist ihnen aber zugleich unterlegen, weil er nicht sofort oder überhaupt nicht eine Antwort auf alle Fragen parat hat. So ist er immer in Verlegenheit, weil er die Dinge genauer sieht und keine Problem-Patentlösungen angeben will und kann. Diese dreifache „Legenheit" (Über-, Unter- und Verlegenheit) kennzeichnen den Philosophen als den Menschen, der weiß, dass er zwar mehr als die meisten weiß und zugleich wie wenig der Mensch eigentlich wissen kann, wie eng die

Philosophie ist explosiv (Zeichnung von *Reiner Taudien* in *Mathias Jung:* Seneca 2002)

Grenzen des menschlichen Verstandes, wie dumm wir letztlich und trotz allem sind.

Philosophische Standpunkte
(aus *Colin Mc Ginn:* Die Grenzen vernünftigen Fragens 1996)

Mc Ginn unterscheidet 4 Arten von philosophischen Standpunkten, deren erste charakterisierende Buchstaben das Wort **DUME** ergeben:

D Vorstellung, man müsse (den problematischen Begriff) B domestizieren, demythologisieren, dressieren, degradieren, dörren. (nichts weiter als …)
U B-Fakten sind unzurückführbar, undefinierbar, unerklärbar.
M für Magie, Mirakel, Mystik, Metaphysik, meschugge. Berufung auf Gott, übernatürliche Wesenheit oder Kraft.
E Eliminierung, Entfernung, Entlassung; keine Hoffnung auf Domestizierung, keine Unzurückführbarkeit, Magisches wird verspottet.

Im Einzelfall kann es unklar bleiben, ob eine gegebene philosophische These der Gattung D oder E zuzurechnen ist, und Ähnliches gilt für die Einstufung unter U oder M. Eine E-Position wirkt manchmal wie eine unverfrorene Spielart eines D-Standpunkts, und bei einer M-Position kann es vorkommen, dass sie aussieht wie die folgerichtige Konsequenz einer U-Position.

Philosophie genau zu **definieren** ist so gut wie unmöglich, weil jeder Philosoph unter diesem Ausdruck etwas anderes (nämlich seine Philosophie) versteht.

So scheint es sinnvoll, anstelle einer zu simplen Definition die **Funktionen** aufzuzählen, die eine zeitgemäße Philosophie wahrzunehmen hätte.

1. **Die hypothesenentwerfende Funktion**
   Es gibt zahlreiche Grenzprobleme verschiedener Wissenschaften (z.B. in der Psychologie das Leib-Seele-Problem), welche diese alleine nicht zu lösen vermögen, wo der Philosoph Hilfestellung leisten kann. Er entwirft neue, über die betreffenden wissenschaftlichen Theorien hinausführende *Hypothesen* (wissenschaftliche Annahmen) oder auch Gesellschaftsutopien. Diese Entwürfe müssen – zumindest prinzipiell – nach strengen Regeln wissenschaftlichen Vorgehens überpüfbar sein.
2. **Die fundierende Funktion**
   Als Grundlagenforscher untersucht der Philosoph das Erkenntnisinstrumentarium der Einzelwissenschaften, indem er *Voraussetzungen*, *Begriffe* und *Methoden* der Wissenschaften kritisch unter die Lupe nimmt. Dies geschieht z.B. in der Wissenschaftsphilosophie.
3. **Die synthetisierende Funktion**
   Hier spielt die Philosophie die Rolle einer Dach- oder *Gesamtwissenschaft*, welche die Ergebnisse und Weltbilder der Einzelwissenschaften zu einer gesamthaften, wissenschaftlich fundierten Weltanschauung zusammenzufügen versucht.
4. **Die kritisierende Funktion**
   Der Philosoph hat auch Kritik zu üben an philosophischen Lehren, an unwissenschaftlichen Weltauffassungen und Heilslehren (Ideologien), aber auch an gesellschaftlichen Zuständen. *Ideologiekritik* ist v.a. nötig, um Herrschaftsideologien zu zerstören und so die Voraussetzung zur Verbesserung des sozialen Lebens zu schaffen.
5. **Die normierende Funktion**
   Kritik an tradierten Zuständen, Normen und Werten sollte dazu führen, das Zusammenleben der Menschen besser zu gestalten. So könnte man auch von einer *utopischen Funktion* der Philosophie sprechen.
6. **Die denkpädagogische Funktion**
   Möglichst klares logisches Denken ist ein erwünschtes Nebenprodukt, aber auch eine Voraussetzung sinnvollen Philosophierens. Ziel eines Philosophieunterrichts ist diszipliniertes Spre-

chen und damit verbunden diszipliniertes und v.a. auch kritisches Denken.

Königin der Wissenschaften?

So begegnen wir auch und gerade in der Philosophie vielfach der Dummheit. Hauptursache für Dummheitssysteme in der „Königin der Wissenschaften" ist einmal mehr die grundsätzliche Begrenztheit menschlichen Erkenntnisvermögens, die ignoriert wird. Ein zweites Erkenntnishindernis liegt in der Vernebelung unseres Verstandes durch die Sprache. Die gedrechselte, oft unverständliche Sprache (besonders des Deutschen Idealismus und der Existenzialontologie *Heideggers* und seiner Epigonen) führen zu geradezu unglaublich dummen hochtrabenden Formulierungen und schwachsinnigen Hypothesen. Die kritische Funktion der Philosophie wird von den Tiefdenkern in ihrem Überlegenheitsdünkel nicht wahrgenommen.

Zusammenfassung „Reiche der Dummheit"

Dummheit tritt uns vor allem in zweierlei Formen entgegen: Menschen konstruieren die dümmsten Ideengebäude und in allen Lebensbereichen werden die unglaublichsten Dummheiten begangen. Schuld daran ist weniger die allgemeine Beschränktheit des menschlichen Verstandes und die angeborene Dummheit des einzelnen, als vielmehr die im Lauf des Lebens erworbene Dummheit.

1. Zur Dummheit kann man erzogen werden, etwa indem **Vorurteile** von Generation zu Generation weiter gereicht oder neue geschaffen werden: Vorurteile machen dumm. Dummheit ist lernbar.
2. Eine wesentliche Rolle im Prozess der Verdummung spielen nicht zuletzt die **Medien**. Statt Aufklärung – etwa im Bereich der Esoterik und der Pseudowissenschaften – wird Volksverblödung betrieben. So macht Fernsehen dumm, obwohl es auch gescheit machen könnte.
3. Die kollektive Verdummung geht Hand in Hand mit einem fortschreitenden **Sprachverfall**: Unreflektierte Floskeln, kaum verstandene Anglizismen, sowie verharmlosende Euphemismen und Schlagwörter – v.a. in Politik und Wirtschaft – vernebeln die Sprache und damit das Denken.
4. Eine Dummheit der besonderen Art finden wir im moralischen Bereich: Zahlreiche überkommene moralische Normen sind heute einfach nicht mehr zeitgemäß, richten sogar Schaden an und sind deshalb als ausgesprochen dumm zu bezeichnen. Man denke nur an die widernatürliche Sexualmoral der katholischen Kirche und insbesondere das vatikanische Pillenverbot im Zeitalter der totalen Übervölkerung der Erde. Ob eine zeitgemäße **Moral**, die menschengerecht, sachgerecht und auch praktikabel ist, gegen die kurzsichtige Dummheit der meisten Menschen global durchgesetzt werden kann, ist allerdings mehr als fraglich.
5. Ein Ergebnis der kollektiven Verdummung ist der typische hinterweltlerische **Spießbürger**: engstirnig und vorurteilsbeladen. Soldatische oder Beamtenkarriere erscheinen ihm besonders erstrebenswert.
6. Die Machtgeilheit der Dummen lässt auch für die **Politik** nichts Gutes erwarten. Wirklich intelligente und fantasievolle Men-

schen begegnen wir in der hohen Politik selten. Höchstleistungen dummen Verhaltens produziert die Hinterwelt, wo Ideologien oder Fanatismus im Spiel sind.

7. **Aggressive Gefühle** – mitunter von gewaltstrotzenden Fernsehfilmen geschürt – können in primitiv-dumme Gewaltakte ausarten. Im **Krieg** kann Dummheit zum Massenmörder werden. Unser evolutives Erbe verhindert offenbar, Konflikte rational zu lösen. Die eigentliche Ursache für Kriege ist nicht die Aggression des einzelnen, sondern liegt meist in irgendwelchen Dummheiten, z.B. in läppischen ideologischen (nicht selten religiösen) Streitigkeiten. Schon deshalb müssen wir das Problem der menschlichen Dummheit ernst nehmen: Wenn du den Frieden willst, bekämpfe die Dummheit.
8. Der Mensch verursacht in seinem Unverstand **globale ökologische Probleme**. Selbst wenn er die komplexen Zusammenhänge erkennt, tut er häufig aus egoistisch-emotionalen Gründen das Falsche. Vielleicht sind wir wirklich zu dumm zum Überleben.
9. Mit seinen mangelhaften geistigen Fähigkeiten hängt auch die Unfähigkeit der meisten Menschen zusammen, gewisse **Illusionen** nicht als solche durchschauen zu können. So glauben viele an einen vorgegebenen absoluten Sinn des menschlichen Lebens, an freie Willensentscheidungen oder eine Seelensubstanz. Sich eine ständig sich wiederholende Reinkarnation oder ein ewiges Leben in voller Konsequenz nicht vorstellen zu können, auch darin besteht eine gewisse Beschränktheit des Denkens der Mehrheit der Menschen.
10. Durch hirnlähmende **Indoktrination** können ganze Völker ideologisch verdummt und unmündig gemacht werden. Dies zeigen nicht nur die Regime der Kommunisten und Nazis, sondern auch religiöse Machtsysteme. Häufig endet diese Verdummung in Fanatismus, der alles eher als harmlos ist, man denke nur an den Terror islamischer Fundamentalisten.
11. Sieht man sich die verschiedenen **Religionen** an, kann man sich nur wundern, wieviel Unsinn Menschen zu glauben imstande und auch bereit sind. Wie wir heute wissen, gibt es eine biologische Verankerung der Religiosität im menschlichen Gehirn, weshalb das Faszinosum des Transzendenten und Esoterischen wohl auch in Zukunft erhalten bleiben wird. Die Theologie maßt sich an, über etwas Unwissbares – das Metaphysische – etwas wissen zu können. Die christliche Theologie erweist sich in ihrer Widersprüchlichkeit als abstruses Ideen-

system par excellence. Hexen- und Teufelswahn sind besondere Blüten theologischer Spitzfindigkeiten und menschlicher Dummheit. Aber auch der Buddhismus ist letztlich nicht intelligenter als andere irrationale Sinngebungssysteme.

12. Da die Antworten auf Lebensfragen von immer mehr Menschen zunehmend als unbefriedigend empfunden werden, schießen Ersatzreligionen in Form unsinnigsten und dümmsten **Aberglaubens** ins Kraut – der aber immer schon auch mit religiösem Glauben verquickt war.
13. Auch der **Esoterikmarkt** wird von abergläubischen Vorstellungen und Praktiken überschwemmt. Wahrsagen, Heilsteine, kosmische und Pyramidenenergie, Channeling und andere Schlagworte spuken in den Köpfen der naturwissenschaftlich unbedarften Halbgebildeten herum.
14. Zahlreiche **Pseudowissenschaften** sind ins Reich der Esoterik einzuordnen. Pseudowissenschaften erheben den Anspruch auf Wissenschaftlichkeit, den sie aber nicht einlösen können. Kreationismus, Parapsychologie, Astrologie, Radioästhesie oder Feng shui sind Beispiele für Pseudowissenschaften.
    In der „**Paramedizin** gibt es eine Unmenge von pseudomedizinzischen „Theorien" und Verfahren, die als unwissenschaftlich und unbrauchbar eingestuft werden müssen. Sie haben praktisch nur Placebowirkung.
    Ufologie und Präastronautik sind ein weiterer zu den Pseudowissenschaften zählender Bereich, garniert mit oft haarsträubenden „Theorien", die häufig geradezu religiöse Dimensionen annehmen.
15. Selbst in den **Wissenschaften** finden wir jede Menge Dummheit. Hauptschuld an dummen Vorstellungen bei Wissenschaftlern sind eine mangelhafte oder überhaupt fehlende naturwissenschaftliche und psychologische Ausbildung.
16. Was die „Königin der Wissenschaften", die **Philosophie**, anlangt – auch sie strotzt geradezu vor Dummheit, wurden hier doch in Verlauf ihrer zweitausendjährigen Geschichte die verrücktesten Ideen gesponnen. Im Bestreben, die „tiefsten Wahrheiten" zu ergründen, ersannen ungezählte Berufsdenker den größtmöglichen und dümmsten Unsinn. Es ist insbesondere ihr Sprachjargon, der sie mitunter zu den abstrusen Denkgebäuden verführt hat.

Teil 3

Kampf der Dummheit?

1 Positionen

Der Kampf gegen die Dummheit ist unsinnig.
Die Intelligenz, die Dummheit angreift, verstrickt
sich im Netz der eigenen Denkmuster. Prävention ist nutzlos.
Wer etwas Dummes anstellt, erkennt dies grundsätzlich zu spät.
Vor der Dummheit gibt es keinen Schutz.
Matthijs van Boxsel

Zunächst stellt sich die Frage, ob es überhaupt einen Sinn hat, die menschliche Dummheit bekämpfen zu wollen. Dazu scheinen **drei Positionen** möglich:

1. Dumm zu sein hat auch nicht zu verachtende Vorteile

Optimisten sind überzeugt, dass die Dummheit eigentlich nicht bekämpft werden soll oder gar muss, weil sie auch zahlreiche Vorteile mit sich bringt.

- Im Weltbild des *Erasmus von Rotterdam* (*Das Lob der Torheit* 1509) gehört die Dummheit genau so wie die Klugheit zum Leben, ja sie ist eine heilsame Kraft, welche die menschliche Selbstüberschätzung und Neigung zum Größenwahn dämpft.
- *Musil* (1937) ist der Meinung, dass wir gelegentlich sogar dumm (blind, „aus dem Bauch heraus") handeln müssen, um überhaupt entschluss- und handlungsfähig zu sein.
- *Christian Morgenstern* hält Fantasie für ein Göttergeschenk, den Mangel an Fantasie (also Dummheit) aber auch: „Ohne diesen Mangel würde die Menschheit den Mut zum Weiterexistieren längst verloren haben."
- Ein Dummer genießt das Leben unbeschwert von hochphilosophischen Sinnüberlegungen: In der Dummheit liegt das Glück. Dass er viele schöne geistige Genüsse der Kunst und Wissenschaft „versäumt", davon weiß er ja nichts. Für ihn ist die Welt so in Ordnung, wie sie ist.
- Der Dumme kennt auch keine „Managerkrankheit". Er lebt eindeutig gesünder und glücklicher als ein intelligenter Mensch. Ihn quälen viele Zweifel und Probleme nicht. In sei-

nem Kopf ist alles viel klarer. Geistige Herausforderungen sind ihm fremd.

- In nicht zu komplexen Situationen kommt mitunter der wenig Intelligente besser voran weil er den wenigen Grips, den er hat, gar nicht falsch einsetzen kann.

Ein „Kampf" gegen die allgegenwärtige und allmächtige Dummheit des Menschen wäre daher aus den angeführten (und sicher noch vielen anderen) Gründen gar nicht sinnvoll oder wünschenswert. Gegen diese Meinung gibt es aber auch erhebliche Einwände. Fehlende Sensibilität im Umgang mit anderen Menschen, Gleichgültigkeit oder gar mangelnde Solidarität sind nach *Wokart* (2001) Erscheinungen von Dummheit, die Mitmenschen zutiefst betreffen. Deshalb könne man „die beliebte Auffassung nicht teilen, dass ein gewisses Maß an Dummheit auch seine gute Seiten habe, da sie einem manches vom Leib halte, was für einen verständigeren Menschen ein Problem darstelle. Für die private Seelenruhe mag die Dummheit ja dieselbe Schutzfunktion haben wie eine solide Fettschicht für das Gemüt, doch auf moralischem oder sozialem Gebiet erweist sich eine solche Dickfelligkeit nicht als Glück, sondern als Desaster, und je höher einer auf der sozialen Leiter aufgestiegen ist, desto gravierender werden dann auch die sozialen Auswirkungen seiner Dummheit sein."

Dummheit hat sehr viele Vorteile

Otto Buchegger (Internet-Artikel 2001) ortet etliche Vorteile der Dummheit:

- Dummheit kurbelt die Wirtschaft an, meiner Einschätzung nach gibt es keine blühende Volkswirtschaft ohne Dummheit. Dummheit schafft Vielfalt, ohne Dummheit gibt es keinen Fortschritt, z.B. auch keine Mode.
- Ohne Dummheit keine Lehrer, die unnötige Fächer lehren, keine total aufgeblähte Ausbildungsindustrie, die Arbeitslose produziert, keine Weiterbildung ohne Sinn und dafür Import von Akademikern aus Asien, keine Werbung, keine Kettenbriefe, keine gemütlichen Kneipen.
- Die Dummen sind oft die besten Kunden, sie sind eine wesentliche Stütze für viele Geschäfte.
- Dies sind nur einige wenige offensichtliche Vorteile. Es gibt noch viel subtilere Annehmlichkeiten, die wir im Wesentlichen der

Dummheit verdanken. Dummheit tröstet, sie lässt uns mit unwahrscheinlichen Illusionen leben. Dummheit macht glücklich, sie ist oft gut für die Seele, denn sie lässt uns mit den Problemen beruhigt leben.
- Und Dummheit verbindet die Menschen. Sie sozialisiert, sie beugt der Einsamkeit vor, einem tragischen Schicksal, das vor allem die Intelligenten trifft.

Trotzdem gibt es wenige **Lobpreisungen auf die Dummheit**, deshalb ist es mir ein Bedürfnis hier an dieser Stelle wenigstens den Versuch dazu zu machen. Ich freue mich, wenn ich einige begeisterte LeserInnen finden werde, die mich in meinem Kampf für eine gerechtere Einschätzung der Dummheit unterstützen werden.

2. Ein Kampf gegen die Dummheit bringt gar nichts

Dummheit ist so etwas wie der Bühnenhintergrund, vor dem sich alles menschliche Handeln abspielt (vgl. *Glucksmann* 1990). Und sie war und ist ein ständiger Begleiter des Menschen durch die Geschichte. Sie ist historisch wandelbar, wird aber sicher nie ganz verschwinden. Im Gegenteil: Immer brutalere Kriege, Terrorismus, Rassismus und globale Zerstörung der Ökosysteme, aber auch das Ausufern des Aberglaubens in einer Zeit der Wissenschaft sind Zeichen dafür, dass die allgemeine Dummheit eher zunimmt als schwindet. Solange es den Menschen gibt, muss er wohl oder übel mit seiner eigenen Dummheit leben, denn sie gehört zu seiner Natur. **Gegen die Dummheit ist kein Kraut gewachsen.** Eine Bekämpfung ist nach allen Erfahrungen der Geschichte ein hoffnungsloses Unterfangen, das anzugehen überhaupt keinen Sinn macht. Nur Optimisten können glauben, die Dummheit wirksam bekämpfen zu können. Hat man dem Gorgonenhaupt irgendeinen Kopf abgeschlagen, wächst im Nu anderswo ein neuer nach. Die Therapieresistenz der Dummheit hängt vor allem auch zusammen mit der Komplexität des Phänomens. Dummheit lässt sich daher auch nicht mit ein paar harmlosen Eingriffen heilen. Wer das versucht, wird sehr bald Schiffbruch erleiden und es nach kurzer Zeit aufgeben, die Dummheit – bei sich selbst und bei anderen – bekämpfen zu wollen (vgl. *Rattner* 1976). Wer versucht, sie auszurotten, steht aller Voraussicht nach schließlich selbst als der Dumme da. Und weil Dummheit nicht abschaffbar ist, muss man sie ausnutzen – meint *Buchegger* (2001). *Palanay* spricht von „kanalisieren".

Dummheit und Bosheit
(aus *Dietrich Bonhoeffer*: Widerstand und Ergebung 1997[16])

Dummheit ist ein gefährlicherer Feind des Guten als Bosheit. Gegen das Böse lässt sich protestieren, es lässt sich bloßstellen, es lässt sich notfalls mit Gewalt verhindern, das Böse trägt immer den Keim der Selbstzersetzung in sich, indem es mindestens ein Unbehagen im Menschen zurücklässt. Gegen die Dummheit sind wir wehrlos. Weder mit Protesten noch durch Gewalt lässt sich hier etwas ausrichten; Gründe verfangen nicht; Tatsachen, die dem eigenen Vorurteil widersprechen, brauchen einfach nicht geglaubt zu werden – in solchen Fällen wird der Dumme sogar kritisch –, und wenn sie unausweichlich sind, können sie einfach als nichtssagende Einzelfälle beiseitegeschoben werden. Dabei ist der Dumme im Unterschied zum Bösen restlos mit sich selbst zufrieden; ja, er wird sogar gefährlich, indem er leicht gereizt zum Angriff übergeht. Daher ist dem Dummen gegenüber mehr Vorsicht geboten als gegenüber dem Bösen. Niemals werden wir mehr versuchen, den Dummen durch Gründe zu überzeugen; es ist sinnlos und gefährlich.

3. Die Dummheit zu bekämpfen ist eine überlebenswichtige Notwendigkeit

Die dritte Gruppe ist zwar – was die Ausrottung der Dummheit anlangt – durchaus skeptisch, hält aber dafür, dass man angesichts der prekären Situation der Menschheit das Möglichste tun sollte. Der Kampf gegen die Dummheit ist auch deshalb dringend nötig, weil Dumme leicht manipulierbar sind.

Da die Dummheit dem Menschen zum Verhängnis zu werden droht, sie aber offenkundig nicht abzuschaffen ist, sollten wir vielleicht eher versuchen, sie zu überlisten als systematisch zu bekämpfen (vgl. *Boxsel* 2001). Denn zum Großteil beruhen ja dumme Handlungen weniger auf Mangel an Intelligenz als vielmehr auf anderen angeborenen menschlichen Eigenschaften, die eher dem Gefühls- und Triebleben zuzuordnen sind.

Kampf gegen den inneren „Blödmann"

Nicht so sehr niedrige Intelligenz, sondern jene „Dummheiten", die Menschen immer wieder unterlaufen, sind das Problem. Überhaupt zu wissen, dass in unserem Oberstübchen ein Blödmann (bei *Freud* das ES!) haust und zu verstehen, wie er arbeitet, könnte die Macht des ungebetenen Gastes beschränken. Einstmals wichtig fürs Überleben – heute Antrieb des „inneren Blödmanns" – sind verschiedene Triebe: Macht-, Geschlechts-, Territorial-, Überlebens- und Vergeltungstrieb sind einige davon.

Böck (1953): „Wenn man aber gegen die Dummheit etwas ausrichten kann, so nur beim einzelnen Menschen und auf keinen Fall mit logischen Mitteln. Man muss vor allem die verborgenen Wünsche aufzuspüren suchen, welche die Disposition für die Dummheit bilden, und von ihnen aus kann man vielleicht Zugang und Einfluss auf das psychische Geschehen des betreffenden Menschen gewinnen."

Zwar muss „eine Erziehung des Menschengeschlechtes" eine Illusion bleiben. Aber nicht in allen Bereichen ist der Kampf gegen die Dummheit aussichtslos, er muss lediglich klug geführt werden. So meinte auch schon *Löwenfeld* (1909), Dummheit sei „eine Macht, die im öffentlichen wie privaten Leben eine gleich bedeutende Rolle spielt, aber eine Macht, die wir nicht respektieren, sondern bekämpfen müssen, und die zu überwinden oder unschädlich zu machen, wir um so mehr Aussicht haben, je genauer wir sie kennen". Das setzt in erster Linie voraus, dass wir die Ursachen dummen Handelns möglichst gut erforschen. Kriege, Terror, Gewalt, unheilbare Krankheiten und Zerstörung der Lebensgrundlagen zeigen, wie wenig wir über uns selbst wissen. Ob eine notwendig erscheinende grundlegende Bewusstseinsveränderung möglich und schließlich eine neue globale Ethik durchsetzbar ist, muss freilich bezweifelt werden.

2 Können wir (mit dieser Dummheit) überleben?

Es ist erschreckend zu denken, dass Lebewesen mit einer so knapp bemessenen Intelligenz die Atombombe in Händen haben, mit der sie das Leben auf der Erde vernichten könnten. Angesichts des bevorstehenden Untergangs der Menschheit ist es ein Wahnsinn, dass wir uns über Kleinigkeiten aufregen und angesichts der Allgegenwart der inzwischen die gesamte Menschheit bedrohenden Dummheit scheint es unabdingbar, wenigstens die schlimmsten Dummheiten, die auf unserem Planeten von Menschen begangen werden, nicht nur bloßzustellen, sondern auch aktive zu bekämpfen oder wenigstens einzudämmen. *Mitscherlich* (1987²): „Dummheit wird nicht gänzlich abzuschaffen sein, sie kann aber doch in ihren gefährlichen Formen in befreiender Weise aufgehellt werden. Die lange infantile Abhängigkeit des Menschen schafft die Voraussetzung für später oft unauflösliche entwicklungshemmende Identifikationen (wie auch umgekehrt für entwicklungsfördernde)."

Simon Moon meint in einem Internet-Beitrag (2003), eine intelligenzerweiternde Antidummheitstechnik müsse hedonistisch sein und demjenigen, der sie anwendet, Freude bereiten, da sie sonst zu wenig schnell allgemein Verbreitung finde.

„Sobald eine solche hedonistische Technik gefunden worden ist, werden sie die Machthaber der Gesellschaft als ‚Bedrohung der Stabilität' zu unterdrücken versuchen. Die an der Erfindung beteiligten Forscher werden ins Gefängnis geworfen oder eingeschüchtert; Vertreter dieser neuen Technik werden härter verfolgt als Mörder oder Diebe; die Erfindung selbst wird über alle Massenmedien als schreckliche, gefährliche Angelegenheit vorgestellt.

Ehe das Vorhandensein eines hedonistischen Intelligenz-Vermehrers unumstößlich bewiesen ist, können gewisse Dinge unternommen werden, um der Dummheit zumindest in bescheidener Form entgegenzuwirken."

Der Kampf muss jedenfalls an zahlreichen Fronten gleichzeitig geführt werden. Er hat zu beginnen im kleinen (familiären) Bereich und hat über alle sozialen Instanzen bis zur Weltgemeinschaft aller Menschen zu gehen.

So wie es zahllose Strategien der Verdummung gibt, müssen auch Strategien der Entdummung eingesetzt werden, soll dem Programm wenigstens ein bescheidender Erfolg beschieden sein.

Dummheitsprophylaxe in der Familie

Es geht hier primär nicht um angeborene Intelligenzmängel, die nur äußerst begrenzt abgeschwächt werden können, sondern um erzieherisch-umweltbedingte Dummheit.

Alle Maßnahmen, welche die Intelligenz fördern, beugen naturgemäß auch der Verdummung vor. Das beginnt mit der richtigen Ernährung und gesunden Lebensweise, geht über das altersgemäße Spiel und Spielzeug und endet nicht beim Einschränken verdummender Fernsehsendungen. Auch Kinderbücher, besonders religiösen Inhalts, müssten durchforstet werden. Der Umgang mit Freunden, die einen negativen Einfluss ausüben, sollte den Kindern verboten werden.

Besonders wichtig scheint eine Erziehung zur **Toleranz** und möglichster Freiheit von **Vorurteilen** Menschen gegenüber, die einer anderen Rasse, Volks- und Sprachgruppe oder Religion angehören.

Mitscherlich (1987[2]) betont, dass die Bekämpfung der erzieherisch oft unbemerkt und unbewusst erzeugten Dummheit auch zu den wesentlichen Aufgaben der **Friedenssicherung** zählt.

Sofern die Erwachsenen selbst entsprechend eingestellt und gebildet sind, sollten sie das Kind möglichst auch vor den zahlreichen Formen des **Aberglaubens** bewahren. Das ist freilich eher ein frommer Wunsch als eine realistische Forderung, weil die meisten Erwachsenen selbst kaum über entsprechendes Wissen verfügen und häufig selbst den verschiedensten Formen des Aberglaubens anhangen (und diesen gar nicht als solchen empfinden, weil sie zutiefst von der Richtigkeit des geglaubten Blödsinns überzeugt sind) – von der Astrologie über verschiedenste unsinnige Außenseitermethoden der Medizin bis hin zu abstrusen Ideologien.

Antidummheitserziehung an der Schule

Zwar kann die angeborene Intelligenz durch schulischen Unterricht nicht wesentlich gesteigert werden. Was die Schule jedoch prinzipiell zu leisten imstande wäre bzw. leisten sollte, sind andere Dinge, die wir teilweise schon als Aufgaben des Elternhauses angesprochen haben. Allerdings gilt auch hier: Wenn schon die Erzieher nicht über entsprechende Kenntnis verfügen, wie sollten sie entsprechendes Wissen der nachfolgenden Generation vermitteln? Und oft haben die Lehrer auch gar kein Interesse, wirklich Aufklärung zu betreiben, nicht zuletzt, weil sie selbst ideologisch befangen sind. Was in erster Linie vonnöten wäre, ist eine bessere naturwissenschaftliche Ausbildung. So könnte in den Fächern **Physik**, **Mineralogie**, **Geologie** und besonders in **Biologie** Pseudowissenschaften wie *Astrologie*, *Mondglauben*, *Kristallmythologie*, *Radioästhesie*, *Pseudomedizin*, *Kreationismus* und anderem Unsinn wirksam Paroli geboten werden. Im Biologieunterricht müsste im Zusammenhang mit ökologischen Problemen besonders eindringlich auf die unglaubliche Dummheit der Menschheit bezüglich *Zerstörung der Ökosysteme* hingewiesen werden.

Aber auch eine problembezogene bessere kulturwissenschaftlich-historische Bildung etwa im Fach **Geschichte** wäre wichtig, da eine solche die *Relativität kultureller Phänomene*, Ideologien und Werte verdeutlichen könnte. Es müsste speziell auf diese Zusammenhänge und die Dummheit vieler Anschauungen eingegangen werden. Auch die Rolle und *Dummheit von Kriegen* sollte hier bloßgestellt werden.

Ein spezielles Vorurteil aus der Geschichte ist die Vorstellung angeborener sozialer Privilegien, die als *„Gottgnadentum"* (oder im Judentum die *Auserwähltheit*) Jahrhunderte hindurch eine unhinterfragbare Autorität ausstrahlten und in vielen Ländern heute noch Gültigkeit haben. Dazu gehört das Spiegelbild des Unterprivilegierten, des Leibeigenen etwa, der gar nicht auf den Gedanken kommt, seine Stellung in der Gesellschaft in Frage zu stellen. Er steht so unter dem Diktat des Vorurteils, dass er gerade nicht ein Bewusstsein dafür zu entwickeln vermag, dass es sich um Vorurteile handelt. Die bestehenden Machtverhältnisse erscheinen ihm als eine Selbstverständlichkeit (vgl. *Mitscherlich* 1987[2]).

Eine ganz wesentliche Aufgabe hätten die Fächer **Psychologie** und **Philosophie**, die in Österreich (aus historischen Gründen) zu einem Fachkomplex – mit allerdings viel zu geringer Stundendotierung – zusammengefasst sind. Im Rahmen des Psychologie-Unterrichts könnte kritisch das *Leib-Seele-Problem* und die Unsinnigkeit des Glaubens an leibfreie *„Geister"* oder an eine *„Seelenwanderung"* erörtert und damit auch die Parapsychologie ad absurdum geführt werden. Auch die *Ideologie eines „freien Willens"* könnte aus neuropsychologischer Sicht als solche entlarvt werden. Ebenso wäre im Rahmen der Sozialpsychologie der Mechanismus der Bildung von *Vorurteilen* und deren Funktion zu erhellen. Ein spezielles Thema des Psychologieunterrichts sollte auch die Frage des *Aggressionspotenzials* des Menschen darstellen. Der *Konfliktforschung* und der Frage, wie Kriege vermieden werden könnten (*Friedenssicherung*), sollte breiterer Raum gewährt werden.

Die Philosophie hätte die Aufgabe einer *Wissenschaftspropädeutik*. Jeder später an einer Universität studierende Schüler sollte wenigstens in Ansätzen wissen, wie Wissenschaft funktioniert und vor allem, wie Wissenschaft sich von *Pseudowissenschaft* unterscheidet. Auch im Bereich der *Ideologiekritik* und der *Werte* kommt dem Philosophie- bzw. Ethik-Unterricht eine zentrale Bedeutung zu.

Die Indoktrination durch einen ideologisierenden Religionsunterricht müsste durch einen neutralen **Ethikunterricht** ersetzt werden.

Für die Schule wünschenswert wäre zweifellos ein eigenes Fach **„Wissenschaftliche Aufklärung und kritisches Denken"**. Das Problem ist nur: wer sollte dieses unterrichten? Die dafür eingesetzten Lehrer müssten universell gebildet sein. In Wirklichkeit jedoch sind die meisten Lehrer selbst unkritisch, ideologie-, glaubens-, aberglaubens- und vourteilsbefangen und damit dummheitsanfällig wie andere Leute auch.

Dennoch: Die Schule könnte einen ganz bedeutsamen Beitrag zur Bekämpfung der Verdummung leisten (die von den Medien leider so eifrig betrieben wird).

Neben der Schule hätten eigentlich auch die Volkshochschulen eine wichtige Entdummungsfunktion und sollten eher aufklärende statt verblödende (z.B. esoterische) Kurse anbieten.

An den Universitäten und Hochschulen sollten eigene Entdummungs- und Aufklärungskurse für die Hörer aller Fakultäten verpflichtend eingeführt werden. Vielen Akademikern fehlen vor allem solide naturwissenschaftliche Kenntnisse und eine Schulung im kritischen Denken.

Entdummung statt Verdummung durch die Medien

Die Bekämpfung der Dummheit ist ein Dauerkampf gegen Windflügel. Wir können dummes Denken und Handeln oder dumme Ideologien und pseudowissenschaftliche Gedankengebäude nicht wirklich abschaffen oder gar verbieten, aber wir sollten uns auch nicht damit abfinden. Vielmehr müssen wir uns dafür einsetzen, dass auch über Fernsehen, Zeitschriften, Tageszeitungen und Bücher weniger Nonsens verbreitet wird. Anstatt die Bildungsaufgabe wahrzunehmen, wird in diversen Radio- und Fernsehsendungen häufig haarsträubender und abergläubischer (z.B. astrologischer, parapsychologischer oder pseudomedizinischer) Unsinn kritiklos ausgestrahlt und den Leuten als Tatsache verkauft. Und viele Zeitgenossen nehmen ihn mangels entsprechender Bildung für bare Münze. Wir müssen uns allerdings im Klaren sein, dass die Medien meist nur deshalb hirnrissige Vorstellungen unter's Volk bringen, weil dies vom Publikum gewünscht wird. Abergläubische Sendungen bringen Quoten. Literatur aus dem Dunstkreis der Esoterik wird massenhaft verkauft. Geld regiert die Welt. *Mundus vult decipi, ergo decipiatur* – die Welt will betrogen werden, daher werde sie betrogen. In dieser Situation könnte man versucht sein, ein gesetzliches Reglement zu verlangen. Doch der Ruf nach dem Staat könnte problematisch sein:

Es könnte z.B. verlangt werden, dass entsprechende Sendungen zu einem gewissen Anteil stets auch kritisch kommentiert werden müssen. Vermutlich würde durch entsprechende Ge- und Verbote jedoch mancher die vielgerühmte Gedankenfreiheit oder gar die Demokratie gefährdet sehen.

Es ist andererseits auch klar, dass „der Staat" wenig Interesse an Einschränkungen gewisser Dummheiten hat, weil er selbst damit riesige Geschäfte macht. Man denke nur an die Tabak- oder Alkoholsteuer. Es wäre für den Staat sozusagen kontraproduktiv, die Dummheit des Rauchens oder des Alkoholismus zu bekämpfen.

Die Problematik verschiedenster dummer Verhaltensweisen kann sehr komplex und mit einfachen Maßnahmen nicht zu lösen sein, so dass die Vertreter des Staates überfordert sind.

In manchen Fällen könnte es durchaus sein, dass wir mit Zwangsmaßnahmen eine Dummheit mit einer anderen austreiben.

Internationale Maßnahmen gegen die Dummheit der Menschheit

Eine Massentheraphie der Dummheit ist dringend erforderlich, eine Prophylaxe und Psychohygiene gegen die kollektive Verdummung ist unabdingbar und bis zu einem gewissen (bescheidenen) Maße auch machbar.

Vor allem *Frank Palanay* (1972) und auch *Josef Rattner* (1976) fordern eine ganze Reihe internationaler Maßnahmen, um die lebensgefährlichen Kollektivdummheiten unter Kontrolle zu bringen, ehe sie uns vernichten.

Das 10-Punkte-Programm

Folgendes 10-Punkte-Programm scheint sinnvoll:

1. Wir brauchen dringend eine universelle *Dummheitsforschung*, an der sich alle Fakultäten und alle an Fortschritt und Freiheit interessierten Menschen beteiligen sollten. Je genauer wir die Ursachen und auch die verschiedensten Varianten dummen Verhaltens (von der Denkunfähigkeit über Aberglauben, Leichtgläubigkeit bis zur Geistesbeschränktheit in Religion, Politik, Wirtschaft und Kultur überhaupt) kennen, desto besser können wir Dummheit bekämpfen. Es wäre das wichtigste Forschungsprogramm des neuen Jahrtausends, zu erkunden, warum und in welcher Form und in welchen Bereichen die Menschen dumm sind oder handeln, welche Dummheitsursachen beseitigt werden können und wie man in Zukunft die epidemisch die ganze Menschheit verwüstende Dummheit steuern und (vielleicht) allmählich eine etwas „klügere Menschheit" heranbilden könnte. Bis zu einem gewissen Grad scheint es auch sinnvoll, Dummheit zu kanalisieren, ja sogar zu nutzen, wie dies *Palanay* und *Buchegger* vorgeschlagen haben.
2. Die allgemeine Bildung der Menschen (durch Schulen, Volkshochschule, Universität und Medien) muss dringend weltweit viel stärker als bisher gefördert werden, damit sie für die verschiedensten Klischees, Vorurteile, Ideologien und abergläubischen Vorstellungen weniger anfällig sind. Denn dummes Verhalten ist häufig auch die Folge von Unwissenheit. Und hier kann der kollektiven Verdummung sehr wohl die Stirn geboten werden. Die Hebung des Bildungsstandards weltweit wäre auch die beste Maßnahme, die helfen könnte, Fanatismus, Kriege, Ungerechtigkeit, Arbeitslosigkeit, Kinderarbeit, soziales Elend und die Unterdrückung von Frauen einzudämmen. Bessere ökonomische Verhältnisse vor allem in den untersten Schichten sind Voraussetzung dafür. Und jeder, der nicht völlig verblödet oder fanatisiert ist, wird einsehen, dass wir nur in einer Welt des Friedens, der Abrüstung, der Völkerverständigung und der Kritik an den eigenen Ideologien überleben können.
   Ein besonders menschenverachtendes Vorurteil ist das von der Minderwertigkeit der Frau, das auch in unseren Breiten durchaus noch nicht ausgestorben ist, besonders krass aber in islamischen Ländern (Afghanistan, Sudan usw.) ins Auge fällt. Solchen Vorurteilen müsste natürlich an Ort und Stelle der Kampf

angesagt werden, ein schwieriges Unterfangen angesichts der Tatsache, dass auch die Frauen selbst ihm zustimmen und ihre vermeintliche Minderwertigkeit als „gottgegeben" hinnehmen, ihren Töchtern wieder einimpfen und so die himmelschreiende unsinnige Ungerechtigkeit perpetuieren.

Auch zahlreiche andere Vorurteile und abergläubische Vorstellungen sind kulturspezifisch und variieren von Gesellschaft zu Gesellschaft und können nur durch Aufklärung und rationale Reflexion eingedämmt werden.

3. Manipulateure des Okkulten und Übersinnlichen mit ihren abergläubischen Bauernfängereien (Astrologie, Hellsehen, Pseudomedizin usw.) sollten energisch in die Schranken gewiesen werden. Solche Okkultverblöder und Schmarotzer der Menschheit, die gutgläubigen Klienten das Geld aus der Tasche ziehen, sollten sich vor Gericht dafür verantworten müssen und streng bestraft werden.
4. Äußerst wichtig wäre eine generelle Schulung der Menschen im Erkennen komplexer Zusammenhänge. Denn mit der zunehmenden Komplexität unserer Welt hat auch die Gefahr global verheerende Dummheiten zu begehen exponentiell zugenommen. Um solche tödlichen Entscheidungen zu vermeiden, ist es notwendig, dass wir lernen, komplizierte Zusammenhänge zu durchschauen. *Dietrich Dörner* hat in seinem Buch *„Die Logik des Misslingens"* (1990) gezeigt, wie sich vernetztes oder *systemisches Denken* und damit eine Logik des Gelingens schrittweise erlernen lässt. Nicht selten ist aber auch der *„gesunde Menschenverstand"* trotz aller Einschränkungen eine mächtige Waffe gegen die Dummheit.

   Auf Vernunft und deren ärmerer Verwandter, dem Hausverstand, müsste jede Art von Dummheitsüberwachung basieren.
5. Dort wo wir aus Gründen der *Komplexität* den Durchblick nicht mehr haben (in der Ökologie z.B. genau so wie in der Ökonomie), muss vermehrt „künstliche Intelligenz" eingesetzt werden. Wir sollten uns vom Computer aber keine Wunder erwarten. Künstliche Intelligenz wird uns als Menschen nicht klüger machen. Nur wo rationale Intelligenz die Hauptrolle spielt, können wir uns von ihr Vorteile erwarten, nicht aber bei Entscheidungen, die auf Gefühlen und Trieben beruhen und damit auch „dumm" (situationsunangemessen) ausfallen können. Ein Quantensprung zur Überwindung der Dummheit ist von der KI nicht zu erwarten.
6. Überlebenswichtig wäre auch eine allgemeine *ökologische Sensibilisierung* der Leute, damit die Dummheit, sich die

eigenen Lebensgrundlagen zu zerstören, eingeschränkt wird. Wir treiben mit den Gütern dieser Erde Missbrauch, als ob es kein Morgen gäbe. Wir leben ganz selbstverständlich mit der Philosophie des „als ob" (vgl. *Schlapp* 1987).
Hier müsste auch die Macht der Mächtigen in Politik und Wirtschaft begrenzt werden.

7. Untersucht und kontrolliert werden sollten auch *Ideologien* und *Religionen* wenigstens dort, wo sie nachweislich Dummheit einfordern, wo Information unterschlagen und die Selbstentfaltung durch einschüchternde Tabus verhindert wird (vgl. *Mitscherlich* 1987[2]).
   Nach *Ullrich* (2001 in *Cap* 2003) ist es nicht mehr verantwortbar, unsere nachfolgenden Generationen noch länger den völlig neben der Wirklichkeit liegenden philosophischen und religiösen Weltbilder und Erklärungsmodellen auszusetzen und für das Weitertragen solcher wirklichkeitsferner Scheinrealität auch noch kollektive Ressourcen in unangemessener Höhe aufzuwenden, während die der Wirklichkeit sich zunehmend nähernden Naturwissenschaft in Schule und Universität grob vernachlässigt werden.
8. *Friedens- und Konfliktforschung* sowie *Friedenserziehung* und die Eindämmung des Militarismus, eine der größten Dummheiten der Menschheit, wären weitere Programmpunkte eines Katalogs zur Bekämpfung der menschlichen Dummheit.
9. Ferner sollte ein *internationaler Gerichtshof der Vernunft* installiert werden, der Fälle von Kollektivdummheit zu untersuchen hätte, die er für ausreichend gefährlich oder schädlich erachtet.
10. Schließlich müsste eine internationale *Anti-Dummheitsliga* als wirksame Dummheitskontrolle geschaffen werden, deren Mitglieder leidlich frei von Vorurteilen, Dogmen und Ideologien sein sollten, begabt mit Humor und Bescheidenheit hinsichtlich ihrer eigenen Unvernunft. Letztlich sind es Vernunft und Hausverstand, auf denen jede Art von Dummheitsüberwachung basieren müsste. Es wäre Aufgabe der Liga, das Bewusstsein der Gefährlichkeit der Dummheit auszuweiten und die Sache des Internationalen Gerichtshofs der Vernunft zu fördern, sowie weitere Maßnahmen und wirksame Methoden zur Eindämmung kollektiver Dummheiten zu entwickeln. Besonders gelungen Beiträge zur Dummheitsbekämpfung sollten prämiert werden.

Wenn wir für eine bessere Welt eintreten wollen, müssen wir auch die Dummheit bekämpfen.

3 Dumm – dümmer – am dümmsten

Buchegger (Internet 2001) hat eine Skala für Dummheit vorgeschlagen, in der verschiedenen Verhaltensweisen unterschiedlich viele Dummheitspunkte (von 1–5) gegeben werden und die jeder für sich neu aufstellen und bewerten kann. In diese Skala gehören z.B.

- Rauchen,
- Rauchen in Anwesenheit von Kindern,
- Reise in Malaria-Gebiete,
- Reise in Krisengebiete,
- Vertrauen auf Altersvorsorge,
- sieht mehr als 2 Stunden täglich TV,
- glaubt an Astrologie.

Hinzufügen könnte man z.B. noch

- Auto- und Motorradrasen,
- Selbstmordterroranschläge,
- Freestileclimbing,
- Schitourengehen trotz großer Lawinengefahr und
- andere lebensgefährliche Sportarten,
- Tempo 130 bei Glatteis,
- Überholen in unübersichtlichen Rechtskurven,
- Überholen von Kolonnen trotz Sperrlinie usw.

Buchegger meint, dass man nicht versuchen sollte, Dummheit zu bekämpfen, weil sie ohnedies nicht ausrottbar ist. „Dummheit muss man ausnutzen. Auf Dummheit ist Verlass, es gibt sie überall und immer. Besonders wenn die Umwelt immer komplexer wird, steigt automatisch die Dummheit mit an. Man kann wirklich auf menschliche Dummheit bauen, laut *Einstein* ist sie unendlicher als das Weltall."

Buchegger hält daher dafür, die Energie der Dummheit anzuzapfen und in eigene Erfolge umzusetzen. Die Kunst bestehe darin, der Dummheit neue Wege vorzugeben, bei denen Geld abfällt und die nicht illegal sind. (Die Gesellschaft schützt die Dummen zum Teil durch Gesetze!) Als Beispiel nennt *Buchegger* ein Astrologie-Cafe, in dem alle möglichen (unsinnigen) Methoden der Astrologie diskutiert werden könnten. Der Kaffeegenuss würde auch das Rauchen und damit den Zustrom fördern. Auch

Wahrsagerinnen und Hellseher würden angezogen werden. Das Ganze könnte man auch mit Beratungskabinen kombinieren. *Buchegger* ist sich sicher, dass die Gesellschaft diesen Service gut in Anspruch nehmen würde.

Im Sinne einer Dummheitsbekämpfung freilich kann dieser Vorschlag nicht ernst genommen werden. Seine Verwirklichung würde im Gegenteil einer weiteren Verblödung der Bevölkerung Vorschub leisten.

Zu meinen, alle gemachten Vorschläge zur Bekämpfung der Dummheit hätten eine Chance, verwirklicht zu werden, wäre wohl naiv und eher eine weitere Dummheit. Aber wir sollten dennoch den Windmühlenkampf nicht aufgeben. Da die Dummheit trotz aller Überwachungsbemühungen, nicht auszumerzen ist („die Dummen werden nicht alle"), müssen wir wohl oder übel für alle Zeit mit ihr leben. Es macht aber auch keinen Sinn zu resignieren und vor der Dummheit zu kapitulieren. Wir müssen uns unserer „Kleinstupidität" (*Palanay* 1972) bewusst werden.

Seien wir nachsichtig, auch gegen uns selbst und – bescheiden. „Bescheidung" hält *Musil* für das letzte und wichtigste Mittel gegen die Dummheit.

Jeder von uns trägt eine Narrenkappe und so ist jeder einzelne aufgefordert, der Unmenge vielgestaltiger Dummheit, die ihn sein Leben lang plagt (auch seiner eigenen!), die Stirn zu bieten – mit Ironie und Humor und den Kampf gegen den eigenen inneren „Blödmann" immer wieder aufs Neue aufzunehmen.

Gürster (1967): „Ein Göttergeschenk zur Erleichterung des Kampfes gegen die vielgestaltigen und vielschichtigen Manifestationen der Dummheit ist dem Menschen doch zuteil geworden, der es zu akzeptieren bereit ist. Ich meine jenen aus tieferen Quellen gespeisten Humor, der uns zur Erkenntnis nötigt, dass vom Erhabenen zum Lächerlichen nur ein kleiner Schritt ist." Die Lage ist hoffnungslos aber nicht ernst.

4 Humor als Antidummheitsmittel

Ich lache, also gibt es die Dummheit,
denn man lacht über die Dummheit.
André Glucksmann

Unter „Humor" versteht man seit dem 18. Jh. eine heiter-gelassene Gemütsverfassung inmitten aller Widerwärtigkeiten und Unzulänglichkeiten des Daseins.

Von Humor redet man auch als von einer Fähigkeit, Lachen zu erzeugen, ganz abgesehen vom Gemütszustand, der zugrunde liegt. Ein herzhaftes Lachen ist vielleicht das beste Gegengift gegen die Dummheit.

Dumme haben keinen Humor. Humor bedeutet, auch über sich selbst lachen zu können, Abstand zu gewinnen – und genau dazu sind Dumme nicht imstande.

Dumme Witze

Humor und Witze zu machen ist nicht das Gleiche, es gehört nicht einmal unbedingt zusammen! Witze provozieren Gelächter, aber Humor ist eine Geisteshaltung. Auch humorlose Menschen können über eine bestimmte Sorte von Witzen (giftig) lachen.

Heute kommen immer mehr Leute auf den schlechten Geschmack und stimmen ein in den Chor der Sprücheklopfer und Dauerwitzler. Die penetranten Meister der stumpfen Klinge, die Hüter des hohlen Humors haben Hochkonjunktur. Müde Scherze, halblustige Sprüche, aber auch ganz und gar schlechte Witze geben den Ton an. Oder was soll man etwa von *Osama Bin Laden*-Witzen der Art halten, wie sie nach dem 11. September 2001 per SMS verbreitet wurden?: „Bin sehr traurig. Niemand mag mich. Darf ich ein paar Tage bei dir Ferien machen? *Osama Bin Laden*"

Was sind das für schlichte Geister, die solch geschmacklosen Unsinn absondern? Werden wir da konfrontiert mit einer ganz besonderen Art der Ignoranz? Der Arroganz? Oder wirklich einfach nur mit einem außerordentlich hohen Maß an gebündelter Dummheit und Taktlosigkeit? Haben solche stupiden Witzchen möglicherweise zu tun mit einem Abstumpfungsprozess, dem wir

Lachen über die Dummheit (aus Branko Bokun: Wer lacht lebt länger 1987)

angesichts der täglich auf uns einstürzenden Schreckensmeldungen aus aller Welt zu erliegen drohen? Dies wäre dann doch eine zu simple Ausrede. Solche „Witze“ wirken auf einen auch nur einigermaßen normalen Menschen weder lustig noch zynisch, auch nicht sarkastisch. Einfach nur dumm und pietätlos.

Witz und Ironie

Von solch schlechten Scherzen abgesehen, ist Dummheit eine der wichtigsten Quellen der Komik und des Lächerlichen. Mehr noch als über die echte Borniertheit, die uns im Alltagsleben begegnet, wird beim Witz über ihre bewusste „ironische Inszenierung“ gelacht. Eine ironische Äußerung meint das Gegenteil von dem, was sie ausspricht. Bei der Ironie steckt Scherz hinter dem Ernst, beim Humor Ernst hinter dem Scherz.

Erasmus von Rotterdamm sah in der Ironie die einzig mögliche Abwehr gegen die „Weltmacht Dummheit“.

In der Selbstironie drückt sich eine kritische, spielerisch-überlegene Haltung sich selbst gegenüber aus. Wer Humor zeigt, wer insbesondere der Ironie und gar der Selbstironie fähig ist, der ist zumindest kein Dummkopf. Humorlosigkeit und tierischer Ernst hingegen sind ein deutliches Zeichen von Dummheit.

Cipolla (1992): „Humor lacht mit den anderen. Ironie erzeugt Spannungen und Konflikte. Humor dagegen ist, sofern er in der richtigen Dosierung zum richtigen Zeitpunkt angewandt wird (wenn das nicht der Fall ist, handelt es sich nicht um Humor), ein Wundermittel, mit dem Spannungen abgebaut, unangenehme Situationen entkrampft und menschliche Beziehungen oder Verhältnisse erträglicher gemacht werden können.

Ich bin daher der festen Überzeugung, dass es eine gesellschaftliche Verpflichtung ist, Humor anzuwenden, wann immer sich die Gelegenheit dazu bietet."

Humor und die Dummheit der Diktatoren

In schlechten Zeiten machen sich die Menschen das „Trotzdem-Lachen" zur Überlebensmaxime, unter dem Druck wirtschaftlicher Not oder politischer Repression blühen schneidender Witz und messerscharfe Pointen. Als der geistige Zwerg *Hitler* dank der tief stehenden Sonne der Kultur seine langen Schatten auf Europa werfen konnte, wählten viele den Witz als subversive – und lebensgefährliche – Form des Widerstands. Der Witz sagt häufig Verbotenes aus und in politisch totalitären Systemen ist der Witz eine Waffe der Widerstandskämpfer. Lachen befreit, relativiert – und verbrüdert. Worüber wir lachen können, das verliert seinen Schrecken. Die Tyrannen haben das Lachen stets deshalb gefürchtet, weil es gegen Angst immunisiert. So ließ *Adolf Hitler* gewisse Witze bei Strafe verbieten. In Wohlstandszeiten kommen den Spöttern die Ziele oft abhanden, der Humor verflacht. Der heute wieder aus seinen Löchern gekrochene Rechtsextremismus steht dem Humor mit einer Mischung aus Furcht und Hass gegenüber, zu lächerlich und dumm wirkt bei genauem Hinsehen das dumpfe Gehabe der bierbeduselten braunen Recken.

Bokun (1987): „Humor schützt uns vor dem Terror von Ideologien oder Einbildungen, vor dem Druck von Dogmen oder Vorurteilen, vor Zwängen und Perfektionismus, und ermöglicht uns so, in wirklicher Freiheit zu leben, nämlich frei von Stress und Frustration, Ängsten, Schuldgefühlen und Spannungen – und darin besteht die Heilkraft des Humors!"

Gelotologie – die Wissenschaft vom Lachen

Psychotherapeuten erkennen zunehmend, dass es für die psychische Gesundheit ihrer Patienten (und übrigens auch für ihre eigene berufliche Motivation) sehr hilfreich sein kann, wenn sie die Patienten anleiten, ihr jeweiliges Problem mit humorvoller Distanz zu betrachten. Sie erinnern sich an die alte Volksweisheit, wonach Lachen gesund ist, und ermutigen die Hilfesuchenden zum Lachen über sich selbst, über die Umstände, über bestimmte Verhaltensweisen. „Humor ist die Kunst, sich ohne Spiegel selber ins Gesicht zu lachen", meinte der österreichische Schauspieler *Paul Hörbiger*.

Humor und Lachen sind gesund, Humorlosigkeit ist dumm und krankmachend.

Humorvolle Menschen haben eine Art psychologisches Immunsystem. Das ist der Vorteil eines hohen HQ (Humorquotienten).

Der Humorforscher *Willibald Ruch* konnte aufgrund von Testreihen nachweisen, dass es „Kichererbsen" tatsächlich leichter haben als „Trauerweiden". Insbesondere befreit Lachen uns auch aus der Zwangsjacke der eigenen Torheit. Eine Minute Lachen relaxt genauso sehr wie eine Dreiviertelstunde professionelles Entspannungstraining.

Der therapeutische Humor zielt darauf ab, dem Patienten zu helfen, seine Leiden, Probleme und Bedrohungen zu relativieren. Lachübungen sollen lustvoll entspannen und Stress abbauen.

Humorvolle Menschen sind anderen gegenüber meist kreativ, witzig, verspielt, vital und begeisterungsfähig. Sie sind taktvoll und sozial intelligent, stellen zu anderen zwar Nähe her, treten ihnen aber nie zu nahe.

Humor und Gelächter tragen zu dauerhaftem Wohlbefinden bei und wirken den drei ungesündesten Emotionen – Depression, Angst und Ärger – direkt entgegen.

Humor wird nicht vererbt, sondern erlernt. Es hängt von der Erziehung und der den Menschen umgebenden Kultur ab, worüber er lacht.

Zwillinge neigen dazu, die Witzigkeit von Zeichnungen jeweils ähnlich zu bewerten. Dabei besteht kein Unterschied zwischen ein- und zweieiigen Zwillingen. Das bedeutet, dass nicht die gemeinsamen Gene, sondern die gemeinsame Umgebung den Humor prägen. Dies erklärt, warum der Sinn für Humor zwischen den Kulturen so unterschiedlich ist.

Der Mensch als Komödiant

Das Phänomen der Dummheit besitzt einen großen Unterhaltungswert.

Ein Großteil der Komödien nimmt die Dummheiten der Menschen aufs Korn und bringt uns dadurch zum Lachen. Es ist vor allem das Unerwartete und häufig die Schadenfreude, die uns lachen lässt.

Kinder lachen noch viel mehr als Erwachsene. Erst mit dem Bewusstsein der Sünde (Schuld) vergeht dem Kind nach und nach das Lachen. Auf diese Weise entpuppt sich die Moral als ein Erzfeind des Lachens. Morallehren erklären uns, wie wir *werden* sollen. Sie verdammen grundsätzlich, was wir *sind*. „Erbsünde" wird der scheußliche Gedanke genannt, demzufolge wir unsere Entstehung schon einer Schuld verdanken.

Es ist vor allem der logische und moralische Widerspruch, der eine komische Wirkung hervorbringt und damit zum Lachen anregt. Gerade im Fasching – dem „Fest der Unvernunft" – wird einer ungehemmten Lustbarkeit gefrönt, die normalerweise sozialmoralisch verpönt ist.

Zänker (2001): „Wenn dieser Mangeln (an Urteilskraft) nur gespielt ist, wenn also Denkfehler und Missverständnisse gewollt sind, wie beim Humor, wie bei den Narreteien des Karnevals – dann amüsiert uns die scheinbare Torheit und bringt uns zum Lachen. Dann wirken Dummheit und Intelligenz eng zusammen."

Humor als Distanz von sich selbst

Mit Humor lassen sich schwierige Situationen meistern. Arm ist daher der humorlose Mensch, denn er sieht nie über den Tellerrand hinaus, er steht nie über den Dingen und kann insbesondere nicht über sich selbst lachen. Der Humorlose wird zum Gefangenen dummer Gedanken und Ideen, mit dem die Kobolde der Dummheit ihr gespenstisches Spiel treiben. Er ist (nach *Gürster* 1967) auch dann „der Dumme", wenn er in tödlich ernster Überzeugung den Kampf gegen die Dummheit zu gewinnen glaubt.

Der Mensch ist das einzige Lebewesen auf diesem Planeten, das über sich selbst nachdenken kann. Er kann sich bis zu einem gewissen Grad neben sich stellen und sich wie ein Außenstehender betrachten. Die Fähigkeit zur Selbstreflexion gibt dem Menschen die Freiheit, nicht nur instinktgemäß zu reagieren, sondern auch anders zu handeln. Deshalb unterscheidet das Vorhandensein von Humor den Menschen vom Tier und vielleicht ist dies auch der Grund dafür, dass der Mensch das einzige Tier ist, das lachen kann. Die Fähigkeit zu Distanzierung und Relativierung ist eine Grundvoraussetzung für Humor.

Humor verträgt sich nicht mit Ärger, aber er verträgt sich auch nicht mit dem Gefühl von Hoffnungslosigkeit und Hilflosigkeit. Das Relativieren fördert den inneren Abstand zu den eigenen Problemen und dadurch werden die Auswege sichtbar, die es auch aus einer scheinbar ausweglosen Situation gibt.

Es ist ein Kreislauf: Wenn ich mich und meine Absurdität nicht relativieren und somit auch nicht darüber lachen kann, verstricke ich mich immer tiefer und aussichtsloser in die eigenen Fallen und Zwänge. Je verstrickter ich bin, desto weniger Abstand habe ich zu meinen Problemen. Je weniger Abstand ich habe, desto weniger kann ich über mich lachen. Wenn ich hingegen über mich lachen kann, schaffe ich mir zunehmend Freiräume. Durch Humor und das Lachen über sich selbst bekommt man Distanz zu seiner eigenen Verbohrtheit. Wer lacht, schaltet das Großhirn ein, stellt die ausgewogenere Perspektive wieder her und kann wieder relativieren. Das Lachen über die eigenen Torheiten gibt Freiheit, denn es schafft Entlastung, fördert den inneren Abstand, rückt die Dimensionen zurecht und gibt uns die Kontrolle zurück – wir sind wieder Akteure statt Opfer.

Auch glückliche Menschen wissen, dass sich vieles nicht kontrollieren und ändern lässt, aber sie verzweifeln nicht daran. Sie erkennen, wann sie unkontrollierbaren, nicht veränderbaren Umständen ausgeliefert sind und wann nicht. Sie können missliche Umstände relativieren und als Möglichkeit begreifen, etwas für die Zukunft zu lernen. Wir müssen uns auf das Veränderbare konzentrieren, das Unveränderliche gelassen zur Kenntnis nehmen.

Josef (1995): „Wer sich mit seinen Schwächen selbst erkannt hat, braucht Humor, um mit sich selbst zufrieden leben zu können. Mit Humor werden wir mit unserem unerwarteten Tun leichter fertig, und wir haben Verständnis für das unübliche und dumme Verhalten anderer. Wir übersehen großzügig unpassendes Verhalten bei uns und bei anderen und werden toleranter. Wir müssen wieder lernen, über uns selbst lächeln oder lachen zu können, und unser Dummsein gereicht uns zum Segen."

Lachen über das Absurde: Die kosmische Dimension

Humor (und Philosophie) sind wesentlich für unser Menschsein, weil sie die Fähigkeit erfordern, sich selbst und die eigene Situation zu transzendieren, zu überwinden und damit intelligent zu meistern.

Humor kann helfen, den Verstand nicht zu verlieren. Wir sollten mit heiterer Gelassenheit unsere Siege und unsere Fähigkeit, Probleme zu lösen, registrieren.

Wir sollten versuchen, souverän über den Dingen zu stehen, sie von oben, von außen, aus Distanz betrachten. Wir müssen mit Humor einsehen, wie unsinnig (dumm) es ist, sich über Kleinigkeiten aufzuregen, sich in etwas „hineinzusteigern", darüber zu streiten und so Gesprächsklima und Zusammenleben zu vergiften. Krank (und dumm) ist übrigens der, der einen kränkt, nicht der Gekränkte, obwohl diesen das Gekränktwerden auch krank machen kann.

Der kleinkariert Dumme geht mit Scheuklappen durchs Leben, ärgert sich über Nebensächlichkeiten, steht nicht über den Dingen, hebt den Kopf nie aus dem Wasser und merkt dies nicht einmal. Er ist humorlos, kann nicht über etwas lachen, was eigentlich lächerlich ist.

Simon Moon (Internet 2003) schlägt einen Schnell-Intelligenztest vor, der den Stand der eigenen Entwicklung deutlich macht: Falls uns die Welt täglich größer und lustiger erscheint, ist unsere Intelligenz in stetem Wachstum begriffen. Falls uns die Welt täglich kleiner und widriger erscheint, ist unsere Dummheit in stetem Wachstum begriffen.

Hätte *Moses* doch nur als elftes Gebot eingeführt: „Du sollst dich nicht zu ernst nehmen", so wäre das Leben der Menschen wahrscheinlich seit Jahrtausenden glücklicher, gesünder und friedlicher verlaufen. Wir könnten viel von unserer Zerstörungslust abbauen, würden wir das Leben humorvoll als Zufall, als einen Scherz kosmischer Kräfte ansehen.

Einer der wesentlichsten Aspekte am Humor ist, dass er uns befähigt, das Absurde an einer Sachlage zu erkennen und sich davon nicht unterkriegen zu lassen, sondern darüber zu lachen. Die Absurditäten des Lebens und der Welt überhaupt bekommen dadurch einen relativen Sinn.

Ephraim Kishon meinte: „Die Welt ist wunderbar und einmalig, aber was die Menschen machen, ist unverständlich. Es ist entweder unglaublich gemein, dumm oder komisch! Wenn man sich dann noch vorstellt, wir leben in der kleinsten und unbedeutendsten der vielen Trillionen Galaxien, dann ist das geradezu lächerlich." Nach *Monod* (1971) weiß der Mensch endlich, „dass er in einer teilnahmslosen Unermesslichkeit des Universums allein ist, aus dem er zufällig hervortrat. Nicht nur sein Los, auch seine Pflicht steht nirgendwo geschrieben." Wir dürfen uns nicht so wichtig nehmen, verdanken wir unsere Existenz im riesigen Kosmos doch bloß einer langen Reihe von an sich unwahrscheinlichen Zufällen. Die Evolution verläuft planlos, ohne Absicht und ohne Ziel. Und wir sind nicht für die Ewigkeit bestimmt. Unsere Existenz ist gemessen am Alter des Kosmos ein Augenzwinkern. Letztlich ist der Mensch in seiner Begrenztheit (aber grenzenlosen Dummheit) ein kosmischer Witz. Er ist ein zwar vernunftbegabtes, aber bei weitem nicht immer vernünftiges und häufig äußerst dummes Wesen. Die kosmische Winzigkeit und Kurzlebigkeit der Erde und des Menschen relativiert seine Position im Universum. Aus dieser kosmischen Perspektive sollten wir uns und unsere Probleme nicht so wichtig und das Ganze mit einer Art Galgenhumor nehmen.

Gürster (1967): „Wer sich selbst, auch in sogenannten feierlichen Momenten, noch komisch nehmen kann, hat sich aus der Apotheke des Lebens ein wirksames Mittel gegen die Anfälle der Dummheit gesichert."

Wir sollten das Unvermeidliche mit gelassener Heiterkeit ertragen und das Leben trotz allem genießen. Wir müssen wieder lachen lernen über diese seltsame, törichte Welt.

Zusammenfassung „Kampf der Dummheit?"

Die Frage, ob es überhaupt Sinn macht, die Dummheit bekämpfen zu wollen, kann auf dreierlei Art beantwortet werden:

1. **Dumm zu sein hat auch zahlreiche Vorteile.** Daher sollte die Dummheit nicht bekämpft, sondern vielmehr ausgenutzt werden.
2. **Die Dummheit zu bekämpfen bringt nichts**, gegen sie ist kein Kraut gewachsen.
3. **Die Dummheit zu bekämpfen ist eine für die Menschheit überlebenswichtige Notwendigkeit**, da sie uns zum Verhängnis zu werden droht. Da sie aber wohl nicht gänzlich abgeschafft werden kann, sollten wir eher versuchen, sie zu überlisten als sie systematisch zu bekämpfen, meint *Boxsel*. Andere meinen, wenn wir eine bessere Welt wollen, müssen wir die Dummheit bekämpfen. Der Kampf gegen die Dummheit (dumme Ideensysteme und dumme Handlungen) müsse an allen nur denkbaren Fronten geführt werden, wofür sich folgende Möglichkeiten anbieten:

- Dummheitsprophylaxe in der Familie;
- wissenschaftliche Aufklärung an den Schulen, Universitäten und Volksbildungseinrichtungen;
- Aufklärung statt Verdummung durch die Medien.

An **internationalen Maßnahmen** gegen die Dummheit der Menschheit werden vorgeschlagen:

- bessere (v.a. naturwissenschaftliche und psychologische) Ausbildung;
- weltweite Aufklärung über Aberglaube und Ideologien;
- Konfliktforschung und Friedenserziehung;
- internationale Dummheitsforschung;
- internationaler Gerichtshof der Vernunft.

Trotz aller Bemühungen wird die Dummheit auch weiterhin ein treuer Begleiter des Menschen durch die Geschichte bleiben. Wir müssen daher nachsichtig und bescheiden sein. Die Lage ist zwar hoffnungslos, aber nicht ernst. Wir sollten wieder lachen lernen über diese törichte Menschenwelt und vor allem über uns selbst und unsere Dummheit.

Wie sagte *Charles Dickens*?: „Der Humor nimmt die Welt hin, wie sie ist, sucht sie nicht zu verbessern und zu belehren, sondern sie mit Weisheit zu ertragen.“

Epilog

Es war vom Autor mit einiger Sicherheit höchst unklug, dieses Buch über die Dummheit zu schreiben, weil man damit notgedrungen an allen möglichen Ecken und Enden anstößt, sich Feinde schafft und so das Leben schwer macht. Auf der anderen Seite muss die Dummheit des Menschen bloß gestellt werden, weil sie uns zugrunde zu richten droht. Und nur was man kennt, kann in seiner Bedeutung angemessen eingeschätzt und eventuell bekämpft werden, wo und wenn dies sinnvoll erscheint. Sinnvoll aber ist dies deshalb, weil damit auch viel Leid erspart werden kann, denn dumm zu handeln zieht häufig auch negative Folgen nach sich. Dummheit nicht zu bekämpfen oder gar zu fördern, weil die Dummheit der vielen einigen auch Vorteile bringt, ist ein egoistisches Motiv und aus ethischer Sicht abzulehnen. In einem gewissen Sinne ist dieses Buch auch eine Abrechnung mit der Dummheit der Menschen überhaupt. Es sollte aber auch eine Hilfe sein, die eigene Dummheit ein wenig besser zu durchschauen, denn es ist ja schier unglaublich, was wir alles gegen jede Vernunft zu denken und tun bereit und in der Lage sind. Als *ultima ratio* hilft hier nur der Humor, der uns erlaubt, die Dinge nicht immer so ernst zu nehmen, etwas über ihnen zu stehen und über uns selbst zu lachen.

Literatur

Albert, Hans: Abschied vom illusionären Denken. In: Deschner, Karlheinz: Woran ich glaube. Heyne Sachbuch 19/217, München 1992

Andreas, Peter – Adams, Gordon: Was niemand glauben will. Abenteuer im Reich der Parapsychologie. Ullstein TB 3344, Frankfurt /M. – Berlin – Wien 1977

Augstein, Rudolf: Wahre Katastrophe. In: der Spiegel 35/1994

Austeda, Franz: Lexikon der Philosophie. Hollinek, Wien 1989[6]

Badewien, Jan: Anthroposophie. Eine kritische Darstellung. Bahn, Konstanz 1988[3]

Baumann, Hans. D.: Unsere fernen Nachbarn. Wie sich die Erdbewohner die Außerirdischen vorstellen. Rasch und Röhrig, Hamburg 1990

Binder, Hans (Hrsg.): Macht und Ohnmacht des Aberglaubens. Magie – Wissenschaft – Pseudowissenschaft. Vlg. Hohe Warte. Pähl 1992

Bleuler, Eugen: Das autistisch-undisziplinierte Denken in der Medizin und seine Überwindung. Springer, Berlin – Göttingen – Heidelberg 1962[5]

Böck, Walter: Erscheinungsformen und Ursachen der Dummheit. Diss, Innsbruck 1953

Bördlein, Christian: Das sockenfressende Monster in der Waschmaschine. Eine Einführung ins skeptische Denken. Alibri, Aschaffenburg 2002

Bokun, Branko: Wer lacht, lebt länger. Von der Heilkraft des Humors. Ariston, Genf 1988[3]

Bogen, Hans Joachim: Magie ohne Illusion. Aurum Verlag, Freiburg im Breisgau 1982

Bondi, Hermann: Wissenschaft als kritisches Kooperationsmodell. In: Deschner, Karlheinz: Woran ich glaube. Heyne Sachbuch 19/217, München 1992

Boxsel, Matthijs van: Die Enzyklopädie der Dummheit. Eichborn, Frankfurt/M. 2001

Buggle, Franz: Denn sie wissen nicht, was sie glauben. Oder warum man redlicherweise nicht mehr Christ sein kann. Eine Streitschrift. Rororo Sachbuch 60427, Reinbek bei Hamburg 1997

Bunge, Mario: Demarcating Science from Pseudoscience. Fundamenta Scientiae, Vo. 3, No. 3/4, pp. 369–88, Pergamon Press 1982

Cap, Ferdinand: Ein Ende der Religionen? Naturwissenschaftliche und religiöse Weltbilder. StudienVerlag, Innsbruck – Wien – München – Bozen 2003

Carroll, Robert Todd: The Skeptics Dictionary: Atheismus. Internet 2002

Christopher, Milbourne: Geister – Göttter – Gabelbieger. Die Tricks der PSI-Begabten. Econ, Düsseldorf – Wien 1977

Ciompi, Luc: Affektlogik. In: Spektrum der Wissenschaft 2/1993 (Heidelberg)

Cipolla, Carlo M.: Allegro ma non troppo. Die Prinzipien der menschlichen Dummheit. Fischer TB 10562, Frankfurt/M. 1992

Clarke, Arthur C.: Im höchsten Grade fantastisch. Ausblicke in die Zukunft der Technik. Fischer TB 1023, Frankfurt/M – Hamburg 1969

Dahl, Edgar (Hg.): Die Lehre des Unheils. Fundamentalkritik am Christentum. Carlsen, Hamburg 1993

Degen, Rolf: Lexikon der Psycho-Irrtümer. Eichborn, Frankfurt /M 2000

Deschner, Karlheinz, Kriminalgeschichte des Christentums. Die Frühzeit. Rowohlt 1986

Deschner, Karlheinz – Herrmann, Horst: Der Antikatechismus. 200 Gründe gegen die Kirchen und für die Welt. Goldmann TB 12343, München 1991

Deschner, Karlheinz: Woran ich glaube. Heyne Sachbuch 19/217, München 1992

Deschner, Karlheinz (Hg.): Das Christentum im Urteil seiner Gegner. Ullstein Sachbuch 34659, Frankfurt/M. – Berlin 1990

Ditfurth, Hoimar von: Kinder des Weltalls. Der Roman unserer Existenz. Droemer – Knaur TB 319, München – Zürich 1973

Ditfurth, Hoimar von: So lasst uns denn ein Apfelbäumchen pflanzen – Es ist soweit. Rasch und Röhrig, Hamburg – Zürich 1985

Doehlemann, Martin: Dumme Sinnsysteme. Ausflucht und Zuflucht. In: Wertheimer, Jürgen –Zima, Peter V.: Strategien der Verdummung. Beck, München 2002[4]

Dörner, Dieter: Logik des Misslingens. Strategisches Denken in komplexen Situationen. Rowohlt TB, Hamburg 1997

Eberlein, Gerald L. (Hg.): Schulwissenschaft Parawissenschaft Pseudowissenschaft. Hirzel, Stuttgart 1991

Eibl-Eibesfeldt, Irenäus: Der Mensch – das riskierte Wesen. Zur Naturgeschichte menschlicher Unvernunft. Piper, München – Zürich 1988

Erasmus von Rotterdamm: Das Lob der Torheit. Reclam 1907, Stuttgart 1992

Ette, Ottmar: Von hergestellter Dummheit und inszenierter Intelligenz. In: Wertheimer, Jürgen – Zima, Peter V.: Strategien der Verdummung. Beck, München 2002[4]

Evans, Christopher: Kulte des Irrationalen. Sekten, Schwindler, Seelenfänger. Rowohlt TB 7297, Reinbek bei Hamburg 1979

Feuerbach, Ludwig: Das Wesen der Religion. Berlin 1913

Frankl, Viktor E.: Der Mensch vor der Frage nach dem Sinn. Piper, München – Zürich 1990[8]

Gentes, Lutz: Die Wirklichkeit der Götter. Raumfahrt im frühen Indien. Vlg. Bettendorf 1996

Gerspach, Manfred: Mut zur Dummheit. Plädoyer für eine Neugestaltung menschlicher Angelegenheiten. Jugend und Politik Verlag, Frankfurt/M. 1988

Gertler, Andreas – Mattig, Wolfgang: Stimmen aus dem Jenseits. Parapsychologie und Wissenschaft. Verlag Neues Leben, Berlin 1992

Geyer, Horst: Über die Dummheit. Ursachen und Wirkungen der intellektuellen Minderleistungen des Menschen. Musterschmidt, Göttingen – Frankfurt – Zürich 1988[11]

Ginn, Colin Mc: Die Grenzen vernünftigen Fragens. Grundprobleme der Philosophie. Klett-Cotta, Stuttgart 1996

Gitt, Werner: Fragen, die immer wieder gestellt werden. Christliche Literatur-Verbreitung e.V., Bielefeld 1990[6]

Glucksmann, André: Die Macht der Dummheit. Ullstein Sachbuch 34472, Frankfurt a.M. 1990

Grabner-Haider, Anton – Weinberger, Ota – Weinke, Kurt (Hg.): Fanatismus und Massenwahn. Leykam, Graz – Wien 1987

Großgebauer, Klaus – Wien, Michael: Dummheit. Die heimliche und unheimliche Weltmacht. Books on Demand, Berlin – Stuttgart 2001

Gruhl, Herbert: Himmelfahrt ins Nichts. Der geplünderte Planet vor dem Ende. Langen Müller, München 1992[3]

Gürster, Eugen: Macht und Geheimnis der Dummheit. Artemis, Zürich – Stuttgart 1967

Haag, Herbert: Abschied vom Teufel. Vom christlichen Umgang mit dem Bösen. Benziger, Düsseldorf 1996

Harder, Bernd: X-Akten gelöst. Die Enträtselung der „unheimlichen Fälle". Alibri, Aschaffenburg 1999

Harris, Marvin: Fauler Zauber. Unsere Sehnsucht nach der anderen Welt. Klett-Cotta, Stuttgart 1993

Heinrich, Hansjörg: Glück und Erfolg. In: P.M. Perspektive, Gruner und Jahr München 2000

Hemminger, Hansjörg (Hg.): Die Rückkehr der Zauberer. New Age – Eine Kritik. rororo Sachbuch 8712, Hamburg 1990

Hergovich, Andreas: Der Glaube an Psi. Die Psychologie paranormaler Überzeugungen. Huber, Bern – Göttingen – Toronto – Seattle 2001

Herrmann, Horst: Die sieben Todsünden der Kirche. Ein Plädoyer gegen die Menschenverachtung. Goldmann TB 12356, München 1992

Hirschberger, Johannes: Geschichte der Philosophie. Herder, Basel – Freiburg – Wien 1962[6]

Hoffmann, Gereon: Feng shui – Entstehung und Entwicklung geomantischer Überzeugungen in China. In: Skeptiker 4/1998 (Roßdorf)

Hofstadter, Douglas R.: Wissenschaft und Aberglaube: ein Kampf zwischen David und Goliath. Spektrum der Wissenschaft, 4/1982

Hopf, Wolfgang H. – Binder, Hans: Homöopathie eine Irrlehre? In: Binder (Hg.): Macht und Ohnmacht des Aberglaubens. Hohe Warte, Franz von Bebenburg, Pähl 1992

Hübsch, Hadayatullah: Fanatische Krieger im Namen Allahs. Die Wurzeln des islamistischen Terrors. Hugendubel, München 2001

Hulke, Waltraud-Maria: Handbuch der heilenden Energien. Windpferd-Verlagsgesellschaft, Aitrang 1990

Hummel, Reinhard: Zwischen den Zeiten und Kulturen: Die New-Age-Bewegung. In: Hemminger, H.(Hg.): Die Rückkehr der Zauberer, 1990

Hund, Wolfgang: Alles fauler Zauber?! Okkulte Phänomene – Was steckt dahinter? Verlag Die Schulpraxis, Mülheim 1989[2]

Hund, Wolfgang: Edu-Kinestetik als pädagogische Wunderwaffe? In: Skeptiker 1/1998 (Roßdorf)

Igwe, Leo: Hexerei in Afrika. In: Skeptiker 2/2003 (Roßdorf).
Jager, Cornelis de: Was ist Radosophie? In: Randow 1993
Jeßberger, Rolf: Kreationismus. Kritik des modernen Antievolutionismus. Parey, Berlin und Hamburg 1990
Josef, Konrad: Das Antlitz der Dummheit. Auf den Spuren einer weit verbreiteten Erscheinung. ars una, Neuried 1995
Jürg Jegge: Dummheit ist lernbar. Zytglogge-Verlag, Bern 1991
Kanitscheider, Bernulf: Astrologie in wissenschaftstheoretischer Perspektive. In: Eberlein, Gerald L (Hg.): Schulwissenschaft – Parawissenschaft – Pseudowissenschaft. S. Hirzel, Stuttgart 1991
Kanitscheider, Bernulf: Von der mechanistischen Welt zum kreativen Universum. Zu einem neuen philosophischen Verständnis der Natur. Wissenschaftliche Buchgesellschaft Darmstadt 1993
Kanitscheider, Bernulf: Auf der Suche nach dem Sinn. insel taschenbuch 1748, Frankfurt /M. – Leipzig 1995
Kanitscheider, Bernulf: Im Innern der Natur. Philosophie und moderne Physik. Wissenschaftliche Buchgesellschaft Darmstadt 1996
Kanitscheider, Bernulf: Von Lust und Freude. Bausteine einer hedonistischen Lebensorientierung. insel taschenbuch, Frankfurt /M. – Leipzig 2000
Kemmerich, Max: Aus der Geschichte der menschlichen Dummheit. Albert Langen, München 1912
Kern, Gerhard: Der (esoterische) Rassismus aus der besseren Gesellschaft. In: Kern, Gerhard – Traynor, Lee: Die esoterische Verführung. IBDK, Aschaffenburg – Berlin 1995
Knaut, Horst: Rückkehr aus der Zukunft. Okkultismus in Deutschland. Goldmann TB 3000, München o.J.
Knaut, Horst: Das Testament des Bösen. Seewald, Stuttgart 1979[2]
Köbberling, Johannes: Der Wissenschaft verpflichtet. In: Skeptiker 1/1998 (Roßdorf)
Köstler, Arthur: Der Mensch – Irrläufer der Evolution. Scherz, Bern 1981[2]
Koch-Hillebrecht, Manfred: Der Stoff aus dem die Dummheit ist. Eine Sozialpsychologie der Vorurteile. C.H. Beck, München 1978
Küng, Hans: Projekt Weltethos. Piper, München – Zürich 1991
Lambeck, Martin: Können paranormale Phänomene physikalisch erklärt werden? In: Skeptiker 2/1997 (Roßdorf)
Langer, Susanne K.: Philosophie auf neuem Wege. Das Symbol im Denken, im Ritus und in der Kunst. S. Fischer Verlag, Berlin 1965
Laudan, Rachel (Hg.): The Demarcation between Science and Pseudo-Science. In: Working Papers in Science & Technology, Vol. 2, 1983
Lenk, Hans: Kritik der kleinen Vernunft. suhrkamp TB 1771, Frankfurt a.M. 1990
Lingens, Peter Michael: Moralisch korrekte Zelle. In: profil 22, Wien 2001
Löbsack, Theo: Versuch und Irrtum. Der Mensch: Fehlschlag der Natur. Bertelsmann, München, Gütersloh, Wien 1974

Löbsack, Theo: Wunder, Wahn und Wirklichkeit. Naturwissenschaft und Glaube. Bertelsmann, München 1976

Löbsack, Theo: Magische Medizin. Methoden und Erfolge der Wunderheiler. Bertelsmann, München 1980

Löwenfeld, Leopold: Über die Dummheit – Eine Umschau im Gebiete menschlicher Unzulänglichkeit. Bergmann, Wiesbaden 1909

Lomborg, Björn: The Skeptical Environmentalist. Cambridge University Press, Cambridge 2002

Lorenz, Konrad: Die acht Todsünden der zivilisierten Menschheit. Serie Piper Bd. 50, München 1973

Lorenz, Konrad: Der Abbau des Menschlichen. Piper, München – Zürich 1983

Mack, Volker: Pierre Bayle. In: Deschner, Karlheinz (Hg.):Das Christentum im Urteil seiner Gegner. Ullstein Sachbuch 34659, Frankfurt/M. – Berlin 1990

Mahner, Martin: Kreationismus. Inhalt und Struktur antievolutionistischer Argumentation. Pädagogisches Zentrum Berlin 1986

Marcus, Hermann: Der Spießerstaat. Hoffmann und Campe, Hamburg 1977

Markl, Hubert: Grenzen des Wissens. „Die Grenzen liegen allein in der Beschränktheit unseres Geistes". In: Bild der Wissenschaft 1/1996 dva Stuttgart

Martin, Frank de: Die Seele des Kosmos. Das Ende der organisierten Dummheit. Ewertverlag S. L., Gran Canaria 1996

Mary, Michael: Die Glückslüge. Vom falschen Glauben an die Planbarkeit des Lebens. Lübbe, Bergisch Gladbach 2003

Mathiesen, Stephan: Der Glaube an Paranormales: Ein Überblick In: Skeptiker 1/2003 (Roßdorf)

Maxeiner, Dirk, – Miersch, Michael: Lexikon der Öko-Irrtümer. Eichborn, Frankfurt /M. 1998

Mitscherlich, Alexander: Das Ich und die Vielen. Parteinahmen eines Psychoanalytikers. Serie Piper 647, München – Zürich 1987[2]

Moia, Nelly: Marionette mit Herz. In: Deschner, Karlheinz (Hg.): Woran ich glaube. Heyne Tb Sachbuch 19/217, München 1992

Monod, Jacques: Zufall und Notwendigkeit. Philosophische Fragen der modernen Biologie. Piper, München 1971[2]

Morin, Edgar: Rätsel des Humanen. Piper, München 1982

Müller, Lutz: Para PSI und Pseudo. Parapsychologie und die Wissenschaft von der Täuschung. Ullstein, Berlin – Frankfurt/M – Wien 1980

Musil, Robert: Über die Dummheit. Alexander, Berlin 1937

Öller, Rudolf: Die Schaumsprache des Gutmenschen. In: Vorarlberger Wochenzeitung, 12. Oktober 1994

Ortner, Christian: Ist der Westen dem Islam überlegen? Kampf der Kulturen. In: Format 40/2001 (Wien)

Palanay, Frank: Dummheit als gesellschaftliches Phänomen. Homo stultus. Europa Verlags AG Wien 1972

Pestalozzi, Hans A.: Die sanfte Verblödung. Hermes, Düsseldorf 1985

Peter, Laurence J. – Hull, Rymond: Das Peter-Prinzip. rororo TB 380, Reinbek bei Hamburg 1972

Petz, Ernst: Verblödung aus den Hinterwelten. Aarachne, Wien 1993

Piatelli-Palmarini, Massimo: Die Illusion zu wissen. Was hinter unseren Irrtümern steckt. rororo Sachbuch 60136, Reinbek bei Hamburg 1997

Piper, Ernst Reinhard: Ich glaube an ein Leben vor dem Tod. In: Deschner, Karlheinz: Woran ich glaube. Heyne Sachbuch 19/217, München 1992

Planer, Felix E.: Die Struktur des Glaubens an das Paranormale. In: Skeptiker 4/1992, Roßdorf

Pössel, Markus: Phantastische Wissenschaft. Über Erich von Däniken und Johannes von Buttlar. rororo Sachbuch 60259, Reinbek bei Hamburg 2000

Popper, Karl Raimund: Alles Leben ist Problemlösen. Wissenschaftliche Buchgesellschaft, Darmstadt 1994

Prokop, Otto – Wimmer, Wolf: Der moderne Okkultismus. Gustav Fischer, Stuttgart 1976

Prokop, Otto (Hg.): Medizinischer Okkultismus. G. Fischer, Stuttgart – NewYork 1977[4]

Die Psychologie paranormaler Überzeugungen. Verlag Hans Huber,Bern.Göttingen. Toronto.Seattle 2001

Randow, Gero von (Hg.): Mein paranormales Fahrrad und andere Anlässe zur Skepsis, entdeckt im „Skeptical Inquirer". rororo science sachbuch 9535, Hamburg 1994

Ráth-Végh, István: Aus der Geschichte der Menschenverdummung. Corvina, Budapest 1961

Rattner, Josef: Homo insipiens: Der dumme Mensch. Psychoanalyse – Epidemiologie – Kulturpsychologie – Therapie. Verlag für Tiefenpsychologie, Berlin 1976

Rauscher, Josef: Mythos, Wissenschaft, Moral. Schlager, Wien o.J.

Reichenbach, Hans: Der Aufstieg der wissenschaftlichen Philosophie. Vieweg, Braunschweig 1968

Reininger, Robert: Wertphilosophie und Ethik. Braumüller, Wien 1947

Rescher, Nicholas: Die Grenzen der Wissenschaft. Reclam, Stuttgart 1985

Rescher, Nicholas: Warum sind wir nicht klüger? Der evolutionäre Nutzen von Dummheit und Klugheit. edition universitas; S. Hirzel, Wissenschaftliche Verlagsgesellschaft, Stuttgart 1994

Reutterer, Alois: An den Grenzen menschlichen Wissens. Wissenschaftliche Buchgesellschaft Darmstadt 1990

Reutterer, Alois: Erkennen und Handeln. Einführung in die Philosophie. Dorner, Wien 2000

Reutterer, Alois: Erleben und Verhalten. Einführung in die Humanpsychologie. öbv & hpt, Wien 2003

Röhrich, Lutz: Lexikon der sprichwörtlichen Redensarten. Herder, Freiburg 1977

Rohracher, Hubert: Einführung in die Psychologie. Urban & Schwarzenberg Wien – Innsbruck 1958

Rohracher, Hubert: Die Arbeitsweise des Gehirns und die psychischen Vorgänge. Barth, München 1967

Rood, Robert T.- Trefil, James S.: Sind wir allein im Universum? Die Möglichkeit außerirdischer Zivilisationen. Birkhäuser, Basel – Boston – Stuttgart 1982

Russell, Bertrand: Warum ich kein Christ bin. Szczesny, München 1963

Russell, Bertrand: Unpopuläre Betrachtungen. Europaverlag, Zürich 1973[3]

Rust, Holger: Die Revolution des Spießertums. Wenn Dummheit epidemisch wird. Quadriga – Ullstein, Berlin 1999

Sagan, Carl: Der Drache in meiner Garage. oder die Kunst der Wissenschaft, Unsinn zu entlarven. Knaur TB 77474 Droemer-Knaur, München 2000

Schick, Theodor: Das Ende der Wissenschaft? In Shermer, Michael – Maidhof-Christig, Benno – Traynor, Lee: Endzeittaumel. Propheten Prognosen Progpaganda. Skeptisches Jahrbuch II, Alibri, Aschaffenburg 1998

Schlapp, Manfred: Steckbrief der Hinterwelt. Eine Kritik an gesellschaftlichem Fehlverhalten. Delp, München 1971

Schlapp, Manfred: Versuch und Irrtum. Braumüller, Wien 1979

Schlapp, Manfred: Irren ist unmenschlich. Kritik der reinen und praktischen Unvernunft. Arcus, Berlin 1987

Schopenhauer, Arthur: Parerga und Paralipomena. Kleine philosophische Schriften. 2. Bd. Brockhaus Leipzig 1916[2]

Schönbach, Klaus – Peiser, Wolfram: Die Sterne lügen nicht. In Bild der Wissenschaft 6/1994, dva Stuttgart

Schröder, Josef: Was ist Leben? Herder TB 402, Freiburg – Basel – Wien 1971

Shermer, Michael: Geschichte am Scheideweg. In Shermer, Michael – Maidhof-Christig, Benno – Traynor, Lee: Endzeittaumel. Propheten Prognosen Progpaganda. Skeptisches Jahrbuch II, Alibri, Aschaffenburg 1998

Singer, Claire: Teufel. Entstehung, Mythos und Wirken des personifizierten Bösen. Tosa, Wien 2001

Steeger, Oliver: Vom Sinn der Sinne. In Psychologie heute 12/1996

Stegmüller, Wolfgang: Rationale Rekonstruktion von Wissenschaft und ihrem Wandel. Reclam 9938, Stuttgart 1979

Stumpf, Hans-Gerhard: Entgeistert. Übersinnliches, Übernatürliches. eins und eins Verlag München 1991

Szczesny, Gerhard: Die Zukunft des Unglaubens. List, München 1965

Szczesny, Gerhard: Das sogenannte Gute. Vom Unvermögen der Ideologen. Rowohlt, Reinbek bei Hamburg 1971

Tippow, Rainald: Erleuchtet, verzaubert und geheilt? Esoterik und New Age zwischen Mystik, Weisheit und Dummheit. Wien 1998

Topitsch, Ernst: Vom Ursprung und Ende der Metaphysik. Springer, Wien 1958

Tschaikner, Manfred: „Damit das Böse ausgerottet werde". Hexenverfolgung in Vorarlberg im 16. und 17. Jahrhundert. Vorarlberger Autorengesellschaft, Bregenz 1992

Uccusic, Paul: PSI-Resümee. Ullstein TB 3405 Frankfurt /M – Berlin – Wien 1978

Ullrich, Konrad: Abschied von Platon. Das naturwissenschaftliche Weltbild der Gegenwart. Haag + Hercher, Frankfurt/M. 2001

Vilar, Ester: Der betörende Glanz der Dummheit. dtv Sachbuch 11260, München 1990

Vilar, Esther: Die Erziehung der Engel. Wie lebenswert wäre das Ewige Leben? Econ Düsseldorf – Wien – New York – Moskau 1992

Vilar, Esther: Denkverbote. Tabus an der Jahrtausendwende. Gustav Lübbe, Bergisch Gladbach 2000

Vollmer, Gerhard: Über die Schwierigkeit, Meinungen zu ändern. In: Oesterreicher-Mollno, M. (Hg.): Was uns bewegt. Beltz, Bern 1991

Vollmer, Gerhard: Wozu Pseudowissenschaften gut sind. Argumente aus Wissenschaftstheorie und Wissenschaftspraxis. In Universitas 2/1992 und in Skeptiker 4/1994

Vollmer, Gerhard: Bin ich Atheist? In Dahl, Edgar (Hg.): Die Lehre des Unheils. Fundamentalkritik am Christentum. Carlsen, Hamburg 1993

Vollmer, Gerhard: Auf der Suche nach der Ordnung. S. Hirzel, Wissenschaftlich Verlagsgesellschaft Stuttgart 1995

Vyse, Stuart A.: Die Psychologie des Aberglaubens. Birkhäuser, Basel – Boston – Berlin 1999

Weinberg, Stephen: Die ersten drei Minuten. Piper, München 1997

Weinke, Kurt: Der Kampf der Aufklärung gegen Hexenwahn und Intoleranz. In Grabner-Haider, Weinberger, Weinke (Hg.): Fanatismus und Massenwahn. Leykam, Graz – Wien 1987

Weiss, Walter: Wie vernünftig ist die Vernunft? (Teil II). In Wissenschaftliche Nachrichten Nr. 100. Jänner 1996 (Wien)

Weizsäcker, Ernst Ulrich von: Erdpolitik. Wissenschaftliche Buchges. Darmstadt 1989

Weizsäcker, Ernst Ulrich von: Faktor Vier – Doppelter Wohlstand – halbierter Naturverbrauch. Droemer Knaur, München 1995

Wertheimer, Jürgen – Zima, Peter V.: Strategien der Verdummung. Infantilisierung in der Fun-Gesellschaft. Beck, München 2002[4]

Wesson, Robert: Die unberechenbare Ordnung. Chaos, Zufall und Auslese in der Natur. Artemis & Winkler Verlag, München 1995

Williams, Christopher: Endstation Gehirn. Klett-Cotta, Stuttgart 2003

Wirth, Uwe: Diskutierte Dummheit. In Wertheimer, Jürgen –Zima, Peter V.: Strategien der Verdummung. Beck, München 2002[4]

Wokart, Norbert: Die Sandalen des Empedokles. Eine kleine Philosophie des Alltags. AtV 8056, Berlin 2002

Wolf, Hans-Jürgen: Hexenwahn – Hexen in Geschichte und Gegenwart. Gondrom, Bindlach 1998

Wolf, Rainer: Sinnestäuschung und „New-Age"-Esoterik: Aktuelle Parawissenschaften kritisch betrachtet. In Skeptiker 4/1993 (Roßdorf)

Wolf, Rainer: „Erkenne dich selbst" In: Kern, Gerhard – Traynor, Lee: Die esoterische Verführung. Angriffe auf Vernunft und Freiheit. IBDK Verlag, Aschaffenburg – Berlin, Alibri Verlag Aschaffenburg 1995

Wolf, Rainer: Das elfte Gebot: „Du sollst dich nicht täuschen!" In: Skeptiker 4/1999 (Roßdorf)
Wölflingseder, Maria: Kosmischer Größenwahnsinn. In: Kern, Gerhard – Traynor, Lee: Die esoterische Verführung. Angriffe auf Vernunft und Freiheit. IBDK Verlag, Aschaffenburg – Berlin, Alibri Verlag Aschaffenburg 1995
Wuketits, Franz M.: Verdammt zur Unmoral? Piper, München 1993
Wuketits, Franz M.: Naturkatastrophe Mensch. Evolution ohne Fortschritt. Patmos, Düsseldorf 1998
Wuketits, Franz M.: Die Selbstzerstörung der Natur. Evolution und die Abgründe des Lebens. Patmos, Düsseldorf 1999
Wuketits, Franz M.: Der Affe in uns. Warum die Kultur an unserer Natur zu scheitern droht. Hirzel, Leipzig 2002, 1
Wuketits, Franz M.: Auf dem schmalen Grat des Lebens: Evolution – Zufall und Notwendigkeit. Nova Acta Leopoldina NF 86, 324, 2002, 2
Wunder, Edgar: Parawissenschaften – was ist das? In Skeptiker 4/1997 (Roßdorf)
Wyneken, Gustav: Abschied vom Christentum. Szczesny, München 1964
Young, John Z.: Philosophie und das Gehirn. Berlin 1989
Zänker, Alfred: Die vielen Gesichter der Dummheit. Torheit – eine Triebfeder des Lebens. MUT-Verlag, Asendorf 2001
Zimbardo, P.G. – Ruch, F.L.: Lehrbuch der Psychologie. Springer, Berlin – Heidelberg –New York 19956
Zimen, Karl-Erik: Strukturen der Natur. Fischer TB 6207, Frankfurt /M 1973
Zwerenz, Gerhard: Magie – Sternenglaube – Spritismus. Fischer, Frankfurt/M 1974

Namensregister

I

J

K

L

M

Sachregister

Zitate und Bonmots über und um die Dummheit

Ist es nicht schrecklich, dass der menschlichen Klugheit so enge Grenzen gesetzt sind und der menschlichen Dummheit überhaupt keine?
Konrad Adenauer

Kinder müssen die Dummheiten der Erwachsenen ertragen, bis sie groß genug sind, sie selbst zu machen. *Jean Anouilh*

Verstand ohne Gefühl ist unmenschlich, Gefühl ohne Verstand ist Dummheit. *Egon Bahr*

Ich glaube, dass es besser ist, eine Dummheit zu begehen, die schon mehrfach begangen wurde, als etwas Kluges zu probieren, das noch nie erprobt worden ist. *Arthur James Earl of Balfour*

In der Liebe wirkt nichts so überzeugend wie eine kühne Dummheit.
Honoré de Balzac

Über die Dummheit sei mir nur folgende Aussage erlaubt: sie fasziniert mich. *Roland Barthes*

Dummheit ist ansteckend, Verstand wächst sich kaum zur Epidemie aus. *Kazimierz Bartoszewicz*

Die Bereitschaft, auf alle Fragen zu antworten, ist ein untrügliches Zeichen der Dummheit. *Saul Bellow*

… so ist der Nationalstolz einer der lächerlichsten Auswüchse menschlichen Hochmuts – und Dummheit. *Otto F. Best*

Natürlich muss man auch zugeben, dass sich über die Dummheit genauso streiten lässt wie über den Geschmack. *Otto F. Best*

Dummheit ist unbewusste Unwissenheit. *Burt Billings*

Die beste Methode, einen Narren von seinem Irrtum zu überzeugen, besteht darin, ihn seine Dummheiten ausführen zu lassen.
Josh Billings

Ein bisschen Dummheit im richtigen Augenblick ist besser als sehr viel Klugheit im falschen. *Antoine Blondin*

Ein kluger Entschluss reift unverhofft, blitzschnell und ohne Erwägung – doch Dummheiten machen wir allzu oft nach reiflicher Überlegung.

Oscar Blumenthal

Gibt es eine Eigenschaft der menschlichen Natur, die man nicht erwerben kann, die angeboren sein muss, so ist es die Dummheit.

Ludwig Börne

Wo nur Standesgenossen zusammenkommen, da wird immer sehr bald die Langeweile präsidieren und die Dummheit das Protokoll führen.

Ludwig Börne

Wenn du denkst, Bildung ist zu teuer, versuch's mit Dummheit!

Derek Bok

Kein Mensch ist intelligent genug, seine eigene Dummheit zu begreifen, und das ist auch besser so. Die vergeblichen Versuche, die eigene Dummheit in den Griff zu bekommen, bilden zusammengenommen unsere Intelligenz. *Matthijs van Boxsel*

Kultur ist das Ergebnis einer Reihe von mehr oder weniger missratenen Versuchen, mit der Dummheit ins Reine zu kommen.

Matthijs van Boxsel

Die Dummheit ist eine Grenze, die man stets verfehlt. Nur hinterher lässt sich feststellen, dass wir sie überschritten haben.

Matthijs van Boxsel

Die Dummheit ist immer anderswo. Hat man sie einmal abgesteckt und benannt, verliert sie ihre erschütternde Qualität. Eine erkannte Dummheit ist bloß eine weitere Weisheit. *Matthijs van Boxsel*

Die Dummheit ist kein Gebrechen. Dummheit ist eine eigenständige Eigenschaft mit einer ihr eigenen Logik. *Matthijs van Boxsel*

Dummköpfe sind gefährlich, eben weil sie intelligent sind und weil sie mit ihrem Unterfangen Erfolg haben. Und je intelligenter sie sind, desto katastrophaler die Konsequenzen ihrer Dummheit.

Matthijs van Boxsel

Dummheit ist das Talent, unbewusst gegen das Eigeninteresse zu handeln, im Extremfall mit tödlicher Konsequenz. *Matthijs van Boxsel*

Alle unsere Organisationsformen funktionieren kraft der Dummheit. Unsere Welt wird von Phantasien zusammengehalten, und von den Dummköpfen, die ihnen Glauben schenken. Dummheit ist nützlich.

Matthijs van Boxsel

Unser Leben spielt sich ab im Bereich zwischen der unerkannten Dummheit und der katastrophalen Erkenntnis unserer Dummheit.
Matthijs van Boxsel

Wer eine Dummheit begeht, weiß nicht um seine Dummheit und wird in seinem Irrtum verharren. In gewissem Sinne ist er dabei noch intelli gent: er denkt weiter auf dem eingeschlagenen Holzweg.
Matthijs van Boxsel

Die Dummheit ist unerreichbar: Niemand schafft es, vollends zu verdummen. Der Denkprozess unterminiert die Absicht des Möchtegerndummen. *Matthijs van Boxsel*

Man kann seine Dummheit nicht unter Beweis stellen, indem man sich wissentlich dumm anstellt. *Matthijs van Boxsel*

Wer dumm ist, weiß nicht, was Dummheit ist – und sogar das nicht. Wer nicht dumm ist, weiß nicht, was es bedeutet, dumm zu sein.
Matthijs van Boxsel

Dummheit ist ein Tabu. Nicht umsonst lachen wir über die Dummheit der anderen und versuchen unsere eigene Dummheit mit aller Macht zu verbergen. *Matthijs van Boxsel*

Der Dummheit kann man nicht entrinnen. Doch wir können aus unserer Dummheit eine persönliche, einzigartige Dummheit machen. Wenn wir sowieso scheitern müssen, dann sollten wir es auf dem höchstmöglichen Niveau tun. *Matthijs van Boxsel*

Tiere sind nicht dumm, nur Menschen handeln wider besseres Wissen. Und die Crux dabei: Die Dummheit liegt nicht im Denken beschlossen, sondern im Zum-Trotz-Handeln! *Matthijs van Boxsel*

Die Dummheit droht dem Menschen zum Verhängnis zu werden. Da jedoch die lebensbedrohliche Dummheit nicht auszurotten ist, ohne zugleich den Menschen auszurotten, ist eine List vonnöten ... Vom Standpunkt der Natur gesehen, kommt Selbstaufopferung der größten Dummheit gleich. *Matthijs van Boxsel*

Unsichtbar wird die Dummheit, wenn sie genügend große Ausmaße angenommen hat. *Bert Brecht*

Man kann es auf zweierlei Art zu etwas bringen: durch eigenes Können oder durch die Dummheit der anderen. *Jean de La Bruyère*

Nichts erfrischt unser Blut so sehr, wie wenn es uns gelungen ist, eine Dummheit zu vermeiden. *Jean de La Bruyère*

Dummheit macht glücklich, sie ist oft gut für die Seele, denn sie lässt uns mit den Problemen beruhigt leben. *Otto Buchegger*

Dummheit tröstet, sie lässt uns mit unwahrscheinlichen Illusionen leben. *Otto Buchegger*

Es wird viel zu viel von der Intelligenz geredet, sie ist in der Praxis von wesentlich geringerer Bedeutung als die Dummheit. Schon allein deshalb, weil es immer wesentlich mehr Dumme als Kluge geben wird. *Otto Buchegger*

Dummheit, die man bei andern sieht, wirkt meist erhebend aufs Gemüt. *Wilhelm Busch*

Dummheit ist auch eine natürliche Begabung. *Wilhelm Busch*

Oftmals paaret im Gemüte Dummheit sich mit Herzensgüte, während höh're Geistesgaben meistens böse Menschen haben. *Wilhelm Busch*

Alte Dummheiten treten uns früher oder später doch immer wieder auf die Hacken. *Wilhelm Busch*

Zuweilen lacht man über sich selber, sofern man sich mal bei einer mäßigen Dummheit erwischt, indem man sich nun sogar noch gescheiter vorkommt, als man ist. *Wilhelm Busch*

Die Einfachheit des Geistes ist die Dummheit, die des Herzens Unschuld. *Giacomo Girolamo Casanova*

Über Dummheit kann ich immer wieder staunen. *Claude Chabrols*

Die Unredlichen und die Dummen kommen in der Welt immer besser fort als die Ehrlichen und Klugen. Es fällt ihnen leichter, mit der von Unredlichkeit und Dummheit beherrschten Gesellschaft Schritt zu halten. *Nicolas-Sébastien de Roch Chamfort*

Man muss verstehen, die Dummheiten zu begehen, die unser Charakter von uns verlangt. *Nicolas-Sébastien de Roch Chamfort*

Dreiviertel aller Narrheiten sind nur Dummheiten. *Nicolas-Sébastien de Roch Chamfort*

Es gibt sehr gut verkleidete Dummheiten, wie es sehr gut angezogene Dummköpfe gibt. *Nicolas-Sébastien de Roch Chamfort*

Die Meinung ist die Königin der Welt, weil die Dummheit die Königin der Schwachköpfe ist. *Nicolas-Sébastien Roch Chamfort*

Die Schönheit brauchen wir Frauen, damit die Männer uns lieben, die Dummheit, damit wir die Männer lieben. *Coco Chanel*

Es ist nicht immer leicht zu wissen, was man bereuen soll: Eine Dummheit gemacht oder keine begangen zu haben. *Maurice Chevalier*

Ein Mann von mehr als fünfundfünfzig Jahren macht keine Dummheiten mehr – denkt er. *Maurice Chevalier*

Mein einziger Glaube ist der an die menschliche Dummheit. Und der bringt mir hohe regelmäßige Zinsen. *Casimir von Chledowski*

Lache nie über die Dummheit der anderen. Sie kann deine Chance sein. *Winston Spencer Churchill*

Für eine Frau wird das Leben verdrießlich, wenn man ihr keine Dummheit mehr zutraut. *Sidonie-Gabrielle Colette*

Die große Stärke der Narren ist es, dass sie keine Angst haben, Dummheiten zu sagen. *Jean Cocteau*

Die weibliche Intelligenz rivalisiert nicht mit der männlichen, sondern mit der Dummheit der Männer. Das macht den Kampf so ungleich. *Nikolaus Cybinski*

Intelligenz ist nun messbar, Dummheit immer noch maßlos. *Nikolaus Cybinski*

Meist kommt die Altersweisheit zu spät. Die Dummheiten des Lebens sind begangen. *Nikolaus Cybinski*

Dummheit ist der Glaube, genug zu wissen. *Anita Daniel*

Die Dummheit anderer erscheint denen am lächerlichsten, die selbst am dümmsten sind. *Oliver Doldsmith*

Der Verstand ist ein Schuft. Dummheit dagegen ist offenherzig und ehrlich. *Fjodor Michailowitsch Dostojewski*

Ich habe nichts gegen Bösartigkeit mit ein bisserl einem Hirn. Da ist wenigstens für eine Herausforderung gesorgt. Ich habe alles gegen Dummheit. *Roland Düringer*

Alberne Leute sagen Dummheiten, gescheite Leute machen sie. *Marie von Ebner-Eschenbach*

Marie von Ebner-Eschenbach
(1830–1916)

Der Klügere gibt nach! Eine traurige Wahrheit, sie begründet die Weltherrschaft der Dummheit. *Marie von Ebner-Eschenbach*

In der Politik wird auch Dummheit zum Verbrechen. *Eibl-Eibesfeldt*

Zwei Dinge sind unendlich: das Universum und die menschliche Dummheit, aber bei dem Universum bin ich mir noch nicht ganz sicher. *Albert Einstein*

Die tragischen Helden demokratischer Zeitläufe sind die Menschen, die fähig sind, die Dummheit zu sehen, und unfähig, sie zu ertragen. *Herbert Eisenreich*

Erfahrung ist, wenn man seine Dummheiten mit Klugheit begeht. *Alexander Engel*

Anderen an seinem Unglück die Schuld geben ist ein Zeichen von Dummheit, sich selbst die Schuld geben ist der erste Schritt zur Einsicht; weder anderen noch sich selbst die Schuld geben ist ein Zeichen von Weisheit! *Epiktet*

Dummheit: Eine Kraft, die in der ganzen Welt wirkt, lässt sich in keine Formel bannen. *Erasmus von Rotterdam*

Wo ein Erwachsener sich einfältig zeigt oder Dummheiten macht, nennt man das euphemistisch eine Naivität. *Johann Eduard Erdmann*

Unergründlich ist nur die Dummheit. *Paul Ernst*

Nichts gibt uns eine klarere Vorstellung der Unendlichkeit als die menschliche Dummheit. *Gustave Flaubert*

Der ganze Traum der Demokratie besteht darin, den Proletarier auf das Niveau der Dummheit des Bürgers zu erheben. Dieser Traum ist teilweise verwirklicht. *Gustave Flaubert*

Die Verheirateten müssen ewig zusammenleben, um für die Dummheit bestraft zu werden, einander geheiratet zu haben. *Gustave Flaubert*

Die Dummheit ist etwas Unerschütterliches; nichts vermag sie anzugreifen, ohne an ihr zu zerbrechen. Sie ist von der Natur des Granits, hart und widerstandsfähig. *Gustave Flaubert*

Wenn uns eine Gefahr droht, dann nicht von zu viel Rationalität, sondern eher von zuviel Dummheit. *Hans Flohr*

Zu allen Zeiten haben die Kleinen für die Dummheiten der Großen büßen müssen. *Jean de La Fontaine*

Gegen eine Dummheit, die gerade in Mode ist, kommt keine Klugheit auf. *Theodor Fontane*

Wer rechnet, ist immer in Gefahr, sich zu verrechnen. Die dumme Kuh trifft immer das richtige Gras. *Theodor Fontane*

Wenn fünfzig Millionen Menschen etwas Dummes sagen, bleibt es trotzdem eine Dummheit. *Anatole France*

Ich bin überzeugt, davon, dass die Menschheit stets die gleiche Menge Narrheit und Dummheit zu vertun hat. *Anatole France*

Unsere Intelligenz wirkt sich evolutionär wie Dummheit aus.
Uwe George

Wo wir unserer Dummheit meinen ein Schnippchen zu schlagen, holt sie uns allemal wieder ein. *Manfred Gerspach*

Die Erkenntnis der Dummheit ist eine weise Einsicht.
Manfred Gerspach

Aus Klugheit sind wir dumm, aus Dummheit könnten wir klug werden.
Manfred Gerspach

Auf die Dummheit des Augenblicks will niemand lauschen.
Manfred Gerspach

Die Dummheit ist unser ubiquitäres, gemeinsames Erbe.
Manfred Gerspach

Das ist das Dumme an der Dummheit, dass sie zuweilen nicht helfen will. *Manfred Gerspach*

Was aber schützt am sichersten vor der Anfechtung durch kluges Erfassen des Wirklichen, vor der Erkenntnis überhaupt, vor dem Anblick des Gorgonenhauptes der Wahrheit? Die Dummheit. *Horst Geyer*

Die allgemeine Verbreitung der Dummheit beweist, dass sie bei den Menschen nicht so erhaltungswidrig sein kann wie bei den Tieren, deren dumme Exemplare im Kampf ums Dasein sofort ausgerottet werden. *Horst Geyer*

Denn eine sterile, rationale, von aller Dummheit befreite Welt wäre schließlich auch wieder ein Alpdruck. Sie wäre weder lebensfähig noch lebenswert.

Doch brauchen uns Befürchtungen der Art, es möchte plötzlich eine allseitige Weisheit unter den Menschen ausbrechen, nicht ernstlich zu beunruhigen: denn die Quellen der Dummheit sind unerschöpflich, und wir alle haben an ihr teil.

Und das ist, fasst man die Extreme ins Auge, vielleicht sogar ein Trost.

Horst Geyer

Und ist nicht die Dummheit im Allgemeinen eine weit größere Macht als das Wissen? *Horst Geyer*

Die Astrologie ist ein ehrwürdiger Zeuge für die jahrtausendelange Lebenskraft groben Unsinns, wenn er, der Dummheit des Menschengeschlechtes in Urzeiten entsprungen, der Dummheit aller Zeiten so haargenau angepasst ist wie dieser. *Horst Geyer*

Vielleicht der größte Vorteil des Ruhmes besteht darin, dass man ungestraft die größten Dummheiten sagen darf. *André Gide*

Dummheit (ist) die verbreitetste Nebensache der Welt. Keiner kommt ganz ohne sie aus. *André Glucksmann*

Der Mensch ist das einzige Tier, das der Dummheit verfallen kann.
André Glucksmann

Denn die Geschichte – wie es so schön heißt – „schreitet voran", und die Dummheit sogar mit Siebenmeilenstiefeln. *André Glucksmann*

Folglich ist die allgemein verbreitete Verhöhnung der Dummheit ... der Beweis eines Mangels an Verstand, an Gefühl und an Menschlichkeit.
André Glucksmann

Die Dummheit antwortet nicht, stellt keine Fragen, sie errichtet die Herrschaft der Schablonen und Klischees. *André Glucksmann*

Wenn man immer weiß, worüber man spricht, dann gibt es die Dummheit nicht, wovon ja der Dumme überzeugt ist. *André Glucksmann*

Unsinn hält der Dummheit den Spiegel vors Gesicht.
André Glucksmann

Ein jeder nützt der gemeinsamen Dummheit, indem er die eigene pflegt. *André Glucksmann*

In der Dummheit finde der Intellektuelle seine „engste Freundin und Verbündete". *André Glucksmann*

Die Dummheit weiß von keiner Sorge. *Johann Wolfgang von Goethe*

Johann Wolfgang von Goethe
(1749–1832)

Das Menschenpack fürchtet sich vor nichts mehr als vor dem Verstande; vor der Dummheit sollten sie sich fürchten, wenn sie begriffen, was fürchterlich ist: aber jener ist unbequem, und man muss ihn beiseite schaffen; diese ist nur verderblich, und das kann man abwarten.
Johann Wolfgang von Goethe

Entweicht, wo düstre Dummheit gerne schweift,
Inbrünstig aufnimmt, was sie nicht begreift …
Johann Wolfgang von Goethe

Der Kluge ärgert sich über die Dummheiten, die er machte, der Weise belächelt sie. *Curt Goetz*

Keine Dummheit ist so groß, als dass sie nicht durch Beharrlichkeit noch größer werden könnte. *Curt Goetz*

Die Dummheit anderer erscheint denen am lächerlichsten, die selbst am dümmsten sind. *Oliver Goldsmith*

Es gibt auch eine große Triebkraft, die Dummheit und ihre Schwester, die Eitelkeit. *Pierre Goubert*

Lieber möchte ich aus Qualen bluten, als glücklich sein aus Dummheit. *Christian Dietrich Grabbe*

Dumm ist nicht, wer etwas Dummes begeht, sondern wer seine Dummheit nachher nicht zu bedecken versteht. *Balthasar Gracián* y *Morales*

Dummheit nützt häufiger, als sie schadet. Darum pflegen sich die Allerschlauesten dumm zu stellen. *Sigmund Graff*

Je größer die Intelligenz, desto verheerender kann ihre Dummheit ins Kraut schießen. *Günter Grass*

... wo Dummheit gilt als Gottesgabe, ist's Torheit, klug zu sein. *Thomas Gray*

Die schwerste Aufgabe für jeden Staat- und Weltverbesserer ist offenbar, zu wissen, wie viel Dummheit und Schlechtigkeit in jeder menschlichen Anstalt notwendig gelassen werden muss. *Franz Grillparzer*

Die ganz großen Dummheiten hält das Schicksal für die großen Männer reserviert. *Eugen Gürster*

Eine Welt, in der der Dummheit eine so machtvolle Dauerposition eingeräumt ist, kann keine heile sein. *Eugen Gürster*

Einen Menschen, der nie das Opfer der Dummheit war, gibt es so wenig wie einen Menschen, den nie eine Krankheit befallen hat. *Eugen Gürster*

Jede Zeit hat die Dummheit, die sie verdient. *Eugen Gürster*

Wer statt auf das große Glück zu warten, sich bereits über ein paar kleine Zufallsglücke freuen kann, hat gegen die Dummheit ein erstes Scharmützel gewonnen. *Eugen Gürster*

Der Kampf gegen die Dummheit gleicht dem Kampf für die Freiheit dadurch, dass er erst mit dem letzten Menschen erlöschen kann. Und nur die Toten sind auch gegen die Dummheit immun. *Eugen Gürster*

Die Freiheit zur Dummheit ist ein ganz wesentlicher Bestandteil unserer Freiheit. *Eugen Gürster*

Erfahrungen sind das Resultat unserer Dummheit. *Sacha Guitry*

Es gibt glückliche Menschen, welche das Leben nie dazu nötigt, ihre Dummheit nach außen zu kehren. *Rudolf Hartung*

Seine eigene Dummheit zu erkennen mag schmerzlich sein. Keinesfalls aber eine Dummheit. *Oliver Hassencamp*

Dummheit und Langeweile sind zwei furchtbare Mächte, oft genannt, aber in ihrer ganzen ungeheuren Größe noch nicht begriffen. *Gerhart Hauptmann*

Es ist unglaublich, wie viel Geist in der Welt aufgeboten wird, um Dummheiten zu beweisen. *Friedrich Hebbel*

Die Dummheit geht oft Hand in Hand mit Bosheit. *Heinrich Heine*

Der Dummheit Grenzen kannst du nicht ausfindig machen, wenn du auch alle Wege absuchst; so tiefgründig ist ihr Wesen. *Heraklit*

Die Menschen werfen all ihre Dummheiten auf einen Haufen, konstruieren ein Ungeheuer und nennen es Schicksal. *Thomas Hobbes*

Der scharfe Verstand ist die gefährlichste Sorte von Dummheit. *Hugo von Hoffmansthal*

Nicht die begangenen, sondern die mir noch bevorstehenden Dummheiten tun mir weh. *Karol Irzykowski*

Dummheit ist Schicksal (oder, je nach weltanschaulicher Position, „Gabe Gottes"), von dem man selbst glücklicherweise nicht betroffen ist. *Jürg Jegge*

Selbstverständlich hat auch jeder Lehrer und jede Lehrerin im freiheitlichen demokratischen Staat das „Recht auf persönliche Dummheit". *Josef Joffe*

Vernunft muss sich jeder selbst erwerben, nur die Dummheit pflanzt sich gratis fort. *Erich Kästner*

Alles, was gigantische Formen annimmt, kann imponieren – auch die Dummheit. *Erich Kästner*

Ein guter Mensch zu sein, gilt hierzulande als Dummheit, wenn nicht gar als Schande. *Erich Kästner*

Dummheiten sind nie überflüssig. *Erich Kästner*

Nichtstun ist eine der größten und verhältnismäßig leicht zu beseitigenden Dummheiten. *Franz Kafka*

Immanuel Kant
(1724–1804)

Der Mangel an Urteilskraft ist eigentlich das, was man Dummheit nennt, und einem solchen Gebrechen ist gar nicht abzuhelfen.
Immanuel Kant

Die Klugheit des Fuchses wird oft überschätzt, weil man ihm auch noch die Dummheit der Hühner als Verdienst anrechnet. *Hans Kasper*

Die Dummheit von Menschen kann schwerlich, die von Behörden nie überschätzt werden. *Richard Katz*

Die Dummheit aber gehört zum kostbar gehüteten, unverlierbaren Besitz der Menschheit. *Max Kemmerich*

Die Dummheit besteht also in erster Linie darin, dass wir die Autoritäten in kulturhemmender Weise und dem Fortschritt der Naturwissenschaften entgegen arbeitend am Werke sehen. *Max Kemmerich*

Sehr häufig wird die Dummheit gegen Aufklärung und Intelligenz in Schutz genommen, und wenn das nicht schon immer so gewesen wäre, dann hätten wir es in der Kultur unendlich viel weiter gebracht.
Max Kemmerich

Denn die Dummheit ist stets durch ein schlechtes Gewissen ausgezeichnet. Sie wittert überall Gefahr und ist nie skrupelhaft in den Mitteln, diese zu beseitigen. *Max Kemmerich*

Die Dummheit hat eben nicht weniger Ewigkeitsdauer als die Wahrheit, nur dass sich beide Machtsphären, was das Menschenmaterial betrifft, nicht decken. *Max Kemmerich*

Wenn es von der Weisheit nichts mehr zu lernen gibt, muss man's wieder bei der Dummheit versuchen. *Martin Kessel*

Solange es noch Verstand und Dummheit, Güte und Bosheit, Stärke und Schwäche in der Welt gibt, so lange werden die Menschen sich nicht gleich sein. *August von Kotzebue*

Die menschliche Dummheit ist keine historische Sache. Die menschliche Dummheit existiert allgemein, sogar bis in alle Ewigkeit hinein. Diese Dummheit gehört zum Menschen. Sie ist eine strukturelle Angelegenheit. *Laszló Krasznahorkai*

Alle besseren Dummheiten geschehen am Vormittag; der Mensch sollte erst erwachen, wenn die Amtsstunden zu Ende sind. *Karl Kraus*

Erfahrung schützt uns vor den Dummheiten der Jugend und macht uns reif für die Torheiten des Alters. *Ron Kritzfeld*

Zur Frage nach dem Menschenrecht auf Dummheit drängt sich die Gegenfrage auf: Wer hat in unserem Land die Definitionsgewalt über Dummheit? *Ulrike Kruse*

Dummheiten sind die beste Grundlage für künftige Weisheit. *Isolde Kurz*

Das geistige Leben besteht aus einer sehr großen Anzahl verschiedener Funktionen, die sich zu verschiedenen Zeiten entwickeln und einzeln gestört sein können. Das erklärt, weshalb es verschiedene Arten Gescheitheit und Dummheit gibt. *Karl Landauer*

Es wäre sinnlos, eine Medizin gegen die Dummheit zu erfinden. Die Dummen lassen sich ihre Karriere nicht verpatzen. *Gabriel Laub*

Immer vernünftig zu sein, ist unvernünftig. Aber das ist keine Rechtfertigung der Dummheit. *Gabriel Laub*

Dummheit befreit nicht vom Denken. *Stanislaw Jerzy Lec*

Nichts kommt von selbst, sogar eine Dummheit muss man erst machen.
Stanislaw Jerzy Lec

Die Dummheiten der Epoche sind für die Wissenschaft der folgenden genauso wichtig wie ihre Weisheit. *Stanislaw Jerzy Lec*

Die Dummheit überschreitet keine Grenzen. Überall, wo sie hintritt, ist ihr Territorium. *Stanislaw Jerzy Lec*

Die gefährlichsten Verbindungen, die Dummheit eingehen kann, sind die mit Fleiß oder mit Gründlichkeit. *Robert Lembke*

Ich möchte an den Barrikaden der Dummheit und Intoleranz weiterarbeiten. *Paul Lendvai*

Im Schweigen braucht sich nicht allein das Gold der Klugheit zu zeigen – es kann ebenso Dummheit verbergen, Dummheit und Meinungslosigkeit. *Siegfried Lenz*

Man kann getrost behaupten, ein großer Teil dessen, was man die Weltgeschichte nennt, ist lediglich eine Geschichte politischer Dummheiten. *Leopold Loewenfeld*

Sollen Dummheiten gelingen, müssen sie klug ausgeführt werden.
Ernst-Otto Luthardt

Die meisten Dummheiten finden mehr Nachahmer als eine kluge Tat.
Ernst-Otto Luthardt

Der perfekte Stoffel ist derjenige, der niemals über etwas in Erstaunen geraten ist: nicht einmal über seine eigene Dummheit.
Antonio Machado y Ruiz

Die Frau liebt die Schwäche des Starken mehr als seine Stärke, die Dummheit des Gescheiten mehr als seine Gescheitheit.
Shirley MacLaine

Das Volumen der Dummheit ist zu allen Zeiten ungefähr dasselbe; nur wandert sie oft von einem Lager ins andere, wobei sie ihre Inhalte und ihre Vorzeichen ändert. *Jacques Maritain*

Der Erfolg eines Politikers beruht nicht selten auf der bloßen Dummheit seines Gegners. *Marcel Mart*

Die Regierung eines einzelnen ist eine Ungeheuerlichkeit. Das eingeschränkte Wahlrecht ist eine Ungerechtigkeit. Das allgemeine Wahlrecht ist eine Dummheit. *Guy de Maupassant*

Die allerschlimmste Krankheit ist die Dummheit. *Franz Xaver Mayr*

Wenn die Leute jemanden zu einer Dummheit verleiten wollen, dann sagen sie: Sei doch vernünftig! *Arthur Miller*

Große Mehrheiten verleiten zu großen Dummheiten.
Wolfgang Mischnick

Dummheit ist keine Schande. Hauptsache, man hält den Mund dabei.
Werner Mitsch

Es ist unvermeidlich, dass jeder Mensch Dummheiten ausspricht. Unheil wird nur angerichtet, wenn es absichtlich geschieht.
Michel de Montaigne

Es geschieht aus eigener Erfahrung, dass ich die menschliche Dummheit anklage, welche nach meiner Meinung das einzig Sichere ist, was man aus der Schule der Welt lernen kann. *Michel de Montaigne*

Halsstarrigkeit und Verbohrtheit ist der sicherste Beweis von Dummheit. *Michel de Montaigne*

Was mich übrigens am meisten wurmt bei der Dummheit, ist, dass sie so sehr zufrieden ist mit sich selbst, viel mehr als je die Vernunft selbst vernünftigerweise mit sich zufrieden sein darf. *Michel de Montaigne*

Die Natur scheint weise vorgesorgt zu haben, dass die Dummheiten der Menschen flüchtig vorübergehen; aber die Bücher verewigen sie.
Charles de Montesquieu

Der Mensch ist immer gefährlich. Wenn nicht durch seine Bosheit, dann durch seine Dummheit. Wenn nicht durch seine Dummheit, dann durch seinen Verstand. *Henry de Montherlant*

Die Dummheit besteht nicht darin, dass man keine Idee hat. Die menschliche Dummheit besteht vielmehr darin, dass man eine Menge Ideen, aber eben dumme Ideen hat. *Henry de Montherlant*

Dummheiten können reizend sein, Dummheit nicht. *Alberto Moravia*

Dummheit ist keine Geisteskrankheit, und doch ist sie die lebensgefährlichste, die dem Leben selbst gefährliche Krankheit des Geistes.
Robert Musil

Wenn die Dummheit nicht dem Fortschritt, dem Talent, der Hoffnung oder der Verbesserung zum Verwechseln ähnlich sähe, würde niemand dumm sein wollen. *Robert Musil*

Ich will keine Zensur, weil ich nicht für Dummheiten, die man drucken darf, verantwortlich sein will. *Napoleon I., Bonaparte*

Dem sein Verstand taucht gar niemals über das Niveau seiner immensen Dummheit empor. *Johann Nepomuk Nestroy*

Wenn die Dummheit eine Geistesschwäche wäre! Leider ist sie aber eine furchtbare Stärke, sie ist ein Fels, der unerschütterlich dasteht, wenn auch ein Meer von Vernunft ihm seine Wogen an die Stirne schleudert. *Johann Nepomuk Nestroy*

Die Schlechtigkeit liegt immer schon in'n letzten Zügen, wenn sie sich mit der Dummheit alliiert. *Johann Nepomuk Nestroy*

Zuviel Vertrauen ist häufig eine Dummheit, zuviel Misstrauen ist immer ein Unglück. *Johann Nepomuk Nestroy*

Die Tugend ist bloß eine ehrwürdige Form der Dummheit. *Friedrich Nietzsche*

Jede Tugend neigt zur Dummheit, jede Dummheit zur Tugend. *Friedrich Nietzsche*

Selig sind die Vergesslichen, denn sie werden auch mit ihren Dummheiten fertig. *Friedrich Nietzsche*

Es gibt zwei Grundvoraussetzungen des Glücks: erstens die Dummheit böser Menschen ertragen, zweitens die Bosheit der Dummköpfe dulden. *Adolf Nowaczynsk*

Wo die Dummheit für einen Augenblick Platz macht, nimmt ihn sofort die Tradition ein. *Adolf Nowaczynsk*

Am gefährlichsten ist die Dummheit, die nicht Ausdruck von Unbildung, sondern von Ausbildung ist. *Cem Özdemir*

Wie jene Insekten, die man auf keine Weise aus ihren Löchern ausräuchern kann, lässt sich der Dumme nicht aus seiner Dummheit werfen; unmöglich, ihn ein Weilchen ohne Scheuklappen umherzuführen und ihn zu zwingen, dass er sein dumpfes Weltbild mit anderen, feineren Arten des Sehens zusammenhält. Dummheit ist lebenslänglich und hoffnungslos. Darum meinte Anatol France, sie sei verhängnisvoller als Bosheit; denn Bosheit setzt manchmal aus, Dummheit nie. *José Ortega y Gasset*

Die Klugheit des Fuchses besteht zu fünfzig Prozent in der Dummheit der Hühner. *José Ortega y Gasset*

An der Dummheit, einem universalen menschlichen Gebrechen, haben wir allesamt unseren Anteil. *Frank Palanay*

Es ist die Abgeklärtheit gegenüber kleineren Dummheiten, die uns dazu veranlasst, größere Dummheiten zu tolerieren. *Frank Palanay*

Der für eine sinnvolle Welt zu zahlende Preis ist ewiger Kampf gegen die Dummheit. *Frank Palanay*

Zu viel Vertrauen ist häufig eine Dummheit, zuviel Misstrauen immer ein Unglück. *Jean Paul*

Wahrlich! Die Dummheit ist so glücklich, dass man's verwünschen möchte, ein Weiser zu sein! *Jean Paul*

Meist bedarf es großer Klugheit, die Dummheit zu verbergen. Dennoch ist es eine große Dummheit, klüger zu erscheinen, als man ist. *Karl Peltzer*

Wer eine Dummheit ableugnet, war nicht wert, dass er sie gemacht hat. *Karl Peltzer*

Je weniger Hirn man im Kopf hat, desto mehr ist für Dummheiten Platz. *Zarko Petan*

Die Macht der einen braucht die Dummheit der anderen. *Ernst Petz*

Brutalität und Dummheit können zusammen ein zumindest für kurze Zeit schier unbesiegbares Gemisch ergeben. *Ernst Petz*

Wenn man die Zustimmung der Menge erhielte, müsste man sogleich untersuchen, wo man da eine Dummheit gemacht hätte. *Phokion*

Gegen den Rinderwahn und gegen die Dummheit der Menschen gibt es gleichermaßen kein Pulver. *Ewald Plachutta*

Dummheit ist die Unfähigkeit, aus Fehlern lernen zu können. *Josef Rattner*

Dummheit frisst, Intelligenz säuft, Genie tut beides. *Heinz Reincke*

Intelligenz ist oft nichts anderes als fahrlässiger Verschleiß, Dummheit nichts anderes als künstliche Verknappung geistiger Energie. *Felix Renner*

Die Macht, mit der du ernstlich rechnen musst, ist die Dummheit – die der anderen sowohl wie deine eigene. Pflege sie beide, mit Verstand, so werden sie dir zum Segen gedeihen. *Gregor von Rezzori*

Es ist ein aufwendiger Prozess, von einer Dummheit zur nächsten umzulernen. *Michael Richter*

Unduldsamkeit und Dummheit sind Vettern. *Antoine de Rivarol*

Kluge Leute erkennt man daran, dass sie bei einem Anfall von Dummheit schweigen. *Robert Rocca*

Es gibt Leute, deren ganzes Verdienst darin besteht, dass sie nützlicherweise Dummheiten sagen und tun, und die alles verderben würden, wenn sie sich änderten. *Francois de La Rochefoucauld*

Wer ohne Dummheiten lebt, ist nicht so klug, wie er glaubt.
Francois de la Rochefoucauld

Feierlichkeit dient fast immer dazu, Dummheit zu verbergen.
Francois de La Rochefoucauld

Eine Dummheit wird immer zuerst von ihren Opfern eingesehen, zu spät von ihren Stiftern. *Alexander Roda Roda*

Es gibt Dummheiten, an die man nicht einmal denken darf, ohne sich ihrer schon halb schuldig gemacht zu haben. *Alexander Roda Roda*

Nur Dummheit ist mehrheitsfähig. *Richard Roger*

Vermeidbares menschliches Elend wird häufiger nicht so sehr durch Dummheit als durch Unwissenheit verursacht, besonders durch Unwissenheit über uns selbst. *Carl Sagan*

Es gibt eine Form der weiblichen Dummheit, mit der nur Männer fertig werden können. *Francoise Sagan*

Erfahrung ist die Summe der gemachten Fehler, dividiert durch die eigene Dummheit. *William Saroyan*

Man soll keine Dummheit zweimal begehen, die Auswahl ist schließlich groß genug. *Jean Paul Sartre*

Letztlich ist die Dummheit die geköpfte Vernunft. *Jean Paul Sartre*

Unsinn, du siegst und ich muss untergehen. Mit der Dummheit kämpfen Götter selbst vergebens. *Friedrich von Schiller*

Wenn wir einmal die Geschichte der Menschheit etwas näher betrachten, müssen wir feststellen, dass die Dummheit stets ihre aufdringlichste Begleiterin war. *E.-H. Schmitz*

Es gibt viele Wege, einer Verantwortung zu entkommen; Flucht in den Tod, Flucht in Krankheit und Flucht in Dummheit. Der letztere ist der sicherste und einfachste, denn selbst intelligente Menschen sind diesem Ziel meist näher, als sie selbst annehmen möchten.
Arthur Schnitzler

Die Schlechtigkeit wird, sagt man, in jener Welt gebüßt; aber die Dummheit in dieser. *Arthur Schopenhauer*

Arthur Schopenhauer
(1788–1860)

Der Arzt sieht den Menschen in seiner ganzen Schwäche, der Advokat in seiner ganzen Schlechtigkeit und der Priester in seiner ganzen Dummheit. *Arthur Schopenhauer*

Höflichkeit ist Klugheit. Folglich ist Unhöflichkeit Dummheit. Sich mittels ihrer unnötiger- und mutwilligerweise Feinde machen ist Raserei. *Arthur Schopenhauer*

Was die Leute gemeinhin ihr Schicksal nennen, sind meist ihre eigenen Dummheiten. *Arthur Schopenhauer*

Mangel an Verstand ist Dummheit. Mangel an Vernunft ist Torheit.
Arthur Schopenhauer

Der Anblick und die Bekanntschaft eines jeden neuen Menschen gibt, in 100 Fällen gegen einen, nichts als ein ganz neues, wirklich originales Beispiel eines *compositi* von Hässlichkeit, Plattheit, Gemeinheit,

Verkehrtheit, Dummheit, Bosheit, mit einem Wort Widerlichkeit und Abscheulichkeit. *Arthur Schopenhauer*

Mein unerschütterlicher Glaube an die Dummheit des Tieres Mensch hat mich nie enttäuscht und ist mir im Lauf des Lebens oft zustatten gekommen. *Arthur Schopenhauer*

Die Güte darf nur bis zu dem Punkt reichen, wo sie in Dummheit umschlägt. *Hans Schweizer*

Faulheit ist Dummheit des Körpers, und Dummheit Faulheit des Geistes. *Johann Gottfried Seume*

Die erste Liebe besteht aus etwas Dummheit und sehr viel Neugierde. *George Bernard Shaw*

Wisse, dass du nichts weißt. Erkenne die Dummheit in dir. *Sokrates*

Die Dummheit ist meist der Bosheit Schwester. *Sophokles*

Die Dummheit ist die sonderbarste aller Krankheiten. Der Kranke leidet niemals unter ihr. Die schmerzhaft leiden, sind die anderen. *Paul-Henri Spaak*

Man verzeiht jedem seine erste kolossale Dummheit, aber niemals die zweite, die erste verteidigen zu wollen. *Daniel Spitzer*

Dummheit und Dümmlichkeit unterscheiden sich wesentlich dadurch, dass der Dümmling sich der Natur willig unterwirft und der Dummkopf sich immer einbildet, die Gesellschaft zu beherrschen. *Germaine (Madame) de Stael-Holstein*

Man führt immer das Herz ins Treffen, wenn man eine Dummheit gemacht hat. *Stendhal*

Die Dummheit drängt sich vor, um gesehen zu werden. Die Klugheit steht zurück, um zu sehen. *Carmen Sylva*

Die Universität entwickelt alle Gaben des Menschen, unter anderem die Dummheit. *Anton Pawlowitsch Tschechow*

Sind denn die Mächte der Leidenschaft und der Dummheit nicht Großmächte in allem wirtschaftlichen Leben? *Heinrich Treitschke*

Die menschliche Dummheit ist international. *Kurt Tucholsky*

Das Recht auf Dummheit wird von der Verfassung geschützt. Es gehört zur Garantie der freien Entfaltung der Persönlichkeit. *Mark Twain*

Die Dummheit der Menschen besteht darin, dass einer schlauer als der andere sein will. *Gerhard Uhlenbruck*

Die Zufriedenheit ist die schwachsinnige Schwester der Dummheit. *Peter Ustinov*

Wie der Schatten dem Körper folgt, so folgt die Dummheit der Macht. *Paul Valéry*

Es macht einen großen Unterschied, ob einer eine Dummheit oder eine Narrheit begeht: ein mittelmäßiger Mensch kann keine Narrheiten machen, aber vermeiden, dass er viele Dummheiten macht. *Vauvenargues*

Ruhm und Dummheit verstecken den Tod, ohne über ihn zu triumphieren. *Vauvenargues*

Ich liebe die Dummheit – sie bringt mich zum Lachen. *Gore Vidal*

Die größte Unverschämtheit ist zugleich die ärgste Dummheit. *Voltaire*

Je öfter eine Dummheit wiederholt wird, desto mehr bekommt sie den Anschein der Klugheit. *Voltaire*

Voltaire
(1694–1778)

Ich habe nicht den zähen Eigensinn der alten Leute. Ich bin geschmeidig wie ein Aal, lebhaft wie eine Eidechse und immer auf dem Sprung wie ein Eichhörnchen. Sobald man mir eine Dummheit nachgewiesen hat, setze ich schnell eine andere an ihre Stelle. *Voltaire*

Es ist erstaunlich, wie vorurteilsfrei wir zu denken vermögen, wenn es gilt, eine Dummheit vor uns selbst zu rechtfertigen.
Karl Heinrich Waggerl

Nichts Liebenswerteres in der Welt als Dummheit, die schweigen kann.
Karl Heinrich Waggerl

Am auffälligsten unterscheiden sich die Leute dadurch, dass die Törichten immer wieder dieselben Dummheiten machen, die Gescheiten immer wieder andere. *Karl Heinrich Waggerl*

Heiraten ist die erste Dummheit, die man begeht, wenn man vernünftig geworden ist. *Karl Friedrich Wilhelm Wanderer*

Mancher hat durch stolzes Schweigen und durch würdevolle Art das Geheimnis seiner Dummheit bis zu seinem Tod bewahrt.
Josef Wantalowicz

Lieber gelegentlich eine Dummheit machen als nie etwas Gescheites!
Max Weber

Erfahrung: Die Summe der Dummheiten, die man machen durfte, ohne sich den Hals zu brechen. *Paul Wegener*

Dummheit und Klugheit sind wie Geschwister, wie die beiden Seiten einer Medaille. Sie sind allgegenwärtig und bedingen einander.
James Welles

Im Gegensatz zur Pest ist die Dummheit keine Krankheit, weshalb keine Hoffnung darauf besteht, sie jemals ausrotten zu können.
Norbert Wiener

Erfahrung ist der Name, mit dem jeder seine Dummheiten bezeichnet.
Oscar Wilde

Ich glaube nicht an den Fortschritt, sondern an die Beharrlichkeit der menschlichen Dummheit. *Oscar Wilde*

Jede Dummheit findet einen, der sie macht. *Tennessee Williams*

Wenn die Menschen nicht manchmal Dummheiten machten, geschähe überhaupt nichts Gescheites. *Ludwig Wittgenstein*

Unwissenheit und Dummheit sind bequem, denn wer keine Fragen stellt, kann auch keine unbefriedigenden oder unangenehmen Antworten bekommen. Deshalb gehört schon (etwas) Mut dazu, sich seines eigenen Verstandes zu bedienen. *Michael Wittschier*

Gegen Verleumdung und Dummheit kann man sich nicht schützen.
Friedrich Wolf

Das Maß an Dummheit unter denen, die Geld haben, ist offenbar schrankenlos. *Hans-Ludwig Zachert*

Ein bedachtsamer Mensch. Selbst eine Dummheit begeht er nicht ohne tiefere Überlegung. *Marian Zalucki*

Das größte Unglück für die Menschheit? Die Dummheit an der Macht.
Emil Zopfi

Klug sein hat noch nie einen Menschen an Dummheiten gehindert.
Stefan Zweig

Anonym, Sprichwörter, Redewendungen zu „Dummheit“

Stupiditas vincit ubique. (Die Dummheit siegt überall.)
Altrömischer Spruch

Fiat stultitia, pereat mundus. (Die Dummheit siegt, auch wenn die Welt darüber zugrunde geht.) *Altrömischer Spruch*

Bis stultitia veritatem valet. (Eine wiederholte Dummheit hat die Kraft der Wahrheit.) *Altrömischer Spruch*

Wer nicht Dummheiten in der Jugend macht, der macht sie im Alter.
Weisheit aus Frankreich

Die Dummheit des Mannes wird nicht so bekannt wie die der Frau.
Sprichwort aus Ghana

Dummheit verlass ihn nicht, sonst ist er ganz allein!
Schreibtisch- & Büroweisheiten

Wissen macht zaghaft – Dummheit kann alles.
Schreibtisch- & Büroweisheiten

Es gibt eine einfache Definition für Eigensinn: Sie ist die Energie der Dummheit. *Aus den „Fliegenden Blättern“*

Dummheit ist eine Gabe Gottes … aber man muss se nich missbrauchen. *Berliner Fortsetzung*

Bildung krepiert, weil Dummheit regiert.
Transparent bei Demo am 4. 12. 1997

Lieber natürliche Dummheit als künstliche Intelligenz. *Graffitispruch*

Dummheit ist der Motor aller Entwicklung. *Salamander*

Dummheit, eine Gnade, wenn ich an der Klugheit leide! *Fokus*

Dummheit ist Ignoranz gegenüber offensichtlichen Erkenntnissen.

Es ist tausendmal leichter, von der Dummheit der Menschen zu leben, als die Menschen von der Dummheit zu kurieren.

Für jede Dummheit findet sich immer einer, der sie macht.

Narren überzeugt man am besten, indem man sie ihre Dummheit ausführen lässt.

Dummheit und Stolz wachsen auf einem Holz.

Das beste Gegengift gegen Dummheit ist das Lachen.

Dummheit nützt häufiger, als sie schadet. Darum pflegen sich die Allerschlauesten dumm zu stellen.

Alles was gigantische Formen annimmt, kann imponieren, auch die Dummheit.

Wenn Dummheit Warzen gäbe, dann hätten Sie ein Gesicht wie ein Streuselkuchen.

Ich habe in meiner langen Politikerlaufbahn noch nie gefunden, dass Kritiklust je durch Dummheit gezügelt würde.

Anstelle von Intelligenztests sollte man Dummheitstests einführen.

Alberne Leute sagen Dummheiten, gescheite Leute machen sie.

Gesellschaftlich ist kaum etwas so erfolgreich wie Dummheit mit guten Manieren.

Der Kluge ärgert sich über die Dummheiten, die er macht, der Weise belächelt sie.

Die Dummheit verrät sich am leichtesten durch die Einbildung.

Gegen die Dummheit ist kein Kraut gewachsen.

Mit vielem rechnen Gescheite nicht, weil sie sich soviel Dummheit nicht vorstellen können.

Auch ein großer Kopf ist keine Garantie gegen die Dummheit.

Überlass das Denken lieber den Pferden, die haben größere Köpfe.

Dummheit ist nicht: wenig wissen, auch nicht wenig wissen wollen. Dummheit ist glauben, genug zu wissen.

Eine Dummheit nachschwätzen ist leicht, aber eine eigene ausdenken ist viel schwieriger.

Eine Frau macht es stolz, die Ursache einer Dummheit zu sein, zu der ein Mann sich hinreißen lässt.

Über den Autor

Alois Reutterer, geb. am 21. 12. 1938 in Bludenz, Österreich, studierte von 1959 bis 1967 an der Universität Innsbruck Biologie und Erdwissenschaften sowie Philosophie und Psychologie; 1964 Lehramtsprüfung für Allgemeinbildende Höhere Schulen (Gymnasien). 1967 Promotion zum Doktor der Philosophie mit Nebenfach Psychologie.

1967–1998 Gymnasiallehrer für Biologie und Philosophie/Psychologie. Ab 1. 1. 1999 in Pension. Von 1972 bis 1991 Leiter der Arbeitsgemeinschaft der Gymnasial-Biologen Vorarlbergs. Seit 1989 Bereichsleiter der Volkshochschule Bludenz.

Veröffentlichungen im Bereich Biologie, Ökologie, Philosophie, und Ethik. Buchpublikationen: „Philosophie" (1977), „Lehrbuch Philosophie" (1984), „An den Grenzen menschlichen Wissens" 1990), „Erkennen und Handeln – Einführung in die Philosophie" (2000^2), „Erleben und Verhalten – Einführung in die Humanpsychologie" (2003^2).